我国近岸海域
生态环境现状及发展趋势

韩庚辰　樊景凤　主编

U0194999

海洋出版社

2016年·北京

图书在版编目(CIP)数据

我国近岸海域生态环境现状及发展趋势 / 韩庚辰,
樊景凤主编. — 北京: 海洋出版社, 2016.8

ISBN 978-7-5027-9535-1

Ⅰ. ①我… Ⅱ. ①韩… ②樊… Ⅲ. ①海岸带 – 生态
环境 – 研究 – 中国 Ⅳ. ①X321

中国版本图书馆 CIP 数据核字 (2016) 第 158568 号

责任编辑：赵　武　钱晓彬
责任印制：赵麟苏

海洋出版社 出版发行

http://www.oceanpress.com.cn

北京市海淀区大慧寺路 8 号　　邮编：100081
北京朝阳印刷厂有限责任公司印刷　　新华书店经销
2016 年 8 月第 1 版　2016 年 8 月北京第 1 次印刷
开本：889mm×1194mm　1 / 16　印张：24.25
字数：612 千字　　定价：150.00 元
发行部：010-62132549　邮购部：010-68038093　总编室：010-62114335
海洋版图书印、装错误可随时退换

编委会

序

Preface

　　我国近岸海域生态环境状况是海洋学家和海洋管理者所共同关注的热点问题之一。然而，我国海域面积辽阔，海岸线漫长，海洋生态系统自身又具有复杂性和多变性，科学认识我国近岸海域生态环境状况绝非一件易事。之前我从事过"我国海洋生态环境的复杂性与非线性问题"研究，对近海生态环境状况尤为关注，如今受韩庚辰先生之邀为本书作序，看到这一工作成果我非常高兴。

　　自20世纪70年代以来，我国海洋环境监测事业蓬勃发展，大量野外监测数据的积累为本书的编写打下了坚实的基础。尽管与欧美等发达国家相比，我国海洋环境监测工作起步较晚，但目前国家海洋监测体系和海洋监测网络日趋成熟，逐渐形成制度化、常态化，着实令人欣慰。本书对近十年我国海洋生态环境监测数据进行了梳理、归纳和分析，基本涵盖了我国近岸海域从北至南的重要河口、海湾、滩涂湿地、珊瑚礁、红树林和海草床等生态系统，其顺利出版标志着我国海洋生态环境监测工作取得了阶段性成果。

　　谈及我国近岸海域生态环境状况，不得不用"堪忧"二字来形容。在陆源污染、大规模围填海和过度捕捞等人类活动影响下，我国近岸海域全面呈现富营养化，赤潮、绿潮等海洋生态灾害频发，部分重要海洋生境丧失，一些经济鱼类的产卵场和洄游通道遭受破坏，渔业资源向小型化、低龄化演变，近岸海洋生态系统的结构和功能明显受损。本书分析了我国近海污染状况、生态破坏状况、典型海域和重要水域的海洋生态状况等，提出海洋生态保护和海洋经济可持续发展的对策与措施，这些恰恰是当前我国海洋生态保护与管理亟需掌握和解决的问题。

《我国近岸海域生态环境现状及发展趋势》一书，有别于以往同类书籍的是，它的监测区域和范围时空跨度大、数据量多，基本覆盖了我国近岸典型海洋生态系统和重要渔业水域，对我国近岸海域生态环境状况的评估也更为全面和科学，在海洋生态保护的对策与措施阐述上见解独到。该书适用于海洋科学研究、教学、管理等多个领域，能够为海洋污染和生态灾害防治、生态系统和生物多样性保护、公众用海健康安全、海洋经济可持续发展等提供参考，希望本书能够对广大海洋学者和海洋管理者有所帮助。

于徳从

中国工程院院士

2016年7月

前　言

Foreword

海洋被称为国防的前哨、贸易的通道、资源的宝库、云雨的故乡、生命的摇篮。我国是海洋大国，海洋环境和海洋资源在我国经济社会发展中起着重要作用。自 20 世纪 80 年代改革开放以来，我国经济建设高潮首先在沿海地区掀起，珠江三角洲、长江三角洲和环渤海三大经济区先后崛起，很快成为我国经济实力最强的经济核心地区，引领着全国社会经济的飞速发展。进入 21 世纪后，沿海各省、市、自治区的沿海经济区（带）建设规划也陆续纳入了国家发展战略。随着沿海地区社会经济的发展，人口向沿海地区集中，加快了全国工业化和城镇化进程。据统计，近年来，我国沿海地区以 14％ 的陆域土地，承载了全国约 43％ 的人口，分布了 50％ 以上的大型城市，创造了 60％ 以上的国内生产总值，生产了约 86％ 的出口产品。2013 年全国海洋生产总值达 5.4 万亿元，占国内生产总值的 9.5％。

从 20 世纪 70 年代开始，我国海洋环境保护事业随着经济社会的发展而不断发展，大致经历了三个发展阶段：一是污染防治阶段；二是污染防治与生态保护并重阶段；三是全面建设海洋生态文明阶段。国家对海洋生态环境状况及问题特征的调查、监测与认知也不断深化，从 1989 年国家海洋局组织开展的“全国海洋生态问题调研”项目开始，到 2003 年国家海洋局开展“中国近岸海域海洋生态问题研究”项目，分别先后两个阶段对我国海洋生态环境现状及发展趋势进行了评价；之后，阶段性的海洋生态环境专项调查与研究已转化为每年例行的业务化海洋生态环境监测，使得对海洋生态环境状况、趋势、问题及社会经济活动根源的认知进一步深化。作为继承和衔接，本书从我国海域整体和区域两个层面总结和评价了近年来（2004—2010 年）我国近岸海域生态环境存在的问题及变化趋势，认为我国海洋生态环境问题大致可归纳为如下五个方面：① 陆源和海上污染物造成的污染和富营养化已引起近岸海域环境质量的严重下降；② 与污染有关的生态灾害和环境事件频繁发生；③ 因开发活动引起的生态环境破坏，已使多数重要生态系统处于亚健康和不健康状态；④ 由于持续过度利用，已造成渔业资源严重衰退和沿海地下水资源枯萎；⑤ 因环境污染、生境破坏和利用过度等综合因素，已使许多珍稀物种处于濒危状态，诸多重要海洋生态功能区受损。与前两个阶段的评价结论相比，可以看出，40年来我国海洋生态环境问题总体上呈现出多元化、扩大化、严重化的变化趋势。

我国政府对海洋生态环境保护工作一直高度重视，在机构体制、法律法规和规范标准等建设上，在污染防治、生态环境监测、生物多样性和湿地保护、自然保护区建设等工作上付出了诸多努力，也取得了一定进展。但必须正视这样一个现实：我国海洋生态环境整体恶化趋势的局面还未得到根本扭转，其造成的损失及负面影响还在扩大！我国海洋生态环境保护工作具有突出的复杂性和艰巨性，任重而道远。为此，国家海洋局将努力实现"基本遏制海洋生态环境恶化或退化趋势"，并决心加大力度，把实现这一目标作为当前重中之重的工作之一。

近年来，有关生态系统生态功能及其评估方法的研究，极大地促进了环境科学和环境保护事业的发展。其成果不仅提醒人们，自然生态系统的生态功能是人类赖以生存和发展的基础，是人类的自然资本，并且明确表明生态功能是可以用价值评估方法加以货币化的，进而提出了在开发利用自然环境和自然资源时，应该而且必须加入生态成本核算，不能只顾眼前的、局部的和单纯的经济利益而忽视生态功能的损害。保护生态环境的最终目的应该是：保护各类重要生态系统及其持续发挥的重要生态功能，为人类社会经济的可持续发展提供良好的海洋环境和丰富多样的海洋资源。本书在第一章中着重介绍了我国重要海洋生态功能及生态功能区的分布，目的是为了它们能够得到应有的了解、关心和珍惜。

人类与自然的关系基本上经历了这样四个时期：人类依赖和敬畏自然时期；人类改造和征服自然时期；人类屡遭自然报复和惩罚时期；人类追求与自然和谐相处的生态文明时期。现在，我们正处在后两个时期的过渡时期。本书在后续章节针对我国现存的海洋生态环境问题及其产生原因、措施和对策部分进行了深层次的探讨，旨在为海洋生态保护与管理提供参考。

本书编写历时两年有余，在编写过程中得到了国家海洋环境监测中心领导和专家的大力支持、相关科室的鼎力相助，特别是得到了沈亮夫、史鄂侯两位老师的悉心指导和无私帮助，在此一并致以衷心的感谢。

韩庚辰

2013年于大连

目 录
Contents

第一章 海洋自然环境和生态功能概况

第一节 海洋自然环境概况

一、海岸

（一）海岸基本轮廓

我国海域分渤海、黄海、东海和南海四个海区。北面从中朝交界的鸭绿江口，南面到中越边境的北仑河口，大陆海岸线全长逾 1.8×10^4 km。

我国海岸和陆架的基本轮廓，奠定于第四纪全新世海侵以前发生的新构造运动。新华夏构造是控制我国海岸和陆架的主要构造体系，并形成我国沿海地形的基本格局。受北东向深大断裂构造控制和北东、北西向两组交叉的"X"形断裂构造的影响，我国长江口以北经渤海湾直至鸭绿江口海岸，基本呈西北和北东向展布，与陆地唇齿相依的大陆架也是按北东向展布；长江口以南海岸基本上沿着北东和北北东向断裂分布，大多数岛屿也按北东和北西构造方向分布。沿岸的河流和河口也受"X"形构造影响，多沿北西向展布。

（二）海岸类型

由于各地地质构造控制因素、岩性和原始地貌的不同，加之各种形式的垂直升降运动等内外营力的叠加作用以及生物因素的不同，我国海岸类型极其多样。主要海岸类型可分为基岩海岸、砂砾质海岸、淤泥质海岸和生物海岸四大类型。

基岩海岸是我国分布最广的海岸，多为山地丘陵海侵形成。主要分布于辽东半岛、山东半岛、冀东以及杭州湾至北仑河口的整个华南海岸。基岩海岸的岸线曲折，深水逼岸，地形起伏，奇峰林立，岬角和海湾相间，沿岸岛屿罗列，多深水海湾。我国有150多个面积大于 10 km^2 的海湾，自北向南主要有普兰店湾、大连湾、胶州湾、杭州湾、象山湾、乐清湾、三都澳、罗源湾、湄洲湾、厦门湾、柏林湾、大鹏湾、大亚湾、广州湾、洋浦湾等。

砂砾质海岸主要分布于我国长江口以北的江淮平原、华北平原和辽河下游平原的海岸。部分海岸属第四纪以来的长期下沉区，沉积物巨厚，岸线平直，滩涂宽阔，地貌类型相对简单。除上述区外，我国华东、华南沿海河口区多为砂质海岸，沉积厚度相对较薄。砂质海岸由于风力的吹扬，沙粒搬运堆积成沙丘岸，主要出现在辽西、冀东、山东、广西等沿海。

淤泥质海岸主要分布于各主要河口地区。由于波浪、潮汐与河流等动力因素作用的不同，形成各式各样的海蚀与海积岸。辽河、滦河、黄河、长江、钱塘江、韩江、珠江等河口为典型的三角洲岸和三角湾岸。闽南多溺谷型岸，辽东半岛东部的鸭绿江、大洋河口沿岸、渤海湾和苏北东部等均属于淤泥质海岸。

生物海岸包括红树林和珊瑚礁两种海岸。红树林海岸主要分布在广东、广西、海南沿岸，福建和台湾南部沿岸也有分布；珊瑚礁海岸主要分布在南海诸岛、海南沿岸、雷州半岛西南部沿岸、澎湖列岛和台湾南部及其邻近岛屿。

海岸类型是决定生物生态类型的重要因素。如，藤壶、牡蛎、贻贝和大型藻类等固着性生物只能分布于基岩海岸和少数砂砾海岸；而沙蚕、毛蚶、蛤仔和缢蛏等底埋生物一般只分布于淤泥和砂质海岸；红树林仅分布于气候温暖、盐度较低海潮周期性淹浸的淤泥质河口滩涂区。

二、海岛

据不完全统计，我国有面积大于 $500\ m^2$ 的岛屿约 7 000 个。其中，有居民的岛屿约 450 个，总面积约 $8 \times 10^4\ km^2$，岛岸线总长 $1.4 \times 10^4\ km$。

我国多数海岛呈岛链状镶嵌在大陆近岸海域，少数呈群岛形式星罗棋布于远海之中。四个海区中，东海岛屿数量最多，约占全国海岛总数的 2/3，仅浙江沿岸海域就有 3 000 多个，而且分布比较集中。大岛、群岛也较多，如台湾岛、崇明岛、平潭岛、东山岛、金门岛、厦门岛、玉环岛、洞头岛，还有舟山群岛、南日群岛、澎湖列岛等。另有钓鱼岛、赤尾屿等几个小岛分布于东海东部。南海岛屿的数量居第二，有 1 700 多个，约占我国海岛总数的 1/4。主要大岛和群岛有海南岛、东海岛、上川岛、下川岛、大濠岛、香港岛、海陵岛、南澳岛、涠洲岛和万山群岛等，远离大陆的南海诸岛，属于珊瑚礁岛群。黄海岛屿数量较少，只有 500 多个，主要分布于黄海北部和中部的我国大陆一侧和渤海海峡，多为面积小于 $30\ km^2$ 的小岛，并主要以群岛形式分布（长山群岛和庙岛群岛）。渤海是我国海岛数量最少的海区，只在沿岸有零星分布，现存主要海岛有菊花岛、石臼坨和桑岛等。

沿岸岛屿是大陆的屏障，往往是不同流系的交汇区，是天然形成的鱼礁区。由于大多人为干扰较少，潮间带动植物丛生，潮下带生物集聚，周边海域生物资源丰富多样。我国著名的长山群岛、庙岛群岛、舟山群岛、万山群岛、南日群岛、川山群岛等海域都是我国重要渔业资源的繁育场或洄游通道。南海诸岛的东沙群岛、西沙群岛、中沙群岛和南沙群岛皆由珊瑚礁形成的数百个岛、礁、滩、沙和暗沙构成。南海诸岛海域有旗鱼、箭鱼、鲨鱼、金枪鱼和金带梅鲷等鱼类 538 种，有白鲣鸟、军舰鸟、蓝翡翠鸟、锈眼鸟等鸟类 60 多种，还有大量珊瑚、海龟、玳瑁、鹦鹉螺、库氏砗磲等珍稀海洋动物。因此，海岛海域往往具有构成独特的海洋生态系统。

三、沿岸水系

（一）入海河流

我国地形的总轮廓为西高东低，大陆斜面自西向东逐级下降形成三大地形阶梯。入海河流发源地均集中分布于三大地形阶梯，顺大陆斜面自西向东或向南注入海洋。源于最高一级阶梯青藏高原的长江、黄河，是亚洲大陆的最大江河。源于第二级阶梯大兴安岭、冀晋地区、云贵高原的河流有：辽河、海河、淮河、西江、元江，它们的长度仅次于长江、黄河。源于第三级阶梯长白山地、山东丘陵、东南沿海丘陵山地的河流有：鸭绿江、钱塘江、闽江、九龙江、东江、北江等，均处于降水充沛的沿海地带。海南岛地势中部高、四周低，组成辐射状水系，从中部向四周流入海洋。我国共有入海河流 1 500 余条，其中长度大于 150 km 的河流有 60 余条。在河流入海处多形成宽广的三角洲湿地。北方三角洲湿地多分布芦苇丛，而南方多红树林。

（二）径流量和输沙量

受季风和地形的影响，各地水系发育程度和入海径流量各不相同。淮河以北河网密度多数在 0.5 km/km² 左右，而长江三角洲和珠江三角洲则高达 1.2 km/km²，是我国河流网密度最大的区域。我国大陆主要河流多年平均入海总径流量近 149 000 × 10⁸ m³。其中，长江 9 414 × 10⁸ m³，黄河 423 × 10⁸ m³。注入黄海、渤海的径流量占总径流量的 15.5%，注入东海的占 35.1%，注入南海的占 49.4%。我国 50% 以上的径流量集中在雨季，但南北各不相同。长江以北为 3－9 月或 7－10 月，钱塘江以南为 3－6 月或 5－8 月。径流量的年际变化，南方五省市较小，北方（除河北外）较大。

我国每年入海河流总输沙量约 17.2 × 10⁸ t，其中黄河和长江输沙量分别为 10.06 × 10⁸ t 和 4.86 × 10⁸ t。输入不同海区的沙量，渤海占 65%，东海占 28.5%，南海占 6.0%，黄海占 0.5%。

入海河流的径流量和输沙量的不同及其季节差异是造成我国不同海区近海水文和水质差异的重要原因（表 1-1）。

表1–1　我国主要入海河流的径流量及输沙量

河流	注入海区	平均年径流量 （×10⁸m³）	枯水月	丰水月	平均年输沙量 （×10⁸t）
辽河	渤海	118	1－2	7－8	0.20～0.25
海河	渤海	154	1－2	7－8	0.09
黄河	渤海	423	1－2	7－8	10.06
鸭绿江	黄海	345	12－2	6－8	0.02
长江	东海	9 414	12－2	6－9	4.86
钱塘江	东海	463	11－12	6－9	0.07
闽江	东海	662	11－2	5－9	0.08
赣江	南海	260	12－1	5－9	0.07
珠江	南海	3 457.8	12－1	5－9	0.83

河流是海洋陆源物质输入的重要通道，是维持近岸海域物质和能量收支平衡、支持海洋生物生产力的物质来源。在自然界，河流并非只是将陆源物质输入海洋，通过溯河性鱼类等的洄游，也将海洋物质（鱼类等生物即是活的有机物）输送到大陆，因此河流是参与海陆物质循环和能量流动的重要通道。

四、水文气象

（一）海水温度

我国海域横跨热带、副热带和温带三个气候带，南北气候差异显著，类型多样。季风是影响我国海洋气候的主要因素。

我国海域水温的年均值自北向南逐渐增高，而年较差由北向南逐渐减少。沿岸海域水温受季风影响，夏季由岸向海逐渐降低，南北相差不大，变化范围介于 27～31℃之间；冬季沿岸水温低、外海水温高。等温线走向与海岸线走向基本平行。

水温是控制生物种类分布的最重要因素。我国海洋生物已记录到 22 629 种。自北至南，随着海水年均温度呈越来越高的梯度变化，海洋生物种类数量也越来越多，例如黄海、渤海海区鱼类约有 291 种，东海大陆架海区鱼类有 727 种，南海北部大陆架海域鱼类有 1 064 种。多数暖水种类仅分布于南海和东海，也有不少暖水性种类扩展到黄渤海区，但冷水种类只分布于黄海北部和中部的深水区。

（二）海水盐度

我国海域的海水盐度与水温变化有许多一致性。在河口地区，由于大量冲淡水的进入，其盐度低于周围海域。长江以北入海河口海域，由于丰水期与枯水期径流量的明显变化，其盐度的年变化要大于长江以南各河口海域。在南海，外海高盐度海水常直逼岸边。

黑潮海水因具高温、高盐的特征，对我国海域的水文气象、渔场变化、海雾消长、渤黄海的冬季冰情以及我国东部地区的旱涝都产生直接的影响。

海水盐度也是控制生物分布的重要因素。河口和沿岸海域多为低盐种类和广盐性种类的分布区。我国一些重要洄游性经济生物到河口和沿岸海域产卵的时节，是与这些水域正处于雨季低盐期相一致的。一般而言，我国海域的盐度分布，与大陆海岸线平行呈离岸上升趋势。在大江大河的河口海域，则多呈复杂的同心圆状的梯度变化。

（三）海流和潮汐

黑潮起源于北赤道流，可分为台湾暖流、对马暖流、黄海暖流及黑潮西支流四个支流。沿岸流系由江河入海径流和盛行季风所产生的风海流组成。渤海沿岸流系分布在 20 m 水深以内的沿岸海区，与深入渤海的黄海暖流共同作用形成冬、夏两季环流方向基本相同的海流系统。黄海沿岸流北接渤海沿岸流，又称为苏北沿岸流，冬强夏弱，流向终年向南或西南的黄海低盐水，流幅范围限于距岸 37～47 km 海域。南海沿岸流流向随风而变，夏季西南季风时流向东北向，冬季东北季风时流向西南向，其流幅冬、夏各异。

我国海域的潮流系统以半日潮为主，海域不同潮流性质亦有明显差异。其中，南海潮流性质比较复杂。在四个海区中，东海潮差最大，黄海、渤海次之，南海最小。渤海沿岸平均潮差为 0.7～2.71 m，以营口、塘沽最大，超过 2.50 m；黄河口神仙沟最小，仅为 0.20 m。黄海沿岸平均潮差 0.79～3.71 m，成山头最小，仅为 0.75 m。潮差分布趋势为：大连至鸭绿江口为 1.90～4.30 m，海州湾顶为 3.40 m，苏北沿岸为 2.50～3.00 m，其余地区均小于 2 m。东海沿岸潮差普遍较大，平均值为 1.65～5.54 m。其中，长江口较小，平均值为 2.50 m；杭州湾最大，平均值达 4.00 m 以上，最大值为 8.93 m。

海流和潮汐是海洋生物的重要生态因素，且具有明显的周期性。因潮汐引起的周期性海水运动，起到输送营养物质和饵料，移走废物，使得移动性不强和固着生活的底栖生物获得生活保障，对它们而言这是重要的能量补充；潮汐节律还决定了许多海洋生物的摄食和生殖行为；海流更是决定或影响洄游性鱼虾蟹类洄游活动的重要因素。

第二节　海洋生态功能概况

一、海洋生态功能分类

生态系统生态服务功能（亦称生态系统生态功能等）的研究成果，极大地提高了人们对自然生态系统在人类生存发展中重要性的认识，对生态保护起到了前所未有的推动作用。其研究的重要目的之一，是要在相似性、重要性、敏感性等分析基础上，明确重要生态服务功能类型及其空间分布，确定需要重点保护的生态系统，以期采取必要的限制开发及禁止开发等措施，确保其相对稳定及生态功能的正常发挥，为人类经济社会的可持续发展提供不可或缺的环境和生态支撑。

在《全国生态功能区划》中，将生态服务功能分为三大类型，即：生态调节功能，产品提供功能和人居保障功能。参照此分类方法，结合我国海岸带及海域生态系统特点、海洋开发利用历史和现状，重要海洋生态系统的主导生态功能可归纳为三大类共 11 项（表 1-2）。

表1-2　重要海洋生态功能类型

生态功能大类	次级生态功能	生态系统类型	生态功能说明
生态调节功能	资源性生物繁育	河口、海湾、近岸和岛屿海域	为众多海洋资源性生物的发生地和育幼场，起着补充种群数量、维护群落结构相对稳定和区域生态平衡的重要作用
	生物多样性维护	滨海湿地、红树林、海草床和珊瑚礁等	起到湿地次级生态系统、湿地物种和遗传基因多样性聚集区和维护区的作用
	珍稀物种保护	红树林、珊瑚礁、海草床、滨海湿地、近岸海域和岛屿等	作为许多世界级、国家级和地方级珍稀濒危物种的重要栖息地、迁徙驿站或洄游通道，起着天然庇护所的作用
	泄洪防潮	重要城镇毗邻的河口、滨海湿地、红树林和珊瑚礁等	具有泄洪防涝、消能防潮、保护一方平安的天然屏障作用

续表

生态功能大类	次级生态功能	生态系统类型	生态功能说明
产品提供功能	捕捞产品提供	近岸、岛屿、上升流等海域	为人类可持续地直接提供鱼虾蟹贝藻等野生海产品及相关材料产品
	养殖产品提供	浅海、滩涂和海湾	通过增养殖（港圈、滩涂和浅海增养殖）方式为人类可持续地提供鱼虾蟹贝藻类等养殖海产品及相关材料产品
	盐产品提供	滩涂及潮上带	可持续地为人类提供盐产品及相关化学产品
	农林牧产品提供	临海平原和丘陵	可持续地为人类提供水稻、芦苇、玉米、水果、木材、薪材、牛和羊等农林牧产品及相关生物材料产品
	景观产品提供	海湾、河口、岛屿、沙洲及临海湿地、山岳、森林等	为人类提供重要海洋自然景观（沙滩沙坝、奇礁异石）、地质遗迹景观（地质公园）、森林景观（森林公园）等，满足人类文化、娱乐、休闲和认知等需求
人居保障功能	城市（地级市市区）建设	临海平原、丘陵和河口三角洲	为人类提供适宜的生活、生产和居住空间，包括住宅、交通、工业、商业、运动、娱乐、绿道和公园等城市及乡镇的附属服务设施的用地用海
	城镇（县级市、乡镇）带建设	临海平原、丘陵和河口三角洲	

二、重要海洋生态功能区分布

（一）生态调节功能区

1.资源性生物繁育功能区

河口、海湾和近岸海域，常常是众多资源性生物的优良繁育场。繁育场是一个重要的生态调节功能区，这是因为首先它是许多海洋生物的产卵场、育幼场和索饵场。据初步估算，渤海、黄海、东海北部的重要渔业资源近一半是在辽东湾、渤海湾和莱州湾三大繁育场产生，因此繁育场在补充和调节区域生物种群数量、维护正常群落结构和生态平衡中起着极为重要的作用。新生鱼虾蟹类集群性的越冬洄游活动，不仅使它们可以有效地利用沿途和越冬场的环境资源和食物资源，而且在促进繁育场和其他海域（或湖、河）之间的物质、能量流动中起着重要作用。繁育场的形成，是生物长期进化和适应环境的结果。它需要具有适宜的温度、盐度和丰富的营养盐类以生产足够的饵料生物。除此之外，还需要隐蔽平静的环境、适宜的底质和其他水文条件等。传统繁育场一旦遭到破坏，将危及区域生态安全，并在短期内不易恢复。

洄游性鱼虾蟹类繁育场可分为河口海湾型、近岸和沿岛海域型两个类型。我国河口海湾型繁育场主要有鸭绿江口、辽河口、滦河口、海河口、黄河口、长江口、钱塘江口、甬江口、灵江口、瓯江口、闽江口、九龙江口、韩江口、珠江口、潭江口、南流江口、钦江口等大江大河的河口海域；近岸和沿岛海域型繁育场主要有长山群岛、烟台－威海近岸、石岛－青岛近岸、舟山群岛、浙－闽近岸、南日群岛、汕头－南澳岛近岸、万山群岛、川山群岛、南澳－徐闻近岸、海南高临角－东方八所港近岸、大洲岛－凌水赤岭湾近岸等海域。

2.生物多样性维护功能区

按照联合国 1993 年《关于特别是作为水禽栖息地的国际重要湿地公约》中的湿地定义，湿地系指"不问其为天然或人工、长久或暂时性的沼泽地、泥炭地或水域地带、静止或流动、淡水、半咸水、咸水体，包括低潮时水深不超过 6 m 的水域"。湿地可包括珊瑚礁、滩涂、红树林、湖泊、河流、河口、沼泽、水库、池塘、水稻田等。

生物多样性主要是指生态系统、生物物种和遗传基因三个生物学层次的多样性。其中，生态系统多样性是生物物种和遗传基因多样性的基础。不同地区生物多样性的保护价值取决于生态系统的典型性、生物物种的丰富度及珍稀濒危动植物种类的重要性等。在集中连片的滨海湿地，坑、塘、泡、沼等次级生态系统多样，空间结构复杂，水生植物丰茂，既为众多野生动物的栖息和繁衍提供了适宜生境，也为许多南来北往迁徙鸟类提供重要停歇和觅食、饮水场所，因而湿地也是生物物种多样性的集中分布区，起着湿地野生动植物庇护所和保护区的作用。湿地不仅具有维护着当地和区域、甚至洲际生物物种多样性的功能，而且由于生物的作用，具有蓄养径流、固定能量、调节气候、积储营养和净化环境等生态调节功能。因此湿地被称为"生命的摇篮""鸟类的乐园"和"地球之肾"。在滨海湿地的众多生态功能中，生物多样性维护功能最为重要，它是滨海湿地的主导生态功能。

我国滨海湿地分布广泛，黄渤海海区主要有：辽东湾北部滩涂湿地、渤海湾西部滩涂湿地和莱州湾南部滩涂湿地、辽东半岛东侧鸭绿江口西侧滨海湿地、胶东半岛南北岸滨海湿地以及苏北沿岸滩涂湿地等。东海区主要有：长江口崇明东滩湿地、杭州湾湿地、象山港湿地、三门湾湿地、乐清湾湿地、沙埕湾湿地、湄洲湾湿地等。南海区主要有：汕头港滨海湿地、红海湾滨海湿地、大亚湾滨海湿地、大鹏湾滨海湿地、珠江三角洲湿地、北津港滨海湿地、湛江港滨海湿地、雷州湾滨海湿地、英罗湾滨海湿地、北海湾滨海湿地、防城湾滨海湿地及钦州湾滨海湿地等。

3.珍稀物种保护功能区

某些海域和岛屿，因其特殊的生态环境，往往是某一种和几种珍稀濒危物种的迁徙驿站、或洄游通道、或重要栖息场所，起着这些物种聚集地、天然避难所和保护区的作用。此类地区，现已大多建立了物种和生态系统类型的各级自然保护区（包括部分水产种质资源保护区等）。依据其保护区级别和保护对象的珍稀濒危程度可区分其相对重要性。

我国已建立的以重要珍稀濒危物种为主要保护对象的海洋自然保护区，黄渤海区：辽宁蛇岛—老铁山国家级自然保护区、大连斑海豹国家级自然保护区、荣成大天鹅国家级自然保护区、盐城珍稀鸟类国家级自然保护区、石城岛黑脸琵鹭自然保护区（市级）等；东海区：象山韭山列岛国家级自然保护区、厦门海洋珍稀生物国家级自然保护区、长乐海蚌资源增殖保护区（省级）等；南海区：惠东港口海龟国家级自然保护区、珠江口中华白海豚国家级自然保护区、合浦儒艮自然保护区、雷州珍稀海洋生物国家级自然保护区、海南铜鼓岭国家级自然保护区、东山珊瑚礁自然保护区（省级）、江门中华白海豚省级自然保护区、琼海麒麟菜省级自然保护区、儋州白蝶贝省级自然保护区、文昌麒麟菜省级自然保护区和临高白蝶贝省级自然保护区等。

4.泄洪防潮功能区

就海洋生态功能而言，泄洪防潮区主要分布于毗邻重要城镇群的河口区、连片的滩涂区、红树林和沿岸珊瑚礁区。其中，毗邻重要城镇群的河口区自古就是极重要的泄洪防潮区。因此，维持河流入海口河道的通畅，确保汛季泄洪顺畅，是保护河流下游甚至中游城镇免遭洪涝灾害的重要保障。而滩涂区、红树林区和沿岸珊瑚礁区同样具有防潮消能的天然调节作用，因而滩涂、红树林和近岸珊瑚礁区也具有天然屏障的生态功能。

我国主要泄洪防潮功能区：黄渤海区主要有辽河口泄洪防潮区、海河口泄洪防潮区、黄河口泄洪防潮区、小清河口泄洪防潮区等。东海区主要有长江口泄洪防潮区、甬江泄洪防潮区、瓯江口泄洪防潮区、闽江口泄洪防潮区和九龙江口泄洪防潮区等。南海区主要有珠江口泄洪防潮区等。

（二）产品提供功能区

1.捕捞海产品提供功能区

海洋的重要特点之一，便是不断地为人类提供大量野生海产品，人类只需采用捕捞方式即可直接获取和利用。该生态功能区即为捕捞海产品提供功能区或渔场。

2010年我国渔场的捕捞量为 $1\,203.59 \times 10^4\,t$，其中，鱼类产量占绝对优势，为 $825.51 \times 10^4\,t$；虾蟹类产量 $204.33 \times 10^4\,t$；头足类产量 $65.83 \times 10^4\,t$。

2010年拖网渔获率较高的渔场，黄渤海区以烟威渔场、石岛渔场、石东渔场、连青石渔场、连东渔场和莱州湾渔场等为主；东海区以闽东渔场、温台渔场、长江口渔场、鱼山渔场、沙外渔场和舟山渔场等为主；南海区以中沙东部渔场、南沙东北部渔场、粤西及海南岛东北部渔场、北部湾北部渔场、珠江口渔场等为主。围网渔获率较高的渔场，黄渤海区以石东渔场、连青石渔场等为主；东海区以温外渔场、温台渔场、闽东渔场、江外渔场、鱼外渔场和舟外渔场等为主；南海区以粤东渔场、台湾浅滩渔场、海南岛东南部渔场、北部湾南部及海南岛西南部渔场等为主。

2.养殖海产品提供功能区

本区的特点是将海域作为农牧场，投以适生苗种，利用生态系统的自然生产力和环境条件，再辅以精心管理（或投饵），待苗种长成后进行收获和利用。该生态功能区即是养殖海产品提供区。

2010年，我国全年海水养殖产量为 $1\,482.30 \times 10^4\,t$。其中，藻类产量 $154.13 \times 10^4\,t$；贝类产量 $1\,108.23 \times 10^4\,t$；甲壳类产量 $106.11 \times 10^4\,t$；鱼类产量 $80.82 \times 10^4\,t$。海水养殖总面积为 $208.088 \times 10^4\,hm^2$。自20世纪50年代以来，我国海水养殖业经历了藻类、贝类、虾类、鱼类和海珍品全国性的养殖高潮。迄今养殖种类不断增多，养殖方式不断创新，养殖区分布不断拓展。

黄渤海区的养殖海产品提供功能区主要有：辽东湾北部盘锦和凌海鱼虾参类港湾和贝类滩涂养殖区、黄河三角洲鱼虾类港湾和贝类滩涂养殖区、辽东半岛东岸的东（沟）庄（河）普（兰店）沿岸鱼虾参类港湾和贝类滩涂养殖区、大连市区东部鱼贝参类浅海和海珍品底播养殖区、长海县鱼贝类浅海和海珍品底播养殖区、烟台庙岛贝类浮筏和海珍品底播养殖区、胶东贝类浮筏和海珍品底播养殖区、连云港鱼虾类港湾和贝类滩涂养殖区、苏北盐城至南通沿岸贝类滩涂养殖区等。东海区主要有：象山湾鱼蟹贝藻类浅海和鱼虾类港湾养殖区、舟山鱼蟹贝藻类浅海和鱼虾类港湾养殖区、乐清湾贝类滩涂和洞头鱼藻类浅海养殖区、苍南藻类筏架和贝类滩涂养殖区、宁德三都湾鱼类网箱养殖区、福鼎沙埕湾鱼类网箱养殖区、福州罗源湾鱼类网箱养殖区、平潭鱼藻类浅海和贝类底播养殖区、闽江口贝藻类浅海和底播养殖区、厦门贝藻类浅海和底播养殖区等。南海区主要有：广东柘林湾鱼贝类网箱和吊养养殖区、深圳南澳鱼贝类网箱和筏式养殖区、大亚湾鱼贝类网箱和虾类港湾养殖区、潮州蛤类底播养殖区、汕头牡蛎吊养和底播养殖区、江门浮筏养殖区、阳江牡蛎吊养和底播养殖区、茂名牡蛎吊养和底播养殖区、湛江牡蛎吊养和底播养殖区、广西涠洲岛鱼贝类浅海和筏式养殖区、钦州鱼类网箱和贝类底播养殖区、北海鱼类和珍珠贝浅海养殖区、海南陵水鱼虾贝类浅海养殖区等。

3. 盐产品提供功能区

盐既是人类生活的必需品，又是重要的化工原料，因而历来是国家重要战略物资。海盐，包括卤水和盐化工产品，是海洋为人类提供的又一种重要的可再生海产品。我国海盐业历史悠久，可追溯到春秋战国时代。我国有漫长的海岸，大多地势平坦，滩涂广阔，很适于建滩晒盐。渤海、黄海沿岸年蒸发量大，并有明显的干季。东海、南海沿岸气温较高，除雨季外也有干季，一般均有晒盐条件。因此，我国北起辽东半岛，南到海南岛，几乎都有盐场分布。2010 年，全国海盐产量 $3\,286 \times 10^4\,t$。

黄渤海区的辽宁、天津、河北、山东和江苏，集中了我国四大产盐区，即长芦盐区、辽东湾盐区、莱州湾盐区和淮盐产区（江苏淮河口两侧盐田）。长芦盐区：包括乐亭、滦南、唐海、汉沽、塘沽、黄骅、海兴等县区盐场；辽东湾盐区：包括复州湾、营口、金州、锦州和旅顺5 大盐场。莱州湾盐区：包括烟台、潍坊、东营、惠民等 17 个盐场。淮盐产区：包括连云港、盐城、淮阴和南通 4 市的 13 个县区盐场。东海区主要有：浙江岱山、慈溪、象山、宁海、余姚和乐清盐场，福建福清、莆田、晋江、同安、南安、诏安、惠安和漳浦等地盐场。南海区主要有：广东阳江盐场、雷州盐场、徐闻盐场和电白盐场，海南乐东莺歌海盐场、东方盐场和三亚榆亚盐场等。

4. 农林牧产品提供功能区

统筹城乡发展，大力发展现代农林牧业，繁荣农村经济是我国沿海经济带发展战略的重要内容之一。

农林牧产品是生态系统中可再生的动植物产品。我国临海平原、丘陵、草原和湿地，不仅是重要的水稻、玉米、高粱、棉花、糖蔗、芦苇等农产品的提供区，也是沿海地区海防林、水源涵养林、水土保持林、风景林、薪材林、果林（苹果、柑橘、荔枝和龙眼）等林种的分布区，具有极为重要的生态学和经济价值。还有重要的畜牧区，为人类提供着牛、羊等畜产品。这些地区往往原是不断淤长型的滩涂，地势平坦，经历过农林牧开垦后而成为农林牧产品基地的。

黄渤海区主要有：辽河三角洲水稻芦苇种植区、辽西走廊农林区、黄河三角洲的农林牧围垦区、辽东半岛东岸农林区和苏北棉花芦苇种植区等；东海区主要有：浙东柑橘种植区、浙南糖蔗柑橘种植和畜牧区、漳州龙眼荔枝等生产区、泉州龙眼荔枝等生产区、莆田龙眼荔枝等生产区、宁德龙眼荔枝等生产区等；南海区主要有：珠江口荔枝香蕉等水果和创汇蔬菜生产区、粤西禽畜饲养和糖蔗荔枝龙眼等生产区、海南岛糖蔗咖啡椰子等水果和橡胶等热带作物生产区等。

5. 景观提供功能区

海洋自然景观属于海洋生态系统提供的一种自然产品。由于分布区位不同、规模大小差异、奇特程度高低等因素，其利用价值差异很大。许多海洋自然景观与历史文化遗迹连接成网，特别是与城市毗邻的那些海洋自然景观，往往成为城市的组成部分，因而在开发利用程度、知名度和经济价值等方面均明显提高。随着社会经济的发展和人们生活水平的提高，海洋自然景观作为一种观赏、文化、娱乐等的重要自然资源，总体价值都在不断提升。海洋景观是各种类型海洋生态系统的外貌，可持续利用，但一经破坏，基本不可再生。

我国具有重要价值的海洋景观众多，主要有海岸侵蚀景观区、河口景观区、岛屿景观区、沙滩沙坝景观区和滨海山岳景观区等。

黄渤海区主要有：大连海岸侵蚀景观区、烟台海岸侵蚀景观区、兴城海岸沙滩沙坝景观区、抚宁海岸沙滩沙坝景观区、昌黎海岸沙滩沙坝景观区、连云港海岸沙滩沙坝景观区、鸭绿江口河口景观区、辽河口河口景观区、滦河口河口景观区、海河口河口景观区、黄河口河口景观区、长山群岛岛屿景观区、庙岛群岛岛屿景观区、辽宁大孤山滨海山岳景观、河北碣石山滨海山岳景观和山东崂山滨海山岳景观等；东海区主要有：定海海岸侵蚀景观区、苍南海岸侵蚀景观区、平潭海岸侵蚀景观区、长江口河口景观区、钱塘江口河口景观区、甬江口河口景观区、灵江口河口景观区、瓯江口河口景观区、闽江口河口景观区、九龙江口河口景观区、舟山群岛岛屿景观区、洞头岛屿景观区、雁汤山滨海山岳景观区等；南海区主要有：海南西海岸侵蚀景观区、韩江口河口景观区、珠江口河口景观区、潭江口河口景观区、南流江口河口景观区、钦江口河口景观区、南澳岛岛屿景观区、万山群岛岛屿景观区、上下川岛岛屿景观区、海陵岛岛屿景观区、东海岛岛屿景观区、涠洲岛岛屿景观区、西沙群岛岛屿景观区、南沙群岛岛屿景观区、广东莲花山滨海山岳景观区和广西罐头岭滨海山岳景观区等。

（三）人居保障功能区

1. 城市建设功能区

大中城市是人类自身必需的集中栖息地。为人类提供适宜的栖息地是海洋生态服务功能中的人居保障功能，许多大中城市等人口密集区或工业园区都地处临海地带。城市生态功能区，可简称为城市区。

2. 城镇带建设功能区

郊区城镇化是大中城市旧区拆迁改造、见缝插针建房之后的必然趋势。目前，沿海大中城市的发展趋势：一是采取由市区向四周郊区扩展；二是在沿海乡镇和建设临海产业带进行发展。在那里建设一批卫星城镇或工业城镇，形成一个多层次、多中心的城镇体系。因此随着经济的日益发展、交通条件的不断改善、生活水平的逐步提升，在一些条件较好的临海乡镇和地区，往往是最具吸引力的大中城市重新布局人口和生产力的地区。在许多省市沿海经济带发展规划中，即体现了这种以大中城市为中心，建成"多中心"串珠式外延的发展战略。大中城市郊区的临海卫星县（市）和乡镇带，称之为城镇带功能区。

黄渤海区主要有：大连、营口、锦州、葫芦岛、秦皇岛、唐山、天津、沧州、滨州、烟台、威海、青岛、日照、连云港、盐城和南通等大中城市建设区以及由这些城市周边重要卫星县乡级城镇构成的城镇带；东海区主要有：上海、嘉兴、杭州、宁波、台州、温州、福鼎、福州、泉州、厦门城市建设区及其周围沿海重要县乡级卫星城镇带；南海区主要有：汕头、汕尾、深圳、广州、珠海、五邑、阳江、湛江、海口、三亚、北海、钦州和防城港等城市建设区及其周围沿海县乡级重要卫星城镇构成的城镇带。

第二章　海洋污染状况及发展趋势

　　沿海地区社会经济的快速发展也给我国海域的环境造成越来越大的压力。20世纪70年代末，尤其是80年代后，我国海洋环境总体持续恶化，污染损害事件频繁发生。尽管1983年《中华人民共和国海洋环境保护法》颁布实施后，我国海洋污染快速蔓延的势头得到了一定程度的减缓，但直到20世纪末其恶化的总趋势尚未得到有效遏制。

　　进入21世纪，沿海地区的社会经济又有了新的、深刻的发展和变化。与此同时，有关部门和各级地方政府对环境保护的重视程度以及对污染治理的力度也有明显加大，公众保护海洋生态环境的意识也已显著提高。为准确掌握我国海域环境污染的状况以及近10年来的变化发展趋势，本书以20世纪末（1998－1999年）开展的我国有史以来规模最大、覆盖海域最广、内容最全面的海洋污染调查，即第二次全国海洋污染调查结果为背景，以2001－2010年近岸海域环境例行监测以及相关调查资料和研究成果为主要依据，对此进行探讨和分析。

第一节　海水污染状况及发展趋势

　　20世纪末调查结果表明：我国大部分近岸海域，部分近海和外海海域海水水质遭到不同程度的污染，并以人为活动频繁、经济发达的大中城市毗邻海域、河口海域以及海湾海域污染程度较重。四个海区（渤海、黄海、东海和南海）中，东海海区污染最重，污染范围最广，其中长江口海域和杭州湾海域尤为显著。海水中的主要污染物为营养盐类（无机氮和磷酸盐），其次是石油类，局部海域重金属也较明显。此外，在近岸海域海水中还普遍检出若干种难降解的有机物，尽管浓度尚低，但其潜在危害较大，因而引起重视和关注。

一、污染区分布特点及其变化趋势

　　20世纪末我国有近$20 \times 10^4 \ km^2$的近岸海域受到了污染影响，海水水质劣于国家一类海水水质标准，已对海洋渔业水域水质造成负面影响。其中，约$4 \times 10^4 \ km^2$海域水质劣于四类水质标准，属严重污染海域，已不能满足水产养殖、海水浴场、海上运动娱乐，甚至海港和海洋作业区的正常水质要求。大部分地区的受污染水体已扩展至距岸$10 \sim 30 \ km$海域，部分地区的受污染水体扩展至距岸$30 \ km$以外海域，个别地区甚至扩展至距岸$100 \sim 200 \ km$海域。

　　由图2-1可见，20世纪末我国海域海水污染区空间分布的大格局是：大陆近岸自北向南几乎被污染水体环绕，其中从黄海南部的海州湾起至南海汕头近岸海域，二类、三类甚至四类水质区呈连续分布，而从江苏盐城至浙江宁波的苏北南部、长江口、杭州湾和舟山海域则出现大范围劣四类水质的严重污染区。此外，渤海的辽东湾北部、渤海湾西部以及南海的珠江口海域也都是主要的污染海域。

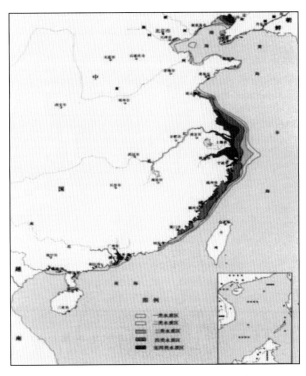

图2-1　1998年我国近海各类水质区分布
（引自国家海洋局《20世纪末中国海洋环境质量公报》）

很明显，上述主要污染海域恰好与我国沿海三大经济区，即长江三角洲经济区、环渤海经济区和珠江三角洲经济区相对应，充分表明沿海地区社会经济的快速发展给其邻近海域环境带来的负面影响。

由图2-2可以看出，与20世纪末比较，2001—2009年来我国海域水污染区空间分布的基本格局相对稳定，变化不大。重点污染区仍主要集中在东海的长江口和杭州湾海域，渤海的辽东湾、渤海湾和莱州湾，黄海的苏北近岸海域以及南海珠江口海域。然而近年来，黄海北部的鸭绿江口海域，山东半岛的黄海近岸海域以及南海的粤东、粤西和北部湾近岸海域水污染区有所扩展。这一现象与近年来上述沿海地区社会经济的加快发展密切相关。

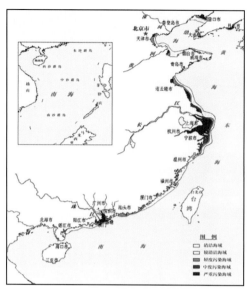

2003年

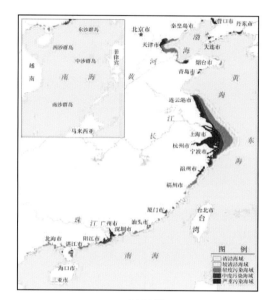

2006年

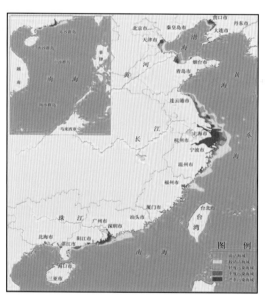

2009年

图2-2 2003年、2006年、2009年我国海域海水环境质量状况分布图

(引自各年《中国海洋环境质量公报》)

二、污染范围与污染程度及其发展趋势

统计表明,2001—2009年来(未统计2010年数据,下同)我国海域未达到清洁海域水质标准(一类水质标准)的总面积历年介于 $13.7 \times 10^4 \sim 17.4 \times 10^4 \, km^2$,平均约 $15.3 \times 10^4 \, km^2$,比 20 世纪末减少约 $3 \times 10^4 \, km^2$。其中,水质轻度以上(含轻度污染、中度污染和严重污染,下同)污染海域面积介于 $6.2 \times 10^4 \sim 10.3 \times 10^4 \, km^2$,平均约 $8.0 \times 10^4 \, km^2$,占未达到清洁海域水质标准总面积的 52%。其中轻度污染、中度污染和严重污染海域面积平均为 $3.3 \times 10^4 \, km^2$、$1.9 \times 10^4 \, km^2$ 和 $2.9 \times 10^4 \, km^2$,分别占污染海域面积的 41%、23% 和 36%(表2-1)。

表2-1 2001—2009年我国海域各类污染区面积统计结果

年份	类型				合计	
	较清洁区（二类区）	轻度污染区（三类区）	中度污染区（四类区）	严重污染区（劣四类区）	面积（km²）	轻度以上污染区占比（%）
	面积（km²）					
2001	99 440	25 710	15 650	32 590	173 390	43
2002	111 020	19 870	17 780	25 720	174 390	36
2003	80 480	22 010	14 910	24 680	142 080	43
2004	65 630	40 500	30 810	32 060	169 000	61
2005	57 800	34 060	18 150	29 720	139 280	58
2006	51 020	52 140	17 440	28 370	148 970	66
2007	51 290	47 510	16 760	29 720	145 280	65
2008	65 480	28 840	17 420	25 260	137 000	53
2009	70 920	25 500	20 840	29 720	146 980	52
平均	72 560	32 904	18 862	28 598	152 924	52

由于海水污染范围受自然环境和人为因素的影响年际波动较大，为了宏观地了解近年来我国海域海水污染范围的变化趋势，将2001—2009年的海洋污染面积数据分3个时段进行了统计（表2-2）。

表2-2 2001—2009年各时段我国海域各类污染区面积统计结果

单位：km²

年份	较清洁区（二类区）		轻度污染区（三类区）		中度污染区（四类区）		重污染区（劣四类区）		合计	
	面积	增减	面积	增减	面积	增减	面积	增减	面积	增减
2001—2003	96 980		22 530		16 110		27 780		163 400	
2004—2006	58 150	−38 830	42 230	+19 700	22 130	+6 020	29 900	+2 120	152 410	−10 870
2007—2009	62 560	+4 410	33 980	−8 280	18 340	−3 790	28 230	−1 670	143 080	−9 330

由表2-2可见，2001—2009年间，我国海域海水污染面积总体呈缩减趋势为平均每三年约缩小$1.0 \times 10^4 \, km^2$。其中，二类水质区（较清洁海域）面积减少，但三类水质区（轻度污染区）、四类水质区（中度污染区）和劣四类水质区（重度污染区）的面积却均呈逐年增大趋势，尤以2004—2006年间增幅最大，近年来又有所缩减。四个海区的具体状况如下。

（一）渤海海区

9年间渤海未达到清洁水质海域的总面积介于$1.90 \times 10^4 \sim 3.18 \times 10^4 \, km^2$，平均$2.29 \times 10^4 \, km^2$，约占渤海全部海域面积的33%。其中轻度以上污染海域面积$0.34 \times 10^4 \sim 1.7 \times 10^4 \, km^2$，平均$1.00 \times 10^4 \, km^2$，占44%左右，约为渤海总面积的14%（表2-3）。

表2-3　历年渤海海区各类污染区面积统计结果

年份	类型				合计	
	较清洁区（二类水质区）	轻度污染区（三类水质区）	中度污染区（四类水质区）	严重污染区（劣四类水质区）	面积（km²）	轻度以上污染区占比（%）
	面积（km²）					
2001	15 610	1 300	710	1 370	18 990	18
2002	28 220	2 140	450	1 010	31 830	11
2003	15 250	3 770	850	1 470	21 340	29
2004	15 900	5 410	3 030	2 310	26 650	40
2005	8 990	6 240	2 910	1 750	19 890	55
2006	8 190	7 370	1 750	2 770	20 080	59
2007	7 260	5 540	5 380	6 120	24 300	70
2008	7 560	5 660	5 140	3 070	21 370	64
2009	8 970	5 660	4 190	2 730	21 550	58
平均	12 880	4 790	2 710	2 510	22 890	44

由表2-4还可以看出，2001—2009年间较清洁海域海水污染面积总体相对稳定，但轻度污染以上海域面积，尤其是四类和劣四类水质区面积都有逐年扩大趋势，其中四类水质区面积扩大4 230 km²，劣四类水质区面积扩大2 690 km²，两者合计扩大6 920 km²，相当于渤海海域总面积的10%，可见近年来渤海海水污染正逐年加重，应引起高度关注。

表2-4　各时段渤海海区各类污染区面积统计结果

单位：km²

年份	二类水质区		三类水质区		四类水质区		劣四类水质区		合计	
	面积	增减	面积	增减	面积	增减	面积	增减	面积	增减
2001—2003	19 690		2 400		670		1 280		24 050	
2004—2006	11 030	−8 660	6 340	+3 940	2 560	+1 890	2 780	+1 500	22 200	−1 850
2007—2009	7 930	−3 100	5 620	−720	4 900	+2 340	3 970	+1 190	22 410	+210

（二）黄海海区

黄海近10年间历年未达到清洁水质标准区域面积介于$2.35 \times 10^4 \sim 4.79 \times 10^4 \, km^2$，平均为$3.31 \times 10^4 \, km^2$。其中，轻度及以上污染海域面积为$0.06 \times 10^4 \sim 3.23 \times 10^4 \, km^2$，平均为$1.76 \times 10^4 \, km^2$，约占53%（表2-5）。

表2-5　历年黄海海区各类污染区面积统计结果

年份	类型				合计	
	较清洁区（二类水质区）	轻度污染区（三类水质区）	中度污染区（四类水质区）	严重污染区（劣四类水质区）	面积（km²）	轻度以上污染区占比（%）
	面积 （km²）					
2001	28 110	1 160	590	1 260	31 120	10
2002	27 110	560	—	—	27 670	2
2003	14 440	5 700	3 520	3 200	26 860	46
2004	15 600	12 900	11 310	8 080	47 890	67
2005	21 880	13 870	4 040	3 150	42 940	49
2006	17 300	12 060	4 840	9 230	43 430	60
2007	9 150	12 380	3 790	2 970	28 290	68
2008	11 630	6 720	2 760	2 550	23 660	51
2009	11 250	7 930	5 160	2 150	26 490	57
平均	17 380	8 140	4 000	3 620	33 150	53

　　表2-6反映黄海海域各时段各类污染区面积及其变化趋势，可以看出，除二类水质区面积9年来一直呈缩减趋势外，三类、四类、劣四类以及黄海全部污染区面积均呈现2004—2006年间迅速扩张，然后又缩减的趋势。

表2-6　各时段黄海海区各类污染区面积统计结果

单位：km²

年份	二类水质区		三类水质区		四类水质区		劣四类水质区		合计	
	面积	增减	面积	增减	面积	增减	面积	增减	面积	增减
2001—2003	23 220		2 470		2 055		2 230		28 550	
2004—2006	18 620	−4 600	12 940	+10 470	6 730	+4 670	6 820	+4 590	44 750	+16 200
2007—2009	10 680	−7 940	9 010	−3 930	3 900	−2 830	2 556	−4 260	26 150	−18 600

（三）东海海区

　　东海海域近9年间历年水质未达到清洁海域标准区域面积介于 $6.35 \times 10^4 \sim 11.28 \times 10^4\ km^2$，平均为 $7.47 \times 10^4\ km^2$。其中，轻度及以上污染海域面积为 $3.11 \times 10^4 \sim 6.41 \times 10^4\ km^2$，平均为 $4.47 \times 10^4\ km^2$，约占60%（表2-7）。

表2-7 历年东海海区各类污染区面积统计结果

年份	类型				合计	
	较清洁区（二类水质区）	轻度污染区（三类水质区）	中度污染区（四类水质区）	严重污染区（劣四类水质区）	面积（km²）	轻度以上污染区占比（%）
	面积（km²）					
2001	48 750	22 840	13 790	27 380	112 760	57
2002	38 160	15 370	15 190	21 610	90 330	58
2003	32 370	5 440	8 550	17 170	63 530	49
2004	21 550	13 620	12 110	20 680	67 960	68
2005	21 080	10 490	10 730	22 950	65 250	68
2006	20 860	23 110	8 380	14 660	67 010	69
2007	22 430	25 780	5 500	16 970	70 680	68
2008	34 140	9 630	6 930	15 910	66 610	48
2009	30 830	9 030	8 710	19 620	68 190	55
平均（2001—2009）	30 020	15 030	9 987	19 660	74 700	60

表 2-8 列出东海各时段污染区面积统计结果，从中可知，东海海域海水污染区总面积呈下降趋势，9 年间缩减约 $2 \times 10^4 \mathrm{km}^2$。其中，四类水质区和劣四类水质区面积缩减最大。

表2-8 各时段东海海区各类污染区面积统计结果

单位：km²

年份	二类水质区		三类水质区		四类水质区		劣四类水质区		合计	
	面积	增减	面积	增减	面积	增减	面积	增减	面积	增减
2001—2003	39 760		14 550		12 510		22 050		88 870	
2004—2006	21 160	−18 600	15 740	+1 190	10 400	−2 110	19 430	−2 620	66 740	−22 130
2007—2009	29 133	+7 973	14 810	−930	7 046	−3 350	17 500	−1 930	68 490	+1 750

（四）南海海区

9 年来南海海域水质未达清洁海域标准的面积为 $1.06 \times 10^4 \sim 3.07 \times 10^4 \mathrm{km}^2$，年均为 $2.22 \times 10^4 \mathrm{km}^2$。其中，轻度以上污染海域面积为 $0.36 \times 10^4 \sim 1.40 \times 10^4 \mathrm{km}^2$，平均为 $0.99 \times 10^4 \mathrm{km}^2$，约占 45%（表 2-9）。

表2-9　历年南海海区各类污染区面积统计结果

年份	类型				合计	
	较清洁区（二类水质区）	轻度污染区（三类水质区）	中度污染区（四类水质区）	严重污染区（劣四类水质区）	面积（km²）	轻度以上污染区占比（％）
	面积（km²）					
2001	6 970	410	560	2 580	10 520	34
2002	17 530	1 800	2 130	3 100	24 560	39
2003	18 420	7 100	1 990	2 840	30 350	39
2004	12 580	8 570	4 360	990	26 500	53
2005	5 850	3 460	470	1 420	11 200	48
2006	4 670	9 600	2 470	1 710	18 450	75
2007	12 450	3 810	2 090	3 660	22 010	44
2008	12 150	6 890	2 590	3 730	25 360	51
2009	19 870	2 880	2 780	5 220	30 750	35
平均（2001—2009）	12 280	4 950	2 160	2 800	22 190	45

　　南海各时段污染区面积统计结果见表2-10。从表2-10中可知，9年来南海海水污染面积总体有所扩展，其中四类和劣四类水质区面积增幅较大。

表2-10　各时段南海海区各类污染区面积统计结果

单位：km²

年份	二类水质区		三类水质区		四类水质区		劣四类水质区		合计	
	面积	增减	面积	增减	面积	增减	面积	增减	面积	增减
2001—2003	14 310		3 100		1 560		2 840		21 810	
2004—2006	7 700	−6 610	7 210	+4 110	2 430	+870	1 370	−1 470	18 710	−3 100
2007—2009	14 820	+7 120	4 530	−2 680	2 490	+60	4 200	+2 830	26 040	+7 330

　　如前所述，与20世纪末比较，21世纪头10年间，我国海域劣于一类海水标准的海区面积尽管年际有起有伏，但除个别年份外，总体呈现稳中缓慢减小趋势。然而，轻度以上污染海域范围基本没有变化，有些年份反而有较大幅度的增加（图2-3）。

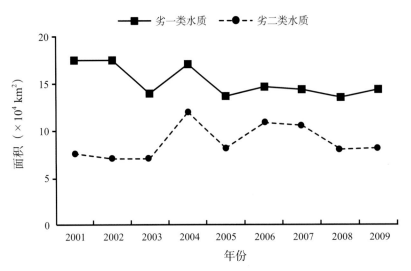

图2-3　2001—2009年我国海域海水污染面积变化趋势

2009 年与 2001 年相比，我国海域劣于一类水质区的总面积减幅达 15%，但轻度及以上污染区面积却反而增大了 3%。其中，2004—2007 年 3 年增幅较大。

上述情况表明，就全国海域总体而言，近年来污染范围呈稳中略有减小趋势，但污染程度却反而有所加重。

东海是我国四个海区中近年来污染范围和污染程度缩减较明显的海区。2009 年与 2001 年相比，劣一类水质面积减少 40%，轻度污染以上海域面积减少 42%。其中，轻度污染区减小 60%，中度污染区减小 37%，严重污染区减少 28%（图 2-4）。

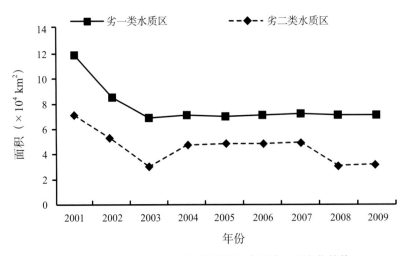

图2-4　2001—2009年东海海区水污染面积变化趋势

图 2-4 还显示，2003 年后东海海域污染状况一直比较稳定。

除东海外，渤海以及黄海和南海水污染范围和污染程度均有逐年增大和加重趋势（表 2-11）。

表2-11　各海区水污染面积变化幅度（%）（2009年与2001年相比）

区域	污染区	轻度以上污染区	其中		
			轻度污染区	中度污染区	严重污染区
渤海	+14	+270	+338	+500	+128
黄海	+18	+425	+575	+1 016	+400
东海	−40	−42	−60	−37	−28
南海	+190	+203	+625	+100	+264

综上所述可以初步得到以下结论。

1）与20世纪末比较，近年来我国海域水污染分布的空间格局变化不大，污染区仍主要集中在东海的长江口和杭州湾海域，黄海的苏北近岸，渤海的辽东湾、渤海湾和莱州湾以及南海珠江口海域。重点污染海域的空间分布与我国沿海主要经济区，即长江三角洲经济区、环渤海经济区和珠江三角洲经济区相对应。这些地区都是我国沿海经济最发达的地区，先污染后治理的发展之路使这些地区背上了沉重的环境债务。

2）10年来，我国海域海水污染范围除个别年份外，总体略呈减小趋势，但轻度污染、中度污染和严重污染范围都有所增大，表明海水污染程度仍在逐年加重。

3）四个海区中，东海海水污染范围呈现一定程度的下降趋势，尤以2003年以来一直比较稳定，但轻度以上污染区面积仍保持较高水平，年际起伏较大。

与东海明显不同，渤海、黄海尤其是南海海区的海水污染范围和污染程度却在逐年扩大和加重。

三、主要污染物及其分布与变化趋势

长期以来，我国海域水体中的污染物一直以营养盐类，即无机氮和磷酸盐为主，其对海域的污染呈逐年加重趋势。20世纪80年代前，石油类也是我国海域的重要污染物之一，但此后石油污染有所减轻。此外，重金属，特别是汞、镉、铅也是部分河口和海湾的重要污染物。

（一）主要污染物浓度及其变化趋势

1. 无机氮

1998年夏季我国海域无机氮浓度为1.11～4 097 μg/L。其中一类海水水质标准值（≤200 μg/L）的超标率约49%，二类标准（≤300 μg/L）超标率37.2%，三类标准（≤400 μg/L）超标率27.3%，四类标准（≤500 μg/L）超标率21.4%，最大浓度值超四类标准8.2倍。

由表2-12可知，四个海区中，东海无机氮浓度超标范围最大，黄海次之，渤海居第三，南海最小。东海近岸区海水无机氮平均浓度最高，黄海次之，渤海第三，南海最低。

表2-12　各海区海水无机氮浓度及超标面积比较（1998年）

海区	浓度范围（μg/L）	近岸区平均浓度（μg/L）	超标率（%）	超标区面积（×10⁴ km²）	
				总面积	劣四类区面积
渤海	10.93~1 950	327.03	53.3	1.1	0.2
黄海	3.40~4 097	330.37	45.1	1.4	—
东海	1.11~4 007	414.7	80	8.3	3.1
南海	7.7~1 050	72.2	9.4	0.5	0.1

在我国众多的河口、海湾中，无机氮平均浓度高于400 μg/L的四类及劣四类水质标准的有9处，依次是杭州湾、长江口海域、双台子河口—辽河口海域、象山湾、闽江口海域、三门湾、厦门湾、珠江口海域和乐清湾。

2006—2007年我国海域海水中的无机氮浓度范围为0.61~806 μg/L，年均105.4 μg/L。其中，夏季无机氮浓度为0.61~716.8 μg/L，均值78.7 μg/L。在春、夏、秋、冬四季中，夏季无机氮浓度最低，这与浮游植物的季节兴衰趋势相反，表明海水中无机氮浓度受浮游植物影响较大。

四个海区海水无机氮浓度范围与年均值见表2-13。

表2-13　渤海、黄海、东海、南海海水无机氮浓度范围与年均值（2006—2007年）

单位：μg/L

海区		无机氮浓度范围	年均值
渤海		4.13~806.0	211.2
黄海		0.61~605.1	98.7
东海		1.6~793.6	127.0
南海	上层水	1.6~336.0	51.2
	下层水	264.0~783.6	460.8

由表2-13可知，四个海区中，除南海下层水（水深＞500 m）外，渤海海水无机氮浓度最高，东海次之，南海上层海水（水深＜500 m）最低。

总体而言，近十几年来我国近岸海域海水无机氮浓度变化起伏较大，20世纪末达到最大值，1998年平均值达到741.2 μg/L。但到2002年浓度迅速降低，2003年均值为352.7 μg/L，此后一直保持缓慢升高趋势，但升高幅度不明显。

2. 磷酸盐

1998年夏季，我国海域海水磷酸盐浓度介于未检出~198.4 μg/L。其中，超一类标准（≤15 μg/L）的超标率为50%；超二类、三类标准（≤30 μg/L）的超标率为32.0%；超四类标准（≤45 μg/L）的超标率为15.7%。最大浓度超四类标准4.4倍。

由表2-14可知，四个海区中，东海水质磷酸盐浓度超标范围最大、平均浓度水平最高，黄海次之，渤海第三，南海最低。

四个海区中，东海海水磷酸盐浓度水平最高，劣一类和劣四类水质标准区域面积最大，黄海次之，渤海第三，南海最小。磷酸盐的污染程度由重至轻顺序为东海、黄海、渤海、南海。

表2-14　各海区海水磷酸盐浓度及超标面积比较（1998年）

海区	浓度范围（μg/L）	近岸海域平均浓度（μg/L）	超标率（%）	超标面积（×10⁴km²）	
				总面积	劣四类区面积
渤海	未检出~99.7	12.3	50.0	1.3	0.3
黄海	未检出~88.3	12.0	50.0	4.0	1.2
东海	0.7~198.4	39.6	87.4	10.4	2.1
南海	未检出~35.0	4.2	8.2	0.3	—

我国30多处河口、海湾中，磷酸盐平均浓度较高（>30μg/L）的有11处，它们分别是：乐清湾、三门湾、双台子河口－辽河口海域、象山湾、杭州湾、长江口海域、厦门湾、三都澳、鸭绿江口海域、大连湾和锦州湾。

2006－2007年我国近岸海域海水中磷酸盐浓度范围为未检出~27.16μg/L，年均4.75μg/L。其中夏季为1.40~22.40μg/L，平均值为3.64μg/L。在一年四季中，夏季磷酸盐浓度较低，季节分布与无机氮相似。

渤海、黄海、东海、南海四个海区海水磷酸盐浓度范围与年均值见表2-15。

表2-15　渤海、黄海、东海、南海海水磷酸盐浓度范围与年均值（2006－2007年）

单位：μg/L

海区	磷酸盐浓度范围	年均值
渤海	0.63~24.06	6.47
黄海	0.08~20.00	4.46
东海	未检出~27.16	5.49
南海　上层水	0.26~17.8	3.09
下层水	25.20~44.25	33.46

由表2-15可知，除南海下层水（水深>500m）外，各海区海水磷酸盐平均浓度由高至低顺序为渤海、东海、黄海、南海。

我国近岸海域海水磷酸盐浓度变化与无机氮相似。20世纪90年代末浓度逐年升高，但到2002年却迅速降低，此后又有明显升高趋势。

3. 石油类

1998年夏季，我国海域表层海水石油类浓度水平为7.5~624.2μg/L。其中，超一、二类标准值（≤50μg/L）的超标率为33.6%。最大值在杭州湾测得，超标12.5倍。石油类总超标面积2.6×10⁴km²。

四个海区中，渤海表层海水石油类平均浓度最高，超标区面积最大；黄海平均浓度与渤海接近，但超标区面积最小；东海超标面积居第二位，但平均浓度低于渤海和黄海；南海超标面积居第三位，但平均浓度最低（表2-16）。

表2-16　各海区表层海水石油类浓度及超标面积比较

海区	浓度范围（μg/L）	近岸区平均浓度（μg/L）	超标面积（×10⁴km²）
渤海	15.3~227.5	51.8	1.0
黄海	15.3~567.1	51.8	0.2
东海	未检出~624.4	29.2	0.8
南海	7.5~452	27.8	0.6

我国各河口、海湾表层海水石油类浓度总体都不高，平均浓度超过 50μg/L 的有 8 处，依次是：胶州湾、杭州湾、锦州湾、双台子河口－辽河口海域、莱州湾南部、铁山湾、大连湾和长江口海域。

2006－2007 年测得近岸海域海水中石油类的浓度范围为 1.75~91.0μg/L，其中夏季测值介于 1.80~59.5μg/L，平均浓度 23.1μg/L。

四个海区中，渤海石油类浓度最高，为 1.75~49.6μg/L，年均值 23.60μg/L；黄海浓度范围为 1.75~15.40μg/L，年均值 21.10μg/L；东海浓度范围为 1.80~91.0μg/L，年均值 22.00μg/L；南海石油类浓度最低，浓度范围为 1.35~67.0μg/L，年均值 17.6μg/L。

近 10 年来，近岸海域海水石油浓度变化较大，其中，2004 年平均浓度最大，2002 年则较低。2000 年石油浓度超一类水质标准的超标率最高，达 71%，而 2004 年超三类标准的超标率最高，达 6.1%。但总的来看，近年来海水石油浓度没有明显变化趋势。

4. 汞、镉、铅

我国海域海水中重金属汞、镉、铅等重金属浓度普遍较低，仅在部分河口、海湾及大、中城市毗邻的近岸海域浓度稍高。

（1）汞

1998 年夏季海水汞平均浓度劣于一类水质标准的地区有 8 处，依次是：秦皇岛市海域、渤海湾西部海域、莱州湾南部海域、锦州湾、胶州湾、厦门湾、象山湾和闽江口海域。

2006－2007 年我国近岸海域海水汞浓度测值范围为 0.004~0.185μg/L，均值 0.035μg/L。四季中，春季浓度相对较高，夏季次之。

渤海汞测值范围为 0.021~0.12μg/L，年均值 0.053μg/L，在四个海区中最高，其他依次为东海、黄海和南海。

我国海域海水中汞浓度的年变化较小。

（2）镉

在全国众多的河口、海湾等近岸海域中，只有锦州湾和双台子河口－辽河口海域镉平均浓度稍高于一类标准（≤ 1.0μg/L）。

2006－2007 年测得我国海域海水镉浓度为未检出~0.29μg/L，四季测值变化较小，季均值 0.050~0.062μg/L。

渤海镉浓度测值范围为 0.052~0.29μg/L，年均值 0.14μg/L。在四个海区中渤海的平均浓度最高，黄海次之，东海最低。

近10年来，海水镉浓度测值有较大差异，年均值最大值出现在2008年，而最小值出现在2004年。但总体来看，年际变化不明显。

（3）铅

铅是我国近岸海域海水中检出率较高的一种重金属污染物，超标率（劣于一类水质标准值1.0 μg/L）在50%以上（1998年资料）。铅的高浓度区主要分布在长江口及其以北近岸海域，如辽河口—双台子河口、大连湾、鸭绿江口、海州湾、渤海湾西部、秦皇岛近岸和锦州湾等海域，平均浓度均在6 μg/L左右。此外，长江口以南的杭州湾、厦门市和北海市近岸海域铅的平均浓度也较高。

2006—2007年测得我国近岸海域铅的浓度范围为未检出～5.7 μg/L，最高测值超出我国一类海水水质标准（≤ 1.0 μg/L）近6倍。全区年平均浓度为0.78 μg/L。

各海区中渤海铅浓度为0.98～5.7 μg/L，年均2.2 μg/L，为其他三个海区相应值的3～5倍。

近10年来，我国近岸海域海水铅浓度比较稳定，年际变化不大，但一直处于较高浓度水平，超出一类海水水质标准值（≤ 1.0 μg/L）的超标率均在40%以上。

表2-17列出2001—2010年历年我国海域水质中的主要污染物种类。

表2-17 2001—2010年我国海域水质主要污染物

年份	主要污染物
2001	无机氮、磷酸盐
2002	无机氮、磷酸盐、铅
2003	无机氮、磷酸盐、铅
2004	无机氮、磷酸盐
2005	无机氮、磷酸盐、石油类
2006	无机氮、磷酸盐、石油类
2007	无机氮、磷酸盐、石油类
2008	无机氮、磷酸盐、石油类
2009	无机氮、磷酸盐、石油类
2010	无机氮、磷酸盐、石油类

由此可知，近10年来我国近岸海域海水主要污染物一直是无机氮、磷酸盐以及石油类和铅，其种类与20世纪末调查结果一致。

（二）各海区主要污染物时空分布趋势

根据《近岸海洋环境质量变化趋势与评价技术研究报告》，各海区主要污染物的时空分布趋势如下。

1.黄渤海区

（1）无机氮

无机氮1995年污染程度最严重，超标面积也最大，主要超标区域在辽东湾、鸭绿江口和苏北近岸海域；2000年污染程度明显降低。其中，2000年渤海的超标面积是比较年份中最小的，青岛近岸海域的污染程度也较轻；2005年和2008年渤海的超标面积又有所增加，渤海湾的污染程度加重，黄海的污染程度和超标面积变化不大。

（2）磷酸盐

磷酸盐1995年污染程度最轻，少有超标站位；2000年污染程度最严重，超标面积最大，近岸大部分海域均有站位超标；2005年和2008年污染程度降低，超标面积减少，但仍覆盖了大部分近岸海域。

（3）石油类

石油类污染程度相对于无机氮和磷酸盐要轻，1995年几乎没有超标站位。2000年只有大连近岸海域南部有大面积的超标站位。2005年超标面积较大，主要集中在渤海的辽东湾和渤海湾。

2.东海区

（1）无机氮

无机氮1995—2008年的污染程度均十分严重。东海海域无机氮的超标区域主要集中在长江口、杭州湾、浙江东北部和福建东南部近岸海域。浙江东北部近岸海域2000年和2005年的超标面积明显高于1995年和2008年。1995年福建东南部近岸海域的超标面积是几年中最大的，2000年后略有好转。

（2）磷酸盐

磷酸盐1995年污染程度相对较轻，超标站位主要集中东海中北部近岸海域。到2000年福建近岸海域也出现了超标站位，福建近岸海域的超标程度在2005年达到最严重，超标面积也最大。2008年有所好转。

（3）石油类

石油类污染程度呈现出明显的先升高再降低的趋势。1995年和2008年几乎没有超标站位，而2000年和2005年则近岸海域大部分面积超标。超标区域主要集中在杭州湾、浙江东部和福建东部近岸海域。

3.南海区

（1）无机氮

无机氮1995—2008年的污染程度和其他海区相比相对较轻，污染最严重的区域是珠江口海域，其中2005年的污染程度是几年中最轻的，污染面积也最小。

（2）磷酸盐

磷酸盐污染程度呈现出明显的先降低后升高的趋势，1995年和2008年污染程度最重，超标面积也最大，2000年和2005年则少有超标站位。

（3）石油类

石油类污染程度和其他海区相比同样相对较轻，1995年和2000年几乎没有超标站位，2005年在广东中东部近岸海域和北部湾近岸海域有部分面积超标。2008年则在广东西部近岸海域有部分面积超标。

四、近10年来近岸海域水环境质量变化趋势

（一）重点海域海水污染程度综合评价

　　如前所述，我国海域水环境污染主要分布在人为活动频繁、污染物入海量集中的近岸海域，尤其是主要河口、海湾以及大中城市毗邻海域。为掌握近岸海域的重点污染区，进一步开展海洋污染防治管理和海洋生态研究和控制，20世纪末对重要河口、海湾和大中城市毗邻海域进行了全国33处重点海域海水污染程度综合评价。

　　1.评价项目、标准与方法

　　（1）评价项目

营养盐：包括无机氮、磷酸盐、总氮和总磷。

有机物：包括化学需氧量（COD）和总有机碳（TOC），外加溶解氧（DO）。

石油类：包括动物油、植物油和石油类。

重金属：包括铅、镉、汞、砷。

难降解有机物：包括二丁基酞酸酯、二异丁基酞酸酯和2-乙基己基酞酸酯。

　　（2）评价标准

海水污染程度评价基本采用我国《海水水质标准》（GB 3097－1997），对未列入该标准的项目，则采用其他有关标准（表2-18）。

表2-18　海水水质评价标准

项目	标准值（mg/L）				引用标准
	第一类	第二类	第三类	第四类	
溶解氧 ＞	6	5	4	3	GB 3097－1997
化学需氧量 ≤	2	3	4	5	GB 3097－1997
无机氮 ≤	0.2	0.3	0.4	0.5	GB 3097－1997
磷酸盐 ≤	0.015	0.030		0.045	GB 3097－1997
石油类 ≤	0.05		0.30	0.50	GB 3097－1997
汞 ≤	0.000 05	0.000 2		0.000 5	GB 3097－1997
镉 ≤	0.001	0.005		0.010	GB 3097－1997
铅 ≤	0.001	0.005	0.010	0.050	GB 3097－1997
砷 ≤	0.020	0.030		0.050	GB 3097－1997
苯酚 ≤	0.005		0.010	0.050	GB 3097－1997
总氮 ≤	0.4				经验标准
总磷 ≤	0.03				经验标准
总有机碳 ≤	3.0				经验标准
二丁基酞酸酯 ≤	0.06				GB 11607－1989
二异丁基酞酸酯 ≤	0.06				GB 11607－1989
2-乙基己基酞酸酯 ≤	0.06				GB 11607－1989

（3）评价方法

采用污染指数法计算某一测站某项污染物（指标）的污染指数。

2. 评价等级划分

对于某一测站，按海水水质标准，将某项污染物（指标）的污染指数分成未污染级、污染级和重污染级三个污染等级，划分原则如下。

优于一类海水水质标准要求的为未污染级（A）；

劣于一类，但优于或等于四类标准要求的为污染级（B）；

劣于四类标准的为重污染级（C）。

对于无国家海水水质标准的总氮、总磷、总有机碳以及酞酸酯类，则平均污染指数低于或等于其他有关标准中第一类水质标准的为未污染级（A），超过一类标准但低于或等于其3倍的为污染级（B），超过一类标准值3倍的为重污染级（C）。

3. 评价结果

全国33处重点海域的污染程度及主要污染物评价结果见表2-19。

表2-19　全国33处重点海域的污染程度及主要污染物评价结果（1998年8—10月）

序号	海域名称	营养盐	有机物	石油类	重金属	难降解有机物
1	双台子河口—辽河口	C（磷、氮）	B（TOC）	B	B（铅）	A
2	锦州湾	B（磷）	B（TOC）	B	B（铅、镉、汞）	A
3	秦皇岛近岸	A	C（COD）	A	B（铅）	A
4	渤海湾西部近岸	B（氮）	B（DO）	A	B（铅、汞）	A
5	莱州湾南部近岸	B（氮）	B（DO）	A	B（铅、汞）	A
6	鸭绿江口	B（磷）	—	A	—	—
7	大连湾	B（磷、氮）	B（TOC）	B	B（铅）	A
8	鲁北近岸	C（氮）	B（DO）	A	B（铅、汞）	A
9	胶州湾	B（氮）	B（DO）	B	B（汞、铅）	A
10	海州湾	B（磷）	A	A	—	—
11	长江口	C（氮）	B（TOC）	B	B（铅）	A
12	杭州湾	C（氮、磷）	B（TOC）	B	B（铅）	A
13	象山湾	C（氮、磷）	B（TOC）	A	B（铅）	A
14	三门湾	C（氮、磷）	B（COD）	A	B（铅、汞）	A
15	乐清湾	C（氮、磷）	B（COD）	A	B（铅）	A
16	三都澳	B（氮、磷）	A	A	—	—
17	闽江口	C（氮、磷）	A	A	B（铅）	—
18	兴化湾	B（氮、磷）	A	A	—	—
19	湄洲湾	B（氮、磷）	A	A	—	—

续 表

序号	海域名称	营养盐	有机物	石油类	重金属	难降解有机物
20	厦门湾	C（氮、磷）	B（TOC）	A	B（铅）	A
21	汕头市近岸	B（氮）	A	A	B（铅）	A
22	碣石湾—红海湾	A	A	—	A	A
23	大亚湾	A	B（TOC）	A	A	A
24	大鹏湾	A	A	A	A	A
25	珠江口	C（氮）	A	A	A	A
26	电白近岸	A	B（TOC）	A	A	A
27	湛江近岸	A	B（TOC）	A	A	A
28	铁山湾	—	—	—	—	—
29	北海市近岸	A	A	A	A	A
30	钦州湾—防城港—北仑河口	A	A	A	A	A
31	海口市近岸	B（磷）	A	A	A	A
32	三亚市近岸	A	A	A	A	A
33	洋浦港	A	B（TOC）	A	A	A

由表2-19可明显看出，在33个重点海域中有2/3的河口、海湾以及大、中城市毗邻海域的污染程度处于污染级以上水平，其中的1/3为重污染级（表2-20）。

表2-20 不同级污染程度的河口、海湾数量统计

污染物	污染级			
	重污染级（处）	污染级（处）	未污染级（处）	合计（处）
营养盐	10	12	10	32
有机物	1	17	13	31
石油类	—	7	24	31
重金属	—	16	11	27
难降解有机物	—	—	27	27

重污染级海域从北到南分别为双台子河口—辽河口海域、秦皇岛近岸海域、鲁北近岸海域、长江口海域、杭州湾海域、象山湾海域、三门湾海域、乐清湾海域、闽江口海域、厦门湾海域、珠江口海域共11处。其中，渤海2处，黄海1处，东海7处，南海1处。

污染级海域从北到南分别为锦州湾海域、渤海湾海域、莱州湾海域、鸭绿江口海域、大连湾海域、胶州湾海域、海州湾海域、三都澳海域、兴化湾海域、湄洲湾海域、汕头市近岸海域和海口市近岸海域，共12处。其中，渤海3处，黄海4处，东海3处，南海2处。

（二）重点海域水环境质量变化趋势

根据国家海洋局发布的中国海洋环境质量公报及相关资料，将历年各重点海域夏季表层海水环境要素的变化趋势列于表 2-21。

表2-21　重点海域夏季表层海水环境要素的变化趋势统计（1995—2008年）

重点海域	变化趋势															
	盐度	溶解氧	pH	叶绿素a	无机氮	硝酸盐	亚硝酸盐	铵盐	活性磷酸盐	化学需氧量	石油类	铜	铅	镉	汞	砷
大连市近岸海域	⇔	↘	↘	⇔	⇔	⇔	⇔	↗	⇔	↘	⇔	↗	↗	↗	↘	⇔
辽东湾	⇔	↘	↘	↘	⇔	⇔	⇔	⇔	↗	↗	⇔	↗	⇔	↗	⇔	⇔
北戴河近岸海域	⇔	↘	↘	⇔	⇔	⇔	⇔	↘	↘	⇔	⇔	⇔	⇔	⇔	↗	⇔
天津市近岸海域	↘	↗	⇔	⇔	⇔	↗	⇔	⇔	⇔	⇔	⇔	⇔	⇔	⇔	⇔	⇔
黄河三角洲	⇔	⇔	⇔	⇔	⇔	⇔	⇔	↗	⇔	⇔	⇔	⇔	⇔	⇔	⇔	⇔
莱州湾	⇔	⇔	⇔	⇔	↗	⇔	⇔	↗	⇔	⇔	⇔	⇔	↘	↗	⇔	⇔
青岛近岸海域	⇔	⇔	↘	⇔	⇔	⇔	⇔	⇔	⇔	⇔	⇔	↗	⇔	⇔	⇔	⇔
苏北近岸海域	⇔	↗	⇔	⇔	↘	⇔	⇔	⇔	⇔	⇔	⇔	⇔	⇔	⇔	⇔	⇔
长江三角洲	↗	⇔	⇔	↘	⇔	⇔	↗	⇔	⇔	⇔	⇔	⇔	⇔	⇔	⇔	⇔
杭州湾	↗	↗	⇔	↘	⇔	⇔	↗	⇔	⇔	⇔	⇔	⇔	↘	↘	↘	↘
舟山群岛	⇔	⇔	⇔	⇔	⇔	⇔	⇔	⇔	⇔	⇔	⇔	↗	⇔	⇔	↘	⇔
闽江口海域	↗	⇔	⇔	⇔	⇔	⇔	⇔	⇔	⇔	⇔	⇔	⇔	⇔	⇔	↗	⇔
厦门市近岸海域	⇔	↘	⇔	⇔	⇔	⇔	⇔	⇔	↗	⇔	⇔	↘	⇔	↗	⇔	⇔
珠江三角洲	⇔	⇔	⇔	↗	⇔	↗	↗	↗	↗	⇔	↗	↗	↗	⇔	⇔	⇔
北部湾	⇔	⇔	↗	↗	↗	↗	⇔	↗	⇔	↗	⇔	↗	↗	↗	⇔	⇔
海南岛南部近岸海域	⇔	⇔	⇔	⇔	⇔	⇔	⇔	↘	↗	⇔	⇔	↘	⇔	⇔	⇔	⇔

从表 2-21 可以看出：各重点海域多数要素无明显变化趋势，部分重点海域部分要素呈升高或者降低的趋势。

大连市近岸海域：铅浓度升高趋势明显，氨盐和铜的浓度有升高趋势，溶解氧、pH、化学需氧量和汞的浓度降低趋势显著。

辽东湾海域：磷酸盐、化学需氧量、铜和镉的浓度升高趋势显著，pH 有降低趋势，溶解氧和叶绿素 a 的浓度降低趋势显著。

北戴河近岸海域：汞浓度升高趋势显著，溶解氧浓度有降低趋势，pH、铵盐和磷酸盐的浓度降低趋势显著。

天津近岸海域：溶解氧和硝酸盐的浓度升高趋势显著，盐度有降低趋势。

黄河口海域：铵盐浓度升高趋势显著。

莱州湾海域：铵盐和镉的浓度升高趋势显著，无机氮浓度有升高趋势，铅浓度降低趋势显著。

青岛近岸海域：汞浓度有升高趋势，pH 和铜的浓度有降低趋势。

苏北近岸海域：溶解氧和铜的浓度升高趋势显著，叶绿素 a 的浓度有降低趋势。

长江口海域：盐度和亚硝酸盐的浓度升高趋势显著，叶绿素 a 的浓度有降低趋势。

杭州湾海域：盐度和亚硝酸盐的浓度升高趋势显著，叶绿素 a 和铅的浓度有降低趋势，溶解氧、汞和砷浓度降低趋势显著。

舟山群岛海域：铜的浓度升高趋势显著，化学需氧量有升高趋势，汞浓度有降低趋势，铅的浓度有降低趋势。

闽江口海域：镉的浓度升高趋势显著，盐度有升高趋势。

厦门近岸海域：磷酸盐浓度升高趋势显著，溶解氧、铜和镉的浓度有降低趋势。

珠江口海域：无机氮、亚硝酸盐、铵盐、磷酸盐、化学需氧量、铅、镉和汞的浓度均有升高趋势，铜浓度有升高趋势，pH 降低趋势显著。

北部湾海域：无机氮、硝酸盐、亚硝酸盐、化学需氧量和镉的浓度升高趋势显著，pH 和铜的浓度有升高趋势。

海南岛南部近岸海域：铵盐和石油类的浓度降低趋势显著。

综上所述，辽东湾海域、珠江口海域和北部湾海域的海水环境质量由于有多个要素（3 个或 3 个以上）的浓度明显升高，所以呈现出海水环境质量状况总体逐渐变差的趋势，需要引起特别注意。杭州湾海域和海南岛南部近岸海域的海水环境质量有一定程度的改善，其他海域则没有明显的变化。

1）20 世纪末的调查表明，我国大部分近岸海域遭到了不同程度的污染，并以人为活动频繁、经济发达地区的河口、海湾及大中城市毗邻海域污染严重。海水水质劣于我国海水水质标准一、二类区域的最大面积已达约 $18 \times 10^4 \, km^2$。其中，劣四类水质严重污染海域面积近 $4 \times 10^4 \, km^2$。水质超标区最远已扩展至距岸约 200 km 处。进入 21 世纪，近海水质劣于一类标准海区面积总体上略有减小，但除东海外，渤海、黄海和南海区污染面积却有所增大。

2）我国海域水质最主要的污染物是营养盐（无机氮、磷酸盐）和石油类，近 10 年来基本没有变化。其中，无机氮和磷酸盐污染程度呈逐年加重趋势，油污染则有所减轻。

3）渤海、黄海、东海、南海四个海区中，东海水质污染最重。近 10 年来东海水质劣于一类标准的面积占全海域同类水质区总面积近 50%，其中三类以上污染区更高达 55%。

4）长江口和杭州湾海域是我国海域污染最严重的海域，水质营养盐污染程度很高，均为严重污染区。此外。重污染海域还有渤海的双台子河口—辽河口海域、黄海的苏北近岸海域、南海珠江口海域等地。

5）我国主要河口、海湾以及大中城市毗邻海域，大多处于污染状态，其中部分为污染热点区，如大连市近岸、天津市近岸、莱州湾、长江口、杭州湾和珠江口等海域，应作为污染治理和生态保护的重点。

第二节　沉积物污染状况及发展趋势

第二次全国海洋污染基线调查表明，我国海域沉积环境质量总体良好，但局部近岸海域，尤其是某些河口、海湾海域的沉积物已受到有机物、营养物质、重金属以及有机氯化合物的污染。在全国37处沉积物污染的重点海域中，有机污染主要出现在鸭绿江口、大连湾、辽河口、秦皇岛近岸、海州湾、象山湾、厦门湾等海域；营养物污染主要在长江口、杭州湾、象山湾、三门湾、乐清湾等海域；重金属污染主要在锦州湾、大连湾、辽河口、烟台近岸等海域；有机氯，包括多氯联苯（PCB）、滴滴涕（DDT）污染区则有辽河口、锦州湾、大连湾、烟台近岸、珠江口等海域（图2-5）。

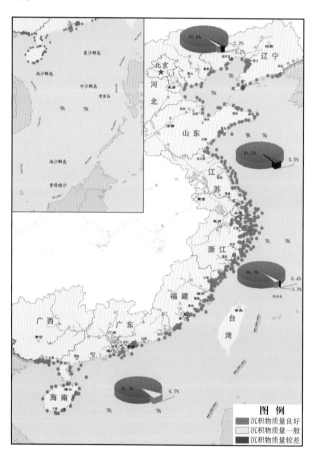

图2-5　我国海域沉积物污染区分布示意图
（引自《2012年中国海洋环境状况公报》）

一、沉积物中主要污染物含量及空间分布特点

（一）总氮

各海区近岸海域沉积物总氮含量以东海最高，平均达 737×10^{-6}，超出一类沉积物质量国家标准 550×10^{-6}，黄海次之，平均 153×10^{-6}，渤海近岸最低仅 92×10^{-6}。在全国37处沉积物污染重点海域中，总氮平均含量值超标准的有长江口、杭州湾、象山湾、三门湾、乐清湾、闽江口和厦门湾7处海域（图2-6）。

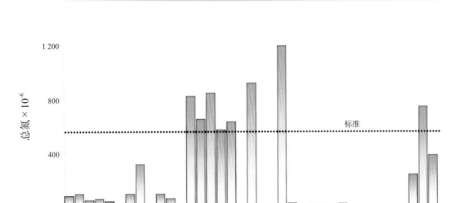

图2-6 重点海域沉积物中总氮含量分布

（二）总磷

我国近岸海域，以渤海沉积物中总磷的均值最大（531×10^{-6}），东海次之（461×10^{-6}），南海最低，仅 109×10^{-6}。

在全国 37 个沉积物污染重点海域中，只有渤海湾西部近岸、黄河口、三门湾、乐清湾和三亚榆林港沉积物总磷平均含量超过标准（$\leqslant 600 \times 10^{-6}$）（图 2-7）。

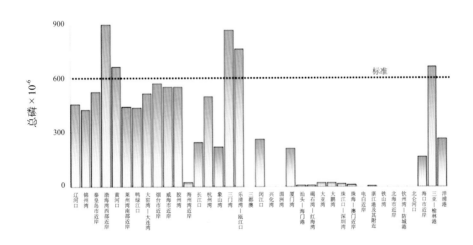

图2-7 重点海域沉积物中总磷含量分布

（三）硫化物

四个海区中，黄海近岸沉积物中硫化物含量最高，平均值达 489×10^{-6}，渤海近岸最低，平均仅 79×10^{-6}。硫化物平均含量较高的分别是海州湾、威海市近岸和北海市近岸。其中海州湾含量显著高于其他海区，含量范围为 $391 \times 10^{-6} \sim 7\,105 \times 10^{-6}$，平均含量为 $2\,547 \times 10^{-6}$，超出我国海洋沉积物质量一类标准（300×10^{-6}）77 倍，其次威海市近岸和北海市近岸沉积物中硫化物平均含量分别达 560×10^{-6} 和 422×10^{-6}，也均超标准。

（四）有机碳

渤海、黄海、东海和南海近岸区沉积物中有机碳含量均未超过沉积物质量一类标准值（2.0×10^{-2}），其中渤海相对较高，平均为 0.68×10^{-2}，东海最低，仅 0.52×10^{-2}。

近岸 37 处重点海域中，沉积物有机碳最大含量值出现在辽河口，也仅为 1.5×10^{-2}。

（五）汞

我国四个海区中，渤海近岸区沉积物平均汞含量最高（0.204×10^{-6}），东海次之（0.068×10^{-6}），南海最低（0.050×10^{-6}）。

渤海锦州湾沉积物汞含量明显高于全国所有其他海区，含量范围为 $0.533 \times 10^{-6} \sim 2.17 \times 10^{-6}$，平均值高达 1.23×10^{-6}，也是唯一的超标（0.20×10^{-6}）海区（图2-8）。

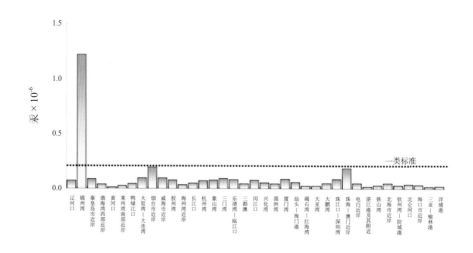

图2-8　重点海域沉积物中汞含量分布

（六）镉

渤海、黄海、东海、南海四海区近岸海域沉积物镉含量值以渤海最高，平均 1.33×10^{-6}，南海次之（0.369×10^{-6}），东海最低（0.119×10^{-6}）。

近岸重点海域中，渤海锦州湾和双台子河口—辽河口海域含量显著高于其他海区。其中，锦州湾含量范围为 $1.28 \times 10^{-6} \sim 4.97 \times 10^{-6}$，平均值为 3.56×10^{-6}；双台子河口—辽河口含量范围为 $1.32 \times 10^{-6} \sim 12.8 \times 10^{-6}$，平均值为 3.38×10^{-6}，全部含量值均高于海洋沉积物质量一类标准（$\leqslant 0.50 \times 10^{-6}$）。

南海的广东近岸海域是我国又一个沉积物镉含量较高的地区，但其量级明显低于锦州湾和双台子河口—辽河口海区（图2-9）。

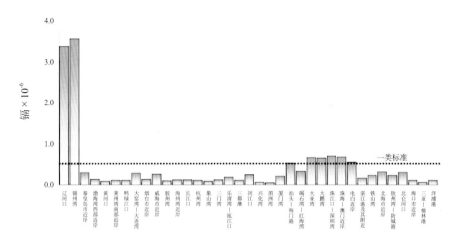

图2-9　重点海域沉积物中镉含量分布

（七）砷

四个海区中，南海近岸海域沉积物砷含量相对较高，含量范围为 $1.10 \times 10^{-6} \sim 33.5 \times 10^{-6}$，平均值为 11.3×10^{-6}，渤海和黄海次之，东海较低。

由图 2-10 可以看出，南海近岸各重点海域沉积物砷含量普遍高于其他重点海域。其中，珠海－澳门附近和珠江口－深圳湾平均含量均超过海洋沉积物质量一类标准值（20.0×10^{-6}）。

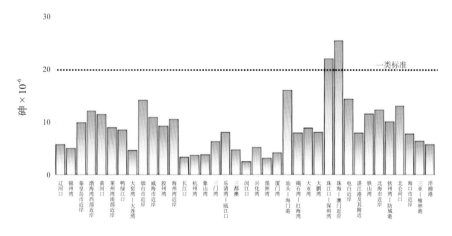

图2-10　重点海域沉积物中砷含量分布

（八) 其他污染物

除上述 7 种污染物外，还调查了石油类、铅和若干难降解有机污染物（酞酸酯类、多环芳烃类和有机氯类）。结果表明，上述各类污染物在我国近岸海域沉积物中含量普遍很低。所有测值均未出现超出相应一类沉积物质量国家标准值。表 2-22 列出渤海、黄海、东海、南海四个海区近岸海域上述污染物除石油类外的检出量值。

表2-22 各海区近岸海域沉积物中铅和难降解有机物含量

海区	项目	铅 （×10⁻⁶）	难降解有机污染物 （×10⁻⁹）		
			酞酸酯类	多环芳烃类	有机氯类（滴滴涕）
渤海	量值范围	2.20~45.5	未检出~481.3	未检出~2 079	未检出~12.14
	平均值	18.5	92.88	154.8	0.96
	检出率	100	86.4	81.8	48.4
黄海	量值范围	5.60~44.1	未检出~1 390	未检出~8 294	未检出~62.8
	平均值	20.0	121.8	248.7	2.28
	检出率	100	55.7	61.3	32.0
东海	量值范围	7.86~35.8	未检出~1 663	未检出~931.6	未检出~22.33
	平均值	19.6	358.2	172.8	2.49
	检出率	100	95.3	90.5	81.4
南海	量值范围	5.10~59.5	未检出~1 056	未检出~2 657	未检出~1 236
	平均值	24.0	76.9	120.2	34.6
	检出率	100	67.6	89.2	62.2

综上所述，我国近岸海域沉积物的主要污染物是硫化物、总氮、总磷、汞、镉和砷，而石油类、铅、酞酸酯类、多环芳烃类和有机氯类等污染物量值均较低。主要污染物的超标区海域如下。

硫化物超标区（超一类标准，下同）有3处：海州湾、威海和北海近岸海域。

总氮超标区有8处：厦门湾、闽江口、象山湾、长江口、三亚榆林湾、杭州湾、乐清湾和三门湾海域。

总磷超标区有5处：渤海湾西部、三门湾、乐清湾、三亚榆林湾和黄河口海域。

汞超标区1处：锦州湾海域。

镉超标区7处：锦州湾、辽河口、珠江口深圳湾、珠江口澳门近岸海域、大亚湾、大鹏湾和电白市近岸海域。

砷超标区2处：珠江澳门近岸和珠海深圳湾海域。

二、重点海域沉积物污染程度及其地域分布

（一）单项污染物污染程度评价

评价因子：硫化物、有机碳、石油类、汞、镉、铅、砷、总氮、总磷、滴滴涕、多氯联苯、酞酸酯类、多环芳烃类共13个。

评价标准：原则使用我国《海洋沉积物质量》中一类沉积物质量标准值。对《海洋沉积物质量》中尚未列入的参数，则采用国外相关标准值（表2-23）。

评价方法：采用单因子污染指数法。

表2-23 沉积物单项污染物污染程度评价标准

项目	标准值	引用标准
硫化物	300.0×10^{-6}	
有机碳	2.0×10^{-2}	
石油类	500.0×10^{-6}	
滴滴涕	0.02×10^{-6}	
多氯联苯	0.02×10^{-6}	GB 18668—2002《海洋沉积物质量》中相关项目的一类标准值
汞	0.20×10^{-6}	
镉	0.50×10^{-6}	
铅	60.0×10^{-6}	
砷	20.0×10^{-6}	
总氮	550×10^{-6}	加拿大安大略省沉积物质量指南
总磷	600×10^{-6}	加拿大安大略省沉积物质量指南
二丁基酞酸酯	0.61×10^{-6}	美国华盛顿州标准
二异丁基酞酸酯	0.61×10^{-6}	毒性与二丁基酞酸酯相似
2-二乙基己基酞酸酯	0.61×10^{-6}	
萘	0.99×10^{-6}	美国华盛顿州标准
芴	0.23×10^{-6}	美国华盛顿州标准
菲	1.00×10^{-6}	美国华盛顿州标准
蒽	2.20×10^{-6}	美国华盛顿州标准
荧蒽	1.60×10^{-6}	美国华盛顿州标准
芘	10.00×10^{-6}	美国华盛顿州标准
䓛	1.10×10^{-6}	美国华盛顿州标准
苯并（a）蒽	1.10×10^{-6}	美国华盛顿州标准
苯并（a）芘	0.99×10^{-6}	美国华盛顿州标准
苯并（a）芘	0.99×10^{-6}	致癌剂量低于苯并（a）芘

单项评价结果，37个海洋沉积物污染重点海域沉积物中各项污染指标的平均污染指数列于表2-24。

由表2-24可知，37处重点海域中有20处的沉积物中至少有一项污染物平均含量超标，其中有6处两项超标。主要超标沉积物中总磷超标的有8处，其中7处集中分布在东海。镉超标的也有8处，主要分布在南海和渤海。此外，总氮超标5处、硫化物超标2处、砷2处、汞1处。

表2-24　37个重点海域沉积物中各项污染指标的平均污染指数

重点海域	有机碳	硫化物	石油类	总磷	总氮	镉	汞	铅	砷	多氯联苯	滴滴涕	酞酸酯类	多环芳烃
辽河口	0.76	0.33	0.03	0.16	0.76	6.77	0.36	0.31	0.29	0.02	0.03	0.01	0.003
锦州湾	0.36	0.52	0.15	0.19	0.71	7.13	6.09	0.54	0.25	0.06	0.08	0.09	0.011
秦皇岛市近岸	0.55	0.48	0.03	0.10	0.87	0.61	0.43	0.44	0.50	0.05	0.17	0.13	0.054
渤海湾西部近岸	0.28	0.28	0.01	0.12	1.49	0.27	0.22	0.28	0.61	0.06	0.04	0.04	0.001
黄河口	0.07	0.01	0.01	0.09	1.10	0.18	0.07	0.17	0.58	0.01	0.02	0.01	0.001
莱州湾南部近岸	0.08	0.09	0.00	0.02	0.73	0.23	0.14	0.16	0.45	0.06	0.03	0.03	0.002
鸭绿江口	0.94	0.39	0.02	0.19	0.72	0.23	0.24	0.18	0.43	0.09	0.03	0.02	0.003
大窑湾—大连湾	0.56	0.48	0.23	0.59	0.85	0.57	0.50	0.20	0.23	0.21	0.14	0.15	0.064
烟台市近岸	0.16	0.17	0.01	0.02	0.95	0.28	0.97	0.36	0.71	0.25	0.06	0.04	0.002
威海市近岸	0.58	1.87	0.04	0.19	0.91	0.53	0.48	0.50	0.55	0.06	0.28	0.24	0.022
胶州湾	0.33	0.29	0.03	0.13	0.92	0.21	0.39	0.42	0.47	0.01	0.28	0.15	0.014
海州湾近岸	0.04	8.49	0.06	0.02	0.04	0.23	0.19	0.46	0.53	0.01	0.02	0.06	0.001
长江口	0.22	0.09	0.02	1.51	0.41	0.24	0.25	0.26	0.17	0.07	0.06	0.23	0.014
杭州湾	0.26	0.10	0.12	1.20	0.83	0.23	0.38	0.31	0.19	0.05	0.03	0.15	0.010
象山湾	0.29	0.75	0.01	1.55	0.37	0.17	0.40	0.30	0.19	0.06	0.04	0.34	0.011
三门湾	0.25	0.29	0.11	1.05	1.43	0.25	0.45	0.30	0.32	0.08	0.06	0.05	0.002
乐清湾—瓯江口	0.32	0.41	0.24	1.16	1.26	0.38	0.42	0.40	0.40	0.14	0.23	0.03	0.005
三都澳	0.27	0.14	0.06			0.22	0.23	0.36	0.24	0.20	0.24		
闽江口	0.23	0.08	0.03	1.68	0.44	0.49	0.39	0.50	0.13	0.10	0.07	0.66	0.026
兴化湾	0.26	0.67	0.03			0.12	0.27	0.26	0.26	0.44	0.40		
湄洲湾	0.32	0.40	0.01			0.10	0.23	0.33	0.16	0.17	0.27		
厦门湾	0.35	0.97	0.03	2.18	0.35	0.42	0.43	0.35	0.21	0.15	0.25	0.59	0.015
汕头—海门港	0.45	0.24	0.01	0.06	0.01	1.07	0.31	0.55	0.80	0.01	0.06	0.04	0.002
碣石湾—红海湾	0.14	0.12	0.005	0.02	0.01	0.67	0.13	0.31	0.40		0.04	0.04	0.002
大亚湾	0.51	0.29	0.01	0.05	0.04	1.34	0.14	0.45	0.45		0.05	0.01	0.002
大鹏湾	0.59	0.25	0.01	0.04	0.04	1.31	0.25	0.48	0.41		0.02	0.01	0.002
珠江口—深圳湾	0.45	0.12	0.03	0.04	0.03	1.40	0.44	0.51	1.10	0.01	0.08	0.15	0.005
珠海—澳门近岸	0.46	0.05	0.02	0.06	0.02	1.37	0.93	0.48	1.28	0.03	0.05	0.07	0.003
电白近岸	0.33	0.02	0.01			1.11	0.25	0.39	0.72	0.01	0.02	0.03	0.002
湛江港及其附近	0.12	0.07	0.01	0.01	0.01	0.33	0.10	0.21	0.40	0.01	0.02	0.03	0.002
铁山湾		0.04	0.00			0.48	0.17	0.63	0.58				
北海市近岸		1.41	0.01			0.65	0.25	0.59	0.62				
钦州湾—防城港		0.70	0.01			0.48	0.17	0.41	0.51				
北仑河口		0.17	0.12			0.62	0.22	0.65	0.66				
海口市近岸	0.17	0.34	0.01	0.45	0.27	0.22	0.18	0.38	0.39	0.05	0.07	0.04	0.035
三亚—榆林港	0.19	0.23	0.01	1.37	1.10	0.12	0.10	0.22	0.32	0.03	0.02	0.01	0.001
洋浦港	0.26	0.41	0.01	0.71	0.44	0.22	0.11	0.27	0.29	0.07	0.09	0.01	0.002

(二) 综合污染程度评价

评价因子：采用了易在沉积物中累积并对沉积环境影响较大的多氯联苯、汞、镉、砷和铅共 5 种污染物。

评价标准：取全球平均天然背景值。上述 5 种污染物的天然背景值分别为 0.01×10^{-6}、0.25×10^{-6}、1.0×10^{-6}、1.5×10^{-6} 和 70×10^{-6}。

评价方法：采用综合污染指数法，综合污染指数 $Cd < 8$ 为无污染或低污染、$8 \leqslant Cd < 16$ 为中污染，$16 \leqslant Cd < 32$ 为较高污染，$Cd \geqslant 32$ 为很高污染。

评价结果：在 37 个沉积物污染重点海域中选定 33 个重点海域进行沉积物综合污染程度评价。评价结果，该 33 个重点海域沉积物综合污染指数列于表 2-25。

表2-25　全国33个重点海域污染物综合污染程度评价结果

海　域		污染指数					综合污染指数 Cd
		镉	汞	铅	砷	多氯联苯	
辽河口	范围	1.32~12.77	0.19~0.36	0.14~0.51	0.22~0.60	0.02~0.13	1.89~14.37
	平均值	3.38	0.29	0.27	0.38	0.04	4.36
锦州湾	范围	1.28~4.97	2.13~8.66	0.20~0.65	0.18~0.56	0.02~0.37	3.81~15.22
	平均值	3.56	4.88	0.46	0.34	0.12	9.36
秦皇岛近岸	范围	0.15~0.54	0.13~0.60	0.28~0.50	0.52~0.85	0.02~0.33	1.10~2.84
	平均值	0.3	0.35	0.37	0.66	0.1	1.78
渤海湾西部	范围	0.06~0.24	0.10~0.33	0.17~0.32	0.55~1.13	0.02~0.51	0.90~2.53
	平均值	0.14	0.18	0.24	0.81	0.12	1.48
黄河口	范围	0.08~0.10	0.02~0.09	0.11~0.19	0.57~0.97	0.02~0.02	0.79~1.36
	平均值	0.09	0.05	0.15	0.77	0.02	1.07
莱州湾南部	范围	0.06~0.21	0.08~0.20	0.10~0.18	0.54~0.68	0.02~0.68	0.79~1.95
	平均值	0.11	0.11	0.14	0.6	0.13	1.09
鸭绿江口	范围	0.02~0.21	0.09~0.38	0.10~0.20	0.37~0.68	0.02~0.68	0.60~2.15
	平均值	0.12	0.19	0.15	0.57	0.19	1.22
大连湾—大窑湾	范围	0.06~1.04	0.05~1.72	0.09~0.37	0.17~0.43	0.02~2.42	0.39~5.98
	平均值	0.29	0.4	0.17	0.31	0.42	1.59
烟台市近岸	范围	0.10~0.25	0.24~1.88	0.23~0.37	0.48~1.95	0.02~0.93	1.06~5.38
	平均值	0.14	0.78	0.31	0.95	0.5	2.68
威海市近岸	范围	0.13~0.43	0.14~0.60	0.20~0.63	0.31~1.05	0.02~0.41	0.79~3.13
	平均值	0.27	0.38	0.43	0.73	0.11	1.92
胶州湾	范围	0.08~0.16	0.14~0.51	0.27~0.41	0.52~0.72	0.02~0.02	1.02~1.81
	平均值	0.1	0.31	0.36	0.62	0.02	1.41
海州湾近岸	范围	0.04~0.20	0.09~0.26	0.27~0.50	0.26~1.96	0.02~0.02	0.68~2.93
	平均值	0.12	0.15	0.39	0.71	0.02	1.39

续表

海　域		污染指数					综合污染指数Cd
		镉	汞	铅	砷	多氯联苯	
长江口	范围	0.04～0.22	0.01～0.38	0.11～0.32	0.08～0.33	0.02～0.32	0.26～1.57
	平均值	0.12	0.2	0.23	0.22	0.15	0.92
杭州湾	范围	0.04～0.26	0.10～1.01	0.15～0.34	0.13～0.39	0.02～0.18	0.43～2.18
	平均值	0.12	0.3	0.26	0.25	0.09	1.02
象山湾	范围	0.06～0.17	0.29～0.35	0.22～0.33	0.19～0.31	0.02～0.25	0.77～1.41
	平均值	0.08	0.32	0.26	0.26	0.12	1.04
三门湾	范围	0.07～0.22	0.17～0.69	0.15～0.38	0.30～0.63	0.08～0.20	0.78～2.12
	平均值	0.12	0.36	0.26	0.42	0.15	1.32
乐清湾—瓯江口	范围	0.08～0.26	0.22～0.52	0.18～0.51	0.22～0.86	0.02～0.52	0.72～2.67
	平均值	0.19	0.34	0.34	0.54	0.29	1.7
三都澳	范围	0.05～0.21	0.09～0.23	0.23～0.39	0.27～0.34	0.10～0.67	0.75～1.84
	平均值	0.11	0.18	0.31	0.32	0.4	1.31
闽江口	范围	0.24	0.22～0.41	0.43	0.03～0.31	0.20	1.13～1.59
	平均值	0.24	0.32	0.43	0.17	0.2	1.36
兴化湾	范围	0.05～0.07	0.18～0.24	0.18～0.25	0.17～0.64	0.12～2.41	0.70～3.60
	平均值	0.06	0.21	0.22	0.35	0.89	1.73
湄洲湾	范围	0.04～0.05	0.17～0.20	0.28	0.21	0.33～0.36	1.03～1.10
	平均值	0.05	0.19	0.28	0.21	0.34	1.07
厦门湾	范围	0.09～0.29	0.26～0.39	0.13～0.48	0.23～0.30	0.17～0.37	0.89～1.83
	平均值	0.21	0.34	0.3	0.28	0.3	1.43
汕头—海门港	范围	0.48～0.62	0.23～0.26	0.42～0.50	1.00～1.14	0.02	2.14～2.54
	平均值	0.53	0.25	0.47	1.07	0.02	2.33
碣石湾—红海湾	范围	0.02～0.59	0.04～0.21	0.19～0.38	0.30～0.84	0.02～0.15	0.56～2.17
	平均值	0.34	0.1	0.26	0.54	0.07	1.31
大亚湾	范围	0.48～0.90	0.05～0.15	0.37～0.39	0.47～0.66	0.02～0.07	1.38～2.17
	平均值	0.67	0.11	0.38	0.6	0.03	1.8
大鹏湾	范围	0.58～0.76	0.13～0.29	0.38～0.43	0.47～0.65	0.02	1.57～2.15
	平均值	0.65	0.2	0.41	0.54	0.02	1.82
珠江口—深圳湾	范围	0.59～0.95	0.20～0.46	0.35～0.53	0.77～2.23	0.02～0.04	1.93～4.22
	平均值	0.7	0.35	0.44	1.47	0.02	2.98
珠海—澳门近岸	范围	0.57～0.81	0.41～1.28	0.39～0.46	1.39～2.16	0.02～0.16	2.78～4.87
	平均值	0.69	0.74	0.41	1.7	0.06	3.61
电白近岸	范围	0.44～0.67	0.18～0.22	0.31～0.36	0.94～0.97	0.02	1.88～2.25
	平均值	0.56	0.2	0.33	0.96	0.02	2.06
湛江港及其附近	范围	0.02～0.27	0.06～0.10	0.07～0.27	0.28～0.81	0.02	0.45～1.47
	平均值	0.16	0.08	0.18	0.54	0.02	0.98

续 表

海 域		污染指数					综合污染指数Cd
		镉	汞	铅	砷	多氯联苯	
海口市近岸	范围	0.02~0.22	0.10~0.17	0.16~0.50	0.13~0.87	0.04~0.20	0.46~1.95
	平均值	0.11	0.15	0.32	0.52	0.11	1.2
三亚—榆林港	范围	0.04~0.08	0.05~0.11	0.14~0.24	0.35~0.50	0.02~0.11	0.60~1.04
	平均值	0.06	0.08	0.19	0.43	0.06	0.82
洋浦港	范围	0.04~0.18	0.08~0.09	0.18~0.28	0.30~0.47	0.11~0.18	0.71~1.20
	平均值	0.11	0.09	0.23	0.39	0.14	0.96

评价结果表明，在选定的近岸 33 个重点海域中，有 12 个海域存在不同程度的沉积物污染问题，包括辽河口—双台子河口、锦州湾、渤海湾西部、大连湾、烟台市近岸、威海市近岸、海州湾近岸、杭州湾、兴化湾、汕头市近岸、珠江口（深圳湾）、珠江口澳门近岸海域。其他 21 个重点海域沉积物尚未沾污，沉积环境质量良好。

上述 12 个污染海域沉积物综合污染程度及其主要污染因子见表 2-26。

表2-26　12个污染海域沉积物综合污染程度及主要污染因子表

海域	综合污染程度	主要污染因子
辽河口—双台子河口	较低	镉
锦州湾	中等	汞、镉
渤海湾西部	低	砷
大连湾	中等	汞、镉、多氯联苯
烟台近岸	中等	汞、砷
威海近岸	低	砷
海州湾	低	砷
杭州湾	低	汞
兴化湾	低	多氯联苯
汕头近岸	低	砷
珠江口深圳湾	低	砷
珠江口澳门近岸	低	砷

（三）潜在生态风险评价

沉积物中污染物潜在生态风险评价不仅考虑单项污染物的含量，还考虑多种污染物的总含量，各种污染物的毒性以及不同海域对有毒污染物的敏感性。

评价因子：选取镉、汞、铅、砷和多氯联苯共 5 种。

评价标准：取污染物的毒性响应参数分别为多氯联苯（40）、汞（40）、镉（30）、砷（10）、铅（5）。

单项污染物生态风险等级：

E（生态风险指数）＜40 —— 低生态风险；

$40 \leqslant E < 80$ —— 中生态风险；

$80 \leqslant E < 160$ —— 较高生态风险；

$160 \leqslant E < 320$ —— 高生态风险；

$E \geqslant 320$ —— 很高生态风险。

综合生态风险等级：

R（综合生态风险）＜140 —— 具有低潜在生态风险；

$140 \leqslant R < 280$ —— 具有中潜在生态风险；

$280 \leqslant R < 560$ —— 具有较高潜在生态风险；

$R \geqslant 560$ —— 具有很高潜在生态风险。

近岸33处重点海域沉积物中5种典型污染物的潜在生态风险指数见表2-27。

表2-27 重点海域沉积物潜在生态风险指数

海域		污染物潜在生态风险参数E					水域潜在生态风险指数R
		镉	汞	铅	砷	多氯联苯	
辽河口	范围	39.60～383.10	7.68～14.40	0.71～2.57	2.22～5.97	0.61～5.16	50.82～411.20
	平均值	101.53	11.57	1.33	3.81	1.5	119.73
锦州湾	范围	38.40～149.10	85.28～346.56	0.99～3.25	1.81～5.61	0.61～14.80	127.08～519.32
	平均值	106.9	195.01	2.32	3.36	4.76	312.35
秦皇岛市近岸	范围	4.50～16.20	5.12～24.16	1.42～2.51	5.20～8.53	0.61～13.40	16.85～64.81
	平均值	9.08	13.84	1.87	6.65	3.81	35.24
渤海湾西部近岸	范围	1.80～7.20	4.16～13.28	0.85～1.59	5.47～11.33	0.61～20.40	12.89～53.81
	平均值	4.08	7.02	1.22	8.11	4.72	25.15
黄河口	范围	2.40～3.00	0.64～3.68	0.54～0.93	5.67～9.67	0.61	9.85～17.88
	平均值	2.7	2.16	0.73	7.67	0.61	13.87
莱州湾南部近岸	范围	1.80～6.30	3.04～7.84	0.50～0.91	5.40～6.80	0.61～27.12	11.35～48.97
	平均值	3.45	4.45	0.68	6.02	5.03	19.63
鸭绿江口	范围	0.60～6.30	3.52～15.20	0.50～1.01	3.75～6.80	0.61～27.12	8.97～56.43
	平均值	3.51	7.77	0.75	5.71	7.4	25.14
大窑湾—大连湾	范围	1.80～31.20	2.08～68.80	0.46～1.87	1.75～4.25	0.61～96.80	6.70～202.92
	平均值	8.59	15.9	0.87	3.1	16.99	45.46
烟台市近岸	范围	3.00～7.50	9.60～75.20	1.15～1.87	4.80～19.47	0.61～37.04	19.15～141.08
	平均值	4.2	31.08	1.56	9.5	20.11	66.45
威海市近岸	范围	3.90～12.90	5.44～24.16	0.99～3.15	3.07～10.53	0.61～16.36	14.00～67.11
	平均值	7.95	15.28	2.13	7.32	4.55	37.22

续 表

海 域		污染物潜在生态风险参数E					水域潜在生态风险指数R
		镉	汞	铅	砷	多氯联苯	
胶州湾	范围	2.40~4.80	5.44~20.32	1.36~2.04	5.20~7.20	0.61	15.01~34.97
	平均值	3.12	12.48	1.78	6.2	0.61	24.19
海州湾近岸	范围	1.29~6.00	3.52~10.24	1.37~2.51	2.56~19.59	0.61	9.35~38.95
	平均值	3.59	6.01	1.96	7.09	0.61	19.26
长江口	范围	1.14~6.69	0.40~15.38	0.56~1.58	0.82~3.35	0.61~12.68	3.53~39.67
	平均值	3.64	7.96	1.14	2.21	5.93	20.88
杭州湾	范围	1.17~7.80	4.06~40.26	0.73~1.70	1.25~3.94	0.61~7.32	7.82~61.02
	平均值	3.51	12.17	1.31	2.5	3.67	23.15
象山湾	范围	1.68~4.98	11.49~14.06	1.08~1.65	1.92~3.09	0.61~9.92	16.77~33.71
	平均值	2.54	12.66	1.3	2.55	4.77	23.83
三门湾	范围	2.22~6.45	6.93~27.63	0.73~1.91	3.01~6.30	3.28~8.12	16.17~50.41
	平均值	3.69	14.54	1.28	4.21	6.17	29.9
乐清湾— 瓯江口	范围	2.52~7.89	8.85~20.70	0.88~2.55	2.20~8.64	0.61~20.76	15.05~60.55
	平均值	5.75	13.59	1.7	5.39	11.5	37.93
三都澳	范围	1.38~6.39	3.70~9.12	1.17~1.96	2.74~3.38	4.04~26.84	13.03~47.69
	平均值	3.31	7.29	1.55	3.15	15.84	31.14
闽江口	范围	7.32	8.80~16.43	2.14	0.33~3.05	8.08	26.67~37.03
	平均值	7.32	12.62	2.14	1.69	8.08	31.85
兴化湾	范围	1.56~2.01	7.26~9.44	0.91~1.24	1.67~6.37	4.68~96.36	16.09~115.42
	平均值	1.85	8.56	1.1	3.5	35.51	50.52
湄洲湾	范围	1.32~1.59	6.94~7.86	1.39~1.42	2.06~2.13	13.24~14.20	24.96~27.20
	平均值	1.46	7.4	1.41	2.09	13.72	26.08
厦门湾	范围	2.70~8.58	10.51~15.55	0.66~2.40	2.35~3.03	6.68~14.96	22.90~44.52
	平均值	6.3	13.75	1.51	2.77	12.01	36.34
汕头— 海门港	范围	14.40~18.60	9.12~10.40	2.09~2.52	10.00~11.40	0.61	36.21~43.53
	平均值	16	9.87	2.35	10.69	0.61	39.51
碣石湾— 红海湾	范围	0.60~17.70	1.76~8.32	0.93~1.91	3.00~8.40	0.61~6.00	6.90~42.33
	平均值	10.1	4.16	1.31	5.36	2.95	23.87
大亚湾	范围	14.40~27.00	2.08~5.92	1.84~1.97	4.67~6.60	0.61~2.88	23.60~44.37
	平均值	20.1	4.48	1.92	5.96	1.37	33.82
大鹏湾	范围	17.40~22.80	5.12~11.68	1.89~2.15	4.67~6.53	0.61	29.69~43.77
	平均值	19.6	8.11	2.06	5.4	0.61	35.78
珠江口— 深圳湾	范围	17.70~28.50	8.00~18.40	1.77~2.66	7.67~22.33	0.61~1.72	35.75~73.62
	平均值	21	14.08	2.18	14.72	0.89	52.86

续 表

海 域		污染物潜在生态风险参数E					水域潜在生态风险指数R
		镉	汞	铅	砷	多氯联苯	
珠海—澳门近岸	范围	17.10~24.30	16.48~51.20	1.93~2.31	13.93~21.60	0.61~6.36	50.05~105.77
	平均值	20.6	29.71	2.07	17	2.53	71.9
电白近岸	范围	13.20~20.10	7.20~8.96	1.53~1.81	9.40~9.73	0.61	31.94~41.22
	平均值	16.65	8.08	1.67	9.57	0.61	36.58
湛江港及其附近	范围	0.60~8.10	2.56~4.16	0.37~1.34	2.80~8.13	0.61	6.94~22.34
	平均值	4.9	3.31	0.91	5.36	0.61	15.08
海口市近岸	范围	0.60~6.60	4.16~6.72	0.81~2.49	1.30~8.67	1.76~7.88	8.63~32.36
	平均值	3.3	5.8	1.61	5.18	4.24	20.13
三亚—榆林港	范围	1.20~2.40	2.08~4.32	0.69~1.19	3.53~5.03	0.61~4.40	8.11~17.35
	平均值	1.8	3.2	0.94	4.28	2.5	12.73
洋浦港	范围	1.20~5.40	3.36~3.68	0.89~1.41	2.97~4.73	4.52~7.00	12.93~22.22
	平均值	3.3	3.52	1.15	3.85	5.76	17.58

　　最后,评价结果表明,双台子河口—辽河口、锦州湾、大连湾、烟台近岸、杭州湾、兴化湾和珠江口澳门近岸7处海域沉积物具有一定的潜在生态风险。其余26处海域沉积环境的生态状况良好(表2-28)。

表2-28　7处重点海域沉积物潜在生态风险程度及主要风险因子

海 域	综合生态风险程度	主要风险因子
双台子河口—辽河口	低,局部海域较高	镉
锦州湾	较高	汞、镉
大连湾	低,局部海域中等	汞、多氯联苯
烟台近岸	低,局部海域中等	汞
杭州湾	低	汞
兴化湾	低	多氯联苯
珠江口澳门近岸	低	汞

三、10年来近岸海域沉积物质量变化趋势

　　沉积物污染与水污染不同,具有污染范围和污染程度多年变化不大和相对稳定的特点。近10年来监测表明,我国近岸海域沉积物质量总体一直处在良好状态,仅局部海区受到一定程度污染。主要污染物有镉、铜、滴滴涕和石油类,历年无明显变化。

(一)各大海区沉积物质量状况

　　2009年监测情况如下。
　　渤海海区,近岸海域沉积物质量总体状况一般。其中莱州湾海域质量状况良好。主要污

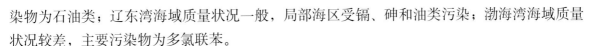

染物为石油类；辽东湾海域质量状况一般，局部海区受镉、砷和油类污染；渤海湾海域质量状况较差，主要污染物为多氯联苯。

黄海海区，近岸沉积物质量总体状况良好。其中北部近岸海域质量状况较差。主要污染物为石油类和滴滴涕。

东海海区，沉积物质量总体状况良好。其中闽江口和厦门湾海域质量状况一般。主要污染物为石油类和滴滴涕。

南海海区，近岸海域沉积物质量状况总体良好。其中珠江口海域质量状况一般，主要污染物为铜、石油类和镉。

（二）主要污染物含量及超标状况变化趋势

另据国家专项 908-02-02-01《近海海洋环境质量变化趋势评价与控制技术研究报告》分析，近 10 年来我国近岸海域沉积物中各主要污染物含量及超标状况变化趋势如下：

1. 石油类

沉积物中石油类超一类标准的比例自 1997 年以来总体呈上升趋势，并且在 2007 年前后达到最高；超三类标准比例变化趋势不显著。

辽宁大连、广东和广西近岸海域是石油类污染高发区域，污染范围和程度多年来并无改善趋势。大连近岸海域自 1997 年监测到石油类污染后，多年来一直受到石油类的较严重污染。广东近岸特别是珠江口海域，多年来一直受到石油类污染，污染范围较广且程度较高。广西近岸海域自 2005 年监测到石油类污染至今，无显著改善趋势。

2. 汞

沉积物汞超一类标准比例和超三类标准比例都以 2000 年前后最高，之后呈明显下降的变化趋势。表明自 2000 年之后，我国近岸海域沉积物中汞污染程度和范围均呈下降趋势。

10 年来，全国近岸海域汞污染大致呈现由北向南逐渐加重的趋势。大连、山东近岸海域、广东近岸海域特别是珠江口海域是汞污染的高发区域。大连近岸海域自 1997 年以来一直存在汞污染，但是程度较轻。山东近岸海域在 2003—2005 年前后污染范围普遍，之后显著降低。广东近岸海域尤其是珠江口海域自 2003 年以后汞污染一直比较普遍。

3. 镉

沉积物镉污染超一类标准的比例在 2002 年前后达到最高，之后呈现逐渐降低的趋势，而超三类标准的比例多年来无显著变化趋势。

沉积物镉污染自 1997—2009 年大致呈现由北向南逐渐加重的趋势。辽东湾、大连近岸、广东近岸、广西和海南近岸海域为镉污染的高发区域。辽东湾海域在 1997 年是镉污染最严重的区域，自 1997 年以后，污染程度降低，污染范围也逐渐缩小；大连近岸海域多年来始终存在镉污染，但程度较轻；广东近岸海域尤其是珠江口海域自 1997—2007 年污染范围广，几乎遍布广东近岸海域，污染程度也较高，自 2007 年之后污染范围和程度均有显著下降；广西近岸海域自 2003 年出现镉污染现象，之后呈现逐年加重的趋势，尤其是 2007 年超标严重；海南近岸海域自 2006 年起，成为镉污染的重要区域，污染范围广，且部分年份污染程度重。

4. 铅

沉积物铅污染自 1997－2009 年，超一类标准的比例呈现先上升后下降的变化趋势。当前的污染水平与初始阶段接近。超三类标准的比例多年来基本保持稳定。总体而言，全国近岸海域铅污染无明显变化趋势。

近岸海域铅污染情况较轻，广东和大连近岸海域是铅污染的高发区。大连近岸海域多年来一直存在铅污染现象，但是范围较小且程度较轻。广东近岸海域铅污染在 2003－2006 年间，污染范围和程度显著增加，自 2008 年后又显著降低。

5. 砷

沉积物砷超一类标准比例自 1997－2009 年出现先升高后降低的变化趋势，在 2006 年前后达到最高；而超三类标准的比例则是多年来基本保持稳定。总体而言，无明显变化趋势。

烟台和威海近岸海域是环渤海砷污染的高发区，但是多年来无明显变化趋势；广东近岸海域也是砷污染的严重区域，自 2003 年之后污染范围和程度均呈逐渐增长趋势，几乎覆盖广东近岸海域；2006 年后污染范围逐渐缩小，主要集中于珠江口海域。

6. 铜

自 2000 年以来，全国近岸海域沉积物铜超一类标准的比例呈上下波动状态，总体上无明显变化趋势。超三类标准的比例多年来也一直保持平稳。辽东湾、大连近岸海域、浙江近岸海域、福建部分海域、广东近岸特别是珠江口海域是铜污染的主要区域，且多年来变化趋势不明显。

7. 六六六

全国近岸海域沉积物中六六六超一类标准比例和超三类标准的比例极低，且多年来无明显变化趋势。

8. 滴滴涕

沉积物中滴滴涕超一类标准的比例和超三类标准比例大致呈现先升高后降低的变化趋势，总体上无明显变化趋势。

9. 多氯联苯

沉积物中多氯联苯超一类标准的比例自 1997 年以来总体呈上升趋势，而超三类标准的比例大致呈先升高后降低的变化趋势。

渤海湾自 2003 年监测到多氯联苯污染以来，多年来一直受到多氯联苯的污染，并且在 2009 年污染范围和程度都达到历史最高，反映出渤海湾海域多氯联苯呈现增长的趋势。福建近岸海域在 2003 年监测到多氯联苯的污染，在 2005 年和 2006 年经历了最严重的污染后，污染范围和污染程度均呈下降趋势。

综上所述，各种污染要素超标比例随时间的变化趋势呈现较大差异。总体而言，汞自 1997 年以来呈明显下降趋势；镉自 2002 年以后也一直呈现下降趋势；石油类和多氯联苯自 1997 年以来呈现一定的上升趋势；铜则是多年来保持相对稳定；而铅、砷、六六六和滴滴涕均呈现先上升后下降的变化趋势，总体变化不明显。

2009 年与 20 世纪末比较，重点海域沉积物污染状况的变化趋势见图 2-11。

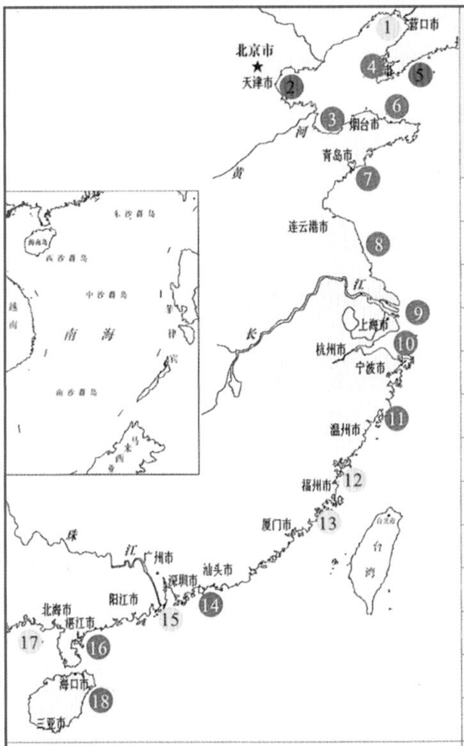

图左为近岸海域位置分布图，标注城市有北京市、天津市、烟台市、青岛市、连云港市、上海市、杭州市、宁波市、温州市、福州市、厦门市、广州市、深圳市、汕头市、阳江市、湛江市、北海市、海口市、三亚市等，并以编号1~18标注各海域位置。

图例：

沉积物综合质量：■ 良好　□ 一般　▨ 较差

污染物变化趋势：
↗ 显著升高　↗ 升高　⇔ 无明显变化趋势
↘ 显著降低　↘ 降低　● 数据年限不够

海域	主要污染物	1997—2009 年变化趋势							
		汞	镉	铅	砷	铜	石油类	滴滴涕	多氯联苯
1 辽东湾	—	⇔	⇔	⇔	⇔	●	↗	⇔	⇔
2 渤海湾	多氯联苯	⇔	↘	⇔	⇔	⇔	⇔	⇔	⇔
3 莱州湾	—	⇔	⇔	⇔	⇔	●	↗	⇔	⇔
4 大连渤海近岸	石油类	⇔	⇔	⇔	⇔	↗	⇔	⇔	⇔
5 黄海北部近岸	滴滴涕 石油类	⇔	⇔	⇔	⇔	⇔	⇔	⇔	↘
6 烟台至威海近岸	—	⇔	⇔	↗	⇔	⇔	⇔	↘	⇔
7 青岛近岸	—	↘	⇔	⇔	⇔	●	↗	⇔	⇔
8 苏北近岸	—	⇔	⇔	⇔	⇔	⇔	↗	⇔	⇔
9 长江口	—	⇔	↘	⇔	⇔	⇔	⇔	⇔	⇔
10 杭州湾	—	⇔	⇔	⇔	⇔	⇔	⇔	⇔	⇔
11 台州和温州近岸	—	⇔	⇔	⇔	⇔	⇔	⇔	⇔	⇔
12 宁德近岸	滴滴涕	⇔	⇔	⇔	⇔	⇔	⇔	⇔	⇔
13 闽江口至厦门	—	⇔	⇔	⇔	⇔	⇔	↗	⇔	⇔
14 粤东近岸	—	⇔	⇔	⇔	⇔	↘	⇔	↘	⇔
15 珠江口海域	铜	⇔	⇔	⇔	⇔	⇔	⇔	⇔	↗
16 粤西近岸	—	⇔	⇔	⇔	⇔	⇔	⇔	⇔	⇔
17 广西近岸	—	⇔	⇔	⇔	↘	⇔	↗	⇔	⇔
18 海南近岸	镉	⇔	⇔	⇔	⇔	⇔	⇔	⇔	⇔

图2-11　近岸重点海域沉积物污染状况变化趋势

（引自《2009年中国海洋环境质量公报》）

由图 2-11 可知，近 10 年来，辽东湾海域、莱州湾海域、青岛近岸、苏北近岸和广西近岸海域沉积物石油含量呈显著上升趋势；渤海湾和长江口海域沉积物镉含量呈明显下降。

第三节　生物体污染状况及发展趋势

海洋生物质量是指海洋生物（经济种类）体内有关污染物质的含量水平，也称"污染物残留量"。海水和海洋沉积物中的污染物通过食物链的传递和富集，最终进入人体，对人类健康造成危害，因而生物体内的污染物残留水平能最准确和直观地衡量海洋环境的质量。

20 世纪 90 年代，我国先后开展了两次全国性的近岸海域经济贝类污染物残留水平调查。第一次在 90 年代初（1990 年），在近岸共设 73 个采样站，采集贝类 23 种，测定了其中铜、铅、锌、镉、汞、铬和砷共 7 种重金属、六六六和滴滴涕两种有机氯农药以及石油烃含量。另一次在 90 年代末（1997—1999 年），在近岸海域共设 102 个采样站。其中，长江口以北 39 个；长江口以南 42 个；另在距岸稍远的海域布设 21 个采样站。贝类样品以潮间带和浅水贝类为主，如褶牡蛎（*Ostrea plicatula*）、长牡蛎（*Ostrea gigas*）、菲律宾蛤仔（*Ruditapes philippinarum*）、紫贻贝（*Mytilus edulis*）、缢蛏（*Sinonovacula constricata*）、毛蚶（*Scapharca subcrenata*）、文蛤（*Meretrix meretrix*）、香螺（*Neptunea arthritica*）等计 29 种；鱼类样品以距岸稍远相对较深水域的鱼类为主，如鲈鱼（*Latrolabrax japonicus*）、鲻鱼（*Mugil cephalus*）、石斑鱼类（*Epinephelus* spp.）、矛尾刺虾虎鱼（*Acanthogobius hasta*）、黑鲷（*Sparus macroephalu*）、石鲽（*Kareius bicoloratus*）、蓝点马鲛（*Scombermorus niphonius*）等计 19 种。调查测试的污染物有汞、镉、铅、砷、石油烃和滴滴涕，对部分样品还测定了多氯联苯、酞酸酯和多环芳烃项目。

一、生物体内污染物残留量水平

（一）贝类体内污染物残留量水平

1997—1999 年全国近岸海域及四个海区贝类污染物残留量统计结果见表 2-29。

表2-29　全国近岸海域及四个海区贝类污染物残留量统计结果（1997—1999年）

污染物种类	污染物平均残留量、范围及检出率				
	全国沿海	渤海	黄海	东海	南海
汞（$\times10^{-6}$）	0.018	0.021	0.011	0.024	0.018
	0.000 2～0.122	0.006～0.116	0.000 2～0.122	0.008～0.902	0.006～0.032
镉（$\times10^{-6}$）	1.15	2.01	0.56	1.09	1.12
	0.01～14.10	0.03～7.32	0.01～4.69	0.11～14.1	0.08～7.46
铅（$\times10^{-6}$）	0.37	0.18	0.11	0.53	0.68
	0.01～1.60	0.01～1.60	0.01～0.45	0.10～1.43	0.28～1.48
砷（$\times10^{-6}$）	0.81	0.42	0.42	1.34	1.11
	0.01～6.14	0.20～0.67	0.12～0.76	0.06～6.14	0.01～4.04
石油烃（$\times10^{-6}$）	27.2	14.3	19.5	24.3	51.0
	0.93～253	2.01～80.5	0.92～123	5.6～178	7.8～253
滴滴涕（$\times10^{-9}$）	42.5（84.9%）	2.8（72.9%）	7.0（69.6%）	27.5（100%）	113.2（97.5%）
	未检出～976.76	未检出～13.27	未检出～41.56	0.50～109.95	未检出～976.76
多氯联苯（$\times10^{-9}$）	27.1（86.2%）	3.4（78.4%）	2.1（67.4%）	31.3（100%）	59.8（100%）
	未检出～413.1	未检出～21.9	未检出～8.0	0.6～120.6	5.4～413.1
多环芳烃（$\times10^{-9}$）	13.0	10.4	21.7	6.0	7.4
	0.6～287.0	4.6～21.0	0.6～287.0	2.5～17.7	2.5～15.5
酞酸酯类（$\times10^{-9}$）	216.9	160.0	127.2	572.3	306.8
	0.7×10^{-9}～$1\ 878\times10^{-9}$	4.8～603.3	0.7～305.0	6.0～1 878.0	1.0～1 383.0

注：单位均为湿重；括号内为检出率；平均值为检出样品的算术平均值。

1. 重金属

全国四个海区所有贝类样品均检测出汞、镉、铅、砷四种重金属。

全国近岸海域汞平均残留量为 0.018×10^{-6}，最低残留量为 $0.000\,2 \times 10^{-6}$，最高残留量为 0.122×10^{-6}。东海和渤海贝类汞平均残留量相近，分别为 0.024×10^{-6} 和 0.021×10^{-6}，南海为 0.018×10^{-6}，黄海为 0.011×10^{-6}。

全国近岸海域镉平均残留量为 1.15×10^{-6}，残留量在 $0.01 \times 10^{-6} \sim 14.10 \times 10^{-6}$ 之间。各海区贝类体内的镉平均残留量相差悬殊，渤海最高，为 2.01×10^{-6}，接近黄海（0.56×10^{-6}）的 4 倍，南海和东海贝类体内的镉平均残留量接近，分别为 1.12×10^{-6} 和 1.09×10^{-6}。

全国近岸海域铅平均残留量为 0.37×10^{-6}，最低残留量为 0.01×10^{-6}，最高为 1.60×10^{-6}。南海和东海铅的残留量分别为 0.18×10^{-6} 和 0.53×10^{-6}。

全国近岸海域砷平均残留量为 0.81×10^{-6}，残留量在 $0.01 \times 10^{-6} \sim 6.14 \times 10^{-6}$ 之间。东海和南海砷平均残留量明显高于渤海和黄海，分别为 1.34×10^{-6} 和 1.11×10^{-6}，高出渤海和黄海 1 倍以上。渤海和黄海贝类体内的砷平均残留量相等，均为 0.42×10^{-6}。

2. 石油烃

全国近岸海域贝类体内石油烃平均残留量为 27.2×10^{-6}，波动范围为 $0.93 \times 10^{-6} \sim 253 \times 10^{-6}$。南海贝类体内的石油烃平均残留量最高，为 51.0×10^{-6}，是其他三个海区残留量的 2 倍以上。东海、黄海和渤海贝类体内的石油烃平均残留量分别为 24.3×10^{-6}、19.5×10^{-6} 和 14.3×10^{-6}。

3. 难降解有机物

全国近岸海域贝类体内的滴滴涕检出率为 84.9%，检出样品滴滴涕的平均残留量为 42.5×10^{-9}。南海检出率为 97.5%，平均残留量为 113.2×10^{-9}；东海检出率为 100%，平均残留量为 27.5×10^{-9}；黄海检出率为 69.6%，平均残留量为 7.0×10^{-9}；渤海检出率为 72.9%，平均残留量最低，仅为 2.8×10^{-9}。

全国近岸海域贝类体内的多氯联苯的检出率为 86.2%，平均残留量为 27.1×10^{-9}。南海和东海贝类多氯联苯残留检出率均为 100%，平均残留量明显高于黄海、渤海，分别为 59.8×10^{-9} 和 31.3×10^{-9}；渤海检出率为 78.4%，平均残留量为 3.4×10^{-9}；黄海检出率为 67.4%，平均残留量为 2.1×10^{-9}。

全国近岸海域贝类体内都检出了多环芳烃，平均残留量为 13.0×10^{-9}。黄海贝类残留量明显高于其他海区，平均值为 21.4×10^{-9}；渤海、南海和东海的平均残留量分别为 10.4×10^{-9}、7.4×10^{-9} 和 6.0×10^{-9}。

4. 酞酸酯类

全国近岸海域贝类体内酞酸酯类平均残留量为 216.9×10^{-9}，残留量范围为 $0.7 \times 10^{-9} \sim 1\,878.0 \times 10^{-9}$。东海平均残留量最高，为 572.3×10^{-9}；其次是南海，平均残留量为 306.8×10^{-9}；渤海和黄海平均残留量较低，分别为 160.0×10^{-9} 和 127.2×10^{-9}。

（二）鱼类体内污染物残留量水平

1997—1999 年全国近岸海域及四个海区鱼类体内污染物残留量统计结果见表 2-30。

表2-30 全国近岸海域及四个海区鱼类体内污染物残留量统计结果（1997—1999年）

污染物种类	污染物平均残留量、范围及检出率				
	全国近海海域	渤海	黄海	东海	南海
石油烃 (×10⁻⁶)	2.7	3.4	2.0	2.4	2.9
	0.5～8.2	0.5～8.2	1.1～4.5	0.8～5.8	1.0～4.7
汞 (×10⁻⁶)*	0.030	0.024	0.024	0.037	0.037
	0.001～0.105	0.014～0.043	0.001～0.055	0.015～0.080	0.004～0.105
镉 (×10⁻⁶)	0.09	0.26	0.02	0.03	0.02
	0.01～1.90	0.02～1.90	0.01～0.04	0.02～0.10	0.02～0.03
铅 (×10⁻⁶)	0.16	0.02	0.08	0.31	0.28
	0.01～0.75	0.01～0.03	0.03～0.13	0.19～0.75	0.19～0.41
砷 (×10⁻⁶)	0.57	0.56	0.34	0.54	0.95
	0.09～1.58	0.26～0.79	0.21～0.65	0.09～1.08	0.33～1.58
滴滴涕 (×10⁻⁹)	57.9 (80.6%)	14.7 (80.0%)	8.2 (90.0%)	138.4 (88.9%)	94.4 (57.1%)
	未检出～735.06	未检出～39.34	未检出～52.48	未检出～735.06	未检出～148.9
多氯联苯 (×10⁻⁹)	28.8 (80.6%)	1.6 (80.0%)	1.2 (50.0%)	55.5	45.5
	未检出～413.1	未检出～3.6	未检出～3.1	11.5～161.2	3.5～118.1
多环芳烃	7.7	18.3	8.3	3.1	7.9
	2.3～23.0	13.9～23.0	5.2～11.3	2.3～3.9	2.9～11.1
酞酸酯类 (×10⁻⁹)	496.7	1 756.0	109.2	226.9	398.2
	53.5～3 287.5	1 224.4～3 287.5	68.1～150.2	53.5～376.1	200.9～609.8

注：* 单位均为湿重；括号内为检出率；平均值为检出样品的算术平均值。

1. 重金属

全国近岸海域鱼类汞平均残留量为 0.030×10^{-6}，各海区鱼类汞的平均残留量由高至低依次为南海＝东海、黄海＝渤海。

全国近岸海域鱼类镉平均残留量为 0.09×10^{-6}，各海区鱼类镉的平均残留量由高至低依次为渤海、东海、黄海＝南海。

全国近岸海域鱼类铅平均残留量为 0.16×10^{-6}，各海区鱼类铅的平均残留量由高至低依次为东海、南海、黄海、渤海。

全国近岸海域鱼类砷平均残留量为 0.57×10^{-6}，各海区鱼类砷的平均残留量由高至低依次为南海、渤海、东海、黄海。

2. 石油烃

全国近岸海域鱼类石油烃的平均残留量为 2.7×10^{-6}，各海区鱼类石油烃的平均残留量由高至低依次为渤海、南海、东海、黄海。

3. 难降解有机物

全国近岸海域鱼类滴滴涕检出率为80.6%，平均残留量为 57.9×10^{-9}，各海区鱼类滴滴涕的平均残留量由高至低依次为东海、南海、渤海、黄海。

全国近岸海域鱼类多氯联苯检出率为80.6%，平均残留量为28.8×10^{-9}，各海区鱼类多氯联苯的平均残留量由高至低依次为东海、南海、渤海、黄海。

全国近岸海域鱼类多环芳烃平均残留量为7.7×10^{-9}，各海区鱼类多环芳烃的平均残留量由高至低依次为渤海、黄海、南海、东海。

4.酞酸酯类

全国近岸海域鱼类酞酸酯类平均残留量为496.7×10^{-9}，各海区鱼类酞酸酯类的平均残留量由高至低依次为渤海、南海、东海、黄海。

二、生物质量状况及其空间分布特点

生物质量评价采用污染指数法，评价项目及评价标准见表2-31。

表2-31　生物质量评价项目及评价标准

项 目	标准值	引 用 标 准
石油烃	20×10^{-6}	GB 18421－2001（"海洋生物质量"国家标准）
汞	0.3×10^{-6}	GB 2762－81
镉	2.0×10^{-6}	世界卫生组织（贝类）
	1.0×10^{-6}	GB 238－84（鱼类）
铅	1.0×10^{-6}	FAO/WHO.CX/FA83/10II 1982.1
砷	1.0×10^{-6}	GB 4810－94
滴滴涕	0.1×10^{-6}	GB 53－77
多氯联苯	0.2×10^{-6}	GB 9674－88

（一）生物质量总体状况

1997－1999年全国近岸海域及渤海、黄海、东海、南海四个海区的贝类、鱼类生物质量评价结果见表2-32。

表2-32　生物体污染物含量超标率统计结果（%）（1997—1999年）

生物类群		超标率	汞	镉	铅	砷	滴滴涕	多氯联苯	石油烃
贝类	我国近海	60.4	0.0	19.5	5.7	20.2	7.5	3.0	33.3
	其中 渤海	55.6	0.0	50.0	2.8	0.0	0.0	0.0	11.1
	黄海	34.8	0.0	6.5	0.0	0.0	0.0	0.0	32.6
	东海	75.7	0.0	10.8	8.1	43.2	2.7	0.0	35.1
	南海	80.0	0.0	15.0	12.5	40.0	27.5	7.5	52.5
鱼类	我国近海	17.6	0.0	0.0	0.0	8.8	11.7	0.0	
	其中 渤海	0.0	0.0	0.0	0.0	0.0	0.0	0.0	
	黄海	0.0	0.0	0.0	0.0	0.0	0.0	0.0	
	东海	33.3	0.0	0.0	0.0	11.1	22.2	0.0	
	南海	42.9	0.0	0.0	0.0	28.6	28.6	0.0	

从表2-32中可以发现，我国近岸海域贝类质量超标率（测站超标率，下同）为60.4%，超标污染物主要有石油烃、砷和镉。其中，渤海贝类生物质量超标率为55.6%，超标污染物主要为镉和石油烃；黄海生物质量超标率最低，为34.8%，超标污染物主要为石油烃；东海生物质量超标率为75.7%，超标污染物主要为砷和石油烃；南海生物质量超标率最高，达80.0%，超标污染物主要为石油烃、砷及滴滴涕类。由此可见，在四个海区中，南海近岸贝类质量较差，其次是东海和渤海，黄海最好。四个海区贝类体内石油烃残留量都较高，其中南海超标率高达52.5%，东海为35.1%，黄海为32.6%，渤海为11.1%；四个海区中只有南海贝类多氯联苯残留量有超标现象，超标率为7.5%；南海和东海滴滴涕残留量有超标现象，超标率分别为27.5%和2.7%；东海和南海砷残留量超标严重，分别为43.2%和40.0%；南海、东海、渤海部分贝类铅残留量有超标现象，超标率分别为12.5%、8.1%和2.8%；四个海区贝类镉残留量都出现超标，渤海最高达50.0%，其次是南海（15.0%）和东海（10.8%），黄海最低，为6.5%；四个海区汞残留量都未超标。

全国近海海域鱼类质量超标率为17.6%，超标污染物主要为滴滴涕和砷。黄海、渤海鱼类质量均符合相关标准的要求；东海超标率为33.3%，7个测站中1个站位的鲈和黑鲷两种鱼类体内的滴滴涕和砷残留量超标，超标率分别为22.2%和11.1%；南海鱼类质量超标率为42.9%。

（二）主要贝类质量状况

1. 毛蚶

黄渤海19个测站中，15个测站毛蚶质量超标。其中渤海超标的主要污染物为镉，锦州湾海域毛蚶体内的石油烃残留量也出现超标现象，黄海超标的主要污染物为石油烃和镉。

2. 牡蛎

黄渤海6个测站中有4个测站牡蛎质量超标，超标的污染物均为石油烃。东海10个测站中7个站位的牡蛎质量超标，超标的污染物有铅、砷、滴滴涕和石油烃，但超标倍数均小于1。与其他三个海区比较，南海牡蛎超标率最高，10个测站100%超标。不仅超标程度最高，而且同一站超标污染物种类多，部分站三种污染物残留量同时超标，多数两种污染物超标，石油烃残留量最高超标9倍，滴滴涕最高超标8.8倍，镉最高超标6.5倍，砷最高超标1.8倍。

3. 菲律宾蛤仔

黄渤海22个测站中有4个站菲律宾蛤仔的生物质量超标，超标污染物均为石油烃，最高超标倍数达5.2倍，锦州湾、威海及胶州湾海域都出现超标现象。东海有3个站砷残留量超标，其中2个站的石油烃残留量也超标。南海的2个站石油烃和铅超标。

4. 贻贝

黄海的6个测站中有4个贻贝质量超标，超标污染物均为石油烃。东海2个站贻贝质量均符合标准。南海的9个站中有5个超标，其中4个砷残留量超标，1个站位的石油烃残留量超标。

（三）贝类质量空间分布特点

由于生物对污染物的积累具有种间差异，只有通过对不同地点的同一种生物体的污染物残留量的比较，才能表征其质量的空间差异。以我国近岸海域常见的四类贝类（牡蛎、菲律宾蛤仔、毛蚶和贻贝）为代表进行分析（图2-12）。图中测站编号01－18号为渤海近岸测站；19－39号为黄海近岸测站；40－58号为东海近岸测站；59－81号为南海近岸测站（下同）。

1. 汞

由图2-12可知，牡蛎体内的汞残留量较高的地区均在东海区；渤海毛蚶体内的汞残留量稍高于其他海区；东海和南海贻贝体内汞的残留量也较高。但即使残留量最高的站位，其残留量仍远低于贝类质量标准限值（0.3×10^{-6}），表明我国近岸贝类未受汞污染。

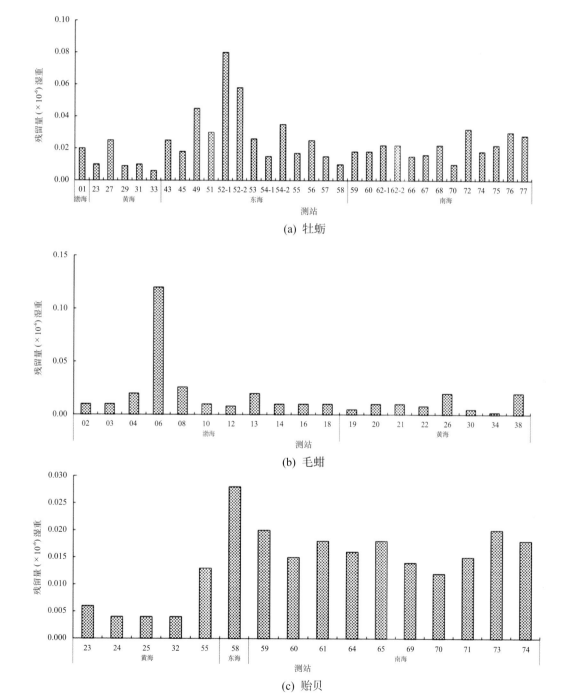

(a) 牡蛎

(b) 毛蚶

(c) 贻贝

图2-12 三种贝类汞残留量空间差异

2. 镉

由图2-13可知，牡蛎体内镉残留量以南海区普遍偏高，其中深圳蛇口、珠海斗门、江门曹冲村、阳江万塘、北海铁山湾以及北部湾等地，牡蛎体内镉残留量均不同程度超标。渤海以及黄海部分测站毛蚶体内镉残留量较高。其中渤海近岸的大连金州湾、复州湾、锦州王家窝铺、葫芦岛兴城、秦皇岛北戴河、唐山捞鱼尖和黑沿子、天津蛏头沽、沧州赵安堡、莱州虎头崖以及黄海近岸的大连青堆子等12个地点毛蚶镉残留量均超标。其中渤海近岸有11个，占整个渤海近岸生物采样站的61%，可见该海区毛蚶已普遍受到镉污染。

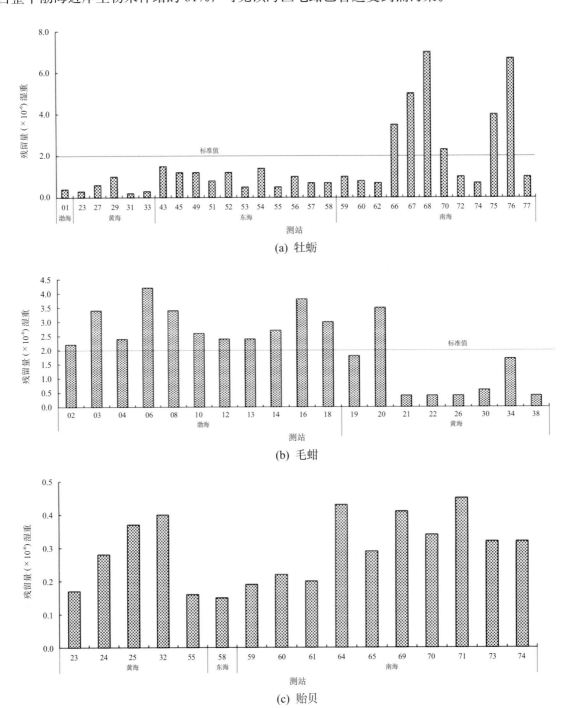

(a) 牡蛎

(b) 毛蚶

(c) 贻贝

图2-13 三种贝类镉残留量空间差异

3. 铅

由图 2-14 可见，我国近岸海域牡蛎、毛蚶和贻贝体内铅残留量普遍较低，基本未受到铅的污染。四个海区中，只有东海区温州西湾乡和南海区北海市铁山湾的牡蛎体内铅残留量略超标。

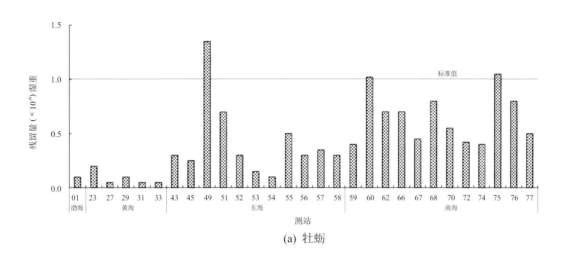

(a) 牡蛎

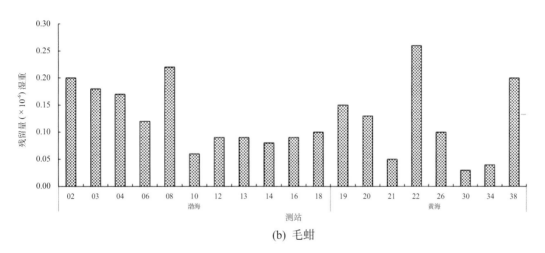

(b) 毛蚶

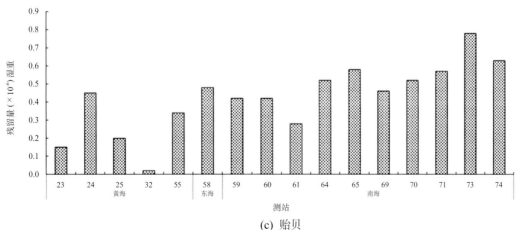

(c) 贻贝

图2-14　三种贝类铅残留量空间差异

4.砷

由图2-15可见，四个海区中，南海近岸海域有多处贝类体内砷残留量较高，超过生物质量标准值。其中牡蛎砷超标的有广东汕头后宅、汕尾望尧村、湛江博贺以及广西北海铁山湾；贻贝砷超标有广东深圳澳角、阳江南阳、茂名沙港村以及广西北海东海岛。

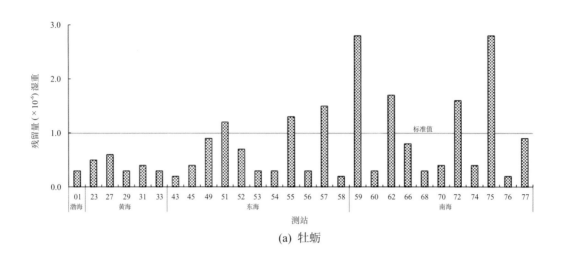

(a) 牡蛎

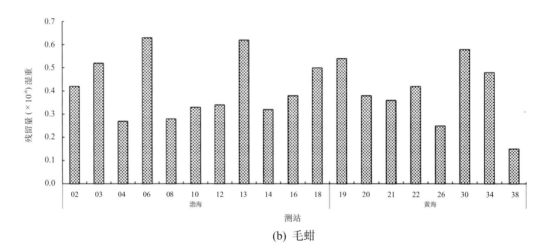

(b) 毛蚶

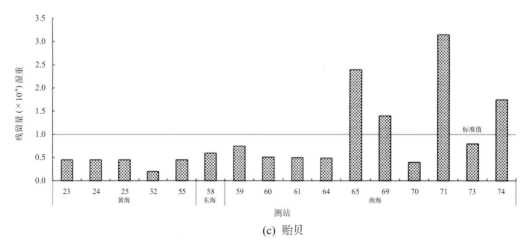

(c) 贻贝

图2-15　三种贝类砷残留量空间差异

5. 石油烃

我国近岸海域不少地点生物受到石油烃污染。其中，牡蛎超标率最高，也最普遍。有黄海大连海茂、烟台蓬莱、青岛红岛；东海福州山腰、厦门马銮；南海汕头后宅、汕尾望尧村、深圳蛇口、珠海九州、江门曹冲村、湛江博贺和防城港区共12处的近岸海域。毛蚶石油烃超标仅在渤海和黄海近岸海域出现，有锦州王家窝铺、葫芦岛兴城、大连柏岚子和青岛乳山口等地的近岸海域。贻贝体内石油烃残留量超标以黄海区较显著，尤其是在大连海茂（大连湾大连石油七厂附近）海域，其次是南海区湛江南三（湛江港附近）海域。可以明显看出，贝类体内石油烃高残留量均出现在港口、炼油厂、油库等附近海域（图2-16）。

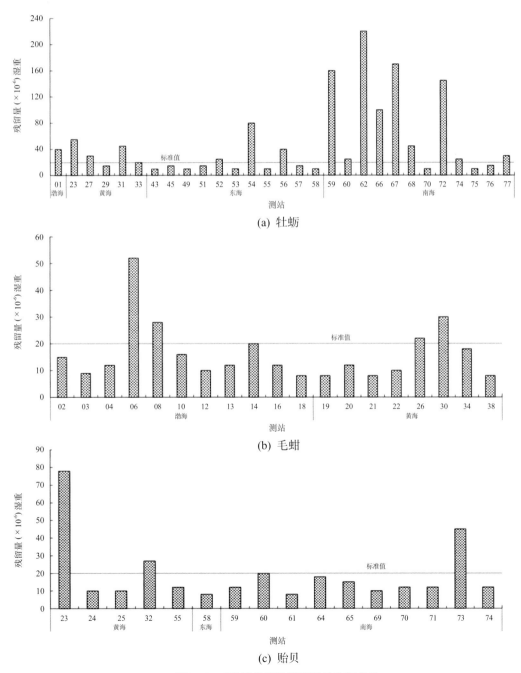

(a) 牡蛎

(b) 毛蚶

(c) 贻贝

图2-16 三种贝类石油烃残留量空间差异

6. 滴滴涕

由图2-17可见，滴滴涕在我国近岸海域贝类体内富集程度很低，各海区贻贝、毛蚶和牡蛎体内滴滴涕残留量普遍低于其生物质量标准，尤以毛蚶最低，但在南海区个别海域出现牡蛎体内滴滴涕超标，如汕头达濠、汕尾望尧村以及湛江博贺等地的近岸海域。

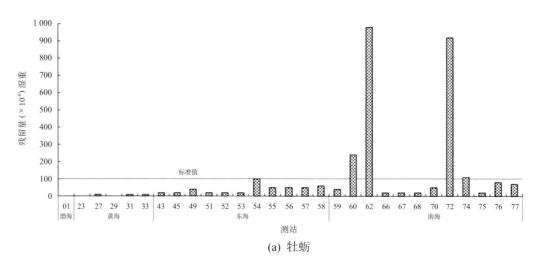

(a) 牡蛎

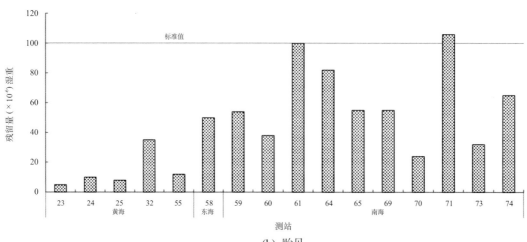

(b) 贻贝

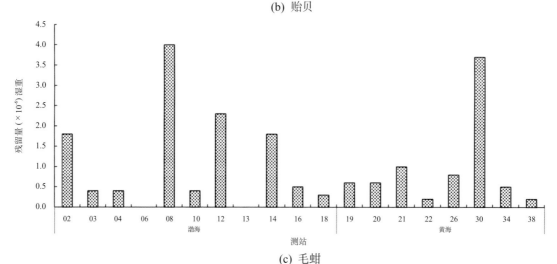

(c) 毛蚶

图2-17 三种贝类滴滴涕残留量空间差异

7. 多氯联苯

由图 2-18 可见，贝类体内多氯联苯残留量普遍低于其生物质量标准值（$\leqslant 200 \times 10^{-6}$），只有南海区湛江博贺和汕尾望尧村近岸海域的牡蛎超标。

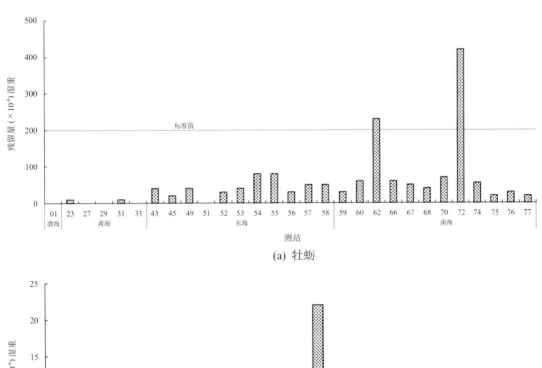

(a) 牡蛎

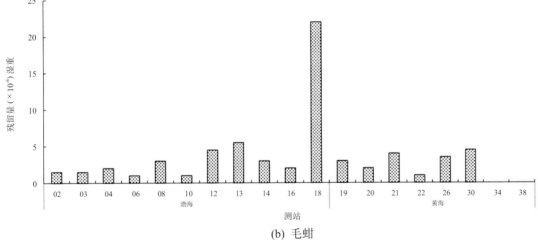

(b) 毛蚶

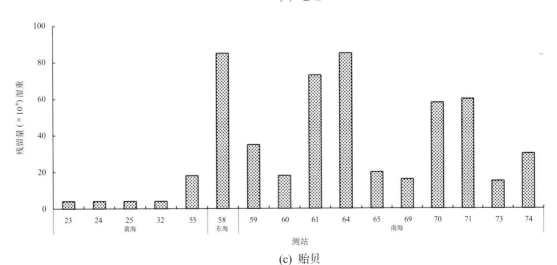

(c) 贻贝

图2-18 三种贝类多氯联苯残留量空间差异

三、近10多年来近岸海域生物质量的变化趋势

（一）2001—2009年生物质量监测结果

进入21世纪，我国逐年开展了近岸海域生物质量的监测工作，监测结果大致如下。

1. 2001年监测结果

2001年对沿海11个省（区、市）近岸50多个地点的20多种海洋底栖贝类（牡蛎、贻贝、毛蚶、文蛤、菲律宾蛤仔、脉红螺、缢蛏等）体内的污染物含量进行了监测。结果表明，2001年我国近岸海域海洋生物质量状况基本良好，但仍有一些地点贝类体内污染物残留量较高，如兴城、金州湾、盘锦（二界沟）、营口（鲅鱼圈）、威海、连云港、嵊山、大鹏湾和大连（庄河）等地近岸海域贝类体内镉含量较高；深圳湾、闽江口、台山、蓬莱、北海、泉州和泗州等地近岸海域贝类体内石油烃含量较高。

2. 2002年监测结果

2002年增加了生物质量监测的采样点和贝类种类。监测表明，部分监测地点的一些贝类体内仍残留有砷、镉、铅、石油烃等有害物质。例如崇明、鳌江、南澳海域的部分贝类体内石油烃含量较高；乳山口、崔屯海域的贝类体内砷含量较高；薛家岛、东海岛海域的贝类体内镉含量较高；红岛、福宁湾、大鹏湾等海域的贝类体内铅含量较高。

3. 2003年监测结果

2003年监测结果表明，辽宁兴城、王家窝铺、三道沟等地海域部分贝类体内砷含量超过二类海洋生物质量标准；河北新开河口、山东虎头崖、广东下川等地海域部分贝类体内镉含量超过一类海洋生物质量标准；广东海门湾、汕头、白浦等地海域部分贝类体内铅含量超二类海洋生物质量标准；浙江健跳、山东羊角沟、广东深圳等地海域部分贝类体内石油烃超一类海洋生物质量标准。

4. 2006年监测结果

2006年在对几年来近岸海域贝类污染监测结果综合分析研究的基础上，与20世纪末调查资料进行了比较，初步认为：与1997年比较，2001—2006年，我国近岸海域贝类体内滴滴涕、铅、砷、镉和石油烃的残留水平总体呈下降趋势，尤以滴滴涕下降幅度最显著。但渤海湾贝类体内的总汞和多氯联苯以及福建宁德近岸海域贝类体内的镉，其残留水平呈显著上升趋势；广西和海南近岸海域贝类体内多种污染物残留水平也呈上升趋势。

5. 2007—2009年监测结果

2007—2009年，继续开展了近岸海域贝类体内污染物残留水平的监测。结果表明，我国近岸海域贝类体内六六六残留水平无明显变化；部分地点贝类体内铅、滴滴涕、多氯联苯和镉残留水平呈下降趋势，粤东近岸海域贝类体内滴滴涕和多氯联苯残留水平连续三年呈下降趋势；黄海北部近岸海域贝类体内砷和滴滴涕、渤海湾海域贝类体内砷、烟台至威海近岸海域贝类体内汞残留水平均呈上升趋势。

（二）近10年来近岸海域生物质量变化趋势

1997－2009年我国近岸海域贝类体内污染物残留水平的变化趋势见表2-33和表2-34。

表2-33　1997—2006年近岸贝类体内污染残留物水平趋势

海　域	石油烃	总汞	镉	铅	砷	滴滴涕	多氯联苯
大连近岸	↘	↗	—	—	↗	—	—
辽东湾	↘	—				↘	
渤海湾	—	↗				↘	
莱州湾	—	↘			↘	↘	
烟台威海	↔	↘			↘	↘	
青岛近岸	↘	—			↘		
苏北浅滩	↔	—			↘		
南通近岸	↔	—			↘		
长江口	↘	—					
杭州湾和宁波近岸	↘	↘			↘	↘	↘
三门湾和温州近岸	↘	↘				↘	↘
宁德近岸	↗	—				↘	
闽江口至厦门近岸	—	—				↘	↘
粤东近岸	↗	↘					
深圳近岸	↘	↘	↘	↘	↘		
珠江口	↘	↘	↘	↘	↘		
粤西近岸	—	↘		↘	↘		
广西	↔	↗	↘				
海南	↗	↗	↘				

表2-34　1997—2009年近岸海域贝类体内污染物残留水平变化趋势

海　域	石油烃	总汞	镉	铅	砷	六六六	滴滴涕	多氯联苯
辽东湾	↔	↔	↔	↔	↔	↔	↔	↔
渤海湾	↔	↔	↘	↔	↗	↔	↔	↔
莱州湾	↔	↘	↔	↔	↘	↔	↔	↔
大连渤海近岸	↔	↔	↔	↔	↔	↔	↔	↔
黄海北部近岸	↔	↔	↔	↔	↗	↔	↗	↔
烟台至威海近岸	↔	↗	↔	↔	↔	↔	↔	↔
青岛近岸	↔	↔	↔	↔	↔	↔	↔	↔
苏北近岸	↔	↔	↔	↔	↔	↔	↔	↔

续 表

海 域	石油烃	总汞	镉	铅	砷	六六六	滴滴涕	多氯联苯
杭州湾和宁波近岸	↘	↘	⇔	⇔	⇔	⇔	⇔	⇔
台州和温州近岸	⇔	⇔	⇔	⇔	⇔	⇔	⇔	⇔
宁德近岸	⇔	⇔	⇔	⇔	↘	⇔	⇔	⇔
闽江口至厦门近岸	⇔	⇔	↘	⇔	⇔	⇔	⇔	↘
粤东近岸	⇔	⇔	⇔	↘	↘	⇔	↘	↘
珠江口	⇔	⇔	⇔	⇔	↘	⇔	⇔	⇔
粤西近岸	⇔	⇔	↘	↘	⇔	⇔	↘	⇔
广西近岸	⇔	⇔	⇔	⇔	⇔	⇔	⇔	⇔
海南近岸	⇔	⇔	⇔	⇔	⇔	⇔	↘	⇔

由表 2-33 可以看出，总体而言，近 10 年来我国近岸海域贝类体内污染物残留水平变化趋势不明显，生物质量比较稳定。其中，渤海和黄海一些海区贝类体内部分污染物水平有所升高，如渤海湾海域的砷、黄海北部近岸的砷和滴滴涕，烟台至威海近岸海域的汞等。而呈下降趋势的则有渤海湾海域贝类体内的镉和莱州湾海域贝类体内的汞。

10 年间，东海和南海近岸海域贝类体内污染物残留水平呈下降趋势的概率要高于渤海和黄海。如杭州湾和宁波近岸海域贝类体内的石油烃和汞，闽江口至厦门近岸海域贝类体内的镉和多氯联苯，粤东近岸海域的铅、砷、滴滴涕和多氯联苯，粤西近岸海域贝类体内的铅、砷和滴滴涕等。

第三章　海域生态破坏状况及发展趋势

生态破坏，又称为生态环境破坏，系指人类不合理地开发利用自然资源和肆意改变自然环境条件，危害自然界动植物的种类和数量的相对稳定性，进而对人类生存和发展产生严重不利影响的现象。简言之，所谓的"生态破坏"就是因人类不合理的开发和建设活动致使人类赖以生存和发展的生物环境和非生物环境遭到严重损害的现象。

2010年6月3日，国家海洋局在其官方网站上刊登的《中国海洋环境深度报告》中指出，中国海洋可持续发展正面临复合污染、近海生态系统大面积退化等四大危机和七大生态问题。

1. 中国海洋可持续发展面临四大危机

1）近海环境呈复合污染态势，危害加重，防控难度加大；
2）近海生态系统大面积退化，且正处于剧烈演变阶段，是保护和建设的关键时期；
3）海洋生态环境灾害频发，海洋开发潜在环境风险高；
4）沿海一级经济区环境债务沉重，次级沿海新兴经济区发展可能面临新的危机和挑战。

2. 七大生态问题凸显，环境形势不容乐观

1）海洋生态系统严重退化；
2）海洋生态灾害频发；
3）陆源入海污染严重；
4）海洋生态服务功能受损；
5）渔业资源种群再生能力下降；
6）河口生态环境负面效应凸显；
7）海平面和近海水温持续升高。

本书将我国海洋生态环境问题大致归纳为5个主要方面：第一，陆源和海上污染物造成的污染和富营养化，已引起的近岸海域环境质量的严重下降；第二，与海域污染有关的生态灾害和环境事件频繁发生；第三，因开发不当致使重要生态系统遭到不同程度的破坏；第四，利用过度造成的渔业资源衰退和沿海地下水资源收支失衡；第五，因环境污染、生境破坏和利用过度等综合因素已使许多珍稀物种处于濒危状态。其中第一方面的问题已在第二章中做了详细介绍，现就其余四个方面的具体状况及发展趋势进行分析和综述。

第一节　生态灾害和环境事件发生状况及发展趋势

一、生态灾害发生状况及发展趋势

（一）赤潮频发

赤潮，是由于海域营养盐类等复合污染引起一种或几种浮游生物在一定环境条件下暴发性增殖或高度聚集产生的生态灾害。当发生赤潮时，单胞藻类等浮游生物的密度可达到 $10^2 \sim 10^6$ cell/mL（个细胞/毫升），视赤潮生物种类不同水体呈现出不同的颜色，有红色或砖红色、绿色、黄色、棕色等。据资料统计，我国海洋赤潮在 20 世纪 60 年代只出现过 4 次，70 年代出现过 15 次，80 年代平均每年发生 20 ~ 30 次，90 年代平均每年发生 70 ~ 80 次，而 21 世纪头十年全海域共记录赤潮 833 次，平均每年发生 83 次（表 3-1）。

表3-1　我国海域赤潮发生情况（2001—2010年）

年份	2001	2002	2003	2004	2005	2006	2007	2008	2009	2010
次数	77	79	119	96	82	93	82	68	68	69
面积（km²）	15 000	10 000	14 550	26 630	27 070	19 840	11 610	13 738	14 102	10 892

注：面积为当年全国海域赤潮发生的累计面积。

2010 年，全海域共发现赤潮 69 次。引发赤潮的生物共 19 种，其中东海原甲藻（*Prorocentrum donghaiense*）引发的赤潮次数最多，为 18 次；其次为夜光藻（*Noctiluca scintillans*）12 次；中肋骨条藻（*Skeletonema costatum*）和锥状施克里普藻（*Scrippsiella trochoidea*）各 6 次；红色中缢虫（*Mesodinium rubrum*）和米氏凯伦藻（*Karenia mikimotoi*）各 4 次；赤潮异弯藻（*Heterosigma akashiwo*）、多纹膝沟藻（*Conyaulax polygramma*）、角毛藻（*Chaetoceros* spp.）各 2 次；海洋卡盾藻（*Phaeocystis globosa*）、红色赤潮藻（*Gymnodinium sanguineum*）、尖刺伪菱形藻（*Pseudonitzschia pungens*）、利马原甲藻（*Prorocentrum lima*）、链状裸甲藻（*Gymnodinium catenatum*）、螺旋环沟藻（*Gyrodinium spirule*）、裸甲藻（*Gymnodinium* sp.）、球形棕囊藻（*Phaeocystis globosa*）、旋链角毛藻（*Chaetoceros curvisetus*）和隐藻（*Cryptomonas* sp.）各 1 次。

2010 年，赤潮累积面积 10 892 km²，以东海原甲藻引发的赤潮累计面积最大，为 4 539 km²；其次为隐藻，面积为 3 350 km²；中肋骨条藻和夜光藻赤潮累计面积分别为 855 km² 和 254 km²。东海原甲藻和中肋骨条藻赤潮集中发生在浙江和福建沿岸海域；夜光藻赤潮主要发生在天津和厦门附近海域；隐藻赤潮发生在河北秦皇岛至辽宁绥中附近海域，是本年度单次赤潮面积最大的一次。2001—2010 年间，2003 年赤潮发生达到高峰，全海域共记录赤潮 119 次，为历史最高。2005 年的赤潮累积面积为最大，全海域共 2.70×10⁴ km²，其中在长江口外海域的米氏凯伦藻和具齿原甲藻（*Prorocendrum dentatum*）赤潮面积最大，约 7 000 km²。自 2004 年和 2006 年之后，赤潮次数和累积面积分别呈下降趋势，但仍在较高水平波动。10年中，赤潮主要发生于5月和6月两个月份，月均次数及月均面积均以5月和6月两个月最大。与前5年赤潮优势种类组成相比，2010年有毒甲藻类引发的赤潮比例有明显增加的趋势（图3-1）。

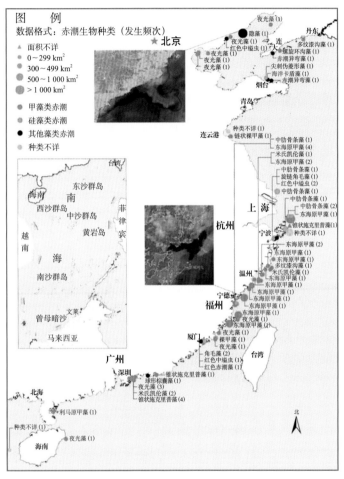

图3-1　2010年我国海域赤潮及其引发种类分布状况
（引自《2010年中国海洋环境状况公报》）

　　赤潮是海洋环境质量下降的重要指标之一。近30年来，随着我国沿海工业化进程的加速以及沿海地区人口的不断增加，通过河流及人工排污渠道输入沿岸海域的各类物质和能量不断增加，加之海水增养殖业自身污染等原因，为赤潮的形成创造了诸多有利条件。我国海域污染的普遍化是赤潮发生频率、赤潮发生地点和赤潮面积扩大的主要原因。而赤潮发生种类的变迁或新种的不断出现，可能与外来赤潮生物的不断入侵有关，也可能与入海污染物的种类（或污染的复合类型）的世界性变化趋势有关。

　　随着赤潮的频繁发生，赤潮所造成的危害也越来越严重。其生态危害大致有以下四个方面：①赤潮生物的迅猛增殖会抑制其他浮游生物的生长增殖，并引起鱼类等经济生物的腮瓣堵塞而窒息死亡。形成赤潮时海域的生物多样性迅猛下降，特别是浮游生物通常只剩下赤潮生物一种或几种。②赤潮的消亡需大量消耗溶解氧，水质恶臭，致使鱼类等动物窒息死亡和消失。③有些赤潮生物能分泌某种毒素，可直接杀死鱼虾贝类，而有些毒素（麻痹性贝毒、腹泻性贝毒和神经性贝毒等）虽对鱼贝类无害，但可顺着食物链逐级积累而危害到兽类、鸟类直至人类。④ 已有迹象表明,如果赤潮持续频繁地发生,很有可能会逐渐改变近岸海域浮游生物的种类组成和群落结构,逐步建立起一个以赤潮生物优势种类为基础的、以耐污耐毒的非资源性生物为主构成的全新食物网络,那时不仅海洋渔业将彻底被破坏,而且固定太阳能量、调节气候、净化环境等海洋生态调节功能也将彻底被弱化。

2001 年 5 月中、下旬,在长江口外及浙江附近海域连续发生的大面积赤潮,给海水养殖业造成了严重危害。仅舟山市就有 330 hm² 养殖水域受到赤潮严重影响,其中约 33 hm² 绝收,直接经济损失超过 3 000 万元人民币。当年全国因赤潮造成的养殖业损失竟达到 10 亿元人民币。2010 年 5—6 月发生在秦皇岛昌黎沿岸海域的赤潮灾害造成的直接经济损失约 2 亿元。

据 2003 年统计,我国,包括台湾和香港在内,从 20 世纪 60 年代到 2003 年,共有 600 多人因误食带有赤潮毒素的贝类而中毒,其中死亡 29 人。

（二）绿潮兴起

自 2007—2011 年,青岛市近岸海域连年遭到由浒苔（*Enteromorpha prolifra*）疯长引起的绿潮灾害。

2007 年夏季发生于青岛外海的浒苔在风场和海流的作用下漂集至青岛海域,严重影响海水养殖、海上航运和浴场旅游等活动。浒苔大量堆积后腐烂需消耗大量氧气,并散发出恶臭气味。2008 年 8 月奥运会在我国召开。7 月初大量浒苔漂集到青岛海域,奥运帆赛的比赛场海域也遭到了绿潮侵袭,干扰了众多国内外运动员的赛前训练。为确保运动员赛前的训练和正式比赛,青岛市被迫开展了一场大规模的浒苔打捞行动。截至 7 月 5 日,参与打捞浒苔的部队和志愿者超过 13 万人次。青岛、日照、烟台和威海等市还组织了 1 100 多艘渔船支援海上打捞,此外海军也出动舰艇 38 艘次前来相助,累计共打捞浒苔近 50×10^4 t。除了采取打捞和清理措施外,青岛市还在奥帆赛场水域外围铺设了长达 3.2×10^4 m 的围油栏。在围油栏外围又布设了流网,以确保将浒苔阻挡在近 50 km² 的赛场水域之外。

据 2010 年国家海洋局对黄海浒苔绿潮消长进行的全程监视表明,青岛海域的浒苔来自于外海。4 月 20 日在江苏省如东太阳岛以东海域首先发现零星漂浮海面的浒苔;6 月 13 日在江苏省连云港以东海域发现了大面积浒苔,分布总面积约为 5 500 km²,覆盖面积约 183 km²;随着浒苔的不断向北漂移和生长,到 7 月初浒苔的分布面积达到最大,约 29 800 km²,实际覆盖面积约 530 km²,影响范围波及山东省日照市、青岛市、烟台市和威海市的近岸海域;进入 8 月以后,黄海浒苔的分布面积逐渐减少;至 8 月中旬,山东近岸海域浒苔基本消失。此次黄海浒苔灾害暴发的面积大,持续时间长。当其大量涌入近岸海域后对海洋生物资源、水产养殖、海域环境、海洋景观、海滨旅游和海域生态调节功能等均产生了严重影响。与 2009 年相比,2010 年黄海海域浒苔最大分布面积约减少了 50%,实际覆盖面积约减少 75%,浒苔绿潮造成的灾害明显减轻。

2007—2010 年,我国南黄海每年都发生浒苔绿潮灾害。尽管浒苔本身无毒无害,但若在近岸海域和潮间带大量漂浮堆积,将给海洋环境、海洋生态功能以及沿海社会经济和人民生活、生产都带来严重影响。绿潮与赤潮一样,与陆源营养物质的输入、海水富营养化和气候异常等因素有关。但其发生机理迄今尚不清楚。据估计,绿潮灾害将随着我国近岸海域环境的周期性变化,也会呈周期性出现的可能。

（三）水母旺发

2003 年，6—12 月，浙江省嵊泗县黄龙岛海域的定置张网日产水母最多时竟达到 1 000～2 000 kg，水母产量占月总渔获重量比重达 70% 以上。捕到水母的渔船爆网率高达 50%～60%。大陈岛海域 6 月水母旺发，导致整月无法进行渔业生产。根据监测资料，在水母旺发年份，水母的密度大，面积广，占据渔场排挤其他海洋生物。一般水母多的渔区捕不到其他渔获物。近几年来，由于水母特别是霞水母（*Cyanea nozakii*）和沙海蜇（*Nemopilema nomurai*）这两种大型水母的大量发生，严重影响了正常的渔业生产。在浙江海域，帆张网、定置张网和拖网等作业的渔船因水母暴发，导致网具爆裂而无法生产的情况时有发生。这两种大型水母具有刺丝，大量捕食经济鱼虾蟹类的仔幼体和卵子，并与鱼虾蟹类争夺饵料，对渔业资源危害极大。

2004 年在辽东湾，7 月 12 日前渔业部门调查时证实当年的海蜇（*Rhopilema esculentum*）资源是近几年最好的一年，不料 7 月 15 日再次调查时发现海面有大量死亡海蜇。7 月 20 日更见到海面有大量霞水母，伞径 30～100 cm，触须长 4～6 m。7 月 28 日海蜇开捕后，海蜇产量锐减，与上年相比减产达八成之多。辽东湾海蜇如此大面积减产前所未有，其结论主要是由霞水母旺发所致。

2005 年江苏吕四渔场发现有多个霞水母群体，面积从数百平方米到数千平方米。其范围之广、数量之大、时间之长，属历史罕见，给沿海渔业生产同样带来了严重影响。

霞水母也称线蜇，我国辽宁、江苏、浙江、福建、广东沿岸海域均有分布。它是一种大型海洋浮游生物，经济价值低。其口腕宽阔、扁平，通常以小型浮游动物为食，生长十分迅速，生殖腺发达，繁殖能力极强。因其运动能力很弱，故多半随波逐流，受潮汐、风向和海流的影响，也可漂到外海生活。霞水母在夏季繁殖，生长最佳时期会分泌大量毒素，大片海域海水遭到严重污染，造成大量海洋生物和微生物死亡，严重影响海洋渔业资源和生态环境。一般都认为，霞水母旺发是因捕捞强度持续增长引起渔业资源结构变化所致。鱼类的减少，减轻了霞水母的被捕食压力，又因霞水母本身具有生长速度快、繁殖能力强的优势，最终形成了霞水母大量出现甚至蔓延到难以控制的程度。

迄今，水母频频旺发已成为继赤潮之后最大的海洋生态灾害之一。专家们认为，水母暴发本来是个自然现象，大约每 40 年暴发一次，但近年来暴发频率越来越高，甚至出现每年都暴发的反常现象。水母旺发这一现象，已在世界 20 个著名渔场发生，对渔业和旅游业造成了极大危害。2010 年在墨西哥坎昆召开的联合国气候变化会议提出的一项报告称，随着海洋酸性增加，将阻碍珊瑚礁、甲壳类和贝壳类海洋生物的生长，威胁鱼类生存，并且很可能会引起水母数量的暴增。由于水母在海洋生态系统中的特殊地位，一旦水母成为海洋生态系统的优势物种，将会使整个海洋生态系统的结构与功能发生根本性的转变。海洋生态系统将会以"硅藻-甲壳类浮游动物-鱼类"组成为主的生态系统，转变为"甲藻-原生动物和微型浮游动物-水母"组成为主的生态系统。若这一个格局相对稳定下来，其他海洋生物资源就会受到重创，整个生态系统的原有产品生产功能与生态调节功能也将随之改变。海水中的毒素、有毒生物和低氧区等状况将会变得越发严重，最终将导致海洋生态系统失去活力和恢复力，给整个海洋生态系统造成巨大灾难，赤潮、绿潮和水母旺发等海洋生态灾害的频繁发生，已被国家海洋局列为我国当前最严重的海洋灾害，是我国海洋可持续发展所面临的四大生态危机之一。

二、环境事件发生状况及发展趋势

（一）溢油事故不断

石油污染是指石油开采、运输、装卸、加工和使用过程中，由于石油泄漏和排放含油废弃物引起的污染。随着石油海上运输和海洋石油开发的日益发展，我国海洋溢油事故的发生率也随之不断增高，现已成为发生率最高的海洋环境事件。

据统计，1973－2006 年，我国沿岸海域共发生大小船舶溢油事故 2 635 起，其中溢油 50 t 以上的重大船舶溢油事故 69 起，总溢油量 37 007 t，平均每年发生两起，平均每起污染事故溢油量 537 t。渤海湾、长江口、台湾海峡和珠江口水域是我国四个船舶重大溢油污染事故的高风险水域。

2006 年以前，我国虽未发生过万吨以上的特大溢油事故，但特大溢油事故的险情不断，险象环生。如 2001 年装载 26×10^4 t 原油的"沙米敦"号在进青岛港时船底发生裂纹；2002 年在台湾海峡装载 24×10^4 t 原油的"俄尔普斯·亚洲"号因主机故障遭遇台风遇险；2004 年在福建湄洲湾两艘装载 12×10^4 t 原油的"海角"号和"骏马输送者"号发生碰撞；2005 年装载 12×10^4 t 原油的"阿提哥"号在大连港附近触礁搁浅。

近年，由于海上石油的开采，海上油井引起的溢油事故也呈增长趋势。2011 年 6 月 4 日位于渤海中南部海域的蓬莱 19－3 油田连续发生溢油事故。国家海洋局的监测报告称，污染范围的外缘线东距长岛 21 km，西距京唐港 53 km。6 月 4 日至 8 月 23 日，溢油累计造成 5 500 km^2 海域受到污染（水质超过一类海水水质标准），其中劣四类海水面积累计约 870 km^2。海岸和近岸海域监测结果表明，溢油以零星油污颗粒最远已达到渤海西岸部分岸线。在辽宁绥中东戴河岸滩、河北京唐港浅水湾岸滩和秦皇岛昌黎黄金海岸浴场岸滩采集的油污颗粒中，经鉴别全部或部分是来自于蓬莱 19－3 油田。

2010 年 7 月 16 日 18 时许，在大连新港附近的大连中石油国际储运公司的油罐区，陆地输油管道突然发生爆炸，造成原油大量泄漏并引发火灾（简称"大连 7·16 溢油事故"）。据中央电视台报道，这是系一艘满载 30×10^4 t 委内瑞拉原油的"宇宙宝石"号油轮在卸油附加添加剂时引起了输油管线爆炸，并引发大火和原油泄漏。事故发生后，"宇宙宝石"号油轮立即撤离码头。大火在 7 月 17 日上午 9 时许被基本扑灭，下午彻底被扑灭。至 7 月 28 日 22 时，大连新港生产全面恢复。这起事故的溢油量超过了万吨，创下了我国海上溢油事故之最。原油污染面积最终扩至 430 km^2，污染了海港、海岸和海域。其中，重度污染海域约为 12 km^2，一般污染海域约为 52 km^2。在这次事故中，调集了辽宁全省 14 个市和 4 个企业的消防队 338 辆消防车，共 2 000 多名消防官兵参与灭火；海事部门组织了 28 艘高性能清污船只，大连市调集了 800 条渔船对海上油污采用围油栏、吸油毡、消油剂、草帘和麻袋等方法进行清理。7 月 30 日，国家海洋局副局长陈连增在大连召开的溢油应急会议上指出，重点区域的监测、清理，海洋生态评估和科学修复，将成为今后的工作重点。陈连增副局长坦言，爆炸事件对大连海洋生态的影响将是"长期的，不可低估"。

大连7·16溢油事故导致大连湾、大窑湾和小窑湾等局部海域受到严重污染，泊石湾、金石滩和棒棰岛等十余个海水浴场和滨海旅游景区、三山岛海珍品资源增殖自然保护区、老偏岛－玉皇顶海洋生态自然保护区和金石滩海滨地貌自然保护区等敏感海洋功能区均受到了不同程度的污染损害。

海上溢油对海洋生态的影响主要有以下几个方面：① 溢油对鸟类的危害尤为严重。鸟类一旦接触到油膜羽毛便失去防水、保温能力。鸟类在用嘴整理自己的羽毛时会摄取溢油，造成内脏损伤。最终它们会因饥饿、寒冷、中毒而死亡。② 溢油对海洋浮游生物的影响也很大，它们不可能像游泳动物那样避开污染区。大部分敏感性浮游生物种类会死亡消失，一些耐污性种类受到刺激而增殖，种类多样性明显下降。③ 溢油对渔业的危害很大。鱼类一旦嗅到油味，会很快地游离溢油水域。来不及逃离的幼鱼就被石油烃类杀死。浮游性鱼卵遇到溢油，再也不能继续发育和孵化，完好的渔场就变成了荒漠。④ 溢油对水产养殖业可造成严重损失。养殖笼里的贝类和网箱里的鱼类因不能逃离，只有死路一条。养殖设施被油层玷污后很难清洗，只能报废。受轻度油膜和水中油污染的水产品油味浓烈而根本不能食用。⑤ 溢油对海洋哺乳动物也有危害。鲸鱼、海豚和海豹等对油类非常敏感，它们能及时地逃离溢油水域，但栖息于海岸的海豹、海狗和水獭等动物会被涌上海滩的油污所困，以至无法下水捕食而饥饿死亡。因此，严重的溢油事故对于海洋动植物是一个巨大灾难，不仅影响面广，而且也是长期的。

据2010年中国水产科学研究院南海水产研究所称，在东莞、深圳、香港等海域死亡的中华白海豚的体内石油烃富集量很高。这与珠江口海域油污染较重有关。因为海豚是肉食性的海洋哺乳动物，处在海洋食物链的高端，以捕食鱼虾类等动物为生。相对于鱼虾类而言，石油烃可在海豚体内不断富集而达到很高水平。

石油是继氮、磷两大污染物之后，正成为我国近海最普遍、最严重的第三大海洋污染物。其主要污染区和潜在污染区为渤海、东海和南海的海上石油开采区以及大连、天津、上海、福州、厦门、深圳、广州、北海等重要港口毗邻海域和主要航道。

（二）流行病害增加

1.流行性甲肝

生活污水，特别是传染病医院、结核病院等医院污水，排入近岸海域后往往带入一些病原微生物。例如某些原来存在于人畜肠道中的病原细菌，如伤寒、副伤寒、霍乱细菌等都可以通过人畜粪便的污染而进入水体，最终随水体的流动而广泛传播。因此，一些病毒，如肝炎病毒、腺病毒等也常在污染水体中发现。甚至某些寄生虫病，如阿米巴痢疾、血吸虫病、钩端螺旋体病等也可通过水体而广泛传播。

人们对1988年上海市甲型肝炎暴发流行仍记忆犹新。时年从1月19日开始，发病人数与日俱增。2月1日，日发病量高达19 013例。流行期间的1月30日至2月14日，每天发病人数均超过10 000例，医院暴满，不得不在各单位开设临时病床。3月病情得以控制。4月以后发病率逐日下降。据统计，至5月13日，共有310 746人发病，其中31人死亡。后经多方研究和排查，最后确定导致此次来势凶猛的甲型肝炎的暴发流行，是由于食用了被污染的海产品毛蚶引起的。

1）甲肝与毛蚶的联系。每只毛蚶每日能过滤 40 L 水，受污染水体中的甲肝病毒在毛蚶体内浓缩并储存。南方沿海省市居民喜食毛蚶，习惯只将毛蚶在开水里浸一下，蘸上调料食用，味道鲜美，但病毒不能被灭活，因而在食用者中引起甲型肝炎流行。

2）毛蚶与患病人群的联系。抽样调查表明，上海市居民食蚶率为 32.1%，即全市约有 230 万人食用过毛蚶，食毛蚶者甲型肝炎罹患率达 14%～16%。而食蚶人群甲型肝炎罹患率是未食蚶人群甲型肝炎罹患率的 23～25 倍，特异危险度为 11.5～15.2。

3）毛蚶来自污染海域。上海市场上毛蚶的主要来源地是江苏省启东县的吕四渔场，当地水源污染十分严重。从毛蚶提纯物中，分别用直接免疫电镜、甲肝病毒核酸杂交试验及甲型肝炎病理组织培养分离等方法，进行甲肝病毒检测，均获阳性结果。一般情况下，要从毛蚶体内分离自然受污染的甲肝病毒是很困难的，但这次却能从受污染的毛蚶中分离到甲肝病毒。这种严重受甲肝病毒污染的毛蚶，在短时间内（1987 年 11 月至 1988 年 1 月）集中销往上海，食蚶人数众多，遂酿成了这次甲型肝炎暴发流行。

4）发病率与甲肝病毒易感人群相一致。甲型肝炎暴发流行前，上海市居民血清甲肝抗体检测结果表明，20—39 岁抗体阳性率低于 50%，即这个年龄组的人群，一半以上对甲肝病毒易感。在这次暴发流行中，这个年龄组发病率最高，占总发病人数的 83.5%。甲肝抗体阳性率随年龄的增加而上升，40 岁以上抗体阳性率高达 90% 以上，与这次 40 岁以上年龄组发病率显著低下也是一致的。

5）生食污染的毛蚶是这次甲肝流行的主因。感染实验研究表明，毛蚶可浓缩其生存水体中甲肝病毒 29 倍，并可在其体内存活 3 个月之久。对从毛蚶中分离的甲肝病毒 VPIN 端 cDNA 序列分析证明，上海这次甲型肝炎流行并非是由于甲肝病毒变异所致。上海市人群在对甲型肝炎免疫力下降的基础上，居民习惯生食已被甲肝病毒污染的毛蚶是造成流行的主要因素。

此外，海洋中还有一些天然存在的微生物，也可因为环境条件变化大量繁殖而成为危害人类的病原体。海洋病原体进入人体的途径是食用染菌海产品，或接触受病原体污染的海水。病原体的致病作用主要取决于病原微生物的致病能力、机体的抵抗力以及环境条件等诸多因素。目前已知的海洋病原体主要包括：细菌类，如沙门氏菌属（能引起伤寒、副伤寒以及沙门氏菌肠胃炎等疾病流行）、志贺氏菌属（可引起症状轻重不等的腹泻或急性痢疾，有时甚至引起水型痢疾暴发流行）、霍乱弧菌（能引起人的急性肠道传染病——霍乱）、副溶血弧菌（引起急性胃肠炎）；病毒类，如肝炎病毒（可引起甲型或乙型肝炎，脊髓灰质炎病毒引起小儿麻痹症）、腺病毒（可引起咽喉炎、肺炎或结膜炎）、轮状病毒和诺瓦克病毒（可引起婴幼儿及成人胃肠炎等）；寄生虫类，如寄生于海洋鱼类（如鳕、鲑、鲔等鱼类）体内的一种线虫 (*Anisakis mifina*) 进入人体可引起嗜伊红细胞增多性贫血等。

2.致癌风险增高

2007 年 5 月，国土资源部公布我国已受污染的耕地约 $1\,000 \times 10^4\,hm^2$，形势十分严峻。据我国第三次全国死因调查报告的数据，我国癌症每年新发病例为 200 万人，因癌症死亡人数为 140 万人。近年来，我国癌症的发病年龄提前了 15～20 年，35—55 岁发病群体比率趋于上升。其中更为惊悚的说法则是"我国居民每死亡 5 人中，即有 1 人死于癌症"。普遍认为，癌症发病率的持续增高与环境污染有关。但由于致癌污染物的种类庞杂，对人体的毒害途径有直接的，也有间接的，致癌效果有急性的，而更多的是亚急性的和慢性的，因此一旦罹患癌症，要举证是哪种污染源引起的癌症，特别是城市中的居民要追溯所得癌症是何种污染物引起的，则更为困难。因此，遭受污染而罹患癌症者往往无法得到法律的应有保护。

癌症村是指有一定数量的人口罹患同一种癌症，或某些癌症发病率骤增的固定空间和固定居民点，如乡、镇、村等。据统计，我国现有有地名和有据可查的癌症村已经超过247个，涵盖中国内地的27个省份。其地理分布特点是：① 空间分布很不均衡，呈多中心集中状态；② 呈现出由东部沿海地区向西北部内陆地区递减的梯度分布规律。多年来，我国沿海地区的癌症发病率持续增高的现象，是沿海地区人类生态环境趋于恶化的重要警示。癌症村的病种，以肝癌发病率最高，其次为食道癌、肺癌、胃癌，体现出环境污染尤其是水污染对癌症影响的特征。除去部分形成原因不明的癌症村之外，90% 左右癌症村的形成都与现代工业污染有关，主要包括化工厂、印染厂、造纸厂、制药厂、皮革厂、酒精厂、发电厂、石灰窑等，其中化工厂造成环境污染而导致癌症村的现象最为普遍。

众所周知，重金属是致癌、致畸、致突变的"三致"污染物。重金属不仅难以降解，还能在环境里累积和循环，由此大大加重了对人群的危害。以珠江口海域为例，据中国科学院南海海洋研究所研究表明，珠江口海域生物体受重金属污染较重。伶仃洋甲壳类、双壳类、鱼类和头足类都已受到了不同程度的重金属污染，尤其铜等重金属，甚至达到了重度污染水平。一般来说，重金属容易富集在海洋生物体的肾、肝脏、性腺、鳃之中。珠江口海域的梅童鱼的铬和铅分别超标 24 倍和 48 倍。另一种主要经济鱼类长蛇鲻（狗母鱼）铅超标 53 倍。而市民经常食用的生蚝（近江牡蛎 Ostrea rivularis）中，铜和镉分别超标 740 倍和 90 倍。不同生物对不同重金属的富集能力是不同的。鱼类富集铅和汞的能力强，甲壳动物富集镉和汞能力强，软体动物可富集铅。另外，据深圳大学生命科学学院调查表明，深圳蛇口港的潮间带动物已经受到较严重的有机锡污染，深圳湾海域的海产品也受到一定程度的有机锡污染，两海区海水中部分有机锡的浓度超过美国残留标准近 8 倍，高于加拿大残留标准近 80 倍。海洋中微量的有机锡就能对海洋生物产生毒性，导致腹足类（如螺类）等海洋生物发生雌性雄性化的性畸变，部分雌性螺类甚至长出了雄性的性器官，丧失了繁殖功能。遭受长期有机锡污染的螺类和贝类，多数会导致种群衰退。有机锡对包括鱼类在内的几乎所有海洋生物均有毒性。有机锡对海洋生物的污染最终将给人类食用海产品安全造成极大威胁。人类如长期食用含有机锡的海产品，不仅会产生内分泌毒性，还会影响胚胎发育、神经系统及免疫系统的正常功能，甚至引发癌症。

重金属污染区主要分布于渤黄海的大连湾、渤海湾、莱州湾、海州湾以及自长江口至防城港东海和南海近岸海域，其中以珠江口两侧近岸海域污染最为严重。

（三）环境事件趋多

"重化工业"是个近年流行的名词。它泛指生产资料生产的工业，包括能源、机械制造、电子、化学、冶金及建筑材料等工业，即属于资金和科技含量较高的基础原材料产业。目前，在我国 1.8×10^4 km 海岸线上，一场由发展重化工业，特别是发展石化工业的投资竞赛正在如火如荼地进行，演绎着沿海地区新一轮的海洋开发热潮。从 2003 年开始，重化工业布局在沿海地区已成为普遍趋势，各地重化工业比重占规模以上工业的 70% 左右。在辽宁，全面提升石化、造船、重型机械等支柱产业，准备构建以大连为中心的辽宁临港工业带；在天津，化工和冶金工业在其六大支柱产业之中居于重要地位，中石化天津乙烯项目建成投产后，滨海新区将建成我国华北地区最大的炼油加工基地；截至 2008 年，山东省的重化工业占到了其规模以上工业的 2/3，青岛石化大炼油项目一年可实现 100 亿元税收，日照岚山区规划将建成山东精品钢铁基地；上海市将石化产业提升为其六大支柱产业之一；浙江省将化学制品制造业列入了其七大工业支柱产业之中；福建省的石化业，也是其三大工业经济的支柱之一；广东省通过大力发展钢铁、石化、造船、汽车和装备等工业，作为保持其经济增长的重要途径；广西壮族自治区提出要重点打造有色金属、冶金、石化、机械、汽车、电力等七大支柱产业，等等。有关专家担忧，沿海省、市没有充分考虑自身的自然条件和产业基础，产业发展规划在功能定位和发展方向上如此高度趋同，加剧了产业布局分散的不合理状况。不仅有可能导致重复建设、无序竞争，产生低水平的重复建设，加重产能过剩，成为我国经济结构调整的又一大包袱，而且由于重化工业一般都是大运量、大吞吐量、高耗能的工业项目，生产排放的"三废"较多，可以说是对环境影响最大的工业部门，其上下游产业也大都是能源和原材料消费大户。因此，发展重化工业，在拉动经济发展的同时，也容易造成环境承载压力的陡增，形成土地制约、用水紧张、用电短缺、环境污染加重等局面。由于多数重化工项目为新增的用海项目，它们的纷纷上马，造成大规模集中用海投资项目的剧增，在建设中违反环保法律法规的行为将呈现多发趋势，可以预料，我国突发性海洋环境事件也将随之进入高发时期。

第二节　重要生态系统破坏状况及发展趋势

一、河口生态系统破坏状况及发展趋势

河口生态系统是河流和近海两大系统的交汇区，是流域和海洋之间能流和物流的重要通道。流域和河口三角洲往往是经济发达的人口集居之地。日益加剧的人类活动给河口生态系统带来许多生态压力。河口区的人类活动，如渔业活动、围海造地、河海航运等活动以及流域的人类活动，如流域森林破坏、高坝建设、跨流域调水、污染物排放等都将直接和间接影响到河口海域的生态环境，引发许多生态环境问题。其中，环境污染、生境破坏和入海径流量减少最为重要。

（一）河口环境污染日趋严重

2012 年，国家海洋局完成了我国南北 40 条入海河流下游河段的水质监测工作。结果表明，鸭绿江等 11 条入海河流监测断面的河水为二类地表水水质；闽江等 3 条入海河流监测断面的河水为三类地表水水质；大辽河、青岛大沽河、长江、黄河、汕头榕江和东莞东江南支流 6 条入海河流监测断面的河水为四类地表水水质；大连复州河和唐山滦河 2 条入海河流监测断面的河水水质为五类地表水水质；盘锦双台子河、锦州小凌河、天津永定新河、潍坊小清河和白浪河、威海母猪河和乳山河、深圳河以及东莞东江北干流等 18 条入海河流监测断面的河水为劣五类地表水水质。根据我国地表水水质标准要求，类别越高，水质越差。劣五类水质

表示水体已被污染到连农业及景观都不宜使用的程度。无疑，我国多数入海河流的污染，特别是大江大河的普遍污染，是造成我国河口生态系统遭受普遍污染甚至严重污染的主要原因。2012 年 6 月国家环保部宣布，渤海湾（注，海河口）、长江口、杭州湾（钱塘江口）、闽江口和珠江口水质极差。

1. 珠江口的环境污染

珠江是我国第三大河流，其污染状况具有一定代表性。由于珠江水系下游河段的严重污染，珠江口成为我国海洋环境污染最严重的区域之一。从 20 世纪 80 年代开始，伴随着珠三角"工业化"和"城市化"的迅速崛起，生活废水直排和工业废水的超标排放，使珠江口海域污染日益严重，可谓"南海污染数广东，广东污染数珠三角"。进入 21 世纪后，珠江下游及珠江口海域污染变得越发严重，连续 7 年被列为我国"严重污染区域"。究其原因，正是久负盛名的珠三角工业重镇——深圳、东莞、广州、中山、珠海等一大批环珠江口的城市，因石化、印染、造纸等企业众多，成了珠江口海域"严重污染"的"最大贡献者"。2011 年广东省重点污染源信用评级结果显示，纳入 2011 年重点污染源环境保护信用管理的重点污染源共有 549 家，其中红牌企业（环保严管企业）共 44 家，所占比率为 8.0%；黄牌企业（环保警示企业）共 61 家，所占比率为 11.1%。其中，也包括了一些沿岸污水处理厂，如深圳市宝安区观澜污水处理厂、通用沙井污水处理（深圳）有限公司（沙井污水处理厂）、深圳市瀚洋水质净化有限公司（固戍污水处理厂）和中山市小榄镇新悦成线路板污水处理厂等，因常不符合要求也被评为黄牌警示企业。近 6 年来，珠江口沿岸每年约有上百万吨污染物通过八大口门（虎门、蕉门、洪奇门、横门、磨刀门、鸡啼门、虎跳门及崖门等）汇入珠江口海域。广州市、东莞市和中山市的全部近岸海域，深圳市西部海域和珠海市部分近岸海域均属严重污染区域。

东莞市的人口从 20 世纪 60 年代不到 100 万人口，急遽膨胀到现在近 1 000 万人口。整个东莞市的大小企业共有 5 万多家，其中不少为造纸、漂染、服装洗水、印花和皮革等行业，且许多为工艺落后、设备陈旧、科技含量低、高能耗、重污染的企业，又因附加值低，无力治污，监管起来困难。现在，东莞市城市污水集中处理量为 $4\,820 \times 10^4$ t 左右，只占该市污水总量的 69% 左右，比预期目标整整落后了 10 个百分点。即是说，东莞有很大一部分污水未经处理就直接排入到珠江口海域。30 年前东莞还是一片盛产水稻、香蕉和荔枝的农村田园，如今靠外向型经济爆发式增长所带动，已成为一个国际加工制造业的名城，甚至被认为是"下一个深圳"。过去，虎门镇南端是珠江口天然的海湾渔港，也是东莞市唯一的省级渔港。虎门新湾及附近的沙田先锋村是东莞主要的渔民聚居地，共有渔民 700 余户 3 000 多人，占东莞全市人口的 80% 以上。现在，虎门镇新湾珠江入海口咸淡水交汇处的水色发黑，不时散发出阵阵恶臭。历史上有名的珠江口渔场早已局部荒漠化，黄皮头鱼（即棘头梅童鱼 *Collichthys lucidus*）、鲷类等名贵鱼类已不复见。珠江口海域原来是广东省海域唯一的中国对虾（*Fenneropenaeus chinensis*）产卵场，20 世纪 70、80 年代，渔民们每天可捕捞到亲虾数百只，每只亲虾在当时的价格达到 60 元人民币。打一年鱼相当于在工厂干活三四年。由于渔场的严重衰退，现在的年轻一辈已基本不再打鱼，正在老去的渔民们眼望着河口江水只能感叹和回忆。

2. 小清河口的环境污染

小清河虽不属于大江大河，但它决定着渤海三大湾之一莱州湾的生态兴衰。历史上小清河口海域是渤海莱州湾的主要产卵场。中国对虾的产卵场即主要分布于入海口附近 12 m 水深处。其对虾产量占渤海对虾总产量的 40% 以上。小清河源出济南市西部睦里庄，汇集黑虎泉、趵突泉、孝感泉等诸泉水，与黄河南堤大致平行东流，途中接纳绣江河、孝妇河、淄河等支流，在潍坊寿光市境内注入莱州湾。20 世纪 60 年代小清河就开始被污染，河内的淡水鱼类逐渐死亡消失。70 年代先是河口滩涂被污染，后来污染延伸到浅海区，河口鱼虾类开始消失。这一时期贝类成批死亡，港湾养殖的对虾死亡事故也时有发生。1986 年初和 1987 年春，因发生污染事故造成浅海毛蚶大面积死亡，死亡率平均达到 50%。更为严重的是翌年事故水域没有发现幼贝，成贝也不产卵，此后长期未见到有恢复迹象。

进入 21 世纪后，小清河水质总体呈下降趋势。其污染源主要来自寿光以西的东营、淄博、滨州、济南 4 市。工业污染主要是由造纸、酿造、化工、医药、石油等污水构成。其次是城市生活及农业废水，并有部分是养殖废水和船舶废水。据寿光市海洋渔业部门的不完全统计，小清河口污染对当时寿光市海洋渔业造成的损失每年在 8 亿元左右。其中，捕捞 3.5 亿元左右；港湾养殖 2 亿元左右；浅海增养殖 2.5 亿元左右。

小清河的污染一直受到山东省各级政府的高度重视，作为小清河源头和山东省省会的济南市，曾花巨资治理过小清河。从 2007 年小清河综合治理一期工程正式开工建设，到 2009 年第十一届全运会成功举办，小清河综合治理取得过初步成效。河道拓宽加深，截污清淤，调用东平湖水对小清河补源，又修建桥梁，绿化河岸，基本恢复了小清河本来面貌，给济南市民带来了对小清河的无限遐想，提出要突出"文化清河、运动清河、绿色清河"，要凸显小清河景观的生态性、自然性、休闲性等口号。然而，自全运会结束以后，小清河的污染又开始抬头。工业废水和生活污水通过地下管道和地面污水河不断地流向小清河，使得河水又回到了严重污染状态。济南市建委一位干部感慨地说：治理小清河一期工程花费了 40 亿元，二期工程还要花费近 30 亿元。两期的治理大概用了 4 年时间（从 2007 年 11 月 6 日到 2011 年底）。作为一个城市来说，花这样大的代价来治理一条河流，目的是想从根源上治理。小清河的根本治理就是污染的治理。现在一边花大钱治理，一边进一步污染它，到头来小清河还是个臭水河，可能还是个大臭水河。到那时这个形象工程可能成了烂尾工程，凉了市民的心，影响了政府的威信。

（二）河口生境不断遭破坏

1. 围填海带来的生境破坏

在寸土寸金的珠三角，为建码头、修路、开发房地产、扩展农田和修造养殖基围等用地，普遍采用围填海的方法来解决。填海不光由私人进行，也有许多是政府部门行为。据统计，近年广州、东莞、深圳、珠海和中山等市的围填海总面积已达到 6 666.7 hm^2。在深圳蛇口港等地，因工程或码头港口建设不断向河口水域扩展，1978—1988 年间往外伸出了 1 200 m；1988—1996 年间伸出 670 m；1996—2003 年间，又伸出 420 m。逆江而上，三面环海的南沙是珠江三角洲的优良天然深水港港址。根据规划，位于龙穴岛的南沙港建成后，将往南拓展出一个和万顷沙持平的方块，估计填海面积将达到 1 000 hm^2。

珠三角的填海造地，最大的危害是破坏了海岸带的生态环境，潮间带被蚕食，天然红树林被毁灭，河口水域被缩窄。在那里，多种鱼虾蟹类的天然繁育场在推土机的轰鸣声中被毁于一旦。此外，填海容易导致局部地区泥沙淤积和排洪不畅。例如1996年华南发生的特大洪灾，珠江下游中山市的水位就远远高于中游梧州市的水位。在中游，水位线是50年一遇，但在下游中山莺哥嘴，水位超过了200年一遇。1997年夏天洪水期间，因河道淤塞和排水不畅而导致上游洪水泛滥造成的经济损失达到10多亿元。据预测，照此下去，60年后珠江河道将无法通航，如不及早治理，其后果不堪设想。珠三角近年来之所以接连发生洪水，与围填海引起的泥沙淤积、河床水位升高有很大的关系。据比算，在经济上，珠江口过度的填海造地，实际上是得不偿失之举。光以洪水为例，自1991年后中山市为抵御洪水袭击投入的水利建设费用已达到12.4亿元，其用于加固堤围的投资，已超出了围垦收益。另外，珠江口生态环境不健康的原因，除了水域污染之外，主要来自于填海带来的生态危机。在一次次的填海造地中，红树林被大片破坏，湿地功能消失；污染物的迁移扩散动力减弱，降低了海水的自净能力，致使水质逐年恶化。填海还带来潮差和纳潮量减少，威胁航运功能；填海破坏了自然景观，降低了观赏价值等不良后果。

2.挖砂带来的生境破坏

近年来，由于市场需砂量的增长，特别是日本和香港大型填海工程需要大量填海用砂，使得海砂开始紧俏。巨大的商业利润使一些企业网罗了大批挖砂船到珠江口海域采砂。20世纪90年代中期，珠江口海域每天有100多艘采砂船、1 000多艘运砂船，每天采砂量超过10×10^4t，非法无证采砂现象日趋严重。挖砂操作不仅破坏了海床生境，更破坏了底栖生物，鱼虾蟹贝藻虫一揽子被挖砂机抽走，原来的底栖生物和鱼虾蟹类的繁育场已不复存在，变成一片荒芜。另外，无序无度的海砂开采，使部分海域的海床越挖越深，改变了原河床形态，甚至造成河岸侵蚀，堤脚临空，海堤崩塌等险情。海砂开采也造成二次污染，直接影响到珠江口海域白海豚等一些珍稀动物的正常生活。

据估算，整个珠江口的来沙量年平均为$8 000\times10^4$t，其中包括了悬浮泥沙，而沉到底部的粗砂估计只占总量的5%～6%。采砂需要的正是这些粗砂。珠江口采砂已连续15年，即是说历史上积存下来的河砂早已挖尽，而且上游来砂不够补充，导致河口河段已基本没有河砂。持续的挖砂造成河床中部严重下切，并沿江上溯。在干旱年份，由于上游来水量不大，潮势较强，加上河床深切，即可引发咸潮上溯，尤其是天文大潮时咸潮上溯更为强烈。咸潮使陆岸地下水和土壤内的盐度升高，危害植物生存，给"鱼米之乡"的珠三角农业造成严重影响。在广州市番禺区农村，一些稻田边的水沟尽管有蓄水，然而田地却龟裂着。因为咸潮，一些沟里蓄水的咸度甚至达到5，农作物停止生长甚至死亡。饮用水中盐度过高，对人体会造成危害。生产用水盐度过高，对企业生产造成威胁，生产设备容易腐蚀，锅炉容易积垢。在咸潮灾害中，用水量较大的化学原料及化学制品制造、金属制品、纺织服装等产业受到冲击最大，其中一些企业甚至被迫停止生产。

（三）入海径流量波动和趋减

1.我国主要江河的径流量变化

我国主要江河径流变化的调查揭示：近50年来，特别是1980年以来，我国黄河、长江、海河、珠江、闽江和辽河等几大江河的径流量大多出现了不同程度的减少。其中，海河流域减少明显，全流域1980年以来的径流量与1980年前相比减少了40%～70%；黄河中下游地区径流量减少亦非常明显。在花园口和利津等水文站，1980年后的平均径流量比1980年前平均减少了33%和55%；珠江和闽江略有减少；长江径流量变化不明显，1990年以来尚有微弱增长，且季节和地区差异增大，即夏、冬径流增加，春、秋径流减少，上游径流减少而下游径流增加；辽河在铁岭水文站的径流量平均每10年减少8.3%。

2．黄河断流的生态影响

黄河自然断流始于1972年，主要发生在下游的山东河段。在1972—1997年的26年间，有20年出现河干断流，平均4年3次。1987年后几乎连年出现断流，其断流时间不断提前，范围不断扩大，频次和历时不断增加。1995年，地处河口段的利津水文站，断流历时达122天。断流河段上延至河南开封市以下的陈桥村附近，长度达683 km，占黄河下游（花园口以下）河道长度的80%以上。1996年，地处济南郊区的泺口水文站于2月14日就开始断流；利津水文站该年先后断流7次，历时达136天。1997年，黄河下游利津水文站断流226天，断流河段长达704 km，是有史以来黄河断流时间最早，历时最长的年份。

入海河流径流量的减少或断流，对于黄河口生态系统影响极大。

（1）对河口三角洲范围的影响

由于河流径流量的降低，随之泥砂入海量减少，造成海岸后退，河口三角洲萎缩。通过近30年的卫星影像资料测算，1996—2004年间黄河口以年均7.6 km^{2}的速度蚀退。

（2）对河口海域盐度的影响

据1976—2002年盐度资料，自20世纪50年代末以来，莱州湾的盐度不断升高，春、秋两季已高出4左右。盐度30和盐度32的等值线已逼近海岸河口。

（3）对浅海营养盐的影响

据资料，1958年8月至1992年8月，河口前浅海表层海水中的磷酸盐、硅酸盐和硝酸盐的含量因径流量减少分别为原来的1/60，1/9，1/7，其中磷酸盐下降幅度最大。2002年5月该海域的N/P均值达到79.91，表明无机磷相对紧缺，海水营养结构失衡。

（4）对浮游植物的影响

据近20年的监测资料，20世纪80年代前黄河口及邻近海域初级生产力高于渤海平均水平。2002年5月黄河口及邻近海域初级生产力略低于渤海同期平均水平。与1984年相比，2002年同期叶绿素a含量及初级生产力除小清河口外有明显升高外，其他区域均有所下降，其中初级生产力比1984年同期下降20%左右。1984年春季该海域浮游植物细胞数量明显高于渤海和山东半岛沿岸平均水平。而2002年5月细胞数量低于渤海平均水平。与1984年该海域的同期相比，浮游植物细胞数量下降了近1个数量级。

（5）对浮游动物的影响

与1984年同期相比，2002年浮游动物生物量下降近50%，优势种发生了一定的变化，中华哲水蚤、强壮箭虫仍然占据优势地位，但传统的优势种类墨氏胸刺水蚤（*Centropages mcmurrichi*）等数量明显下降成为稀有种。莱州湾西部海域因优势种发生变化和浮游动物生物量显著下降，改变了饵料生物组成，对食物链上层的鱼类、虾蟹类数量分布有较大的负面影响。

（6）对海洋渔业的影响

近 20 多年来，渔业生产力下降较为明显。1982 年 5 月鱼资源密度为 $200 \sim 300$ kg/hm^2，1992 年同期降至 $10 \sim 50$ kg/hm^2。另外，无脊椎动物密度也由 1982 年 5 月的 $30 \sim 50$ kg/hm^2 降至小于 10 kg/hm^2。资源明显减少的有黄姑鱼、银鲳、牙鲆、蓝点马鲛、中国对虾、鹰爪虾等。据调查结果，1998 年莱州湾平均渔获量大幅度下降，分别仅为 1959 年、1982 年和 1992－1993 年的 3.3%、7.3% 和 11.0%。渔业资源群落结构也随时间发生了较大的变化，多样性自 1959－1982 年先略有增加，然后呈下降趋势。中国对虾等重要的经济种类已经形成不了资源。此外，刀鲚（*Coilia ectenes*）、中华绒毛蟹等过河口性经济鱼蟹类，日本鳗鲡（*Anguilla japonica*）、达氏鲟（*Acipenser bryanus*）等洄游性种类已基本绝迹。经济鱼类营养等级结构的衰退，虽然与过度捕捞和海水污染等人为因素关系十分密切，但与径流、泥砂和营养盐类等物质入海通量的急剧减少也有密切关系。

（7）对河口环境净化能力的影响

由于径流量的减少，降低了河流和河口海域对污染物的稀释和净化能力。

（8）对河口三角洲陆域生态的影响

由于河口淡水补给量减少，使河口湿地干涸，海水入侵，土地盐渍化。黄河三角洲植被以草地为主，各类草地近 31×10^4 hm^2，其中可利用草场近 23×10^4 hm^2。由于断流，不仅土壤盐碱化，使草地向盐生植被退化，而且还影响人工草地的发展。

由上可见，淡水资源是河口生态系统存在的重要基础。为维系河口生态系统的生物平衡、水热平衡、水盐平衡和水砂平衡，确保河口湿地及毗邻海域的环境质量和生物群落的生存，以维护河口生态系统正常功能，必须提供一定量的生态用水。2008 年东北师范大学根据黄河口生态系统的特点，通过对防止海水入侵、维持河口生物生长、保持河口湿地合理水面面积及水深、水循环消耗和补给地下水等的需水量进行了分析和计算，计算结果初步认为，黄河河口生态系统年平均需水量为 78.21×10^8 m^3，最小月（12 月）平均需水流量 210 m^3/s，最大月（6 月）平均需水流量 329 m^3/s。

3. 黄河断流的原因

1997 年 4 月 8－12 日，水利部、国家计委和国家科委在山东省东营市联合召开黄河断流及其对策专家座谈会，各有关部门的院士、教授和专家 70 多人参加了座谈会。黄河水利委员会科研成果"黄河下游断流及对策研究报告"是会议的主旨报告。1997 年 5 月 22－23 日国家环保局在北京也召开"黄河断流与流域可持续发展 —— 黄河断流生态环境影响及对策"研讨会。会议就贯彻落实国务院领导指示精神、黄河断流与流域可持续发展、加强黄河流域生态管理和合理利用水资源等问题进行了学术交流，请从事这方面研究的专家、学者、领导及实际工作者共同参与，集思广益，共商缓解黄河断流大计，以形成缓解黄河断流发展趋势的科学对策。在会议前征集的论文正式出版，收录了黄河断流生态环境影响及对策研讨会上发表的部分论文，内容涉及黄河断流对经济、文化和生态环境的影响，断流的成因、趋势，流域环境问题以及缓解黄河断流的对策等。1998 年 1 月，中国科学院和中国工程院 163 位院士面对黄河的年年断流联名签署向社会发出一份呼吁书："行动起来，拯救黄河"，专家学者忧心忡忡奔走呼号。同年，"保护母亲河"被列为全国政协 1 号提案。

随着认识的逐步深入，经过反复讨论，人们基本的观点认为：造成黄河断流的原因，有自然原因，也有人为原因，但是以人为原因为主。即一方面是天然来水减少，时空分布不均；另一方面是流域工农业引黄用水迅速增加和水资源开发利用严重浪费，如大水漫灌等现象依然存在。除此之外，十分重要的一点是水库调节能力低，管理调度不统一，即缺乏全流域水资源统一管理机制和调配能力。由此看来，黄河流域节水潜力还很大。

2009 年，在黄河来水偏枯近三成、水库蓄水偏少、流域遭受特大干旱的不利条件下，黄河水利委员会采取行政、法律等措施，对黄河水资源进行了统一管理，提高了水量调度能力和精度，扭转了 20 世纪 90 年代几乎年年断流的局面，实现了连续 10 年不断流，也发挥了黄河之水是渤海生态之水的重要作用。

二、海湾生态系统破坏状况及发展趋势

海湾海域具有一定的封闭性，水交换能力相对较弱，温盐度受陆岸影响相对较大，然而海湾环境相对稳定，陆源物质相对充沛，许多海湾是鱼虾蟹贝类的天然栖息地和繁育场，沿湾陆域往往又是人类最先开辟的居住之地。近年来，随着沿海地区社会经济的迅猛发展，除了海湾水域普遍遭受不同程度的污染之外，在海湾内进行填海造地已成为许多沿海城市解决"土地赤字"的重要途径。迄今为止，在我国所有海湾中，多数海湾已经历过或即将经历不同规模的填海造地工程。

（一）海湾面积缩减

1928—2003 年短短的 75 年间，胶州湾海湾面积已从 1928 年的 $5.60 \times 10^4 \ hm^2$ 下降到 2003 年的 $3.62 \times 10^4 \ hm^2$，缩小了 35%。特别是从 20 世纪 70 年代开始，胶州湾填海速度明显加快，先是由原来的滩涂浅水变成了虾池，后来虾池相继被填死建起了高楼和工矿企业，平均每年蚕食水域面积约 290 hm^2。2009 年，青岛市政协专门就胶州湾的湿地保护与利用情况进行了一次调研。结果表明，近百年来，胶州湾面积缩小了 1/3，海岸线减少了 1/3，原始海岸线仅剩下了 13.2%，如胶州湾北部的海岸线向海推进了约 23 km。填海造地招致天然滩涂湿地严重退化或完全丧失。其中，大沽河河口湿地的退化最为严重。另有资料表明，1928—2005 年间，由于不断地填海造地，海湾的纳潮量不断减少。1935 年胶州湾纳潮量为 $11.822 \times 10^8 \ m^3$，1963 年为 $10.133 \times 10^8 \ m^3$，1985 年为 $9.144 \times 10^8 \ m^3$，现在的纳潮量仅约 $7 \times 10^8 \ m^3$，纳潮量减少超过 $4 \times 10^8 \ m^3$。

（二）海岸稳定性降低

在福建海峡西岸经济区发展规划中，厦门环东海域的建设目标是要建成"中国最美丽生态海湾"，打造"海西未来迈阿密"。按照这一建设目标，"迈阿密式酒店群"规划了共 13 个地块，有家庭式的休闲度假酒店，也有商务人士的高端酒店和度假俱乐部式酒店，几乎全部为五星级标准。此外还有一批临海别墅，称道是"下了游艇可直达"。厦门市曾宣布，几年后人们将在长达 60 km 的环东海岸线上欣赏到 4.6 km 长的人造沙滩、158.4 hm^2 的红树林、超大规模的酒店群、游艇项目、海西一流运动训练中心以及中国版"迪士尼"等标志性景观。其中颇有吸引力的配套项目是人造沙滩。并宣称，当其向游客开放时，沙滩上已铺就厚度为

50 cm的优质漳州白沙。人工沙滩是厦门市这几年开发旅游房产业的一大招牌。有了人工沙滩，就会有旅游和景观房产的大发展。如今，厦门普通的海景房已飙升至每平方米二三万元，而在两三年前，还是每平方米五六千元。有了如此高额回报的榜样，于是在集美大桥边、五缘湾和观音山等地，同样建起了人工沙滩。但是，海岸泥滩和沙滩原是天然形成的，是当地地质、地貌、地形、潮汐、波浪和海流等诸因素综合条件下的产物。如今不计成本地投入，不仅破坏了采砂处的自然生态环境，而且人工沙滩的沙子因为没有防护，在潮汐和海流作用下屡屡流失。而补沙又得再采砂，使采砂区发生海岸侵蚀。2007年9月投资了3亿元人民币的观音山人造海滩终于建成，曾在2008年达到它的辉煌，举办了多种多样的海滨休闲活动和商业造势。不想2009年台风"莲花"来临，一夜间将它打回了原形，大量的海泥被送到这块人造的黄金沙滩，被污泥覆盖了的海滩，一片狼藉。类似的现象在许多沿海城镇海水浴场的建设中都曾发生过。

（三）生物多样性降低

在胶州湾，1977－1978年的周年调查中浮游植物检出175种，2003年周年调查只检出163种；1977－1978年的周年调查中浮游动物检出116种，2004年周年调查只检出81种；20世纪30年代春、秋两季游来胶州湾产卵的鱼类曾有100余种，近年仅调查到33种，曾经是胶州湾的主要经济鱼类真鲷（*Pagrosomus major*）现已基本绝迹；1963－1964年胶州湾东部沧口潮间带的各类动物有141种，1974－1975年下降至30种，到1980－1981年更降至17种。以后，随着黄岛经济开发区的建设，砂质潮间带滩涂基本消失，生物种类更少，珍稀动物黄岛长吻虫（*Saccoglossus hwangtauensis*）也已绝迹，中潮带上部已成为无生物区。1985年调查，水禽有206种，目前降至156种。由于沿岸渔船增加、自然海岸破坏、湿地减少、植被衰退和海域污染，特别是湿地底质污染，底栖生物的生物量下降，造成迁徙水禽食物匮乏，到此停息的水禽种类和数量均有明显减少，停留的时间也大大缩短。

（四）生态服务功能减弱

青岛市林业局联合中国林科院对胶州湾湿地资源进行了一次专项调查。调查结果让人大吃一惊，没想到现存的胶州湾湿地居然蕴藏着超乎想象的资源，其生态服务功能总价值估算为每年58.4亿元。其中，湿地为人类提供的产品总价值为每年23.6亿元；湿地部分生态调节功能价值为每年34.8亿元。包括生物多样性保护的价值为每年0.7亿元；休闲游憩价值为每年1.4亿元；文化价值为每年2.1亿元。调查显示，每公顷湿地每年吸收二氧化碳14.9 t，释放氧气10.8 t，按此估算，总面积达$3.5 \times 10^4 hm^2$的胶州湾湿地每年可释放氧气$37.6 \times 10^4 t$，吸收二氧化碳$51.9 \times 10^4 t$。胶州湾湿地就是青岛市的天然大氧吧。随着滩涂湿地的减少，滩涂湿地的原有生态功能也随之减弱，即是说，由于海湾面积的减少，截至2009年，胶州湾的海洋生态服务功能至少也降低了1/3。

由于海湾往往具有建港及发展临港产业、进行海水增养殖生产等多种使用功能，因此在海湾内进行工程建设或填海造地时要特别谨慎，应兼顾其他产业的安全。工程建设或多或少会改变海湾内的流速、流向，导致冲淤环境和水交换能力的变化，也会降低海湾自净能力和生物生产能力。特别是，工程建设要避免引起港口淤积、航道阻塞，造成航运资源的破坏。在 20 世纪 50—80 年代，广东汕头港因海湾内历年进行围海造地引起的流场变化，造成了航道不断淤浅。30 年内仅汕头湾内的围海造陆近 70 km²，湾内的纳潮量由 1956 年的 2.96 ×10⁸ m³ 锐减到 80 年代的 1.5×10⁸ m³。湾口外航道因水流明显减慢而逐渐淤浅。为保障航道畅通，曾投入巨资修建了外导流堤等工程，试图防止淤积，但见效不大，万吨海轮进出汕头港仍受到航道水深的限制。近年来，为发展海上交通的需要，不得不花巨资在湾外的广澳湾再修建一个新港区作为新的深水码头。

三、浅海生态系统破坏状况及发展趋势

（一）填海造地现状

1.新一轮填海造地热的兴起

新中国成立以来，我国先后经历了三次围填海热潮。第一次热潮是新中国成立初期的围海晒盐，长芦盐区和莺歌海盐场等就是这一时期的产物。这一阶段的围海造地主要以顺岸围割为主，其环境效应主要表现在加速了岸滩的淤积。第二次大规模的填海热潮是 20 世纪 60 年代中期至 70 年代的围垦海涂扩展农业用地。这一阶段的填海造地也以顺岸围割为主，但围垦的方向已从单一的高潮带滩涂扩展到中低潮滩，同时农业利用也趋向于综合化。围海造地的环境效应主要表现在大面积的近岸滩涂消失。第三次大规模的围海热潮是发生在 20 世纪 80 年代中后期到 90 年代初的滩涂围垦养殖。这一阶段的围海主要发生在低潮带和潮下带海域，围海养殖的环境效应主要表现在密集的人工养殖引起近岸水体的富营养化，海域生态环境问题较为突出。从这三次大规模的围填海来看，围填海造地增加的土地面积约有 120 ×10⁴ hm²，相当于原有滩涂面积的一半以上。也就是说，三次围填海使我国失去了一半以上的海岸湿地。

2.新一轮填海造地热的起因

进入 21 世纪，随着我国经济快速持续增长，特别是在第二次工业化浪潮和土地紧缺的形势下，我国正在掀起新一轮的大规模围海填海热潮。其原因有三：① 海洋经济和临海效应在区域经济拉动中起着重要作用，填海造地可以建设临海工业区、居住区以及休闲旅游区，实现"临海经济效应"；② 由于国家对土地的紧缩政策，填海造地可以实现新增土地，从而弥补耕地占用，实现土地的占补平衡；③ 地方政府通过实施填海造地可以增加土地面积，通过土地转让实现地方财政收入增长。填海的成本从每公顷 105 万～450 万元不等，而土地出让价格往往在每公顷 1500 万元以上，仅填海造地的利润就会高达数十倍。新一轮的围海造地热潮是我国近年来经济持续高速发展和地方政府土地财政下的产物。这次热潮波及的范围极大，从辽宁一直到广西，我国东部沿海省市甚至包括县乡一级行政区，均在积极地推行填海造地政策。所实施的填海造地工程有大有小。大者如河北曹妃甸工业区建设中的填海造地工程。据规划，到 2020 年曹妃甸工业区最终目标要达到 380 km²，约相当于 20 个澳门。其中，海域 70 km²，陆域 310 km²，共需填海造地 240 km²。截至 2010 年底已完成填海造地超过 170 km²；位于东海之滨的上海临港新城，规划面积 296.5 km²，吹沙填海造地 133 km²；天津港的填海造地工程，计划分期造陆 50 km²，等等。除了上述大项目之外，还有大量的地方

性小规模填海造地工程，包括许多未经审批的违规项目。新一轮的填海热潮，一部分是由国家或省、市经济发展战略需要所致，如河北曹妃甸的围海填海工程是为了满足首都钢铁集团搬迁所需，又如上海和天津港的填海造地工程是为了满足"长三角"及环渤海区域经济的发展需要。多数小型的围海填海工程却是一些部门利益或者县乡政府形象工程所致，如"海盾2006"所查处的广东阳东某镇填海造地建设渔港广场项目以及"海盾2004"所查处的福建惠安县崇武水族馆违法填海项目等。随着海洋开发热潮的兴起，近年来各地修编海洋功能区划、海域规划等工作随之快速推进。有的地方修改的功能区划违背了尊重海域自然属性及其生态服务功能最佳利用的基本原则，并出现了规划和功能区划为违法项目让路，使违法项目合法化的现象。

3.近10年来我国填海造地的规模

国家海洋局的统计数字显示，2002－2008年，用于工业及城镇建设的填海造地面积由2 033 hm²增加到11 001 hm²，年均增长率达40.2%。期间，仅国家海洋局查实的各地违规填海面积，竟高达14 000 hm²。

据国家海洋局2011年海域使用管理公报统计，2011年全国填海造地确权面积13 954.92 hm²，其中建设用填海造地13 860.57 hm²，农业用填海造地44.95 hm²，废弃物处置用填海造地49.40 hm²。沿海省、自治区、直辖市填海造地确权面积分别为：辽宁省1 335.70 hm²，河北省2 225.44 hm²，天津市1 002.91 hm²，山东省1 091.40 hm²，江苏省1 811.49 hm²，上海市5.39 hm²，浙江省2 231.26 hm²，福建省1 267.57 hm²，广东省1 335.60 hm²，广西壮族自治区1 061.68 hm²，海南省586.48 hm²（图3-2）。这几年每年的填海造地数量，基本上维持在这一水平。2011年下达的全国建设用围填海计划为20 000 hm²，全年国家和地方批准及通过预审的建设用围填海项目共616个，核减和安排围填海计划指标19 409.34 hm²。

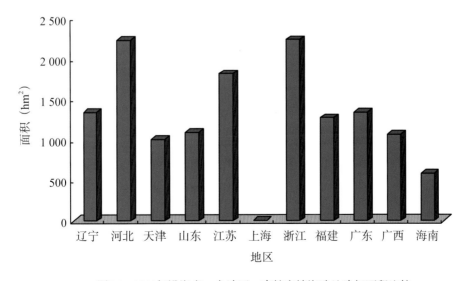

图3-2 2011年沿海省、自治区、直辖市填海造地确权面积比较

可以预见，在沿海新一轮省级开发区的建设中，伴随着诸如滨海新区、海上新城、工业园区、产业基地、科技集聚区和后备土地资源开发区等的建设，在海洋经济"大跃进"的背后，不可避免的是一场填海造地热潮。例如，2011年1月初，国务院批复了《山东半岛蓝色经济区发展规划》。它是我国"十二五"开局之年第一个获批的国家发展战略。而建设山东半岛蓝色经济区重要内容之一是实施集中集约用海。在《实施集中集约用海打造山东半岛蓝色经济区草案》中提出："山东半岛蓝色经济区"包括9大核心区，为9个集中集约用海区。它们包括"丁字湾海上新城""潍坊海上新城""海州湾重化工业集聚区""前岛机械制造业集聚区""龙口湾海洋装备制造业集聚区""滨州海洋化工业集聚区""董家口海洋高新科技产业集聚区""莱州海洋新能源产业集聚区"和"东营石油产业集聚区"。每个集中集约用海区都是一个海洋或临海各具特色的产业集聚区。据初步测算，到2020年"山东半岛蓝色经济区"9大核心区总投资将达到约1.4万亿元，集中集约利用海陆总面积约1 600 km²，其中近岸陆地600 km²，填海造地420 km²，高涂用海180 km²，相关联的开放式用海400 km²，相当于在海上再造一个陆域大县。

（二）填海造地带来的生态影响

1. 水文动力环境发生重大改变

围填海工程会直接改变区域海岸形态、结构和潮流、波浪特征，使得原有的水文动力环境发生改变，破坏原有的泥沙冲淤动态平衡，直接造成冲淤环境的改变，有可能导致海岸侵蚀加剧等海岸的不稳定性，或港口和航道等的淤积。

曹妃甸填海造地的规模为目前我国之首，填海范围又在潮间带滩涂和大片浅海区，其对海洋生态环境的影响受到政府、业界和民众的广泛关注。

曹妃甸原是渤海唐山湾内的一个离岸18 km的沙岛，原为古滦河入海三角洲前沿的一个最大障壁岛，其西北侧为若干个障壁岛围成的潟湖浅滩。1985年，在一次沿海港址普查中，发现曹妃甸前缘有一条深槽，是曹妃甸外缘潮道。深槽–30 m等深线水域东西长约6 km、南北宽约5 km，是我国少有的能停靠25万吨级以上远洋巨轮的钻石级港址。在曹妃甸的东北面还有一个潮道叫老龙沟深槽，是潟湖浅滩潮汐的出入通道，最大深水22 m，也是一个优良港址。这两处港址被认为是渤海湾中唯一两个不需开挖人工航道和港池、不需疏浚维护即可建设大型深水港的港址，并兼有区位优势和广阔临港工业区的优势。曹妃甸填海造地工程自2003年填海修建通海公路时开始。公路从陆地直通曹妃甸沙岛，全长18.4 km。2006年初，曹妃甸工业区建设被列入国家"十一五"发展规划。由首钢携手唐钢，在这里建设中国最现代化的大型钢铁联合企业。2008年10月，曹妃甸新区挂牌成立，新区由曹妃甸工业区、南堡经济开发区、曹妃甸新城和唐海县四个部分组成。按照河北省的规划，曹妃甸工业区要建成以大钢铁、大码头、大化工、大电力为标志的工业新港城。曹妃甸工业区建设中的填海造地工程是我国迄今为止规模最大的填海造地项目，堪称我国填海造地第一工程。迄今，原来曹妃甸的地形地貌，早已面目全非。我国政府、海洋工程界和科技界对曹妃甸建设十分重视和关注，反复论证填海工程中和工程后的工程安全和生态环境安全问题。目前，曹妃甸西北的潟湖浅滩已基本填成陆域。曹妃甸南端深槽和老龙沟深槽均已建成港口。然而，通过

1992 年、1997 年、2006 年的测深资料对比,发现老龙沟深槽内的水深有淤积变浅的趋势。分析后确认,自 2004 年通岛公路修成后原浅滩潮道被阻断,招致老龙沟深槽内的潮流量和流速减弱而引起淤积。现已淤积的厚度在 0.61~4.8 m 之间,并且发现老龙沟深槽轴线也有自东向西迁移的趋势。这一重要发现,促使曹妃甸填海总体规划进行了重大修改。对此有关专家指出,如此重大的填海工程对水动力环境肯定会产生影响,因此不仅在工程启动前要做详细的环境影响评价,而且要谨慎而为,不断监测,决不能盲目快进,避免严重后患。

2.渔业生物资源受到严重损害

曹妃甸浅滩毗邻滦河口和大清河口,内侧还有洞河、双龙河、溯河等多条河流入海,外侧由东坑坨、蛤坨、腰坨、曹妃甸等构成的唐山湾顺岸岛链,在顺岸岛链的阻挡下,流速减弱,加之有机质充足、环境相对稳定,历史上是多种渔业种类的产卵场、育幼场和索饵场,又是众多贝类的栖息地,鱼虾蟹贝类资源丰富。沿海居民祖辈多以渔业为生。据 20 世纪 80 年代调查,鱼类有青鳞(*Harengula zunasi*)、斑鰶(*Konosirus punctatus*)、赤鼻鲮鳀(*Thrissa kammalensis*)、黄鲫(*Setipinna taty*)、小黄鱼(*Pseudosciaena polyactis*)、蓝点马鲛和银鲳(*Pampus argenteus*)等;虾蟹类有中国对虾、口虾蛄(*Oratosquilla oratoria*)、三疣梭子蟹(*Portunus trituberculatus*)、日本蟳(*Charybdis japonica*)等;另外还有短蛸(*Octopus ocellatus*)、日本枪乌贼(*Loligo japonica*)以及毛蚶、四角蛤蜊、菲律宾蛤仔等头足类和双壳贝类。

据 2007 年《曹妃甸港区建设对全县海洋渔业影响评估调查报告》调查,曹妃甸开发建设共占用海域 47 745.3 hm²,占全县海域总面积的 28.4%。其中,占用捕捞渔场面积 36 473.19 hm²,占全县捕捞渔场总面积的 47.1%。曹妃甸填海造地过程中,对周围海域的生态影响也很大。① 曹妃甸填海采砂深度普遍在 15~25 m 之间,除海砂外,表层有机质,原底栖鱼类、贝类等海洋生物一起被抽走。取沙区海底地形和生态的全面重建至少需要几年时间,这段时间内该海域将不适合底栖生物生存,成为海底沙漠区。② 由于填海工程的取沙区主要为近岸浅海和潮间带滩涂。取沙后,该海域海水深度达 15 m 以上,大于渤海温跃层 5~15 m 的深度。温跃层以下海水较表层水温增速慢,长期处于低温状态,导致该海域原生底栖生物因水温过低引起产卵孵化滞后或根本无法产卵繁殖,从而造成取沙区产卵场功能丧失。③ 取沙后,由于没有沙源补充,造成淤泥覆盖取沙区海底,以沙子、贝壳等作为附着基的生物无法附着,直接影响底栖生物的群落结构,间接影响海区生物群落组成。④ 由于曹妃甸取沙面积大,取沙周期长,且渤海海水更新速度缓慢,因此在曹妃甸建设的若干年内,周边大量取沙区海水将长期处于相对浑浊状态。2007 年,受曹妃甸施工影响,滦南县小清河河口海域全年呈泥浆水状态,污染程度可见一斑。根据研究资料,在水体中悬浮淤泥浓度大于 100 mg/L 时,水体浑浊度比较高,透明度明显降低,若高浓度持续时间较长,将影响浮游生物生长,尤其对幼鱼的生长有明显障碍,甚至可导致死亡。

由于填海造地作业的综合因素的影响,正在填海中的 2004 年春、秋两季唐山海域渔业资源的调查数据,与填海前的 1984 年春、秋两季相比,鱼类资源的种类数、生物量和个体平均重量等均有大幅下降(表 3-2)。

表3-2　曹妃甸海区2004年的鱼类资源与1984年的比较

时 间	种类数量（种）	生物量（kg/km²）	个体平均重量（g/ind）
填海造地前（1984年春、秋两季）	55	1 269	23.9
填海造地期间（2004年春、秋两季）	27	199	7.0

3.海洋生态服务功能丧失和下降

填海造地使海域变成陆地，造成填海区原有的海洋生态服务功能的完全和永远丧失，此外，周围海域生态服务功能也会受到部分影响。

浅海生态系统与大陆最接近，受大陆影响最强烈，其海水盐度、温度、输沙等环境条件的时空变化都较大，加之地形地貌复杂多样和地处海陆营养物质循环最前沿，因而生产力高，大型藻类、浮游生物、底栖生物和游泳生物种类和数量均较丰富，是生物多样性的汇集之地，是许多鱼虾蟹贝类的产卵场、育幼场、索饵场和栖息地。人们将6 m以浅水海域也归于湿地范围，表明这一水域具有湿地生态系统的许多共性。许多地势平坦绵延的浅水区，以其特殊的生态适宜性，不仅汇集了包括水禽在内的许多珍稀海洋生物，维护着海洋生物物种的多样性，而且成为众多资源性生物的发生地，维系着区域生态平衡。另外，浅水海域还具有调节气候、净化环境、防波消浪和泄洪防涝等生态调节功能。浅水海域是人类最先开发利用的渔场，从古至今持续地为人类提供鱼虾蟹贝藻等天然海产品和养殖海产品。随着社会进步和生活需求的多样化，旅游、休闲、度假和海上运动等的不断兴起，浅海水域的文化产品提供功能将得到更好的发挥。

据国家海洋环境监测中心和大连海洋大学采用直接市场法、影子工程法和替代花费法等货币化评估模型与方法，大致地估算了曹妃甸围填海工程对周边海域生态服务功能造成的损失金额。结果表明：曹妃甸围填海一期工程占用海域面积10 500 hm²，由此造成海洋生态服务功能价值损失每年达4 735.67万元。围填海工程导致其东部海域生态系统服务功能价值的损失每年为421.10万元。若填海造地全部实现，粗略估计生态服务功能损失金额将达到每年上亿元。其中，不包括对近岸陆域小气候等造成的影响。当然，这一数字与实际损失还相差甚远，仅就天然产卵场一项的损失而言，因天然苗种的生产规模之大、种类之众、数量之多及其产生的生态效益、经济效益等，绝不是几个现有人工育苗场生产能够替代和比拟的。诚然，将来曹妃甸工业区的经济产出可能更大，但必须强调，生态服务功能是人类生存发展不可或缺的基础，也是稀缺资源，当其稀缺到影响人类生存发展时，每一功能的估价就不能用现在的市场价了，甚至有些功能可达到无法以金钱来衡量的程度。此外应该强调，海洋生态服务功能是以服务流的方式为人类持续不断地提供的，只要其不遭到破坏，这种服务将永不停息。这是人造环境和人类社会所产生的服务无法相比的。

四、 海草床生态系统破坏状况及发展趋势

（一）海草床分布现状

海草床与红树林、珊瑚礁被称为三大典型的海洋生态系统。海草床生态系统能改善海水的透明度，降低富营养化，为大量海洋生物提供栖息地，其中包括底栖生物、附生生物、浮游生物、细菌和寄生生物等。海草床是鱼、虾及蟹类等经济物种的生长场所和繁衍场所，也是众多海鸟的觅食场所。海草是浅海水域食物网的重要组成部分，直接食用海草的生物包括儒艮、海胆、马蹄蟹、绿海龟、海马和一些鱼类。海草床又是形成复杂食物链的基础，细菌分解海草腐殖质，为一些滤食性动物如海葵和海鞘类生物提供食物。大量腐殖质的分解释放出氮磷等营养元素，经海草和浮游植物光合作用被重新利用。而浮游植物和浮游动物又是幼虾、鱼类及其他滤食性动物的食物来源。海草是一种根茎植物，具有抓紧泥土，减弱海浪冲击力，减少沙土流失，起到巩固海床底质及防护海岸的作用。研究发现，在海草床中，小生境复杂多样，可找到超过 100 种以上的生物。因此，海草床是成千上万动植物的集聚地，是海洋生物物种和遗传基因多样性的富集地。海草床的生态经济价值高达每年每公顷 2 000 多美元。大面积连片的海草生长地被称为海草床。海草床是继红树林和珊瑚礁以外又一个重要的海洋生态系统，是一个具有特别重要生态学意义的生态服务功能区。

联合国环境规划署于 2003 年首次发表了一份关于世界近岸海域海草床分布的调查报告。该报告显示，在过去的 10 年中，已有约 $2.6 \times 10^4 \, km^2$ 的海草生态区消失，减少了 14.7%，海草床的生态环境遭受着严重的威胁。过去，我国很少开展有关海草的调查与研究，对我国特别是南海海草资源的地理分布、种类数量、生长密度、生境多样性、生产力、生物多样性、生态价值和经济价值等方面积累的资料很少，研究也很肤浅。因而，人们对海草在海洋生态系统中的重要性认识不足，缺乏保护海草及其生存环境的意识。在对海草的保护管理和可持续利用方面，也没有立法和有效的管理措施，导致海草床的破坏比较严重。从 2002 年起，中国科学院南海海洋研究所系统调查发现，南海我国大陆沿岸海域目前尚存 9 个规模较大的海草床，面积近 3 000 hm^2。

广东沿岸有 3 个海草床。分别是雷州半岛流沙湾海草床、湛江东海岛海草床和阳江海陵岛海草床。其中，流沙湾海草床的规模最大，面积约 900 hm^2，主要海草种类有喜盐草（*Halophila ovalis*）和二药藻（*Halodule uninervis*），优势种为喜盐草；湛江东海岛海草床优势种为贝克喜盐草（*Halophila beccarii*）；阳江海陵岛海草床优势种为喜盐草。

海南沿岸有 4 个海草床。它们分别是黎安港海草床、新村港海草床、龙湾港海草床和三亚湾海草床。其中，黎安港、新村港和龙湾港 3 个海草床规模较大，且具有很高的覆盖度和生物量。黎安港海草床面积约 320 hm^2，主要有海菖蒲（*Enhalus acoroides*）、泰来藻（*Thalassia hemperichii*）、海神草（*Cymodocea rotundata*）、喜盐草和二药藻，优势种为海菖蒲和泰来藻；新村港海草床面积约 200 hm^2，主要有海菖蒲、泰来藻、海神草和二药藻。龙湾港海草床 350 hm^2，主要有海菖蒲、泰来藻和喜盐草；三亚湾海草床主要有海菖蒲和泰来藻。

广西沿岸有 2 个海草床，即合浦海草床和防城珍珠港海草床。合浦海草床面积约 540 hm^2，主要有喜盐草、二药藻、矮大叶藻（*Zostera japonica*）和贝克喜盐草，另外还有海

马、海参和海胆等典型海草床海洋动物。防城珍珠港海草床面积约 150 hm²，主要有矮大叶藻（*Zostera japonica*）和贝克喜盐草，其中矮大叶藻为优势种。

除此之外，香港的深圳湾和大鹏湾海域亦有小面积海草床分布，海草种类有大叶藻（*Zostera marina*）、喜盐草、贝克喜盐草和川蔓藻（*Ruppia maritima*）。

（二）海草床被破坏的原因

1. 环境污染

人为污染是海草床衰落的最重要因素。包括陆地和海上排放的污染物，主要是工业废水与生活污水、其次为交通和投饵养殖带来的污染物等。污染引起的海水富营养化和海水透明度降低，可大大降低海草的光合作用，严重影响海草的生长，最终导致整个海草群落的衰落。

2. 人类活动破坏

人类有意和无意的破坏活动，如炸鱼、毒鱼和电鱼等会对海草床的生物多样性造成严重损害；又如围海养殖、围网养殖、打桩养殖、拖网捕捞、高速机动船的频繁往来、开挖港池航道、挖掘星虫等活动，对海草叶片、根茎和根系都会造成不同程度的破坏。海南岛拥有众多的潟湖、港湾、河口，加上热带气候条件，为海草生长繁殖提供了优越的自然条件，是我国海草种类最多、分布最广的地区。然而，海南省海洋与渔业厅完成的"海南近海海洋综合调查与评价"显示，曾广泛分布在海南岛周边海域的海草床，目前面积已下降到只有 55 km²。其主要分布在海南岛东部海域，而海南岛西部海域的海草床已大片死亡，剩下的均呈小面积斑块状分布。琼海市龙湾海域的整片海草床呈现出严重老化和退化的趋势。临高县马袅湾海域一带的海草床已基本绝迹。东方市北黎湾海域，在 20 年前海草还十分茂盛，曾在那里捕获过以海草为食物、被称之为美人鱼的国家一级保护动物——儒艮。但现在海草床上只能找到零星的海草根，整个海草床已基本被破坏。

2005 年在中国科学院南海海洋研究所的推荐下，联合国环境署全球环境基金将广西合浦海草床列为首批正式启动的海洋生态环境保护与管理示范区，以保护海草床生态环境与生物多样性，并使海草床资源得到合理的与可持续的利用。海南省已在陵水黎族自治县建立我国首个以海草床为保护对象的海洋特别保护区，保护区海域面积 2 320 hm²。

虽然如此，就整个南海而言，由于海域污染和人为破坏并未有效制止，海草床的面积和覆盖率等还会继续缩减和下降。

五、红树林生态系统破坏状况及发展趋势

（一）红树林分布现状

红树植物是热带、亚热带海区潮间带特有的高等耐盐植物，为常绿乔木或灌木，全世界有红树植物约 24 科 83 种（含变种），其中我国分布有 20 科 37 种。红树林生态系统不仅具有高生产力、高归还率和高分解率的"三高"特点，而且具有高生物多样性的特点，是鱼虾蟹贝类和鸟类的集聚地，是生物多样性的富集区，因此其生态系统具有相当高的稳定性，特

别是在全球生物多样性不断下降的今天,红树林更是起到了生物多样性天然保护区的功能。另外,由于红树林独特的生存环境及其独一无二的生长特性,不仅具有防风、消浪、护岸、净化环境、固定能量、调节气候等生态调节功能,而且还具有极高的经济价值。有的红树可做木材,有的种子和果实能够食用,有的能入药或具有工业用途,而红树林中的鱼虾蟹贝类等海产品均是人类重要的食物资源。此外,由于红树林具有奇特的外貌,并生长于滨海潮间带,因此具有"海底森林"的美称,除了防风、消浪和护岸,保护一方平安之外,还是不可多得的开展滨海旅游业的独特海岸带景观资源。

中国红树林共有37种,分属20科25属(另有资料为16科20属31种)。主要分布于广西、广东、台湾、海南、福建和浙江南部沿岸(表3-3)。其中海南、广西和广东红树林面积最大,合计占我国红树林总面积的97%,尤以海南的红树种类最多,几乎包括我国红树的所有种类。在20世纪50年代,我国有近$5 \times 10^4 \, hm^2$的红树林。可是,近50多年来,特别是最近20多年来,由于围海造地、围海养殖、砍伐等人为因素,红树林的面积减少到目前约$1.5 \times 10^4 \, hm^2$。红树林面积缩减了近73%。为了保护红树林,近10多年来,全国先后建立了15个红树林保护区,其中,国家级3个、省级4个、县级8个,并制定了10多部国家和地方法律、法规。然而,迄今为止,我国红树林的保护效果仍不够理想。

表3-3 我国各省(自治区)红树林面积及分布地点

省(区)	面积(hm²)	种类	主要分布地点
海南	4 836	35	海口、琼山、文昌、琼海、万宁、陵水和崖县等地
广西	5 654	14	合浦、北海、钦州、防城港等地
广东	3 813	18	福田、湛江、珠海、江门、汕头和阳江等地
福建	260	9	厦门、云霄、晋江和莆田等地
台湾	120	17	台北、新竹和高雄等地
香港	263	11	米埔等地
澳门	1	5	凼仔岛与环路岛之间的大桥西侧海滩
浙江	8	1	乐清湾西门岛等地

(二)红树林被破坏的原因

1.建设项目的强占

厦门海岸线长达254 km,滩涂面积广阔,温度、盐度和底质条件非常适合红树林的生长。然而,由于市区不断拓展,建设项目无序占用等原因,全市红树林的数量已经从20世纪50年代的320 hm²骤减到了现在的不足13 hm²;在广东深圳福田国家级红树林鸟类自然保护区,自1988年以来,城市建设就有8项工程占用了保护区红线范围内土地达147 hm²,占整个保护区总面积的48.8%,共毁掉茂密红树林35 hm²,占原红树林面积的31.6%;海南省万宁市石梅湾的青皮林,据称已有4 000~16 000年的历史,是世界上仅存的两处成片青皮林之一。

由于极其珍贵，清朝康熙年间就已经立碑保护，目前也是闻名遐迩的青皮林省级自然保护区。然而由于建设石梅湾国际游艇项目，竟有数十公顷由木麻黄、青皮林、水椰组成的大片海防林被毁。水椰也是一种珍贵的红树，是海南省的省级保护植物。万宁市的石梅湾有一片约 $0.1\ hm^2$ 有数百年历史的水椰林。村里人非常珍惜，祖祖辈辈都不舍得破坏它，但在某酒店项目的施工中它却被铲平。在该项目工程环境影响评价时，竟以给水椰"移植"和"环境已改变，已不宜水椰生长"等借口而通过。然而有些专家认为，水椰在河流入海口生长，为了适应潮涨潮退，其根系非常发达，地下根系面积是陆地树木根系的 5 倍。即使是在不计算移植成本的情况下，要想在移植过程中挖掘出完整的根系也几乎是不可能的。据多年经验，红树移植的成活率只有 20%。当地村民们认为，水椰的生长速度很慢，企业为什么不能在保留水椰环境的前提下进行开发呢？更有业内专家认为，红树林遭受严重破坏，不能简单地用环保意识差、对红树林生态系统的重要性缺乏认识或法制观念不强等原因来解释，而是有更深刻的原因，那就是急功近利以及片面盲目追求局部、短期的经济利益所致。

2. 鱼塘虾塘的蚕食

在海南省文昌市文城镇霞洞村，约有 $20\ hm^2$ 红树林。2006 年 8 月，突然有人开着推土机在红树林区域内开挖鱼塘，造成大量红树林被砍掉。当鱼塘开挖到七八公顷时，共砍伐掉红树 28 棵，其中 7 棵直径达 20 cm 以上。据查，原来几个月前，霞洞村委会第七村民小组和一名浙江老板签订了《土地租赁合同书》，将位于现在鱼塘附近约 $10\ hm^2$ 的土地（红树林地），承包给该老板挖塘养殖。被检举后，村民组长竟认为："现在鱼塘所在土地，属于霞洞村委会第七村民小组所有，我们有权进行开发建设，所以我们将它承包出去挖塘养鱼，没有什么不对。"为了教育这位村民组长及其破坏红树林的违法行为，文昌市林业局红树林派出所给予罚款 1.4 万元，并要求缴纳红树林损失费 6 900 元和红树林补种费 2 800 元。从这一事例可看出，在今后很长一段时期内，红树林被鱼塘"吃掉"的事儿在一些偏远地区还会不断发生。

3. 海域环境污染

在福建泉州湾南岸，由于工业企业的迅速增长，各种有机物、重金属等污染物不断排放入海，致使洛阳江河口区的生态环境遭受严重污染。红树林的生长及其生物多样性也面临严重威胁，尤其是已危及这里的鸟类。同时，洛阳江从上游带来了大量水葫莲（*Eichhornia crassipes*）。水葫莲入海后便大量腐烂，并附着在红树林上，既影响红树林的正常生长，又易引起病虫害而使红树林枯死。更为担心的是水葫莲死亡分解释放的大量有害气体，会致使红树林因缺氧中毒而死。

4. 外来生物米草入侵

在福建泉州湾洛阳江沿岸，目前生长有大片的互花米草（*Spartina alterniflora*），由于其繁殖和生长迅速，已侵占了大面积的滩面，与红树林竞争生境，红树林的生长繁殖空间缩小，甚至将原有红树林包围，使红树林遭到很大的威胁，尤其在洛阳江白沙段的白骨壤（*Aricennia marina*）红树群落所在地，正逐渐被互花米草所侵占。

近几年来，我国沿海各地开始人工种植红树林和开展红树林生态修复行动，但是在现有的生态修复行动中，一般只种植一些容易成活的红树种类。就此问题专家指出，由于人工红树林的种类相对单调，加上红树生长缓慢，即使形成了成片的森林，但其生物多样性和生态功能等，都不如原始状态的天然红树林群落。因此，确保天然红树林不被破坏，要比其被破坏后再进行修复重要得多。

六、珊瑚礁生态系统破坏状况及发展趋势

（一）珊瑚礁分布现状

我国珊瑚礁主要分布于南海。在南海诸岛，除了个别火山岛外，多数是由珊瑚礁构成的岛屿或礁滩。调查表明，目前海南岛沿岸海域的珊瑚礁呈断续分布的特点。在北岸，珊瑚礁分布于西起峨蔓港，向东依次在兵马角－谢屋角、邻昌礁、将军印、红桃咀、雷公岛、林梧和抱虎港等地沿岸海域；在东岸，珊瑚礁分布于北起邦塘、向南在冯家湾、沙老、潭门、大洲岛等地沿岸海域；在南岸，珊瑚礁分布于东起南湾角，向西在新村港、蜈支洲、后海、亚龙湾、东岛、野猪岛、东排、西排、榆林港、大东海、小东海、鹿回头、东瑁洲和西瑁洲等地沿岸海域；在西岸，珊瑚礁分布于南起岭头－双沟港、八所、沙鱼塘－南罗、海头－南华、干冲和神尖咀等地沿岸海域。海南岛沿岸海域的珊瑚礁种类繁多，共计110种和5个亚种，其中有1个新种，分别隶属于11科、34属和2亚属。主要有滨珊瑚、蜂巢珊瑚、角状蜂巢珊瑚、扁脑珊瑚等巨大珊瑚礁块体，另外还有成片生长的鹿角状珊瑚、牡丹珊瑚、陀螺珊瑚、杯形珊瑚等。除此之外，广西、广东、福建和台湾均有造礁珊瑚。目前已记录我国有珊瑚270多种，其中造礁珊瑚230种，占整个印度－西太平洋区系的1/3左右。珊瑚礁为许多海洋动植物提供了适宜的生活环境，其中包括蠕虫、海绵、软体动物、棘皮动物、甲壳动物和鱼类，此外珊瑚礁还是许多大洋带鱼类幼鱼的生长地，因而，珊瑚礁是地球上生物多样性和生产力极高的生态系统之一。

（二）珊瑚礁被破坏的原因

1. 人为的乱采乱挖

珊瑚为一种珍贵的观赏品，因而有专业船只进行采挖。另外，海南、福建、广东沿海居民也有用珊瑚礁烧制石灰的习惯。多年来，海南岛80%的岸礁因此遭到不同程度的破坏，甚至有些地区的珊瑚礁已濒临绝迹。目前"开礁热"仍屡禁不止，并愈演愈烈。例如，琼海县福口镇在潭门湾挖礁的船只，每年达20艘之多；文昌县海岸线长250 km、珊瑚礁约有100 km。1976年以来，每年建房、烧石灰和水泥挖礁约达 5×10^4 t 以上。现在全县几乎所有岸段的珊瑚礁均已遭到不同程度的破坏，珊瑚覆盖率在不断下降。2009年海南省海洋开发规划设计研究院对全岛珊瑚礁资源调查显示，海南岛周边目前造礁珊瑚数量比20世纪70年代有较明显减少。

在湛江徐闻灯楼角海岸边，生长着我国大陆架最大、最完整、最美丽的珊瑚礁群，面积达 4 km²，绵延逾10 km。然而多年来，当地村民争相采挖珊瑚礁用以建屋、砌墙、烧石灰，致使这片具有数万年历史、生长缓慢（每年2.5 cm左右）的珊瑚礁群受到严重损害。1999年8月，徐闻县人民政府批准建立了县级珊瑚礁自然保护区，2002年9月湛江市人民政府批准

升格为市级自然保护区，2003年6月广东省人民政府批准升格为省级自然保护区，但滥挖珊瑚礁的行为仍未完全得到遏制。2007年4月国务院批准升格为国家级自然保护区，并建起了管理机构，加强了执法力度，滥挖珊瑚礁的行为才得到逐步遏制。

另据中国科学院南海海洋研究所调查，广东大亚湾石珊瑚的总覆盖率从1983年的76%降到现在的20%，仅为20世纪80年代的1/4。

初步估算，与20世纪50年代相比，我国海域的珊瑚礁总面积减少了约80%。

2. 气候变暖和环境污染

当前，除乱采乱挖外，珊瑚礁生态系统还遭到全球气候变化、海洋污染、过度捕捞、非法捕鱼（毒鱼、炸鱼）等不同程度的损害，特别是全球气候变化和环境污染对珊瑚礁生态系统带来的影响极为深远。

美国科学家认为海洋酸化已经放慢了珊瑚形成骨骼的速度。当二氧化碳浓度达到560 mg/L时，所有的珊瑚礁将停止生长并开始溶解，因而认为海洋酸化就意味着珊瑚礁的灭亡。而与海洋酸化相比，有人认为，日益上升的气温则是珊瑚礁面临的一个更为直接的威胁。珊瑚尤其是热带珊瑚适应气候能力较弱，极易受到海水表面高温的伤害。当海水出现高温时，共生藻就会大量离开珊瑚组织，导致珊瑚组织失去色彩，变成透明而显露出白色的钙质骨骼，看似像骨头一样惨白。这时的珊瑚并没有死亡，如果环境能恢复到正常，共生藻便能再度快速增殖，使珊瑚恢复原有色彩。如若环境持续恶化，珊瑚就会很快死去。这种现象被称为珊瑚的"漂白"或"白色瘟疫"。在"厄尔尼诺"较剧烈的1997—1998年间，全球的珊瑚普遍出现了"漂白"现象，尤其是在印度洋、东南亚、西太平洋和加勒比海，珊瑚大量死亡，一些地区死亡率甚至超过了90%。在我国海南东岸、西沙等地的珊瑚礁也不同程度地出现"漂白"现象。

第三节　渔业资源衰退和地下水资源枯萎状况及发展趋势

一、渔业资源衰退状况及发展趋势

渔业资源可分为渔业生物资源和渔业生态环境资源两大类。前者系指鱼虾蟹贝藻等人类直接采捕和利用的野生生物资源，后者系指鱼虾蟹贝藻生长和繁育的生态环境资源。发展海洋农牧场，依靠的是海域的生态环境条件，即海域的生物生产力和环境支撑。目前，藻贝类的浅海养殖实质上是依靠海域的自然生产力即生态容量的支撑，而鱼虾类的网箱和池塘高密度养殖则依靠人工投饵解决养殖生物的能量来源，但其养殖密度也不是无限的，也必须不改变适宜的环境条件（水质、溶解氧、pH、温盐度等），即受制于养殖海域的环境容量。由于我国海洋渔业的快速盲目发展，我国渔业生物资源和渔业生态环境资源利用过度，超出资源承受能力而日益衰退的现象，均已达到了十分严重的程度。

（一）渔业生物资源衰退

1.生物资源衰退现状

自 20 世纪 80 年代中期以来，我国海洋捕捞渔船数量经历了 2 个增加高峰期。第一次是 80 年代中后期。1985 年，党中央国务院下发了《关于放宽政策、加速发展水产业的通知》，决定取消水产品统购统销政策，放开水产品价格，中国渔业开始由计划经济向市场经济转轨，成为大农业中最早步入市场的先行者。集体承包责任制的推行，加上水产品价格放开带来的具有补偿性质的巨大经济效益，极大地调动了广大渔民的生产积极性和投资热情，于是到处增船添网，捕捞能力迅速增加。在 1985－1987 年末的短短几年中，我国海洋捕捞渔船从 1984 年末的 10.97 万艘、304.69×10⁴ kW，一下子猛增到 1987 年末的 19.34 万艘、461.44×10⁴ kW，增幅分别为 76.3％和 51.4％。捕捞强度的剧增，使海洋渔业资源出现了明显的衰退。许多专家和有识之士普遍认识到捕捞渔船太多，捕捞强度太大，捕捞能力超过了渔业资源的再生能力，强烈呼吁国家采取切实有效的措施，控制海洋捕捞渔船的盲目增加，压缩捕捞强度，保护海洋渔业资源。在各种因素的综合促成下，控制捕捞渔船数、控制捕捞渔船功率数（当时称马力数）的"双控"制度应运而生。1987 年，经国务院批准，原农牧渔业部出台了《关于近海捕捞机动渔船控制指标的意见》。经过努力，到 1991 年海洋捕捞渔船数较上年减少了 2 119 艘，1993 年末海洋捕捞渔船数控制在了 24.6 105 万艘水平。但自 1994 年下半年起，海洋捕捞生产经营状况全面好转，海洋捕捞经济效益全面回升。在利益的驱动下，渔区掀起了第二次造船高峰。在这期间"股份合作制"的推行，渔船由原先的集体所有转为股份所有或是事实上的个人所有，生产经营者获得了充分的自主权，渔业劳动力重新组合，技术精良、资金雄厚的渔民合股造大船，而未被组合、技术相对落后、资金相对较少的专业，甚至非专业渔民也不甘落后，一哄而上，纷纷尽其所能造小船，致使捕捞渔船数量又一次猛增。据资料显示，1993 年末至 1996 年末间，我国海洋捕捞渔船数量猛增至 27.13 万艘，3 年净增捕捞渔船数 2.52 万艘、251.34×10⁴ kW。2002 年经国务院同意，农业部又下发了《2003－2010 年海洋捕捞渔船控制制度实施意见》，目标是到 2010 年底，全国海洋捕捞渔船数从 22.2 万艘减少到 19.2 万艘、减船 3 万艘；功率数从 1 269.6×10⁴ kW 减少到 1 142.6×10⁴ kW，减少 10％。

从 20 世纪 70 年代末开始，中国近海渔场的底层和近底层传统经济鱼类已开始陆续衰退和枯竭。处于严重衰退状态的鱼类包括：大黄鱼（*Pseudosciaena crocea*）、小黄鱼（*Pseudosciaena polyactis*）、带鱼（*Trichiurus japonicus*）、红娘鱼（*Lepidotrigla micropterus*）、黄姑鱼（*Nibea albiflora*）、鳕鱼（*Gadus macrocephalus*）、鳐类（Rajiformes）等，其中大黄鱼资源衰退格外明显。历史上，舟山渔场是浙江、江苏、福建和上海 3 省 1 市渔民的传统作业区域，以大黄鱼、小黄鱼、带鱼、墨鱼（*Sepiella maindroni*）为四大渔产。有些资料称，舟山渔场是与俄罗斯千岛渔场、加拿大纽芬兰渔场和秘鲁渔场齐名的世界级大渔场。大黄鱼为我国特有的地方性种类，广泛分布于北起黄海南部，经东海、台湾海峡，南至南海雷州半岛以东海域。该鱼种属暖温性集群洄游性鱼类，常栖息于水深 60 m 以内的近海中下水层。据文献记载，16 世纪中国已大量捕捞大黄鱼。中国产的大黄鱼有 2 个地方种群，在东海浙江北部的为"岱衢族"，在南海广东西部的为"硐洲族"。在同一海区的鱼群有春季生殖的"春宗"和秋季生殖的"秋宗"。此外，冬季在东海东部也出现密集鱼群。主要渔场有江苏的吕四，浙江的舟山和温州，福建的三都澳，广东的汕头和硐洲岛等海域。大黄鱼生殖季节有春、秋两季。生殖时期，鱼群分批从外海越冬区向近海作生殖洄游。产卵后幼鱼在近海长大，分散索饵。随着水温下降，部分鱼群游向 60 m 等深线暖水处越冬。据称，造成大黄鱼资源严重衰退最致命的一击发生于 1974 年初春，那时浙江省组织了近 2 000 对机帆船前往大黄鱼的主要越冬场外海中央渔场进行围捕。这一年鱼发面积大，鱼群密度厚，舟山渔场的大黄鱼产量由 10×10^4 t 猛增到 16.81×10^4 t，创造了我国渔业史上大黄鱼产量的最高纪录。但自此以后，东海岱衢族大黄鱼资源一蹶不振，销声匿迹（图 3-3）。现在，野生大黄鱼已成为海珍品。一位浙江海洋水产研究所人士说："市面上的价格，500 g 重的大黄鱼 1 000 元 /500 g；1 kg 重的 2 000 元 /500 g，1.5 kg 重的 3 000 元 /500 g，超过 1.5 kg 的一条鱼高达万元。而在 20 世纪六七十年代，每 500 g 大黄鱼只有一角四分钱，最低七分钱。现在捕捞上来的大黄鱼中，就有可能是人工放养的。由于野生大黄鱼被捕捞上来很抢手，刚靠岸就被鱼贩子买走，所以具体有多少野生大黄鱼被打捞到很难推算。但据最新的调查显示，目前整个东海一年只能捕到 160 多条野生大黄鱼。"

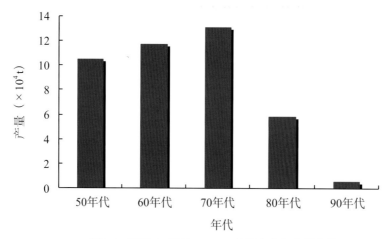

图 3-3　我国 20 世纪 50—90 年代大黄鱼产量变化

在短短的二三十年里，中国最主要的一些传统鱼类资源基本都已呈严重衰退趋势。从 20 世纪 60 年代开始，渤海的小黄鱼、带鱼、黄姑鱼、蓝点马鲛等鱼类逐渐减少，到 20 世纪 80 年代都已形不成渔汛并逐渐消失。鳓鱼（*Ilisha elongata*）、刀鲚（*Coilia ectenes*）、鲈鱼（*Lateolabrax japonicus*）和银鱼（*Hemisalanx prognathus*）等一些河口性鱼类也已基本绝迹。从 20 世纪 70—80 年代，随着小黄鱼等鱼类资源的逐渐衰退，中国对虾上升为渤海主要资源"两虾一蜇（对虾、毛虾和海蜇）"中的主角，1979 年时的年产量超过 4×10^4 t。但到 1997 年产量已不足 500 t，较 20 年前下降了 90%。近年产量已降至只有几百吨。

除此之外，底拖网掠夺式捕捞作业造成了非常严重的资源损害。现代渔业的专业性很强，每次捕鱼都有一两个"目标物种"，但因网目过细很多原本不是目标物种的幼体也被一同捕捞上来，其中大部分在分拣过程中陆续死亡。有时候，受到这种"连带伤害"的副渔获，会超过总捕获量的 80%。

2.资源衰退的深远影响

由于目前我国捕捞能力过于强大,即使实行了休渔制度,但只是起到了"让鱼长大点再捕"的作用。一旦等到开捕,百舸争流,气势壮观,"休渔三月,一天捕光",任何资源也逃不脱灭顶之灾。若不狠下决心压船减船,严格控制捕捞量,资源恢复只是个空想。过度捕捞和产卵场破坏造成的近海渔业资源严重衰退,对我国社会、经济和政治均会造成严重恶果。在国外,有报道称:鳕鱼原是加拿大主要经济鱼类。由于纽芬兰岛渔业部门纵容过度捕捞造成了鳕鱼资源的急剧衰退。到1992年,纽芬兰海域的鳕鱼资源终于完全崩溃,渔民在整个捕鱼季节没有抓到一条鳕鱼,导致当地4万人失业,整个地区的经济立即陷入困境。在国内,《环球时报》和环球网记者称:近年经常发生中国渔船到韩国和朝鲜专属经济区"越界捕鱼"被抓的事件,成了东亚海域的敏感词。据他们在山东威海一些渔港了解到,"越界"捕鱼的发生,是因为我国近海渔场"僧多粥少,清汤寡水",已基本无鱼可捕造成的!一位船长无奈地告诉记者,他的船若在近海打鱼,一来一去得10天,打上来的都是只能做鱼粉的"破烂鱼"。一次出海最多能卖20多万元。光油钱就得烧掉十四五万元,还得给20多名船员开工资。扣掉成本,根本赚不到钱。在交谈中记者建议:近十几年前,韩国渔船到日本专属经济区进行捕捞产生的纠纷也曾闹得沸沸扬扬。为解决这一问题以及保护海洋资源,韩国采取了控制捕捞渔船数量和提高海产品价格方法,最终使越界捕鱼事件逐渐减少。对此,一名政府渔业干部向记者诉说:"其实我国地方政府近年也严格控制批准新增渔船,但一些渔民除了捕鱼没有其他谋生技能,转业比较困难。"据此,在记者看来,中国和周边国家之间的渔业纠纷在短期内可能还难以消停。

(二)渔业生态环境资源退化

海水养鱼是继藻类、贝类和对虾养殖之后又一规模化、集约化的养殖产业。近年来被称之为"第四次养殖浪潮"的海水鱼养殖业得到较快发展。目前,我国鱼虾贝藻类海水养殖的方式可分为浅海养殖(如浮筏、网箱、棚架)、港湾养殖(如围堰、筑池)和滩涂养殖(围埂、底播)。网箱和围堰养鱼养虾等投饵式的养殖是利用海域环境资源而进行的生产活动。而非投饵式的藻贝类养殖则是利用海域生态资源,即海域自然生产能力而进行的生产活动。长期以来,由于片面追求养殖面积与产量,缺乏科学的论证和海域功能区划,形成了大面积、单品种、高密度的养殖格局,致使养殖水域生态环境处于高压而急剧退化境地。

1.贝类养殖过密超过海域生态容量

自20世纪80年代以来,虾夷扇贝浮筏养殖在辽宁省长海县迅速发展,目前养殖量已近30万台筏,产量近$20×10^4$ t。虾夷扇贝已成为当地名特优海水养殖重要品种,在当地海洋渔业经济发展中占有十分重要的地位(图3-4)。

养殖浮筏布局过密,造成海域生态退化,是养殖贝类死亡事件时有发生的根本原因之一。在长海县,一台养殖筏长度一般100 m,短者70 m左右,长者可达到200 m左右。养殖筏间距一般仅5 m左右。每台养殖筏上每1 m左右吊养1个养殖网笼。每一个养殖网笼内有15~20个层盘,而虾夷扇贝从三级暂养开始每个层盘放养幼贝多者达到300粒左右(图3-5)。

图3-4　辽宁长海县岛间海域的养殖浮筏

图3-5　浮筏养殖笼中的虾夷扇贝（左）及幼贝（右）

　　虽然随着贝苗长大分苗，密度逐步减小，但一个百米台筏一般都要养殖5万～6万粒。由于盲目加大密度，既超过海域饵料自然生产量等生态容量，又超过贝类排泄物净化等的环境容量，重者加大贝苗的死亡率，轻者影响扇贝个体的生长速度，降低商品贝的肥满度。自1984年以来，全县养殖区经常出现大面积死亡现象。长海县虾夷扇贝浮筏养殖已累计投资达20多亿元，全县有6 000多养殖业户，1/3人口以此为生。2006—2009年，浮筏养殖虾夷扇贝死亡率逐年上升，2008年和2009年虾夷扇贝的死亡率都在70%左右。经各级科研部门联合调查初步认定，虾夷扇贝大量死亡的原因，主要是养殖密度过大，导致天然饵料供给不足，加之水域环境质量下降，引起养殖扇贝体弱和病害。此外，20多年来多代近亲繁殖造成的种质退化可能也是一个潜在因素。

2.鱼虾养殖密度超过海域环境容量

我国网箱和围堰养鱼养虾，都是采用高密度，依靠高投饵的方式来获得尽可能多的海产品。研究表明，这种养殖方式，投入池塘或网箱的饵料，通常有 30% 或更多未被鱼虾摄食，产生的残饵、残骸与鱼虾的排泄物最终一起沉到水底。残余物在水体中积累并分解不断消耗溶解氧，分解出氨氮等产物。高密度、高投饵的结果，超过水域（包括纳水海域）的自净能力，致使水质急剧恶化，引起病毒、细菌等病原体大量滋生繁殖。20 世纪 80 年代的养虾业只辉煌了几年，到后来终于虾池"老化"和毗邻海域污染，导致虾病蔓延。虾农基本上是 1/3 人赔钱，1/3 人保本，只有 1/3 人挣钱。养虾如下赌注，成了高风险产业。

1994 年，浙江象山港渔民在狮子口至松岙石港外海域进行网箱养鱼试验，一举获得成功。不少养殖户赚得盆满钵溢。渔民见有利可图，纷纷干起了网箱养鱼行当。迄今，全市有养殖网箱 3.7 万只，养殖户超百户，主要养殖鲈鱼、大黄鱼、黑鲷等。但网箱养鱼过密，鱼粪和残饵沉入海中，在海底堆积达 1 m 之厚；加上陆地养殖池塘废水的排入，港内海域的富营养化严重。近几年来，水质恶化导致赤潮几乎年年发生，给养殖业带来重大损失。由于长期处于富营养化状态，象山港水质每况愈下，养殖鱼种成活率极低，刚开始鱼苗成活率在 70%～90%，现在只有 15%～25%。此外鱼病频发，网箱成品鱼死亡率已达 15%～20%，年直接经济损失达到千万元以上。过去从小鱼苗养到成品鱼只需 2 年时间，现在需养 3 年以上，渔民们叹息"这碗养鱼饭"实在难吃下去了。

又如，福建三都澳经过 10 多年的发展，已成为全国最大的大黄鱼网箱养殖基地，年产大黄鱼等 30 多种名贵鱼类超过 $5×10^4$ t，创造产值 10 多亿元。在三都澳海面上，为保证网箱养殖需求，常年有来自浙江、福建的 500 多艘饵料销售船只，平均每天进出港口船只达 50 多艘，日交易额达 300 多万元，高峰期达 800 多万元。三都澳海区，养鱼网箱已经超过 12 万箱，网箱高度密集。三都澳的渔排上，生活着 8 000 多名渔民（图 3-6），他们的生产和生活垃圾都直接排入大海。大量的无机氮、磷酸盐、石油类、化学需氧量和重金属污染物，致使港内

图3-6　福建三都湾的网箱养殖区

近岸海域一类海水水质面积仅占 14.7%，四类海水水质面积占 46.5%，其余均为劣四类海水水质面积。2006 年 6 月间发生的大量死鱼事件，让养殖户们不能忘怀。有的养殖户投资 100 多万元的鱼类，三四天内就全部死光。这次死鱼事件，受灾面积达 27 hm^2，损失产量 4 800 t，直接经济损失达 5 500 多万元。许多养殖户面临破产的窘况。据专家分析，其原因：① 养殖区大量网箱连片分布，养殖密度过高，致使原有规划的水道被占用，水流不畅，海水无法正常交换净化。按规定，连片的网箱区应留出 20～50 m 宽度不等的多条流水通道。每 200 个网箱之间相隔 10 m，每 500 个网箱应留出 20 m 的流水通道，以保证水流通畅。可这里的网箱却密密麻麻连成一片，就像一座海上城市。② 养殖方法不科学，超容量养殖和长期投喂冰鲜小杂鱼饵料，致使残饵沉积海底化成淤泥，成了病菌滋生的温床，这是鱼病频发的主要原因。③ 6 月以来大雨连连，该海区 700 hm^2 成熟的海带无法采收，大部分海带末端发生溃烂，进一步恶化了水质，成为这次死鱼事件的导火索。

二、沿海地下水资源枯萎状况及发展趋势

水资源包括地表水和地下水资源。地下水是水资源的重要组成部分，对社会经济的可持续发展具有不可替代的作用。同时，地下水也是生态环境的重要组成要素。它可以再生和可持续利用，但它也有承载能力限制，利用地下水资源不可超出其承载能力。超采和过度利用地下水资源，会引起地下水资源收支失衡，严重者会引起海水入侵、土壤盐渍化和地面沉降等生态环境问题。2007 年，国家海洋局启动了沿海地区海水入侵和土地盐渍化的监测业务，旨在掌握我国沿海地区海水入侵和土壤盐渍化的现状及其变化趋势。监测结果显示，总体而言，南方沿海地区海水入侵面积小、盐渍化程度低。而北方干旱少雨、水资源不足，过量开采地下水资源的现象比较普遍，海水入侵面积大、盐渍化程度高。

（一）海水入侵范围扩大

1. 海水入侵地区的分布

渤海周边沿海地区是我国海水入侵最为严重的地区。2007 年监测结果表明，海水入侵区主要分布在辽宁省的营口、盘锦、锦州和葫芦岛，河北省的秦皇岛、唐山和黄骅，山东省的滨州、莱州和潍坊等地。海水入侵距离一般距海岸线 20～30 km。其中，辽东湾北部及两侧沿海地区，海水入侵的总面积已超过 4 000 km^2，其中严重入侵区的面积 1 500 km^2。盘锦地区海水入侵最远达到距海岸线 68 km（图 3-7）。莱州湾沿海地区的海水入侵面积 2 500 km^2，其中东南侧的入侵面积约 260 km^2；莱州湾南侧小清河至胶莱河海水入侵面积超过 2 000 km^2；南侧海水入侵最远距海岸线 45 km。2010 年监测结果，整个渤海沿海地区的海水入侵状况变化不大。

黄海沿海地区的海水入侵较轻。2007 年监测结果表明，海水入侵区主要分布在辽宁丹东、山东威海、江苏连云港和盐城等地。海水入侵距离一般在距岸线 10 km 以内。但 2010 年监测结果显示，辽宁丹东、江苏盐城和连云港监测区的海水入侵范围有所增加。

东海和南海沿海地区的海水入侵范围较小。2007 年监测结果表明，浙江的温州和台州，福建的宁德、福州、泉州和漳州，广东的潮州、汕头、江门、茂名和湛江，广西的北海，海南的三亚等监测区也有海水入侵现象。海水入侵范围一般在距岸线 2 km 范围内，属于轻度入

侵。2010年的监测结果，大部分监测区海水入侵范围基本稳定，但福建长乐市的漳港镇，广东的茂名、揭阳、阳江和湛江以及广西的北海等监测区的海水入侵程度和范围有所增加。

据监测，我国海水入侵面积总计已超过 $1.6 \times 10^4 km^2$。

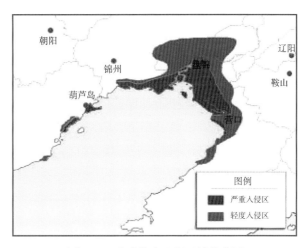

图3-7　辽东湾海水入侵区域分布图

2.海水入侵的危害

海水入侵是指由于沿海地区地下淡水水位下降而引起的海水回灌浸染地下淡水层的现象。据调查，我国沿海地区发生海水入侵现象的主要原因是由过量开采地下水资源所引起。当淡水的开采量超过其补给量时，截断了原先向海洋排泄的淡水流，降低了海岸附近的地下水位，出现大面积地下水位低于海平面的负值区，海水则沿着负值区回灌。海水入侵的分布与强抽水区的中心位置有关，咸淡水之间的界面沿着海岸线逐渐向抽水中心移动，入侵带宽度便逐渐增大，直至咸淡水界面到达抽水中心区。如强抽水中心向陆地方向移动，海水入侵将继续向前推进，直至形成新的平衡。因而，海水入侵区的分布和入侵的强度，与抽水量大小、抽水井的分布及地层透水性、开采利用方式等有密切关系。

海水入侵区因为地下水的恶化，农田灌溉条件变差。农业为了保产，不得不使用一部分含盐量较高的半咸水灌溉，这又加剧了盐分在土壤表面的聚集，加剧了表层土壤的化学组分和物理性质的变化，引起土壤次生盐渍化。莱州市自1989年以来，因海水入侵导致80%以上的耕地退化，近1 300 hm² 耕地不能耕种。全部水田改成了旱田，保浇面积占可灌溉面积的百分比由1986年的70%下降到1995年的61.56%。在莱州市的滨海平原区，原本土地质量较高，80%以上是吨粮田，受海水浸染后地下水咸化，$1.81 \times 10^4 hm^2$ 粮田受到危害。龙口市海水入侵区过去是农业高产区，海水入侵后，多数农田减产20%~40%，重者达50%~60%，个别为80%，甚至绝产。

此外，海水入侵区的工业也会受到严重影响。由于水质恶化，地下水咸化导致一些工矿企业的大批自备供水井报废。用水要求较高的企业或开辟新的水源地，或实行远距离异地供水，这就增加了产品的生产成本。而没有能力开辟新水源地的企业只能使用被海水污染的水源，结果使生产设备严重锈蚀，使用寿命缩短，更新周期加快，同时还造成产品质量下降，有的企业被迫搬迁或停产。

海水入侵造成的经济损失有时很难用具体数字表达。经济越发达的地区，海水入侵造成的经济损失也越大。海水入侵，已在某些地区上升为制约当地经济发展的重要因素，成为我国沿海地区地下水资源利用过度引起的一种新的"公害"。在山东的昌邑、寿光、寒亭等地，以前是全国百强县，由于海水入侵现在变成了经济发展相对缓慢的地区。

更为严重的是，辽宁锦州市沿海地区因海水入侵引起的地下水环境恶化，不仅危害和影响沿海地区的工、农业发展和城乡供水水源；还由于淡水缺乏，海水入侵区的居民时常或常年饮用咸水，导致地方病流行，使许多人患有甲状腺肿大、氟斑牙、氟骨病和肝吸虫病等疾病。据统计，因各种地方病的增多，海水入侵区人口的平均死亡率比非入侵区要高。它已是困扰地方政府的一块心病。

海水入侵一旦形成灾害，其危害就很难完全消除。目前，只能通过环境调整和修复方法使其缓解，但必须付出巨大的人财物投入。

（二）土壤盐渍化蔓延

1.土壤盐渍化地区的分布

渤海周边沿海地区的盐渍化范围大，程度高。据2009年监测，本区盐渍化范围距岸最远可超过20 km。辽东湾盐渍化较严重的区域主要分布在锦州、葫芦岛、盘锦及营口滨海地区（表3-4）。辽东湾西侧锦州小凌河西侧娘娘宫镇盐渍化范围可达距岸7 km。辽东湾东侧营口市盖州西河口沿海的盐渍化分布范围在2 km范围内。莱州湾南部海岸盐渍化程度较高且范围较大，盐土区距岸最远可达到24 km。2010年监测结果显示，河北秦皇岛和唐山、山东滨州、烟台和莱州等监测区的盐渍化范围呈扩大趋势，其他地区基本稳定，变化不大。

黄海沿海地区的盐渍化范围也较大，据2009年监测，主要分布于辽宁丹东、山东威海。丹东东港土壤含盐量高、盐渍化范围大，在距岸8 km以内。2010年监测结果显示，辽宁丹东、山东威海的盐渍化范围呈扩大趋势，土壤含盐量有所升高。

表3-4　2009年渤海周边地区海水入侵和土壤盐渍化范围及变化趋势

监测断面位置	海水入侵		土壤盐渍化	
	入侵距离（km）	与2008年比较	距岸距离（km）	与2008年比较
大连甘井子区和金州区	1.50	↘	—	—
辽宁营口盖洲团山乡西崴子	2.94	⇔	2.59	↗
辽宁营口盖洲团山乡西河口	4.61	⇔	4.61	↗
辽宁盘锦荣兴现代社区	17.76	⇔	23.29	↗
辽宁盘锦清水乡永红村	24.20	⇔	2.10	⇔
辽宁锦州小凌河东侧何屯村	3.82	↗	3.64	↗
辽宁锦州小凌河西侧娘娘宫镇	7.43	↗	7.28	↗
辽宁葫芦岛龙港区北港镇	1.02	↗	0.42	⇔
辽宁葫芦岛龙港区连湾镇	2.36	↗	2.16	⇔

续 表

监测断面位置	海水入侵		土壤盐渍化	
	入侵距离（km）	与2008年比较	距岸距离（km）	与2008年比较
河北秦皇岛抚宁	12.62	↘	9.66	↘
河北秦皇岛昌黎	18.63	↗	6.56	↘
河北唐山梨树园村	21.80	↗	14.20	⇔
河北唐山南堡镇马庄子	17.50	↗	31.55	↗
河北黄骅南排河镇赵家堡	33.23	↗	24.37	↗
河北沧州渤海新区冯家堡	53.46	↗	52.65	⇔
天津市汉沽区大神堂	—	—	3.48	↗
天津市汉沽区蔡家堡	—	—	33.50	⇔
山东滨州无棣县	13.36	⇔	13.29	↗
山东滨州沾化县	29.50	⇔	24.29	↗
山东潍坊滨海经济开发区	17.30	↘	28.10	↗
山东潍坊寒亭区央子镇	30.10	↗	30.10	↗
山东潍坊昌邑卜庄镇西峰村	23.87	↗	23.87	↗
山东烟台莱州海庙村	4.06	↗	0.50	↘
山东烟台莱州朱旺村	2.53	↗	0.40	↘

图例说明： ↗ 升高； ↘ 降低； ⇔ 基本稳定； — 无监测项目。

东海和南海沿海地区的盐渍化范围较小。2010 年监测结果显示，与 2007 年比较，东海监测区基本稳定，南海监测区有加重趋势。其中海南三亚和广西沿海地区的土壤盐渍化程度低；广西北海市、钦州市和防城港市盐土区分布范围在距海岸线 1 km 内；海南海口市盐渍化范围在距岸 1 km 内；三亚市盐渍化范围在距岸 0.2～1 km 之内。但广东阳江和广西北海监测区的土壤盐渍化范围和程度有所增加和加重。

2.土壤盐渍化的危害

土壤盐渍化是指易溶性盐分在土壤表层积聚的现象或过程，也称盐碱化。沿海地区土壤的盐渍化，多数为次生盐渍化，主要是因地下水超采造成海水入侵，地下水咸化，再用地下水灌溉农田，造成盐分在土壤表层逐渐积聚所引起。此外，也有因咸潮入侵、盐田和海水养殖池纳水等将海水中盐分带入滨海土体所引起。还有因只注意蓄水，不注意排水，导致地下水位抬升，在蒸发量大于降水量的条件下，水分中的盐分逐步在土壤表层积聚所引起。

土壤盐渍化，给表层水土资源带来一系列的生态环境问题：土壤板结、肥力下降、土壤中的水分与营养元素变得不稳定、微生物活性大大减弱等。在土壤盐渍化的过程中，随着农业水土生态环境的日益恶化，除了粮食、蔬菜等产量持续下降，甚至最终不宜耕作之外，还往往迫使当地不断改变原有的作物种类，不断扩大耐盐作物面积，耐盐较强的植物逐步替代耐盐较弱的植物，造成当地植物为适应退化环境而发生逆向演替，植物种类趋于单一化，生态功能也随之下降。由于土壤的盐渍化不断加重，生机勃勃的万顷良田绿洲可能逐渐变成不毛之地，严重的可迫使乡镇居民整体搬迁等。

辽东湾沿海地区的土壤盐渍化主要发生在大凌河、小凌河的入海口附近。小凌河口和大凌河口之间的浅海滩涂开发利用较早，两侧盐业生产发达，附近渔民以养殖对虾、海参、贝类和捕捞为主。靠近河岸娘娘宫镇和建业乡的耕地土层相对较薄，是海水入侵和土壤盐渍化最为典型的地区。小凌河西侧娘娘宫镇距岸 7 km 以内均为盐渍化区。农作物以种植水稻、玉米为主，受土壤盐渍化影响严重，产量普遍很低。

（三）地面沉降危害加重

1.地面沉降区的分布

地面沉降有自然地面沉降和人为地面沉降两类。自然地面沉降分两种：① 由于地表松散或半松散的沉积层在重力作用下，由松散到细密的成岩过程；② 由于地质构造运动、地震等引起的地面沉降。在人为地面沉降中，最具有代表性的是由于人为抽取地下水而导致含水层系统受压缩而产生的地面沉降。另外，在大规模填海造地地区，由于填土固结压缩引起的地面下沉以及由于在地下开矿和地下工程引起上覆地层塌陷引起的地面沉降，等等。据 2011 年 12 月的一项调查研究显示，人为引起的地面沉降已遍布全国。在沿海地区，以长江三角洲和华北平原最为严重。

在上海，从 1921 年首次发现地面下沉以来，到 1965 年止，最大的累计沉降量已达 2.63 m，影响范围达 400 km²。有关部门采取了综合治理措施后，市区地面沉降已基本上得到控制。1966—1987 年 22 年间，累计沉降量 36.7 mm，年平均沉降量为 1.7 mm。过度抽取地下水是造成上海地面沉降的一个人为原因，而"楼升地降"是引起近年上海地面下沉的另一个人为原因。有数据显示，自 1993 年以来，上海高楼平均每天起一座，目前已有七八千座高层建筑。根据目前的研究成果发现，高层建筑的影响能达到四成，表明高层建筑对地质环境的影响非常明显。

在天津，随着社会经济的快速发展，过量开采地下水资源，地面沉降已成为滨海地区最为严重的灾害之一。天津市滨海地区出现了塘沽、汉沽和大港三个沉降中心。2008 年度，塘沽区、汉沽区和大港区平均沉降量分别为 25 mm、15 mm 和 25 mm。1959—2008 年监测结果显示，全市最大累计沉降量为 3.312 m。位于塘沽区上海道与河北路交口一带，地平面已低于平均海平面 0.982 m。华北平原的地面沉降并不是新问题。自 20 世纪 50 年代以来，华北平原的京津唐—沧州、衡水一带持续发生大片地面沉降，局部累计最大沉降量 3.18 m，最大年沉降量高达 100 mm 以上，受影响面积超过 7×10^4 km²，占华北平原总面积一半以上，其中以北京、天津、塘沽和沧州等地最为严重。

2.地面沉降的危害

（1）毁坏建筑物和生产设施

地面沉降除了给城市建筑物、地下管道造成破坏以外，最终的影响归结为经济损失。根据中国地质调查局等部门评估，几十年来，"长三角"地区因地面沉降造成的经济损失共计 3 150 亿元。其中上海地区最严重，直接经济损失为 145 亿元，间接经济损失为 2 754 亿元；华北平原地面沉降所造成的直接经济损失也达 404.42 亿元，间接经济损失 2 923.86 亿元，累计损失达 3 328.28 亿元。

（2）不利于工程建设和资源开发

发生地面沉降的地区属于地层不稳定的地带，在进行城市建设和资源开发时，需要投入更多的建设资金，而且生产能力也受到很大限制。据调查和监测结果显示，目前华北平原不同区域的沉降中心仍在不断发展，并且有连接成片的趋势。由于地层是塑性的而不是弹性的，当压力消失后也不能回复。即使有反弹现象也相当有限，反弹量很小，基本可以忽略不计。

（3）海水入侵和土壤盐碱化面积扩大

近 30 年来，随着中国城市化、工业化进程的高速发展，地表水的污染日益严重，人们的生产、生活越来越多地依赖于地下水，人们对于地下水的开发利用一直在迅速增加。综合水利部公布的数据可知，在 20 世纪 70 年代，我国地下水的开采量为年平均 $570 \times 10^8 \, \mathrm{m}^3$，80 年代增长到年均 $750 \times 10^8 \, \mathrm{m}^3$，而 2009 年地下水的开发利用量已增长到每年 $1\,098 \times 10^8 \, \mathrm{m}^3$。沿海地区持续过量开采地下水的最终结果是，海水入侵和土壤盐碱化的面积将越来越大，地面沉降现象也将越来越严重。

随着我国海水入侵、土地盐渍化和地面沉降情况的发展，经济损失也不断扩大。这些问题如果得不到及时的解决，势必对未来经济和社会的可持续发展构成威胁，并危及人类社会的安全。遏制地下水过度开采的主要途径是：科学评价地下水含水系统的可开采量及其承载能力，合理确定开采井和开采量的时空分布，通过法规、行政及经济等手段进行地下水开发利用的科学管理，以实现地下水资源的可持续利用。合理开发利用地下水资源，保护地下水环境，关系国计民生和子孙后代。为此，改善和保护地下水这一重要战略资源已刻不容缓。

第四节　珍稀生物濒危状态及发展趋势

珍稀濒危物种是指由于物种自身的原因，或受到人类活动，或自然灾害的影响，使其种群数量减少到有灭绝危险的野生动植物。在自然生态系统中，关键物种具有牵一发动全身的作用。其灭绝可能破坏当地的食物链而造成生态系统的不稳定，并可最终导致整个生态系统的崩解。另外，从生物资源可持续利用角度而言，现在生活着的每一个物种，都具有不可替代的现实或潜在利用价值，只是人类对它们的认识和利用水平不同而已。所以，保护现在生活着的每一个物种，特别是珍稀濒危物种，维系生物多样性和可持续利用，既是当今每一个国家应尽的国际义务，又是为人类后代的生存发展应尽的责任。

为了保护珍稀濒危野生动物，我国已颁布了《野生动物保护法》《环境保护法》《海洋环境保护法》《渔业法》《自然保护区条例》等法律法规，还加入了《联合国海洋法公约》《濒危野生动植物种国际贸易公约》《生物多样性公约》《关于特别是作为水禽栖息地的国际重要湿地公约》等国际公约，并建立了一系列的管理和保护制度，但由于当前管理水平和法律制度尚不能满足对珍稀濒危物种保护的形势需要，我国海域中的许多珍稀濒危物种的种群数量仍呈总体下降趋势。

一、珍稀海兽濒危状况及发展趋势

（一）中华白海豚

中华白海豚（*Sousa chinensis*）是一种珍稀小型鲸类，属国家一级重点保护野生动物，有"海上大熊猫"之称。在我国中华白海豚主要分布于东南沿岸海域。据文献记载，最北可达长江口，向南延伸至浙江、福建、台湾、广东和广西沿岸河口水域，有时也会进入江河。其中，以珠江口的伶仃洋、万山群岛和香港西南部水域数量最多。

历史上，珠江口伶仃洋水域是中华白海豚栖息和活动的密集区域。其原因主要有三点：① 珠江河口海域为咸淡水交汇区，水温和盐度均适宜于其生存活动；② 珠江河口海域水质肥沃，生物丰富，食物充沛；③ 环境较好，特别是内伶仃岛沿岸和大屿山岛西侧水域，海岸自然，环境幽静。为保护中华白海豚这一珍稀物种，1999 年建立了珠江口中华白海豚省级自然保护区，2003 年晋升为国家级自然保护区。保护区总面积约为 410 km²。据 2004 年调查结果，在珠江口海域约有中华白海豚 1 000～1 400 头。现在珠江口究竟有多少，一直存在着争议，有人认为有 1 000 头，也有人认为只有两三百头。

遗憾的是，现在珠江口海域的生境条件越来越差，中华白海豚非正常死亡现象越来越严重。据统计，2003—2009 年 7 年间，珠江口的中华白海豚共死亡 103 头，其中港澳海域 63 头、广东海域 40 头。2010 年又死亡 23 头。虽然在珠江口建立了国家级中华白海豚自然保护区，但许多中华白海豚的死亡并非依靠保护区的管理可以避免。

造成中华白海豚死亡率增高的原因主要有四个方面：① 珠江口海域环境恶化，海豚患病致死。曾经对一头死亡白海豚解剖结果发现，其患有肺囊肿，肺部有脓疱和麻点，初步诊断是因疾病而死。据相关评估称，疾病或许是今后中华白海豚死亡的主要原因。② 被定置网具缠绕致死。渔民设置的定置网具就像"迷魂阵"一般，一旦中华白海豚钻进去就会迷失方向，最终被渔网缠绕窒息而死。③ 船只撞击和水下爆破致死。由于珠江口海域海上交通日益繁忙和海洋工程施工密集，中华白海豚意外伤亡事件时有发生。船只航行的高速螺旋桨常使中华白海豚遭受重击而毙命，而水下爆破会使中华白海豚遭受强烈冲击致死。④ 恶劣天气导致幼豚失散致死。在台风或暴雨等恶劣天气中，幼豚常与母豚失散，最终被活活饿死。此外，中华白海豚的出游通常会有领航者，恶劣天气也会使领航员迷航，因而发生集体搁浅等惨剧。

20 世纪 80 年代前，在厦门海域随处可见到中华白海豚群体，常可目睹海豚跃出海面欢腾嬉戏的壮观景象。80 年代后，由于海岸工程建设、水产养殖过度发展及海水水质恶化，加上电鱼、炸鱼和毒鱼非法作业等原因，使中华白海豚失去了良好的栖息环境。如今，在厦门海域中华白海豚也成了难得一睹的珍贵物种。1997 年 8 月 25 日经福建省人民政府批准建立了非封闭式的厦门中华白海豚省级自然保护区。2000 年 4 月 4 日，经国务院批准组建了厦门珍稀海洋物种国家级自然保护区。保护区以中华白海豚、文昌鱼和白鹭三个物种为保护核心，兼顾保护多种珍稀海洋物种。据 2007 年调查结果显示，厦门海域的中华白海豚种群数量在 66～98 头之间。虽低于 20 世纪 80 年代，但较之 2004 年，不仅没有减少，反而略有增长，特别是幼体数量有所增多，反映出厦门海域的中华白海豚种群有微弱的恢复迹象。

（二）儒艮

儒艮（*Dugong dugon*）俗称"美人鱼"，因雌儒艮在哺乳时像人一样拥抱幼仔，乳部露出水面而得名，是国家一级重点保护野生动物。

儒艮是一种食草性海洋哺乳动物，以浅海海沟中的海藻、水草等多汁水生植物为食。其分布与水温、海流以及作为主要食物的海草分布有密切关系。成年儒艮体长 1.5～2.7 m，每天食量在 45 kg 以上，喜欢群体活动，无自卫能力。儒艮的繁殖很慢，妊娠期一般为 13～14 个月，每胎只产一子。儒艮多在距海岸 20 m 左右的海草丛中出没，有时随潮水进入河口，取食后又随退潮回到海中，很少游向外海。儒艮在中国的分布区狭窄，数量稀少。北部湾的广西合浦县沙田海域，是儒艮在我国最主要的栖息地。由于其游泳速度极慢，故易于捕捉。儒艮还分布于广东和台湾南部以及海南岛西部沿岸海域。20 世纪 50 年代以前，渔民视儒艮为"神异鱼类"，从不捕捉。1958 年后开始捕猎，广西合浦渔民和海南渔民分别在沿岸组织围捕，年获数十头。据不完全统计，1958－1962 年几年间共捕捉了 150 头。20 世纪 70 年代初至中期又捕捉 40～50 头。此后，儒艮日益罕见。由于儒艮体大肉嫩，第一颈椎和牙齿等可作为饰品，因而儒艮搁浅或误捕后也遭到杀戮。直到 80 年代，由于对儒艮的认识仍然不足，重视不够，仍有滥捕乱杀现象，使儒艮资源遭到进一步破坏。目前，我国儒艮数量不明。据渔民介绍，近年儒艮数量更趋减少，连广西等处过去常见儒艮的海区，目前也已罕见。由于儒艮行踪越来越"诡秘"，很多人怀疑它们在广西可能已经灭绝或者迁移。

图3-8 儒艮

1992 年，经国务院批准，设立了广西合浦儒艮国家级自然保护区。自然保护区东起合浦县山口镇西至沙田镇沿岸海域，全长 43 km，面积为 350 km²，是我国唯一的儒艮国家级自然保护区。2006 年 4 月 3 日，多年鲜见的儒艮在自然保护区被发现，沙田镇的 10 多名居民看到有儒艮在附近海域活动；4 月 19 日，有 8 名居民也看到了一头儒艮在游动。据当日第一位目击者介绍：儒艮长约 2 m，皮肤光滑呈灰黑色。发现有人靠近，便立即如人跪立，两只"手"下垂并不停地摇晃，像牛一样张开大口。当有人下海游到距离儒艮约 5 m 距离时，它尾巴一甩，不到两分钟就消失得无影无踪。

儒艮是一种非常弱势的物种，游泳极慢，又没有抗敌能力。保护儒艮，首先应保护儒艮喜食的海草，防止海草被渔民拖网作业时破坏，避免养殖场地割据海草床，以保障儒艮有充足的食物来源和足够大的生活空间；另外，还应保护海洋环境，免遭海域被日益增多的陆源污染物所污染；在儒艮保护区内应禁止高速船只的频繁干扰和伤害。可以相信，只要人类不干扰不伤害，儒艮这一珍稀物种一定能够走出被绝灭的困境。

（三）西太平洋斑海豹

西太平洋斑海豹（*Phoca largha*）是中国鳍脚目动物中数量最多，也是唯一能在我国海域自然繁殖的鳍脚类动物，为国家二级重点保护野生动物。

1930 年辽东湾海域斑海豹种群数量的调查表明，当时有斑海豹 7 100 头。1979 年调查时，斑海豹的数量已减少到了 2 269 头。此后由于采取了保护措施，斑海豹的数量一度有所恢复，1993 年达到了 4 900 头。而在 21 世纪初斑海豹的数量又急剧下降，每年来到辽东湾的斑海豹仅有 1 000 头左右。近 10 年来，虽然加强了保护力度，但其数量未见明显好转。据估计，现存斑海豹群体为 1 000～2 000 头。

每年游来我国海域的斑海豹，冬季在渤海冰上产子，春季游离渤海海域，经长山群岛海域于夏季到达韩国白翎岛海域的栖息地（三八线南侧）度夏。目前，斑海豹在渤海海域的栖息地主要有三处，即辽东湾北部双台子河口水域、大连市旅顺口区渤海湾虎平岛海域和山东庙岛列岛长岛海域。斑海豹上岸地点分别为河口泥沙滩、海里的浅石滩和海岛周围的小岛礁三种类型（图 3-9）。斑海豹在渤海三个栖息地出现的时间为每年的 3－5 月。据调查，在 2002－2008 年，各栖息地的斑海豹数量变化并不明显。

图 3-9　2008年4月辽东湾双台子河口的西太平洋斑海豹群体

1992 年 9 月，大连市在辽东湾斑海豹主要产仔区建立了以保护斑海豹为主的自然保护区，1996 年经国务院批准，上升为国家级自然保护区。2001 年山东省在庙岛群岛的长岛海域建立了省级斑海豹自然保护区。为加大保护力度，在各岛斑海豹活动的核心海域设立了海上警示标志，禁止船只进入和捕鱼，并投放了人工礁石，吸引和聚集贝藻类和鱼类，以改善保护区海域的生态环境。

因斑海豹毛皮既美丽又具极强抗寒能力，因而常用来制作皮衣、皮帽和皮褥等，尤其幼仔的毛皮更属上乘。加之斑海豹的肉可以食用，脂肪可以炼油，雄性斑海豹的生殖器可以入药等，近年来，一些利欲熏心者总想寻机捕杀它们。同时，由于近年来辽东湾海域渔业资源严重衰退、河口海域受到污染以及滩涂湿地的破坏，导致适宜于斑海豹栖息和繁殖地点的急剧减少。这些原因很可能成为日后斑海豹离开渤海、离开中国海域的重要因素。

（四）大型鲸类

历史上我国鲸类资源比较丰富。早在 1915 年日本人就在我国北黄海的海洋岛渔场开始从事捕鲸活动，当年就捕获长须鲸 48 头。新中国成立后，大连成立了一支捕鲸队。据不完全统计，到 1976 年为止，共捕获小鳁鲸（*Balaenoptera acutorostrata*）、长须鲸（*Balaenoptera physalus*）和灰鲸（*Eschrichtius robustus*）1 600 多头。我国海域的蓝鲸（*Balaenoptera musculus*）、座头鲸（*Megaptera novaeangliae*）和抹香鲸（*Physeter macrocephalus*）等鲸种主要分布于东海和南海。我国须鲸类均系日本海和鄂霍茨克海群系。由于 20 世纪 70 年代后期鲸类世界性衰退，我国也停止捕鲸活动并加以保护。但鲸类资源恢复比较困难，在我国鲸类中除中华白海豚被列为国家一级重点保护野生动物之外，其余均被列为国家二级重点保护野生动物。据研究，我国海域分布的鲸类有 11 科 21 属约 30 余种。

近年，我国海域关于发现死鲸的报道每年有 3～7 起。死鲸现象增多有如下几个可能原因：① 我国停止捕鲸之后，鲸类数量有所恢复；② 鲸类数量恢复，可能是由于海洋生态环境有了一定改善；③ 鲸类死亡和搁浅现象增多，正说明了它们所处的环境在朝着不利其生存和发展的方向变化。例如，由于人类掠夺性的渔业捕捞，导致传统海洋生物资源严重衰退，减少了鲸类的食物来源，致使它们捕食越来越艰难；由于海上交通的日益繁忙，船舶对它们的伤害事故越来越频发。另外，近岸海域浮筏养殖业的发展，常常给它们带来灾难性的伤害；海洋污染，包括石油类污染和重金属污染等，究竟给鲸类带来了何种危害，也无法述说清楚。不过，既然人类流行病和癌症呈不断增长趋势，估计直接暴露于海洋污染和大量摄食被污染的鱼虾类的鲸类更不能幸免。特别是，近年来全球各地频频出现的鲸类群体自杀性搁浅现象，既神秘而又悲壮，其真实原因迄今未被人类所了解，因而这种批量性的种群数量损失，很难得到人类的有效施救，致使其种群数量变得少之又少。

二、珍稀海鸟及龟类濒危状况及发展趋势

（一）黑脸琵鹭

黑脸琵鹭（*Platalea minor*）是一种水禽，在分类学上属于鸟纲鹳形目鹮科，因其脸部裸露无羽毛呈黑色，嘴呈琵琶状而得名，属国家二级重点保护野生动物。从体型上看，黑脸琵鹭为中型涉禽，体长 60～80 cm。在世界 6 种琵鹭中，黑脸琵鹭属较小的一种。它通体羽毛白色。在繁殖期其头后有发丝状金黄色的长羽冠（夏羽），同时前颈下和上胸之间有一条较宽的黄色颈环。和脸一样，跗趾和脚也都裸露无羽毛，黑色。非繁殖期的冬羽与繁殖期羽毛颜色相近，但头后的冠羽短，白色，黄色颈环也消失。黑脸琵鹭生性喜僻静，远离人类，因此人们对它的了解甚少，亲眼见过它的人就更少了。

1.黑脸琵鹭繁殖地的发现

20 世纪 60 年代，在朝鲜和韩国沿岸海域的岛屿上发现了黑脸琵鹭的繁殖地，并做了观察和研究。随着黑脸琵鹭濒危程度的增加，引起了国际上有关保护组织的关注。从 1995 年开始，我国原林业部、国家林业局组织进行了全国陆地野生动物资源调查，在辽宁省所列的 108 种被调查的野生动物中，黑脸琵鹭首列其中。经过多年的艰苦工作，辽宁鸟类研究中心首先在庄河市石城乡的形人坨上发现了另一种世界珍稀鸟类——国家二级重点保护野生动物黄嘴白鹭（*Egretta eulophotes*）的繁殖群体。根据鹭类混群营巢及黑脸琵鹭营巢的特点，经进一步搜寻后，于 1999 年终于在该坨子上发现了黑脸琵鹭繁殖群体。这是黑脸琵鹭在我国唯一的一处繁殖地。

黑脸琵鹭每年 4 月中旬从越冬地迁飞到繁殖地后，有的筑新巢，有的利用黄嘴白鹭或黑尾鸥的弃巢经修补后进行繁殖。经过交配的雌鸟，一般于 4 月末 5 月初产卵。每窝产卵 3～6 枚不等。经过 26～30 天的孵化，雏鸟出壳。初出壳的雏鸟体湿，毛短而软，呈白黄色，嘴呈橘红色。成鸟用自己的体温把雏鸟烘干后就给雏鸟喂食。喂食时成鸟张大嘴巴，雏鸟把嘴插入成鸟嘴中，成鸟将半消化的流状食物送进雏鸟的嘴中，由雏鸟进行吞食。成鸟喂食时，头上的饰羽张开膨起，十分美丽。

由于形人坨周边没有理想的取食地，黑脸琵鹭都得飞往十几千米外的庄河口、蛤蜊岗子等地滩涂和水稻田去觅食，一次往返 2～3 小时，最长可达 5 小时，十分辛苦。雏鸟的生长速度很快，出壳 20 多天后，就比刚出生时大 5～6 倍，且绒毛变长，嘴也有些发黑。进入 7 月，雏鸟已长成幼鸟，在成鸟的带领下开始练习飞翔。开始在巢中展翅，然后近距离跳飞，最后长距离地展翅高飞。到 8 月初，幼鸟开始更换成鸟羽毛。8 月下旬，全家飞离繁殖地，向南方的越冬地迁徙。

从 1999 年到 2006 年，8 年间形人坨上的黑脸琵鹭繁殖群的数量每年都有变化，或 3 个巢、或 2 个巢，2006 年最多，为 4 个巢。8 年共孵化出黑脸琵鹭 60 多只，为黑脸琵鹭家族增添了新的成员。

2.黑脸琵鹭越冬地的分布

黑脸琵鹭主要分布在亚洲，我国是其主要分布地之一。黑脸琵鹭为夏候鸟，夏天分散在朝鲜、韩国岛屿和我国辽宁石城岛的形人坨上进行繁殖。冬天飞到南方，特别是到台湾集群越冬。首先，根据黑脸琵鹭的生态习性，越冬地除了气候温暖适宜外，还必须要求面积广阔、视野良好和具有安全感之地，一旦遇到危险，黑脸琵鹭即能及时发现并快速飞走；其次，附近湿地的水位不能太浅，太浅了黑脸琵鹭的嘴无法在水中来回扫动，也不能太深而淹没其身体弄湿其腹部羽毛，一般水深应在 30～40 cm；再次，要有堤坝和田埂等以起到隐蔽作用。从台湾越冬地的条件看，基本都符合这些条件，这是到台湾越冬的黑脸琵鹭数量最多的重要原因。在台湾，黑面琵鹭又称饭匙鸟、琵琶嘴鹭。它们大多栖息在河口、海岸、潮间带滩涂、沼泽、水塘、鱼塘、盐田、红树林、水稻田及未耕种的水田等天然湿地和人工湿地。这些地方的水生生物十分丰富，有鱼类、多毛类、贝类和虾蟹类等水生动物，而黑脸琵鹭最喜欢的食物是鱼类和虾蟹类，有时也取食螺类和昆虫类等。

为了更准确地统计黑脸琵鹭越冬的数量，从 2003 年开始采取国际同步调查方法，即在所有黑脸琵鹭的越冬地，在同一时间采用同一方法进行数量统计。通过几年的连续调查，2003

年统计有 1 060 多只，2004 年为 1 100 多只，到 2005 年全球黑脸琵鹭越冬数量已达 1 470 多只。其中，台湾越冬地数量最多，2004 年为 720 多只，2005 年已达到 750 多只（估计有 800 多只）。除台湾外，其他越冬地黑脸琵鹭数量依次为中国香港、日本、中国海南、中国福建、越南、中国澳门、中国江苏、韩国、中国上海、菲律宾、泰国。目前已知，江苏省是黑脸琵鹭在我国越冬地的最北界。

经过多年的保护，黑脸琵鹭在台湾越冬的数量不断增加。但随着台湾经济的发展和工业化进程的深入，湿地被大面积开发，使黑脸琵鹭保护的压力也有所增加：① 部分越冬地的破坏，或被过度利用和环境恶化，尤其是鱼塘用途的改变，将增加黑脸琵鹭栖息地和觅食地急剧减少的压力；② 人为干扰（主要是观鸟旅游和渔民活动），天敌（主要是猛禽和野狗等）和疾病的侵袭，也会给越冬的黑脸琵鹭带来很大干扰和严重威胁。

3.黑脸琵鹭的保护

黑脸琵鹭是湿地的主要指示物种，因数量稀少而被国际自然资源保护联盟（IUCN）列入世界濒临物种红皮书，同时被国际鸟类保护委员会列入世界级濒危鸟类名录，已成为仅次于朱鹮的第二种最濒危的水禽。因此，自从 1985 年国际上开始关注黑脸琵鹭以来，各国都加强了对黑脸琵鹭的保护。

黑脸琵鹭在辽宁繁殖地的发现，也引起了有关国际动物保护组织的高度关注，并对黑脸琵鹭的保护工作给予了很大支持。世界自然基金会（WWF）提供部分资金，帮助用于黑脸琵鹭觅食地的调查和保护。国际鹳鹤委员会主席柯得尔先生于 2002 年亲自到中国黑脸琵鹭繁殖地现场进行考察，并就如何做好黑脸琵鹭的保护工作提出了宝贵意见。中央电视台、辽宁电视台和大连电视台等新闻媒体，也都分别进行了拍摄和报道，进行保护宣传教育。特别是 2006 年 1 月，大连市政府批准在石城乡形人坨子及周边岛屿建立了黑脸琵鹭自然保护区，使保护工作有法可依和步入规范化。

除黑脸琵鹭外，一些迁徙鸟类如短尾信天翁（*Diomedea albatrus*）、白腹军舰鸟（*Fregata andrewsi*）、海鸬鹚（*Phalacrocorax pelagicus*）、黄嘴白鹭（*Egretta eulophotes*）和白琵鹭（*Platalea leucorodia*）等，也是我国十分稀少的珍稀鸟类，属于国家二级重点保护野生动物。

（二）海龟

我国已记录海产龟类 2 科 5 属 5 种，即绿海龟（*Chelonia mydas*）、玳瑁（*Eretmochelys imbricata*）、丽龟（*Lepidochelys olivacea*）、蠵龟（*Caretta caretta*）和棱皮龟（*Dermochelys coriacea*）。由于海龟全球性的减少，已被列入《濒危野生动植物种国际贸易公约》附录 I 名录中。在 1989 年 1 月 14 日由中华人民共和国林业部与农业部联合颁布的《国家重点保护野生动物名录》中，海龟列为国家二级重点保护野生动物。

1.海龟的现状

海龟在我国南海、东海、黄海和渤海均有分布，但主要集中在南海。绿海龟和蠵龟是我国海龟的主要种类，过去数量也较多，故民间也常将海龟泛指绿海龟。我国海龟资源以西沙和南沙群岛海域最为丰富，南海北部海域次之，估计现存海龟数量为 1.68 万～4.63 万只，其中绿海龟约占 87%，玳瑁占 10%，棱皮龟、蠵龟和丽龟占 3%。每年洄游到西沙、南沙群岛海域的海龟有 1.40 万～ 4 万只，洄游到南海北部海域（包括海南岛东南及广东沿岸、东沙群岛）的有 2 300～5 500 只，洄游到北部湾海域的有 500～800 只。

海龟的主要致危因素是掠夺性非法捕捉、食用海龟肉和海龟蛋、购买用海龟壳制造的各种工艺品、破坏海龟的产卵地等。这是近 50 年内，造成我国海龟数量急剧下降的主因。据报道：20 世纪每年 4－7 月有大批渔民，尤以琼海县渔民为甚，成群结队来到西沙，不仅在海上撒网捕捉海龟，而且上岛捉海龟挖龟蛋。每当海龟产卵旺季，捕捉海龟的船只多达数十条，1 条船 1 年捕捉海龟在 100 只以上，挖去的海龟蛋超过 1 000 枚。过去海南岛也曾有过较多海龟，正是由于人们捕龟挖蛋，导致海南岛早在 20 年前就看不到海龟的踪影。台湾省东海岸沙滩风景优美，可惜在人为捕杀破坏后，已几乎无海龟到此产卵。另外，由于海滩上的人工建筑物越来越多，致使必须回到出生地产卵的绿海龟因无法找到故地而造成终生不育。据评估，如果这种情况不能得到改善，绿海龟将在 20～30 年内绝灭。所以，世界各国都在纷纷呼吁，行动起来，保护绿海龟！

2. 海龟的保护

广东惠东县港口镇海龟湾面积 4 km²，三面环山，一面濒海，沙岸面积 0.1 km²，环境僻静，每年都有海龟到此处产卵，当地人称之为"海龟湾"，是我国大陆 1.8×10^4 km 海岸线上唯一的一个海龟天然繁殖场（图 3-10）。1985 年建立了"南海海龟资源保护站"。1986 年 12 月，广东省人民政府批准晋升为省级保护区。1987 年 7 月，广东省编办批准成立惠东港口海龟自然保护区管理站。1992 年 10 月，国务院批准晋升为国家级保护区，现名为"广东惠东海龟国家级自然保护区"。1993 年 2 月，该保护区加入中国人与生物圈保护区网络。据统计，近 15 年来，海龟安全上岸产卵共 1 184 头次，产卵 665 窝，共 7.5 万多枚，孵化稚龟 6.2 万多只。平均每年约有 60 只次雌性绿海龟登陆保护区产卵，保护区标志放流成年雌海龟 125 头，增殖放流小海龟 5.3 万只。救治受伤的海龟 758 头，其中 702 头被成功治愈并放归大海。虽然，几年来保护区的成绩斐然，但在我国和世界海洋生态环境逐渐恶化，人类活动越来越强的干扰下，这一生态习性独特、幼年存活率很低、生存竞争十分弱势的物种，能否长久地延续下去，还是令人担忧。

图3-10 惠东港口海龟国家级自然保护区

三、其他珍稀海洋动物濒危状况及发展趋势

（一）文昌鱼

文昌鱼（*Branchiostoma lanceolatum*），外形如小鱼，体侧扁，长 5～6 cm，半透明，头尾尖，体内有一条脊索，有背鳍、臀鳍和尾鳍，生活在浅海泥沙中，以浮游生物为食（图 3-11）。文昌鱼不属于鱼类，是无脊椎动物进化到脊椎动物的中间过渡动物，是研究脊椎动物起源和进化的十分珍贵的模式动物，具有重要的科研价值、教学价值和经济价值。由于目前数量很少，属于世界性濒危物种，在我国被列为国家二级重点保护野生动物。

图3-11　文昌鱼

文昌鱼得名于厦门翔安区刘五店岛屿上的文昌阁。这里的海域是我国最先发现文昌鱼群的地方，也是历史上我国文昌鱼数量分布最多的海域。据记载，当地渔民捕捞文昌鱼已有 300 多年的历史，1945－1956 年每年从这一海域捕捞的文昌鱼在 50～100 t 之间，历史上最高纪录的 1933 年曾捕捞 283 t。刘五店海域文昌鱼的丰足和稳定可见一斑。另外，渤海的秦皇岛海域、黄海的烟台、威海、青岛和日照海域，南海的茂名和湛江海域等也有文昌鱼分布。特别是 2004 年在湛江海域发现了文昌鱼的高密度分布区，令当地海洋渔业部门兴奋不已。据测算结果表明，湛江海域文昌鱼的密度最大可达到 760 尾 /m²，超过了茂名海域 573 尾 /m² 的水平，被认为是我国密度最高的文昌鱼群体。迄今我国已建立的文昌鱼国家级海洋保护区有两个，即厦门海洋珍稀生物国家级自然保护区和昌黎黄金海岸国家级自然保护区。

总体而言，我国文昌鱼数量正在急剧减少，其主要原因是因渔民在利益驱动下的过度开发所致。如 2004 年 8 月 6 日，厦门"黄厝文昌鱼保护区"发生了一起众多渔民为追逐每千克 400 余元的高额收益，进入保护区进行恶性采捕的事件，与之前在同安发生的渔民持续滥捕，都直接危及当地文昌鱼资源的持续保有量。其次是采砂作业非法进入文昌鱼保护区的事件也屡有发生。在采砂的同时，大量文昌鱼被白白糟蹋了，其破坏程度，与渔民的酷渔滥捕不相上下。

此外，文昌鱼对生境条件的要求十分"苛刻"，底质类型的变化是影响文昌鱼生存的最重要因素。文昌鱼保护区周边的筑堤围堰、海岸工程、倾倒建筑垃圾以及水产养殖残饵堆积等，都会恶化文昌鱼的栖息环境。一旦失去必要的生存环境，文昌鱼就有不复存在的可能。

（二）中国鲎

中国鲎（*Tachpleus tridentatus*）是地球上最古老的物种之一，属于原始的节肢动物（图3-12）。在地球上出现的时期为古生代的泥盆纪，即距今约有43.6亿年，早于恐龙和原始鱼类。截至2009年，世界上已发现的鲎化石种类约31种，鲎在进化过程中形态变化不大，因此有"活化石"之称，具有很高的学术价值。

图3-12　中国鲎

中国鲎的地理分布范围很狭窄，主要在广西、海南、广东、香港、澳门、福建、台湾和浙江等地海域，其中福建省鲎的产量居全国第一。平潭、厦门等沿岸海域为主产区，尤其是平潭岛海域，是我国享誉世界的产鲎区。原来厦门海域中国鲎的数量也很多，许多渔民以捕捞中国鲎为生。调查显示，20世纪70—80年代，厦门海域中国鲎的数量还较大，但由于环境破坏、人类偷捕等原因，中国鲎的数量开始急剧减少。进入20世纪90年代后，中国鲎的数量估计比20世纪50年代减少了80%～90%。只剩下零星分布，根本形不成渔场。

中国鲎的生长周期长，一般要到13岁才达到性成熟。鲎为雌雄异体，雌体比雄体大，成年雌体重约4 kg，雄体重约1.8 kg。成年鲎生活在30～40 m的深海区，主要以环节动物、腕足动物及软体动物为食，昼伏夜出。每年6—8月回到沙滩上产卵，对沙滩的砂质和温度等自然环境都有很高要求。入秋后，从浅海游回深海过冬。幼鲎在滩涂上长到9岁才移居浅海。成年鲎很耐饥，连续10个月不进食也不会死亡。

中国鲎具有很高的药用价值。鲎肉和鲎卵鲜美可口，其味如蟹，营养价值很高，为东南沿海居民喜食的菜肴，具有辛、咸、平，清热解毒，明目，可治青光眼和脓包疮等药性；鲎壳，性咸、平，有活血祛瘀和解毒作用，含溴、铁、锌、铜、镍、锰、钙、钛、氯、硫、硅、铝和镁等元素，主治跌打损伤、创伤出血、烫伤、疮疖等；鲨尾，性咸、温，有收敛止血功效，用于治肺结核咯血、疮疖；鲨血，可提取具有抗癌、抗肿瘤和抗病毒作用的鲨素。专家们在研究中发现，鲨的血液中蕴藏着 50 多种具有医药价值的生化物质。近年来，由于大量捕捉、环境变化及其他各种原因，在平潭和厦门海区中国鲨已难觅踪迹，成为了濒危物种，被列为国家二级重点保护野生动物。政府有关部门不断加大中国鲨的保护力度，禁止任何单位和个人捕捉、驯养繁殖、经营利用、收购和出售中国鲨及其产品。然而，由于中国鲨生长周期长，从幼年到成年性成熟需要近 13 年的时间，因此保护形势依然严峻。

此外，海洋中还有许多国家重点保护野生动物，如腔肠动物红珊瑚（*Corallium* spp.）、软体动物鹦鹉螺（*Nautilus pompilius*）和库氏砗磲（*Tridacna cookiana*）以及中国特有的半索动物多鳃孔舌形虫（*Glossobalanus polybranchioporus*）和黄岛长吻虫等。由于它们的种群数量稀少，加之环境污染、违法采捕、栖息地丧失和栖息环境变化等因素，濒危程度大多越来越高。

第四章　主要河口海域生态状况

第一节　双台子河口海域

一、生境条件

（一）区域自然特征

1. 自然环境

辽河是我国具有重大社会经济影响的七大河流之一，为辽宁省的第一大河。辽河流经河北、内蒙古、吉林和辽宁 4 省，全长 1 396 km，总流域面积 21.9×10⁴ km²。辽河干流河谷开阔，河道迂回曲折，沿途分别接纳了招苏台河、清河、秀水河，经新民至辽中县的六间房附近分为两股，一股向南称外辽河，其接纳了辽河最大的支流浑河后又称大辽河，最后在营口市入海；另一股向西流，称双台子河，在盘锦市入海。大辽河口与双台子河口统称为辽河口。按动力特征分类，辽河口为缓混合型、陆海相三角洲河口。河口区淤泥质岸线平直，潮滩平坦开阔，受入海淡水的影响，河口海域盐度相对较低，且季节性变化较大。夏季丰水期局部表层盐度可降至 16.28，水平盐度差可达到 11.67。而在秋末冬春枯水期表层盐度普遍在 29～32 之间。

辽河三角洲湿地是世界第二大、中国最大的滨海芦苇湿地，总面积为 31.5×10⁴ hm²。其中，天然湿地面积为 16.0×10⁴ hm²，占湿地总面积的 50.8%。天然湿地中以陆地生态系统为主，其中淡水生态系统占天然湿地面积的 3.24%，陆地生态系统占 52.32%，海陆交替生态系统占 44.44%。以辽河口为主的辽东湾是渤海三大产卵场之一，是黄渤海重要洄游性经济鱼虾蟹的重要发源地，拥有补充经济鱼虾蟹类种群数量和维护区域生态平衡的重要功能。

双台子河口区建有双台河口国家级自然保护区。保护区占地 12.8×10⁴ hm²，海岸线长 118 km。保护区内分布维管束植物 126 种；脊椎动物 124 科 405 种，其中国家一级保护动物 5 种、二级保护动物 28 种；中日候鸟保护协定要求保护的鸟类 145 种，中澳候鸟保护协定保护鸟类 46 种。保护区内的大面积芦苇沼泽湿地，是候鸟迁徙的重要停歇地、取食地，也是夏候鸟的繁殖地。每年经此迁飞、停歇的鸟儿数量在千万只以上。这里既是丹顶鹤在我国最南端的繁殖区，也是丹顶鹤在我国的最北端越冬区，还是世界上濒危鸟类——黑嘴鸥最大的繁殖地，保护区中黑嘴鸥的数量约占世界黑嘴鸥的 3/5。

2. 监测范围及内容

为查明生态环境状况及其变化趋势，依据辽河三角洲水系的分布和生态系统现状，监测区海域以双台子河口湿地为主体，适当向两翼延伸，向东延伸到大辽河口，向西延伸至锦州湾，地理坐标为 40°40′N－41°27′N，21°31′E－122°28′E（图4-1）。

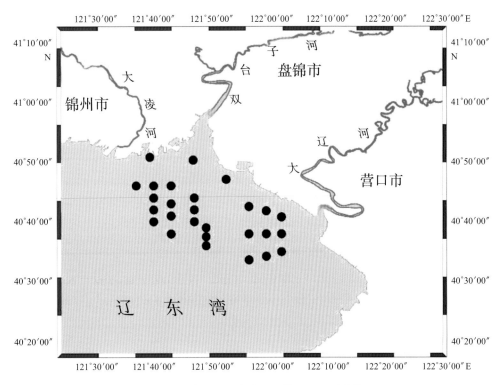

图4-1 双台子河口海域地理位置及监测站位

在以往调查基础上，2005－2010年每年开展一次监测（8月）。海水环境与生物群落监测共设27个站位，其中浅海底栖生物8个站位。海水环境监测项目包括盐度、pH、溶解氧、无机氮、磷酸盐和石油类共6项。生物群落监测项目包括浮游植物、浮游动物、浅海底栖生物和潮间带底栖生物，另于5月加测鱼卵和仔稚鱼项目。沉积物质量监测与海水环境监测同步进行，在海水环境站位中选择10个站位，监测有机碳、硫化物、石油类、总汞、砷、锌、铅和铬共8个项目。生物质量监测每年开展一次（8月），以菲律宾蛤仔等贝类作为检测样品，监测项目包括总汞、砷、镉、铅、六六六和滴滴涕共6项。

（二）海水环境

1. 2010年监测结果

双台子河口海域表层海水主要环境要素监测结果见表4-1。

表4-1　2010年双台子河口海域主要海水环境要素监测结果

项目	测值范围	平均值
盐度	20.253～27.983	22.644
pH	7.88～8.09	8.00
溶解氧（mg/L）	4.39～8.74	6.69
无机氮（mg/L）	0.174 3～0.307 3	0.235 5
磷酸盐（mg/L）	0.048 7～0.102 0	0.071 5
石油类（mg/L）	0.019 4～0.057 2	0.037 0

（1）盐度

表层海水盐度变化范围在 20.253～27.983 之间，平均值为 22.644。

（2）pH

pH 值变化范围在 7.88～8.09 之间，平均值为 8.00。

（3）溶解氧

溶解氧含量变化范围为 4.39～8.74 mg/L，平均值为 6.69 mg/L；其中 67% 的站位溶解氧符合一类海水水质标准，22% 的站位符合二类海水水质标准，其余站位符合三类海水水质标准。

（4）无机氮

无机氮含量变化范围为 0.174 3～0.307 3 mg/L，平均值为 0.235 5 mg/L；其中 11% 的站位无机氮含量符合一类海水水质标准，4% 的站位符合三类海水水质标准，其余 85% 的站位符合二类海水水质标准。

（5）磷酸盐

磷酸盐含量变化范围为 0.048 7～0.102 0 mg/L，平均值为 0.071 5 mg/L；所有站位磷酸盐含量均超出四类海水水质标准。

（6）石油类

石油类含量变化范围为 0.019 4～0.057 2 mg/L，平均值为 0.037 0 mg/L；93% 的站位石油类含量符合一类海水水质标准，7% 的站位符合三类海水水质标准。

双台子河口海域表层海水环境主要受到磷酸盐和无机氮的污染。其中，尤以磷酸盐的污染最为严重，所有站位的磷酸盐含量均超出四类海水水质标准，属于劣四类海水水质。

2. 2005—2010 年变化趋势

6 年间，双台子河口海域主要海水环境要素的年际变化见图 4-2。

双台子河口海域表层海水的盐度和 pH 值 6 年来基本稳定；溶解氧含量略呈上升趋势，2009 年和 2010 年溶解氧年均含量高于其他年份；无机氮、磷酸盐和石油类呈波动变化，无机氮年均含量 2009 年最高、2010 年最低；6 年间磷酸盐年均含量属于四类或劣四类海水水质；石油类年均含量 2007 年高于其他年份，属于三类海水水质。

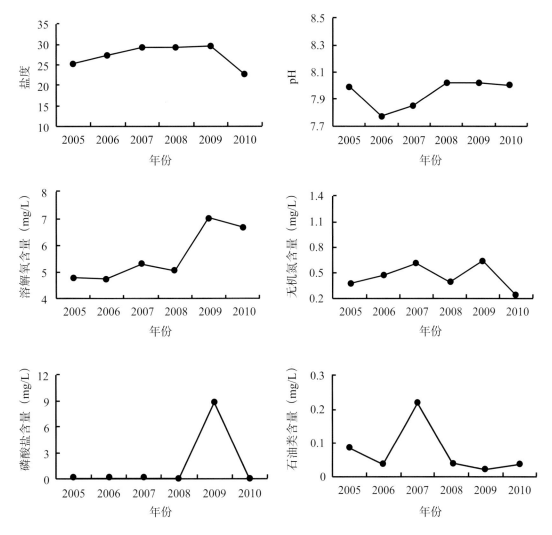

图4-2　2005－2010年双台子河口海域主要海水环境要素的年际变化

就海水环境质量而言，双台子河口海域表层海水环境已持续受到营养盐污染，尤以磷酸盐污染最为严重，无机氮次之。

（三）沉积物质量

1. 2010年监测结果

双台子河口海域沉积物质量监测结果见表 4-2。所有监测站位有机碳、硫化物、石油类、总汞、砷、锌、铅和铬的含量均符合一类海洋沉积物质量标准。可见，2010 年 8 月双台子河口海域沉积物质量状况良好。

表4-2 2010年双台子河口海域沉积物质量主要指标监测结

项目	测值范围	平均值
有机碳（×10⁻²）	0.27～1.25	0.74
硫化物（×10⁻⁶）	39.4～66.1	52.1
石油类（×10⁻⁶）	37.1～254.0	126.2
总汞（×10⁻⁶）	0.013～0.134	0.051
砷（×10⁻⁶）	4.04～7.23	5.78
锌（×10⁻⁶）	20.0～90.5	54.3
铅（×10⁻⁶）	11.3～24.3	17.9
铬（×10⁻⁶）	9.3～43.4	28.9

2. 2005—2010年变化趋势

双台子河口海域沉积物有机碳和硫化物含量的年际变化见图4-3。沉积物中有机碳含量波动较大，自2007年后变化相对平稳。硫化物含量呈平缓上升趋势。各监测年份有机碳和硫化物的所有测值均符合一类海洋沉积物质量标准。

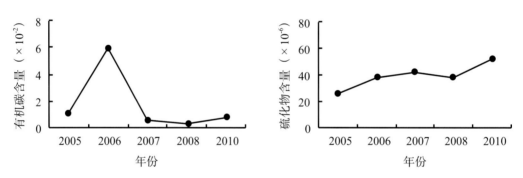

图4-3 2005—2010年双台子河口海域沉积物有机碳和硫化物含量的年际变化

（四）生物质量

1. 2010年监测结果

双台子河口海域生物质量监测结果见表4-3，全部站位砷含量符合二类海洋生物质量标准，其余各项监测指标均符合一类海洋生物质量标准，表明双台子河口海域生物体主要受到砷污染。

表4-3 2010年双台子河口海域生物质量主要指标监测结果

项目	测值范围	平均值
总汞（×10^{-6}）	0.016～0.026	0.021
砷（×10^{-6}）	1.36～3.12	2.24
镉（×10^{-6}）	0.066～0.154	0.110
铅（×10^{-6}）	0.028～0.037	0.032
六六六（×10^{-6}）	0.000 3～0.000 6	0.000 5
滴滴涕（×10^{-6}）	0.001 2～0.005 1	0.003 2

2. 2005－2010年变化趋势

6年间，双台子河口海域生物质量主要指标的年际变化见表4-4，生物质量状况总体较差，石油烃、镉、砷存在不同程度的污染。其中，石油烃仅2007年符合二类海洋生物质量标准，其他年份均符合一类海洋生物质量标准；镉含量在2005－2008年符合二类、三类海洋生物质量标准；砷含量在2010年显著增加，全部站位砷含量超出一类海洋生物质量标准，为二类海洋生物质量。

表4-4 2005－2010年双台子口海域生物质量主要指标的年际变化

单位：mg/kg

年份	石油烃	总汞	砷	镉	铅	六六六	滴滴涕
2005	7.40	0.029	0.12	2.14	0.316	—	—
2006	7.12	0.030	0.15	1.80	0.366	—	—
2007	32.88	0.007	0.28	1.25	0.056	0.005 3	0.030 6
2008	6.29	0.027	0.14	2.14	0.244	—	—
2010	—	0.021	2.24	0.110	0.032	0.000 5	0.003 2

注："—"表示缺少监测数据。

二、生物群落

（一）浮游植物

1. 2010年监测结果

（1）种类组成

共鉴定出浮游植物44种，其中硅藻39种，甲藻4种，着色鞭毛藻1种。

（2）密度和优势种

浮游植物密度在14.0×10^4～324.5×10^4 cell/m^{3}之间波动，平均值为78.5×10^4 cell/m^3。浮游植物平面分布表现为近岸高，远岸低（图4-4）。浮游植物主要优势种（属）为中肋骨条藻和圆筛藻属；其中，中肋骨条藻密度占浮游植物总密度的 23.7%，圆筛藻属的密度占浮游植物总密度的 22.6%。

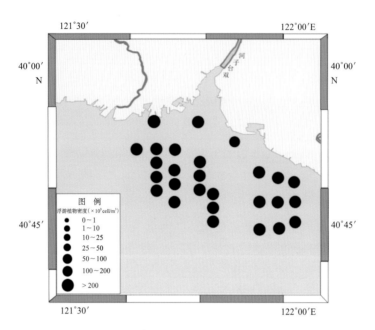

图4-4　2010年双台子河口海域浮游植物密度平面分布

2. 2005—2010年变化趋势

(1) 种类数

6 年间，共鉴定出浮游植物 54 种，其中硅藻 44 种，甲藻 8 种，其他藻类 2 种。浮游植物种类数呈现波动变化（图 4-5），种类数波动范围在 10～44 种之间，最小值出现在 2007 年，最大值出现在 2010 年。

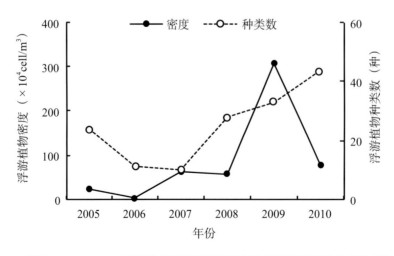

图4-5　2005—2010年双台子河口海域浮游植物密度和种类数的年际变化

（2）密度和优势种

浮游植物密度年均值在 $3.6×10^4 \sim 306×10^4$ cell/m³ 之间，平均为 $88.4×10^4$ cell/m³。年际波动较大（图4-5），最大值出现在2009年，最小值出现在2006年。2005－2010年，浮游植物密度年均值总体呈增加趋势。

优势种类逐年差异较小，2005－2010年第一优势种（属）依次分别为中肋骨条藻、圆筛藻属、圆筛藻属、圆筛藻属、中肋骨条藻、中肋骨条藻；主要优势种（属）为中肋骨条藻和圆筛藻属。

（二）浮游动物

1. 2010年监测结果

（1）种类组成

共鉴定出浮游动物16种和浮游幼虫（体）3大类。其中桡足类8种，毛颚类1种，原生动物7种。各站位浮游动物种（类）数在 $2 \sim 14$ 种之间。

（2）密度和优势种

浮游动物的密度变化范围为 $150 \sim 11\,195$ ind./m³，平均密度为 $3\,430$ ind./m³。平面分布呈远岸海域高于近岸海域（图4-6）。中华哲水蚤为主要优势种，站位出现率为100%，其数量占浮游动物总密度的93.1%。

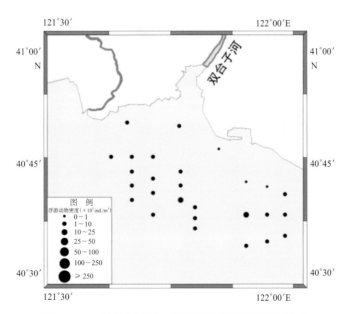

图4-6　2010年双台子河口海域浮游动物密度平面分布

（3）生物量

浮游动物的生物量变化范围为 $82 \sim 836$ mg/m³，平均生物量为 296 mg/m³。生物量的平面分布较为均匀，近岸海域生物量略低于远岸海域（图4-7）。

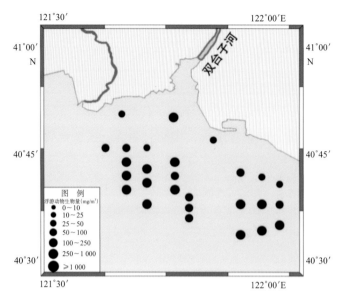

图4-7　2010年双台子河口海域浮游动物生物量平面分布

2. 2005—2010年变化趋势

（1）种类组成

本海域共鉴定出浮游动物6大类21种和5大类浮游幼虫（体）（不含鱼卵和仔稚鱼），其中桡足类10种，原生动物7种，水母类1种（为钵水母），毛颚类、十足类和涟虫类各1种。

（2）密度和优势种

浮游动物密度年均值变化范围为3 430～87 201 ind./m³，平均值为34 890 ind./m³。浮游动物密度年际变化总体呈先升高后降低的趋势，其中以2008年密度最高，2010年密度最低（图4-8）。密度优势种类年际差异不大，连续6年浮游动物第一优势种均为中华哲水蚤。

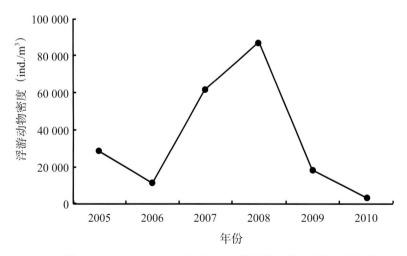

图4-8　2005—2010年双台子河口海域浮游动物密度的年际变化

（三）浅海底栖生物

1. 2010年监测结果

（1）种类组成

共鉴定出底栖生物 13 种，其中软体动物 5 种，环节动物 4 种，节肢动物 4 种，主要种类有缢蛏、长吻沙蚕、短脚围沙蚕和浪漂水虱等。

（2）密度和优势种

本海域浅海底栖生物密度在 5.00～30.00 ind./m² 之间，平均为 16.00 ind./m²。东部海区较高，西部海区较低（图 4-9）。各站位密度优势种类主要为长吻沙蚕、短脚围沙蚕、缢蛏和小头虫。各优势种在其站位所占比例为 20%～60%。

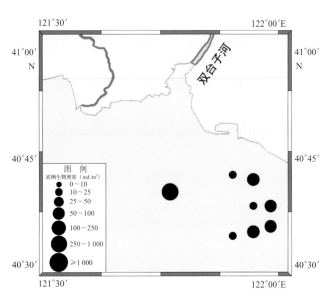

图4-9　2010年双台子河口海域浅海底栖生物密度平面分布

（3）生物量和优势种

本海域浅海底栖生物生物量在 0.82～22.85 g/m² 之间，平均为 7.41 g/m²。南部海区生物量最低，北部海区最高（图4-10）。各站位生物量优势种类分别为毛蚶、缢蛏、近方蟹、长吻沙蚕和泥蟹，各优势种在其站位所占比例为 43.7%～85.2%。

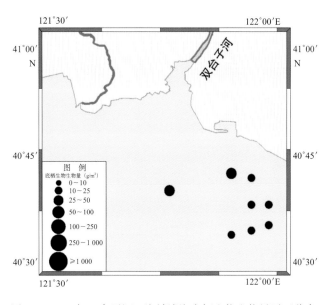

图4-10　2010年双台子河口海域浅海底栖生物生物量平面分布

2. 2005－2010年变化趋势

（1）种类数

6年间，浅海底栖生物种类的年际变化范围为13～35种，2009年最高，2005年最低；各站位平均种类数的年际变化范围为1.4～2.8种，2005年最高，2008年最低。

（2）密度和优势种

6年间，浅海底栖生物密度年均值在16.9～55.8 ind./m² 之间，平均为31.9 ind./m²，密度优势种类年际差异不大（图4-11）。2005－2010年第一优势种依次为水虱、竹蛏、海葵、镜蛤、长吻沙蚕、长吻沙蚕。

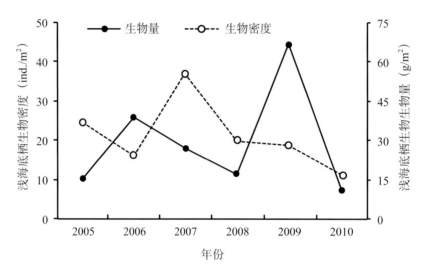

图4-11 2005－2010年双台子河口海域浅海底栖生物密度和生物量的年际变化

（3）生物量和优势种

6年间，浅海底栖生物年均生物量在7.41～44.64 g/m² 之间，平均值为19.59 g/m²（图4-11）。2005－2010年第一优势种依次为单环刺螠、单环刺螠、单环刺螠、关公蟹、毛蚶、长吻沙蚕。

（四）潮间带底栖生物

1. 2009年监测结果

（1）种类组成

共鉴定出底栖生物13种。其中，软体动物5种，环节动物4种，节肢动物4种，主要种类有缢蛏、长吻沙蚕、短脚围沙蚕和浪漂水虱等。

（2）密度和优势种

潮间带底栖生物密度在3.0～55.4 ind./m² 之间，平均值为15.0 ind./m²。东部海区较高，西部海区较低（图4-12）。各站位密度优势种分别为中华近方蟹、短脚围沙蚕和泥螺，各优势种在其站位所占比例为50%～91.7%。

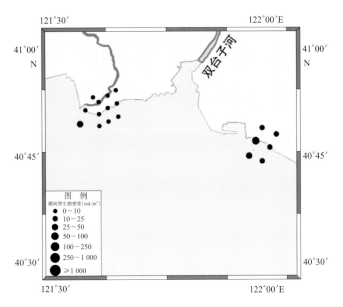

图4-12　2009年双台子河口海域潮间带底栖生物密度平面分布

（3）生物量和优势种

潮间带底栖生物生物量在 $1.00 \sim 3.00$ g/m² 之间，平均值为 1.39 g/m²。西部海区较高，东部海区生物量较低（图 4-13）。各站位生物量优势种类分别为中华近方蟹、泥螺、泥螺和豆形拳蟹，各优势种在其站位所占比例为 $56.6\% \sim 99.5\%$。

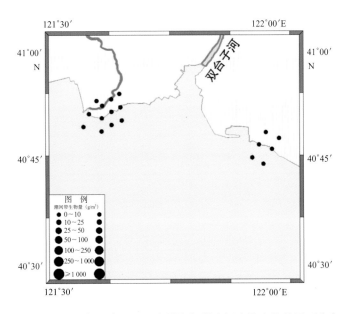

图4-13　2009年双台子河口海域潮间带底栖生物生物量平面分布

2. 2005—2009年变化趋势

（1）种类组成

5 年间，潮间带底栖生物种类的年际变化范围为 $7 \sim 13$ 种，2007 年最高，2008 年最低；各站位平均种类数的年际变化范围为 $1.54 \sim 13.3$ 种，2009 年最高，2005 年最低。

（2）生物量和优势种

5 年间，潮间带底栖生物年均值在 1.39～140.48 g/m² 之间，年际波动较大（图 4-14），平均值为 45.90 g/m²。2005－2009 年第一优势种依次为大眼蟹、泥螺、大眼蟹、宽身大眼蟹、宽身大眼蟹。

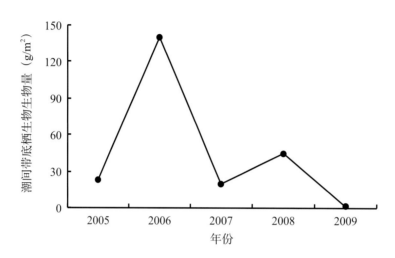

图4-14　2005－2009年双台子河口海域潮间带底栖生物生物量的年际变化

（五）鱼卵和仔稚鱼

2010 年春季（5 月），12 个鱼卵和仔稚鱼监测站位的监测结果如下。

1. 鱼卵

鱼卵的站位出现率为 66.7%，共鉴定出 5 种鱼卵。各站位鱼卵的密度在 5～25 ind./m³ 之间，平均为 12 ind./m³。

2. 仔稚鱼

仔稚鱼的站位出现率为 33.3%，共鉴定出 1 种仔稚鱼，为方氏云鳚幼鱼。各站位仔稚鱼的密度在 1～2 ind./m³ 之间，平均为 1.6 ind./m³。

三、生态健康状况

采用国家海洋局颁布的《近岸海洋环境生态健康评价指南》（HY/T 087 － 2005）河口生态环境评价方法进行评价，双台子河口海域的生态环境健康状况结果如下。

（一）2010年生态健康状况

2010 年，双台子河口海域水环境指数为 10.6；沉积环境指数为 10；生物质量指数为 7.9；栖息地指数为 10；生物群落指数为 23.3（图 4-15）。生态环境健康指数为 61.8，属于亚健康状态。

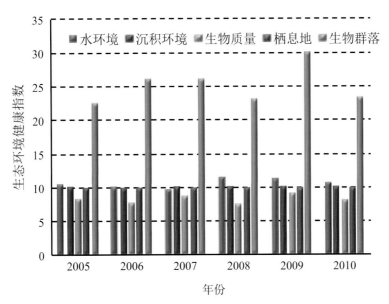

图4-15 2005－2010年双台子河口海域各项生态健康指数的年际变化

（二）2005－2010年生态健康状况变化趋势

6年间，双台子河口海域健康指数变化范围为60.9～70.1，生态环境始终处于亚健康状态。其中，2005年健康指数最低，2009年健康指数最高（图4-16）。

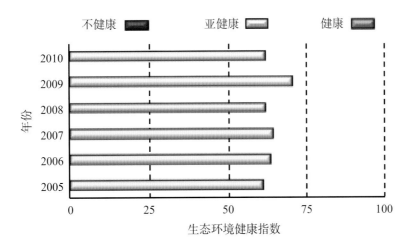

图4-16 2005－2010年双台子河口海域生态健康指数的年际变化

四、主要生态问题

（一）富营养化加剧、石油类和重金属污染趋于严重

来自大辽河、双台子河和大凌河携带的陆源污染物，海水养殖以及辽河油田石油钻探开发排放的污染物，导致近年来双台子河口海域环境质量发生较大的变化。2005－2010年监测结果表明，本海域海水环境已持续受到营养盐类的污染，尤以磷酸盐和无机氮污染严重。

2010 年所有站位磷酸盐含量均超出四类海水水质标准；生物质量状况总体较差，生物体遭到石油烃、镉、砷等的不同程度污染，海产品食用安全风险逐渐加大。

（二）人类开发活动频繁，湿地生境破碎化

由于苇田、盐田、虾田、油田和稻田等的开发活动不断加重，河口天然湿地面积不断遭到蚕食、系统完整性不断遭到破坏，不仅导致自然湿地生态系统的面积日益缩小，而且被人工生态系统及人为活动地带所分割和片断化，造成鱼、虾、蟹类洄游通道被阻隔，中华绒螯蟹（*Eriocheir sinensis*）等必须洄游到河口海域进行生殖的物种几近绝迹。构成双台子河口典型生境红海滩的天然翅碱蓬群落由于环境变化生长不良，分布面积很不稳定。1990 年曾有天然翅碱蓬面积 13 929 hm²；1995 年一下降到 1 427 hm²；2000 年降到最低，仅为 1 290 hm²；到 2005 年才又回升，达到 11 397 hm²。由于天然湿地面积的缩减，包括珍稀鸟类在内的飞禽和涉禽赖以生存的栖息地随之缩小，双台子河口国家级自然保护区主要保护物种黑嘴鸥和丹顶鹤的数量已锐减。同样，小型兽类、爬行类和两栖类也都受到不同程度的干扰，不仅导致湿地生物物种多样性降低，而且导致湿地生产力及生物量总体下降，特别是食物链高端动物的生产力和生物量比过去已有明显减少。

（三）生物群落结构明显改变，渔业资源呈衰退趋势

近 10 年来，由于双台子河口海域受磷酸盐、无机氮污染，加之盐度升高和不稳定等因素影响，生态条件极不稳定。浮游植物的种类组成和优势种类年间变化较大，浮游植物密度总体呈增长趋势，但主要优势种类基本为生态幅较宽、富营养性的中肋骨条藻和圆筛藻属等种类。浮游动物的密度和生物量则处于减少的趋势。大型底栖生物种类向个体小型化和低值化演变。与历史相比，底栖经济贝类（如文蛤、四角蛤蜊、毛蚶、青蛤和杂色蛤等）种群数量明显减少，有些种类已局部消失。传统优质鱼类，如黄姑鱼、白姑鱼、蓝点马鲛、小黄鱼、鲆鲽类、鳐类、梅童鱼类、鲈鱼和梭鱼等种类和数量越来越少，有的几近绝迹，而小型鱼类和草食性鱼类，如斑鰶、黄鲫和青鳞等比例则越来越多。

第二节　滦河口—北戴河海域

一、生境条件

（一）区域自然特征

1. 自然环境

滦河是华北地区的大河之一，发源于河北省北部，主要流经内蒙古、辽宁和河北，全长 877 km，流域面积 4.47×10⁴ km²。该河主要支流有小滦河、伊逊河、武烈河、老牛河、柳河、瀑河、青龙河、兴州河、撒河等，水系呈羽状分布。滦河水量较丰沛，河北省滦县站测得多年平均径流量为 45.63×10⁸ m³。滦河天然径流基本集中在夏季，6—9 月径流量约占全年径

流总量的 3/4。冬季河流封冻期较长，春季冰雪融化形成春汛。滦河口是个典型的波控型三角洲河口，河口的波浪能把径流带来的泥沙输往河口两侧，河口附近岸线比较平直，河口向海域突出不明显，河流汊道呈指状分布。

滦河中下游有潘家口、大黑汀、桃林口 3 座大型水库，控制了流域 90% 面积的汇水。拦蓄洪水，发电灌溉，工农业生产等，削减了滦河约 63% 的入海径流量。加上引滦入津和引滦入唐等工程，入海水量更是大幅减少，遇干旱季节甚至造成多河断流。

河北昌黎黄金海岸国家级自然保护区位于本区中部昌黎县岸段，于 1990 年经国务院批准建立。保护对象为海岸自然景观及所在海区的生态环境，包括林带、沙丘、沙堤、潟湖、水域、鸟类和文昌鱼等构成的海岸和浅海生态系统。该保护区以平原海岸地貌和较湿润的温带季风气候为自然地理特征，自然资源丰富，尤以砂质海岸闻名于世。

2. 监测范围及内容

滦河口—北戴河海域监测范围，包括滦河口至北戴河 15 m 等深线以内的近岸海域及海岸带区域，经纬度范围为 39°26′00″—39°56′00″N、119°18′00″—119°48′00″E。地理位置及监测站位见图 4-17。

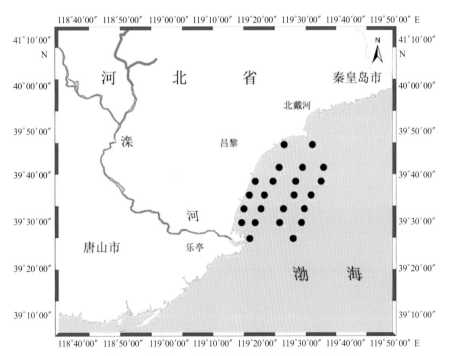

图4-17 滦河口—北戴河海域地理位置及监测站位

为查明本海域生态环境状况及其变化趋势，在以往调查的基础之上，2005—2010 年每年监测一次（8 月），海水环境和生物群落监测共设 24 个站位。海水环境监测项目包括盐度、pH、溶解氧、无机氮和磷酸盐共 5 项；生物群落监测项目包括浮游植物、浮游动物、浅海底栖生物和潮间带底栖生物。沉积物质量监测与海水环境监测同步进行，站位同海水环境，监测项目包括有机碳、硫化物、总汞、砷、锌、铅、镉和石油类共 8 项。生物质量监测每年监测一次（8 月），以中国蛤蜊等贝类作为检测样品，监测项目包括石油烃、总汞、铅、镉、砷、六六六和滴滴涕共 7 项。

（二）海水环境

1. 2010年监测结果

滦河口－北戴河海域表层海水主要环境要素的监测结果见表4-5。

表4-5　2010年滦河口－北戴河海域海水主要环境要素监测结果

项目	测值范围	平均值
盐度	31.339～31.720	31.492
pH	7.99～8.27	8.15
溶解氧（mg/L）	4.66～9.60	7.90
无机氮（mg/L）	0.091 6～1.953 0	1.202 6
磷酸盐（mg/L）	0.005 0～0.014 9	0.008 1

（1）盐度

海水盐度变化范围在31.339～31.720之间，平均值为31.492。

（2）pH

海水pH变化范围为7.99～8.27，平均值为8.15；全部站位的pH均符合一类海水水质标准。

（3）溶解氧

海水溶解氧含量变化范围为4.66～9.60 mg/L，平均值为7.90 mg/L；90%以上的站位溶解氧含量符合一类、二类海水水质标准。

（4）无机氮

海水无机氮含量变化范围为0.091 6～1.953 0 mg/L，平均值为1.202 6 mg/L；79.2%的站位无机氮含量劣于四类海水水质标准，个别站位的最大超标倍数为2.9倍。

（5）磷酸盐

磷酸盐含量变化范围为0.005 0～0.014 9 mg/L，平均值为0.008 1 mg/L；全部站位磷酸盐含量均符合一类海水水质标准。

2. 2005－2010年变化趋势

滦河口－北戴河海域表层海水主要环境要素的年际变化见图4-18。

6年间，滦河口－北戴河海域表层海水盐度和pH年际波动较小。溶解氧年均含量呈波动变化、总体略呈上升趋势。2005－2009年无机氮年均含量变化不大，但2010年无机氮含量急剧上升、年均含量超过1 mg/L（为劣四类海水水质）。磷酸盐年均含量6年间呈波动变化、总体略呈下降趋势。就海水水质而言，滦河口－北戴河海域表层海水水质主要指标均呈不同程度的波动变化，值得注意的是2010年无机氮含量较往年急剧增加，成为滦河口海域海水的主要污染因子。

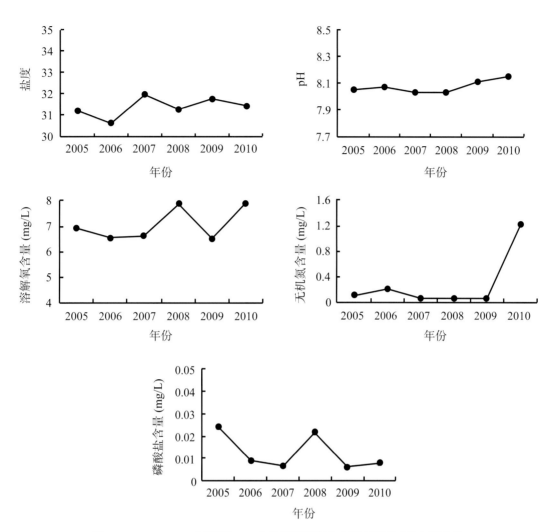

图4-18　2005—2010年滦河口—北戴河海域海水主要环境要素的年际变化

（三）沉积物质量

1.2010年监测结果

滦河口—北戴河海域沉积物质量监测结果见表4-6。从表4-6可知，各项监测指标的全部测值均符合一类海洋沉积物质量标准，表明本海域海洋沉积物质量总体良好。

表4-6　2010年滦河口—北戴河海域沉积物质量主要指标监测结果

项目	测值范围	平均值
有机碳（$\times 10^{-2}$）	0.01～1.29	0.27
硫化物（$\times 10^{-6}$）	14.2～164.0	52.1
石油类（$\times 10^{-6}$）	21.5～31.6	27.1
总汞（$\times 10^{-6}$）	0.034 4～0.052 9	0.040 6
砷（$\times 10^{-6}$）	5.46～7.76	6.83
锌（$\times 10^{-6}$）	10.9～22.8	15.2
镉（$\times 10^{-6}$）	0.034 9～0.128 0	0.073 3
铅（$\times 10^{-6}$）	10.3～12.1	11.2

2. 2005—2010年变化趋势

滦河口—北戴河海域沉积物有机碳和硫化物含量的年际变化见图4-19。从图4-19可知，沉积物有机碳年均含量呈波动变化，硫化物年均含量呈降低趋势，6年间有机碳和硫化物含量均符合一类海洋沉积物质量标准。

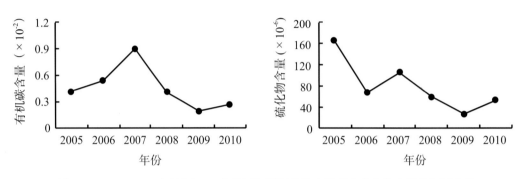

图4-19　2005—2010年滦河口—北戴河海域沉积物有机碳和硫化物含量的年际变化

（四）生物质量

1. 2010年监测结果

滦河口—北戴河海域生物质量监测结果见表4-7。从表4-7可知，全部站位总汞含量均符合一类海洋生物质量标准，其他监测指标均超出一类海洋生物质量标准。其中，以砷含量超标最为严重，超出三类海洋生物质量标准；镉、石油烃和铅次之，符合二类海洋生物质量标准。

表4-7　2010年滦河口—北戴河海域生物质量主要指标监测结果

项目	测值范围	平均值
石油烃（×10⁻⁶）	21.90～41.70	35.15
总汞（×10⁻⁶）	0.008～0.019	0.014
砷（×10⁻⁶）	6.69～15.20	12.77
镉（×10⁻⁶）	0.519～1.560	1.022
铅（×10⁻⁶）	0.135～0.602	0.328
六六六（×10⁻⁶）	0.000 58～0.003 10	0.001 55
滴滴涕（×10⁻⁶）	0.002 86～0.008 65	0.005 28

2. 2005—2010年变化趋势

6年间，滦河口—北戴河海域生物质量状况总体较差且呈下降趋势（表4-8）。从表可知，除总汞含量连续6年符合一类海洋生物质量标准外，石油烃、砷、镉、铅、六六六、滴滴涕等均出现不同程度超标。镉仅2006年符合一类海洋生物质量标准，其余年份均属于二类海洋生物质量；2007—2010年连续4年石油烃含量超出一类海洋生物质量标准，其中2010年站位超标率为100%，均属于二类海洋生物质量；2008年砷含量属于二类海洋生物质量，

2009－2010年属于三类海洋生物质量；铅连续6年超出一类海洋生物质量标准，属于二类海洋生物质量。

表4-8 2005－2010年滦河口－北戴河海域生物质量主要指标的年际变化

年份	石油烃 (×10⁻⁶)	总汞 (×10⁻⁶)	砷 (×10⁻⁶)	镉 (×10⁻⁶)	铅 (×10⁻⁶)	六六六 (×10⁻⁶)	滴滴涕 (×10⁻⁶)
2005	6.29	0.011	0.87	0.289	0.161	0.8	0.8175
2006	7.79	0.019	0.98	0.134	0.094	0.004 19	0.001 41
2007	16.86	0.029	0.3	0.28	0.064	0.007 93	0.017 32
2008	21.13	0.028	1.83	0.16	0.103	—	—
2009	15.06	0.006	5.05	0.234	0.104	0.7525	10.692 5
2010	35.15	0.014	12.77	1.022	0.328	0.001 55	0.005 28

二、生物群落

（一）浮游植物

1. 2010年监测结果

（1）种类组成

共鉴定出浮游植物42种。其中，硅藻36种，甲藻5种，金藻1种。

（2）密度和优势种

浮游植物密度波动范围在 $0.35×10^4～1\,449.92×10^4\,cell/m^3$ 之间，平均密度为 $78.16×10^4\,cell/m^3$。浮游植物密度的平面分布呈近岸高、远岸低的趋势（图4-20）。浮游植物主要优势种为海链藻。

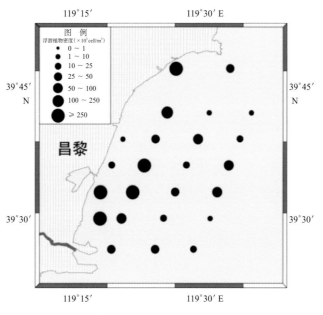

图4-20 2010年滦河口－北戴河海域浮游植物密度平面分布

2. 2005—2010年变化趋势

（1）种类组成

6年共鉴定出浮游植物122种。其中，硅藻26属94种，甲藻6属27种，金藻1种。6年种类数的年际变化范围为42~70种，最小值出现在2010年，最大值出现在2007年。6年来浮游植物种类数呈波动变化，总体趋势为先增加后降低（图4-21）。

（2）密度和优势种

6年间，浮游植物密度年均值变化范围为$4.9 \times 10^4 \sim 3\ 265.2 \times 10^4\ cell/m^3$，平均值为$1\ 381.0 \times 10^4\ cell/m^3$。2005—2010年间，浮游植物平均密度呈波动变化，最大值出现在2006年和2008年，最小值出现在2009年（图4-21）。

优势种年间差异较大，2005—2010年第一优势种分别依次为辐射圆筛藻、柔弱角毛藻、笔尖根管藻、尖刺菱形藻、绕孢角毛藻、海链藻。

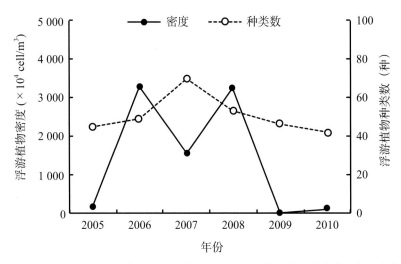

图4-21　2005—2010年滦河口—北戴河海域浮游植物密度和种类数的年际变化

（二）浮游动物

1. 2010年监测结果

（1）种类组成

共鉴定出浮游动物24种、浮游幼虫（体）14大类（不含鱼卵和仔稚鱼）。其中，水母类15种（水螅水母14种、栉水母1种），桡足类13种，毛颚类1种，端足类1种，原生动物3种。

（2）密度和优势种

浮游动物的密度变化范围为$1\ 475 \sim 41\ 354\ ind./m^3$，平均密度为$12\ 351\ ind./m^3$。平面分布呈近岸低、远岸高的特点（图4-22）。主要优势种为小拟哲水蚤、双毛纺锤水蚤和拟长腹剑水蚤。

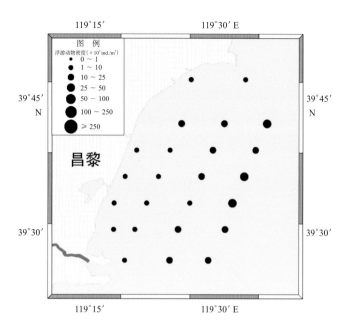

图4-22 2010年滦河口—北戴河海域浮游动物密度平面分布

（3）生物量

浮游动物生物量变化范围为 12～1 321 mg/m³，平均生物量为 381 mg/m³。生物量的平面分布较为均匀，远岸生物量略高于近岸（图 4-23）。

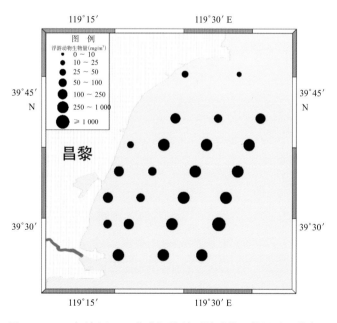

图4-23 2010年滦河口—北戴河海域浮游动物生物量平面分布

2. 2005—2010年变化趋势

（1）种类组成

6年共鉴定出浮游动物9大类58种、浮游幼虫（体）21大类（不含鱼卵和仔稚鱼）。其中，桡足类 24 种，水母类 20 种（水螅水母 19 种、栉水母 1 种），原生动物 6 种，枝角类和十足类各 2 种，毛颚类、端足类、糠虾类和被囊类各 1 种。

（2）密度和优势种

6 年间，浮游动物密度年均值变化范围为 7 310～38 675 ind./m³，平均值为 19 287 ind./m³。浮游动物密度的年际变化总体呈降低趋势，其中以 2005 年的密度最高，以 2008 年最低（图 4-24）。浮游动物密度优势种类年际差异不大，第一优势种均为小拟哲水蚤。

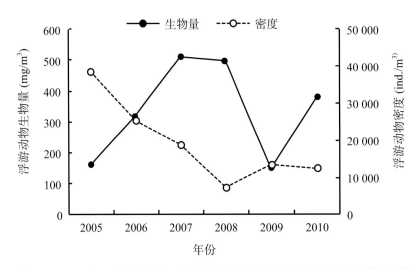

图4-24　2005—2010年滦河口—北戴河海域浮游动物密度和生物量的年际变化

（3）生物量

6 年间，浮游动物的生物量年均值变化范围为 147～513 mg/m³，平均值为 337 mg/m³。浮游动物生物量呈波动变化，以 2007 年和 2008 年生物量较高，以 2005 年和 2009 年生物量较低（图 4-24）。

（三）浅海底栖生物

1. 2010年监测结果

（1）种类组成

共鉴定出浅海底栖生物 79 种。其中，环节动物 47 种，软体动物 11 种，节肢动物 17 种，棘皮动物 1 种，纽形动物 1 种，腕足动物 1 种，头索动物 1 种。主要种类有长足长方蟹、刀额新对虾、鼓虾、弧边招潮蟹、可口革囊星虫、褶痕相手蟹等。

（2）密度和优势种

浅海底栖生物密度在 20～540 ind./m² 之间，平均密度为 173.13 ind./m²。中部海区略低于其他海区（图 4-25）。各站位密度优势种类主要为豆形短眼蟹、不倒翁虫、日本拟背尾水虱、西方似蛰虫、文昌鱼、裸盲蟹、日本美人虾、哈氏美人虾、欧努菲虫、那不勒斯膜帽虫、细螯虾，各优势种数量在其站位所占比例分别为 8.33%～80%。

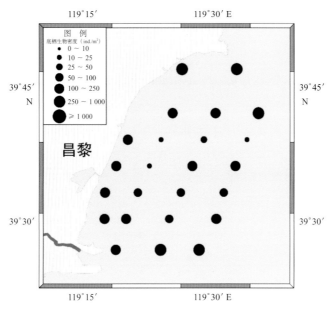

图4-25 2010年滦河口—北戴河海域浅海底栖生物密度平面分布

（3）生物量和优势种

浅海底栖生物生物量变化范围为 0.35～50.498 g/m²，平均生物量为 11.30 g /m²。近岸海域生物量高于远岸海域（图4-26）。各站位生物量优势种主要为裸盲蟹、文昌鱼、哈氏美人虾、文昌鱼、澳洲鳞沙蚕和中国蛤蜊，各优势种生物量在其站位所占比例为 12%～90%。

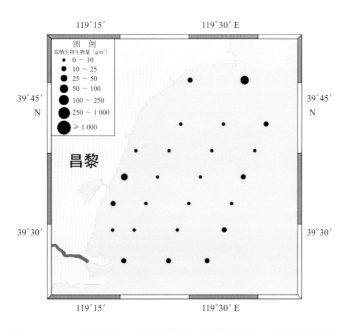

图4-26 2010年滦河口—北戴河海域浅海底栖生物生物量平面分布

2. 2005—2010年变化趋势

（1）种类组成

6年间，浅海底栖生物种类的年际变化范围为57～127种，2005年最高，2007年最低。各站位平均种类数年际变化范围为9～11种，2007年最低，2008年最高。

（2）密度和优势种

6年间，浅海底栖生物密度年均值范围为160.0～532.5 ind./m²，平均值为77.9 ind./m²，呈先升后降趋势（图4-27）。2005—2010年密度优势种依次为文昌鱼、凸壳肌蛤、寻氏肌蛤、结节刺樱虫、脆壳理蛤、豆形短眼蟹。

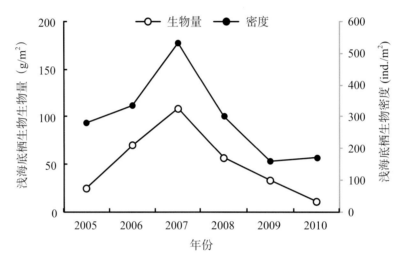

图4-27　2005—2010年滦河口—北戴河海域浅海底栖生物密度和生物量的年际变化

（3）生物量和优势种

6年间，浅海底栖生物生物量年均值范围为11.30～108.92 g/m²，平均值为50.87 g/m²，呈先升后降趋势（图4-27）。2005—2010年生物量优势种依次为薄荚蛏、光滑河篮蛤、寻氏肌蛤、凸壳肌蛤、扁玉螺、澳洲鳞沙蚕。

（四）潮间带底栖生物

1. 2010年监测结果

（1）种类组成

共鉴定出潮间带底栖生物20种。其中，环节动物5种，软体动物5种，节肢动物7种，脊椎动物1种，纽形动物1种，腔肠动物1种。主要种类有阿曼吉虫、钩虾、霍氏三强蟹、日本刺沙蚕、双扇股窗蟹、文蛤等。

（2）密度和优势种

2010年，潮间带底栖生物栖息密度变化范围为1～216 ind./m²，平均值为43.0 ind./m²。北部海区较高，南部海区较低（图4-28）。各站位密度优势种主要为腹虾虎鱼、钩虾、长趾股窗蟹、日本刺沙蚕，各优势种数量在其站位所占比例为20.4%～94.1%。

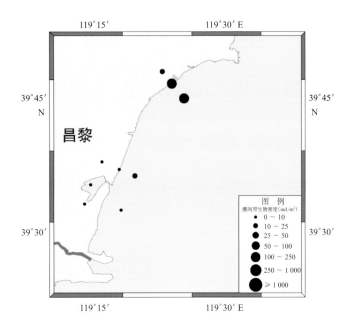

图4-28 2010年滦河口—北戴河海域潮间带底栖生物密度平面分布

（3）生物量和优势种

2010 年，潮间带底栖生物生物量变化范围为 0.50～85.37 g/m²，平均生物量为 25.77 g/m²。北部海区较高，南部海区较低（图 4-29）。各站位生物量优势种主要为菲律宾蛤仔、青蛤、文蛤、长趾股窗蟹，各优势种生物量在其站位所占比例为 70.0%～94.9%。

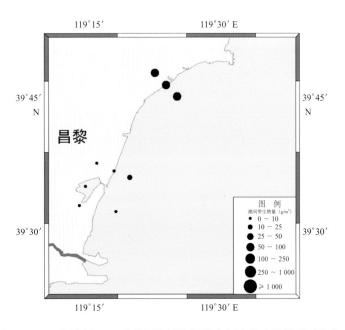

图4-29 2010年滦河口—北戴河海域潮间带底栖生物生物量平面分布

2. 2005－2010年变化趋势

（1）种类组成

6年间，潮间带底栖生物种类的年际变化不大，呈波动变化。总种类数2005年最高，为55种，2007年最低，为44种。

（2）密度和优势种

6年间，潮间带底栖生物密度年均值变化范围为9.9～47.0 ind./m²，平均值为22.8 ind./m²。潮间带底栖生物密度年际波动较大（图4-30）。2005－2010年第一优势种依次为菲律宾蛤仔、菲律宾蛤仔、彩虹明樱蛤、日本美人虾、彩虹明樱蛤、腹虾虎鱼。

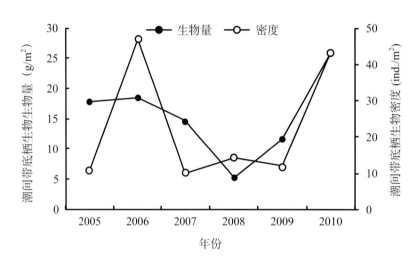

图4-30　2005－2010年滦河口—北戴河海域潮间带底栖生物密度和生物量的年际变化

（3）生物量和优势种

6年间，潮间带底栖生物年均值变化范围为11.60～25.77 g/m²，平均值为17.73 g/m²。生物量呈波动变化（图4-30）。2005－2010年第一优势种依次为短叶索沙蚕、青蛤、文蛤、日本美人虾、青蛤、文蛤。

三、生态健康状况

采用国家海洋局颁布的《近岸海洋环境生态健康评价指南》（HY/T 087－2005）河口生态环境评价方法进行评价，滦河口—北戴河海域的生态环境健康状况结果如下。

（一）2010年生态健康状况

2010年滦河口—北戴河海域的水环境指数为13.4；沉积环境指数为10；生物质量指数为5.2；栖息地指数为10.8；生物群落指数为34（图4-31）。生态环境健康指数为73.4，属于亚健康状态。从图4-31可知，2010年健康指数较低的主要原因是生物群落指数虽有明显提高，但生物质量指标下降较大。

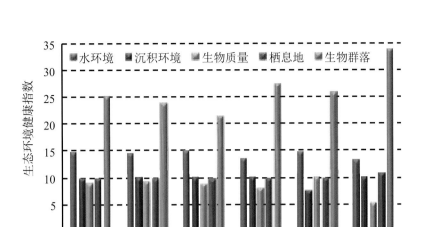

图4-31 2005—2010年滦河口—北戴河海域各项生态健康指标的年际变化

（二）2005—2010年生态健康状况变化趋势

6年间，滦河口—北戴河海域的健康指数变化范围为65.4～73.4，生态环境始终处于亚健康状态（图4-32）。生态健康指数呈波动变化，2007年健康指数最低，2010年健康指数最高。

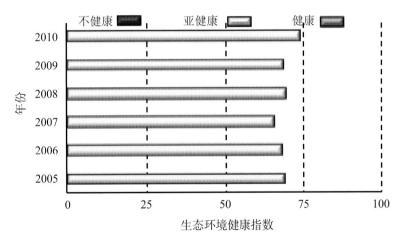

图4-32 2005—2010年滦河口—北戴河海域生态健康指数的年际变化

四、主要生态问题

（一）入海径流量减少或断流，河口海域水质很差

目前，滦河中下游的潘家口、大黑汀和桃林口3座大型水库，控制了流域90%的汇水面积，削减了滦河63%的径流量。加之上游沿河工农业用水量剧增，下游来水及入海水量明显减少，遇到干旱季节便出现多河断流。据监测，虽然大、中型水库上游水质仍为良好，但由于沿河环境污染导致下游水质较差，各河口段水质出现不同程度下降。由于这些入海河

流的影响，河口海域的水质也随之普遍变差。2010 年 8 月，监测海域海水中无机氮含量在 0.091 6～1.953 0 mg/L 之间，平均值为 1.202 6 mg/L，属于劣四类海水水质。

（二）增养殖业快速发展，海域生境恶化加剧

2004—2008 年间，海区增养殖面积及产值呈快速上升趋势。其中，海水养殖面积由 2004 年的约 $1.47×10^4$ hm^2 增至 2008 年的约 $3.4×10^4$ hm^2，底播增殖面积由 2004 年的约 1 267 hm^2 增至 2008 年的约 2 593 hm^2。由于养殖水域大量投饵，受残饵影响，海水中氮、磷含量明显增加。养殖自身污染对滦河口－北戴河海域生态系统构很大压力。同时，由于养殖污染物的沉降导致沉积物组分改变，使得适宜文昌鱼栖息的生境面积不断缩减。2001—2008 年文昌鱼的栖息密度和生物量总体呈逐年降低趋势，2006 年栖息密度降至最低值，为 64 ind./m^2；2008 年生物量为 3.13 g/m^2，降至 1999 年以来的最低值。6 年间，滦河口－北戴河海区生境较差。浮游植物种类数和密度年间波动较大，总体密度偏高；浮游动物密度略呈下降趋势；底栖生物生物量和密度均偏低。生态系统始终处于亚健康状态。

（三）捕捞压力过大，优质渔业资源严重衰退

海洋捕捞业是该区传统海洋产业之一。2008 年监控区内共有渔船 951 艘，总吨位 $2.12×10^4$ t，总功率 $5.51×10^4$ kW，海洋捕捞产量 $1.38×10^4$ t。1985—2005 年捕捞量大体呈上升趋势，但到 2005—2008 年则呈下降趋势。20 世纪末主要捕捞对象有小黄鱼、带鱼、马鲛鱼、对虾、海蜇、毛虾、梭子蟹、黄姑鱼、棘头梅童鱼、青鳞鱼、鲻鱼等，目前上述传统优质资源均已严重衰退。

（四）滨海旅游业发展迅速，海域环境压力巨大

本海域周边有北戴河、南戴河、黄金海岸三个滨海旅游区，北戴河入选了"中国旅游胜地四十佳"，黄金海岸被《中国国家地理》杂志评为"中国最美的八大海岸"之一，旅游观光的人数逐年增加，仅 2005 年旅游观光的人数就高达 792.1 万人；随着游客人数的增加，对自然环境的破坏和污染也随之加大，给生态环境带来巨大压力。例如，滑沙中心沙丘的最大高度在人为因素影响下由 29.81 m 降至 28.12 m，降低了 1.69 m，大坞顶沙丘高度较 2009 年降低了 0.81 m，沙丘坡脚线向陆移动了 6 m。2010 年环境监测结果表明，本海域海水受到无机氮的污染，属于劣四类海水水质；2005—2010 年生物质量状况总体也较差，石油烃、砷、镉、铅、六六六、滴滴涕等均出现不同程度超标。

第三节 黄河口海域

一、生境条件

（一）区域自然特征

1. 自然环境

黄河是我国仅次于长江的第二大河，西出青藏高原，东入渤海，全长 5 464 km，流域面

积 $75.2 \times 10^4 \, \text{km}^2$。黄河由西至东流经青海、四川、甘肃、宁夏、内蒙古、陕西、山西、河南、山东9个省份，在山东垦利县流入渤海。黄河上游流经兰州、银川、石嘴山、乌海、包头等城市；中游流经黄土高原，由于大量泥沙进入黄河，使其成为世界上含沙量最高的河流；下游流经山东省济南市、滨州市、利津县和垦利县等地；利津以下河段为黄河河口段。黄河入海口因泥沙淤积，不断延伸摆动。目前黄河的入海口位于渤海湾与莱州湾交会处，是1976年人工改道后、经清水沟淤积塑造的新河道。黄河口气候受欧亚大陆和太平洋的共同影响，属于暖温带半湿润大陆性季风气候区。主要特点是季风影响显著，冬寒夏热，四季分明。

黄河作为世界著名的多沙河流，过去平均每年将 $12 \times 10^8 \, \text{t}$ 悬移质泥沙输送入海，占全世界河流年入海悬移质泥沙总量 $180 \times 10^8 \sim 240 \times 10^8 \, \text{t}$ 的5%以上。几十年来，黄河入海沙量呈逐年减少趋势，甚至下游出现断流断沙现象。从2002年起，每年进行调水调沙，以刷深黄河河槽、增加过流能力，从而增大了黄河三角洲地区的来水来沙量，使黄河三角洲湿地面积保持相对稳定，并有所扩大。

黄河三角洲湿地生物丰富多样，种类繁多。陆生脊椎动物有300种。其中，兽类20种，鸟类265种，爬行类9种，两栖类6种；陆生无脊椎动物503种；水生动物共800余种。黄河口海域曾是黄渤海众多洄游性鱼虾蟹类的重要产卵场、育幼场和索饵场，也是许多重要经济贝类的栖息地。为保护湿地的生境及生物多样性，现建有黄河三角洲国家级自然保护区、山东东营黄河口生态国家级海洋特别保护区、山东东营利津底栖鱼类生态国家级海洋特别保护区、山东东营河口浅海贝类生态国家级海洋特别保护区、黄河口半滑舌鳎国家级水产种质资源保护区和黄河口文蛤国家级水产种质资源保护区等。

黄河口为宽阔的陆地生态系统和海洋生态系统的交错带，呈现出以下生态特点：① 黄河口是由海洋向陆地的过渡地带，生态系统抗干扰能力弱，对外界变化的适应能力较差。在人类不合理的开发下会降低其自我调节和恢复能力，容易造成生态系统生态退化；② 由于黄河口的淤积和摆动，河口两侧海岸线频繁淤进或蚀退。每遇风暴潮时，受海水影响容易造成土地盐渍化，引起湿地植被退化；③ 油田在原油生产和加工时的跑、冒、滴、漏，常成为河口海域的主要污染来源，降低环境质量。这些特点都成为造成黄河三角洲湿地生境的不稳定性和脆弱性的重要因素。

2. 监测范围及内容

黄河口海域监测的范围包括黄河口及其毗邻海域，地理坐标 $37°20'00'' - 38°02'22''\text{N}$、$118°56'31'' - 119°31'00''\text{E}$。为查明本海域生态环境状况及其变化趋势，在以往调查的基础之上，2005—2010年每年监测一次（8月）。海水环境和生物群落监测共设33个站位（图4-33）。海水环境监测项目包括盐度、pH、溶解氧、无机氮、磷酸盐和化学需氧量共6项；生物群落监测项目包括浮游植物、浮游动物、浅海底栖生物和潮间带底栖生物，另于5月增加鱼卵和仔稚鱼监测项目。沉积物质量监测与海水环境监测同步进行，在海水环境监测站位中均匀选取18个站位，监测项目包括有机碳、硫化物、总汞、铜、铅、镉、铬、石油类、锌和砷共10项。生物质量监测每年监测一次（8月），以四角蛤蜊等贝类作为检测样品，监测项目包括石油烃、总汞、铅、镉、砷和六六六共6项。

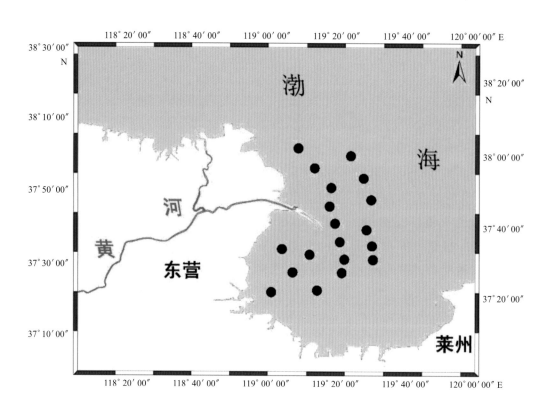

图4-33 黄河口海域地理位置及监测站位

（二）海水环境

1. 2010年监测结果

黄河口海域海水主要环境要素监测结果见表4-9。

表4-9 2010年黄河口海域主要海水环境要素监测结果

项目		测值范围	平均值
盐度	表层	30.343～31.045	30.788
	底层	30.574～30.894	30.777
pH	表层	7.83～8.13	8.00
	底层	7.96～8.08	8.01
溶解氧（mg/L）	表层	5.76～7.30	6.51
	底层	5.98～7.33	6.73
无机氮（mg/L）	表层	0.043 2～0.162 2	0.108 2
	底层	0.049 6～0.148 7	0.106 9
磷酸盐（mg/L）	表层	0.001 2～0.015 0	0.005 3
	底层	0.001 2～0.009 1	0.003 6
化学需氧量（mg/L）	表层	0.60～2.00	1.06
	底层	0.54～1.08	0.84

（1）盐度

表层海水盐度变化范围为 30.343～31.045，平均值为 30.788；底层海水盐度变化范围为 30.574～30.894，平均值为 30.777。各站位表层和底层海水盐度较为均匀。全海域盐度的平面分布变化较小。

（2）pH

表层海水 pH 变化范围为 7.83～8.13，平均值为 8.00；底层海水 pH 变化范围为 7.96～8.08，平均值为 8.01。各站位表层和底层海水的 pH 差异不大，河口区 pH 略低于外围海域。全部站位的 pH 值均符合一类海水水质标准。

（3）溶解氧

表层海水溶解氧含量变化范围为 5.76～7.30 mg/L，平均值为 6.51 mg/L；底层海水溶解氧含量变化范围为 5.98～7.33 mg/L，平均值为 6.73 mg/L。全海域表层溶解氧含量均符合一类海水水质标准，底层 90% 站位符合一类海水水质标准；表底和底层溶解氧含量的分布均呈南高北低和近岸高远岸低的趋势。

（4）无机氮

表层海水无机氮含量变化范围为 0.043 2～0.162 2 mg/L，平均值为 0.108 2 mg/L；底层海水无机氮含量变化范围为 0.049 6～0.148 7 mg/L，平均值为 0.106 9 mg/L。全部站位无机氮含量均符合一类海水水质标准，河口区无机氮含量略高于外围海域，最高值出现在黄河口南部海域。

（5）磷酸盐

表层海水磷酸盐含量变化范围为 0.001 3～0.015 0 mg/L，平均值为 0.005 3 mg/L；底层海水磷酸盐含量变化范围为 0.001 2～0.009 1 mg/L，平均值为 0.003 6 mg/L。全部站位海水磷酸盐含量均符合一类海水水质标准，在空间分布上呈河口区高而外围区低的变化趋势。

（6）化学需氧量（COD_{Mn}）

表层海水化学需氧量含量变化范围为 0.60～2.00 mg/L，平均含量为 1.06 mg/L；底层化学需氧量含量变化范围为 0.54～1.08 mg/L，平均含量为 0.84 mg/L。全部测值均符合一类海水水质标准，但河口区化学需氧量相对较高。

2. 2005－2010年变化趋势

6 年间，黄河口海域表层海水主要环境要素的年际变化见图 4-34。

6 年来，黄河口海域表层海水盐度略有上升；pH 基本保持稳定；溶解氧年均含量总体略呈下降趋势；无机氮和磷酸盐年均含量不高且呈下降趋势。总体而言，黄河口海域除了表层盐度略呈上升和溶解氧含量下降外，表层海水的环境质量较好。

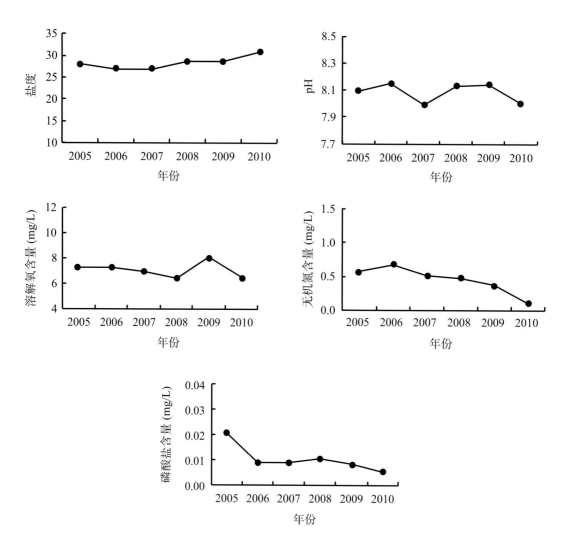

图4-34 2005—2010年黄河口海域主要海水环境要素的年际变化

（三）沉积物质量

1. 2010年监测结果

黄河口海域沉积物质量监测结果见表4-10。从表可见，7.14%站位石油类含量超出一类海洋沉积物质量标准，其余各项指标均符合一类海洋沉积物质量标准，表明本海域沉积物质量状况总体良好。

表4-10 2010年黄河口海域沉积物质量主要指标监测结果

项目	测值范围	平均值
有机碳（×10⁻²）	0.083～0.357	0.211
硫化物（×10⁻⁶）	14.60～32.10	24.82
石油类（×10⁻⁶）	3.60～648.00	100.62
总汞（×10⁻⁶）	0.009 4～0.092 3	0.044 4
铜（×10⁻⁶）	12.2～22.6	16.5

续 表

项目	测值范围	平均值
铅（$\times 10^{-6}$）	11.7～24.7	16.0
镉（$\times 10^{-6}$）	0.102～0.161	0.136
铬（$\times 10^{-6}$）	13.0～24.1	6.5
锌（$\times 10^{-6}$）	14.8～25.4	21.0
砷（$\times 10^{-6}$）	5.08～7.64	6.54

2. 2006—2010年变化趋势

5年间，黄河口沉积物质量状况的年际变化见图4-35。从图4-35可见，黄河口海域沉积物中有机碳年均含量变化范围为 $0.133\,0 \times 10^{-2} \sim 0.266\,8 \times 10^{-2}$，硫化物的年均含量变化范围为 $18.606 \times 10^{-6} \sim 26.167 \times 10^{-6}$。虽然有机碳和硫化物的年均含量均呈波动式缓慢上升趋势，但5年间黄河口沉积物质量均符合一类海洋沉积物质量标准。

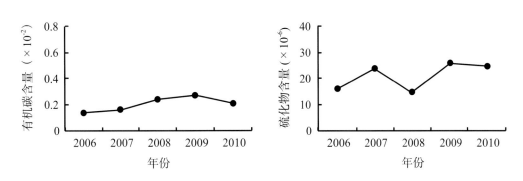

图4-35　2006—2010年黄河口海域沉积物有机碳和硫化物含量的年际变化

（四）生物质量

1. 2008年监测结果

黄河口海域生物质量监测结果见表4-11。从表4-11可见，总汞、铅、六六六含量均符合一类海洋生物质量标准；16.7%站位石油烃含量超出一类海洋生物质量标准，所有站位砷含量超出一类海洋生物质量标准，66.7%站位镉含量超出一类海洋生物质量标准，但所有站位石油烃、砷和镉的含量均符合二类海洋生物质量标准。

表4-11　2008年黄河口海域生物质量主要指标监测结果

项目	测值范围	平均值
石油烃（$\times 10^{-6}$）	3.84～15.30	4.27
总汞（$\times 10^{-6}$）	0.002\,5～0.037\,9	0.014\,8
砷（$\times 10^{-6}$）	1.02～2.54	1.58
镉（$\times 10^{-6}$）	0.153～0.823	0.522
铅（$\times 10^{-6}$）	0.012\,4～0.038\,0	0.022\,0
六六六（$\times 10^{-6}$）	未检出～0.015\,8	0.007\,5

2. 2005—2008年变化趋势

4年来，黄河口海域生物质量状况总体较好。石油烃、总汞、铅年均含量总体呈下降趋势，砷、镉年均含量呈上升趋势。主要污染物为砷、镉，其次为石油烃（表4-12）。

2005年50%站位砷含量超出一类海洋生物质量标准，而2008年站位超标率上升为100%，但均符合二类海洋生物质量标准。

2005年全部站位镉含量超出一类海洋生物质量标准，2008年66.7%站位镉含量超出一类海洋生物质量标准，属于二类海洋生物质量。虽然与2005年相比站位超标率下降，但平均含量和超标倍数却有所增加，最高达3.1倍。

2006年和2007年50.0%站位石油烃含量符合一类海洋生物质量标准，2008年石油烃平均含量和站位超标率均下降，83.3%站位符合一类海洋生物质量标准。

2005年和2006年全部站位总汞含量超出一类海洋生物质量标准，2005年和2007年全部站位铅含量超出一类海洋生物质量标准，到2008年全部站位汞和铅含量均符合一类海洋生物质量标准。

表4-12 2005—2008年黄河口海域生物质量主要指标的年际变化

年份	石油烃 ($\times 10^{-6}$)	总汞 ($\times 10^{-6}$)	砷 ($\times 10^{-6}$)	镉 ($\times 10^{-6}$)	铅 ($\times 10^{-6}$)	六六六 ($\times 10^{-6}$)
2005	12.13	0.125 0	0.80	0.265	0.316 0	0.001 3
2006	16.56	0.372 1	0.76	0.133	0.070 4	0.018 7
2007	24.26	0.014 4	1.86	0.030	0.552 0	未检出
2008	9.68	0.014 8	1.58	0.522	0.022 0	0.009 0

二、生物群落

（一）浮游植物

1. 2010年监测结果

（1）种类组成

本海域共鉴定出浮游植物56种。其中，硅藻50种、甲藻5种、金藻1种。全海域各站位种类数变化范围为3～26种，平面分布呈现南侧高、北侧低。

（2）密度和优势种

各站位浮游植物密度波动范围在$0.3 \times 10^4 \sim 109.1 \times 10^4$ cell /m³之间，平均值为37.1×10^4 cell/m³，平面分布呈南高北低趋势（图4-36）。主要优势种为丹麦细柱藻，其密度占总密度的15.76%。

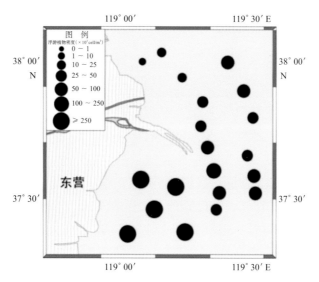

图4-36　2010年黄河口海域浮游植物密度平面分布

2. 2005—2010年变化趋势

（1）种类组成

6年间，共鉴定出浮游植物135种。其中，硅藻101种、甲藻27种、其他7种。年均种类数波动范围在56～88种之间，最小值出现在2010年，最大值出现在2006年，6年间浮游植物种类数呈先升高后降低趋势。

（2）密度和优势种

6年间，浮游植物密度年均值波动范围在$37.1 \times 10^4 \sim 2\,357.1 \times 10^4\,cell/m^3$之间，6年平均值为$550.4 \times 10^4\,cell/m^3$。浮游植物密度最大值出现在2006年，最小值出现在2010年。平均密度总体呈下降趋势（图4-37）。

6年间，优势种类年际差异较大，但均为硅藻类，第一优势种分别依次为假弯角毛藻、垂缘角毛藻、中肋骨条藻、中肋骨条藻、垂缘角毛藻、丹麦细柱藻。

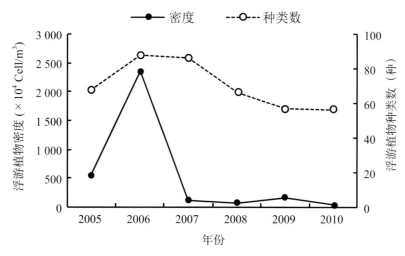

图4-37　2005—2010年黄河口海域浮游植物细密度和种类数的年际变化

（二）浮游动物

1. 2010年监测结果

（1）种类组成

共鉴定出浮游动物17种和浮游幼虫（体）10大类（不含鱼卵和仔稚鱼）。其中，桡足类11种，糠虾类2种，毛颚类、涟虫类、樱虾类和原生动物各1种。浮游动物种类数的平面分布较均匀。

（2）密度和优势种

浮游动物的密度变化范围为500～22 911 ind./m³，平均密度为9 997 ind./m³。浮游动物密度的平面分布较均匀（图4-38）。主要优势种为小拟哲水蚤、双毛纺锤水蚤和长腹剑水蚤，分别占浮游动物总密度的37.36%、36.56%和15.95%。

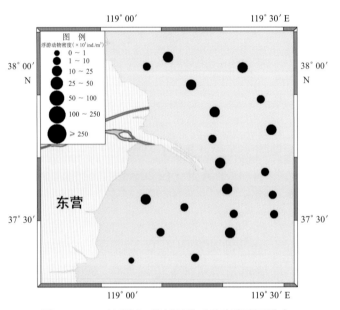

图4-38　2010年黄河口海域浮游动物密度平面分布

（3）生物量

浮游动物生物量变化范围为55～980 mg/m³，平均生物量为280 mg/m³。浮游动物生物量的平面分布较为均匀（图4-39）。

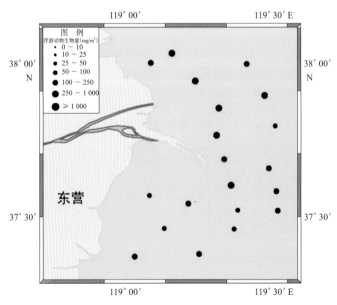

图4-39　2010年黄河口海域浮游动物生物量平面分布

2. 2005－2010年变化趋势

（1）种类组成

6年间，共鉴定出浮游动物10大类29种和浮游幼虫（体）15大类（不含鱼卵和仔稚鱼）。其中，桡足类15种，糠虾类3种，原生动物、十足类和端足类各2种，毛颚类、被囊类、磷虾类、涟虫类和介形类各1种。2005年种类数最高，2008年种类数最低，6年间浮游动物种类数总体呈波动变化。

（2）密度和优势种

6年间，浮游动物密度年均值变化范围为7 454～39 984 ind./m³，平均值为16 100 ind./m³。浮游动物密度总体呈下降的趋势（图4-40）。密度优势种类年际差异不大，2005－2010年第一优势种依次为长腹剑水蚤、小拟哲水蚤、小拟哲水蚤、双毛纺缍水蚤、小拟哲水蚤、小拟哲水蚤。

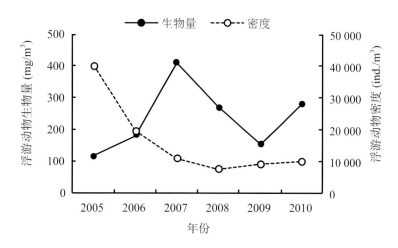

图4-40　2005－2010年黄河口海域浮游动物密度和生物量的年际变化

（3）生物量

6年间，浮游动物生物量年均值变化范围为118～410 mg/m³，平均值为236 ind./m³。浮游动物年均生物量呈波动变化，以2007年生物量最高，2005年生物量最低（图4-40）。

（三）浅海底栖生物

1. 2010年监测结果

（1）种类组成

本海域共鉴定出浅海底栖生物93种。其中，扁形动物1种，多毛类36种，棘皮动物2种，甲壳类30种，纽形动物1种，腔肠动物2种，软体动物20种，鱼类1种。主要种类有不倒翁虫、多丝独毛虫、寡节甘吻沙蚕、银白壳蛞蝓、西方似蛰虫等。

（2）密度和优势种

浅海底栖生物密度在33～1 900 ind./m²之间。中部海区较高，北部及南部海区较低（图4-41）。全海域底栖生物密度平均为446 ind./m²。密度优势种为紫壳阿文蛤、不倒翁虫、西方似蛰虫。

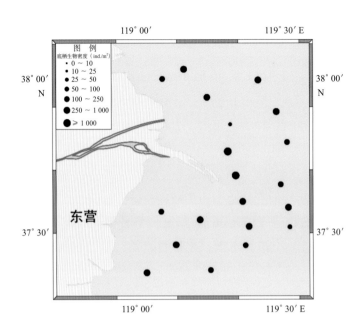

图4-41 2010年黄河口海域浅海底栖生物密度平面分布

（3）生物量和优势种

本海域浅海底栖生物生物量在 $0.11 \sim 21.95$ g/m² 之间，南部海域生物量略高于北部海域（图 4-42），全海域生物量平均为 5.43 g/m²。各站位生物量优势种主要为小刀蛏、西方似蛰虫、仿盲蟹、多丝独毛虫、不倒翁虫和扁玉螺，各优势种在其站位所占比例为 14%~87%。

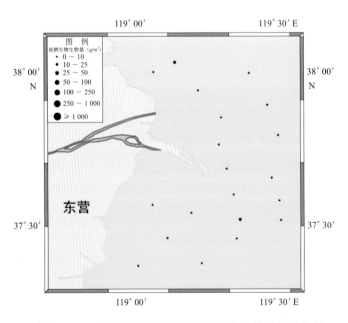

图4-42 2010年黄河口海域浅海底栖生物生物量平面分布

2. 2005－2010年变化趋势

（1）种类组成

6年间，黄河口海域共鉴定出浅海底栖生物 165 种。其中，腔肠动物 2 种，纽形动物 1 种，环节动物 63 种，扁形动物 1 种，节肢动物 44 种，螠虫动物 3 种，软体动物 45 种，棘皮动物 3 种，脊索动物 3 种。2010 年总种类数最高，为 93 种；2009 年最低，为 51 种。

（2）密度和优势种

6 年间密度年均值的波动范围在 66～446 ind./m² 之间，平均为 154 ind./m²。年际波动不大，2010 年密度较往年明显上升（图 4-43）。2005－2010 年第一优势种依次为多丝独毛虫、棘刺锚参、脆壳理蛤、薄荚蛏、钩虾、紫壳阿文蛤。

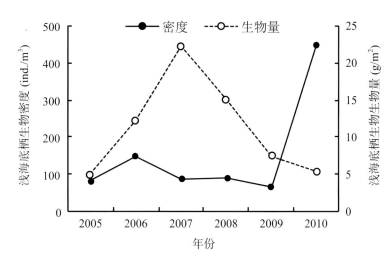

图4-43　2005－2010年黄河口浅海底栖生物密度和生物量的年际变化

（3）生物量和优势种

6 年间，生物量的年均值波动范围在 4.99～22.31 g/m² 之间，平均值为 12.53 g/m²，年际波动呈先上升后下降的趋势（图 4-43）。2005－2010 年第一优势种依次为纵沟纽虫、不倒翁虫、脆壳理蛤、脆壳理蛤、纵沟纽虫、寡节甘吻沙蚕。

（四）潮间带底栖生物

1. 2009年监测结果

（1）种类组成

本海域共鉴定出潮间带底栖生物 55 种，分别隶属于软体、环节、节肢、扁形和脊椎 5 个动物门。其中，软体动物种类最多，为 25 种；环节动物其次，为 16 种；节肢动物出现 12 种；扁形和脊椎动物各出现 1 种。主要种类有彩虹明樱蛤、豆形拳蟹、寡节甘吻沙蚕、光滑河篮蛤、泥螺、日本大眼蟹、四角蛤蜊等。

（2）密度和优势种

潮间带底栖生物密度在 16～5 672 ind./m² 之间，平均值为 948.0 ind./m²。中部海区较高，南部海区较低；中潮带较高，高潮带较低（图 4-44）。各站位密度优势种主要为彩虹明樱蛤、红明樱蛤、光滑狭口螺、泥螺、中间拟滨螺、短滨螺，各优势种在其站位所占比例为 50%～99.1%。

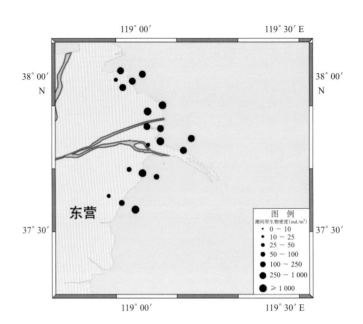

图4-44 2009年黄河口海域潮间带底栖生物密度平面分布

（3）生物量和优势种

潮间带底栖生物生物量在 9.2～1 045.5 g/m² 之间，平均值为 279.4 g/m²，北部海区较高，南部海区较低；中潮带较高，高潮带较低（图 4-45）。各站位生物量优势种主要为四角蛤蜊、中间拟滨螺、光滑河篮蛤、泥螺、近江牡蛎、日本大眼蟹，各优势种在其站位所占比例为 34.8%～99.0% 之间。

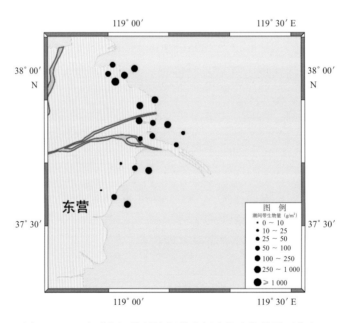

图4-45 2009年黄河口海域潮间带底栖生物生物量平面分布

2. 2005－2009年变化趋势

（1）种类组成

5 年间，共鉴定出潮间带底栖生物 100 种。其中，纽形动物 1 种，扁形动物 1 种，环节动物 35 种，软体动物 35 种，节肢动物 25 种，腕足动物 1 种，脊索动物 2 种。潮间带底栖生物种类的年际变化不大，总的趋势是先上升后下降。总种类数 2008 年最高，为 66 种；2005 年最低，为 49 种。各站位平均种类最低出现在 2005 年，为 4.8 种；最高出现在 2008 年，为 8.6 种。

（2）密度和优势种

5 年间，潮间带底栖生物密度年均值在 752.9～1 433.8 ind./m² 之间，平均值为 1 105.9 ind./m²，呈波动变化（图 4-46）。2005—2009 年第一优势种依次为光滑河篮蛤、光滑河篮蛤、光滑河篮蛤、粗糙短滨螺、光滑河篮蛤。

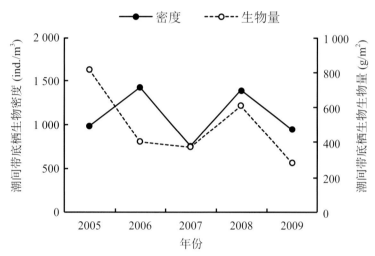

图4-46　2005—2009年黄河口海域潮间带底栖生物密度和生物量的年际变化

（3）生物量和优势种

5 年间，潮间带底栖生物生物量年均值在 279.4～814.7 g/m² 之间，平均为 494.2 g/m²（图 4-46）。2005—2009 年第一优势种依次为江户明樱蛤、褶牡蛎、近江牡蛎、朝鲜阳遂足、长牡蛎。

（五）鱼卵和仔稚鱼

1. 2010年监测结果

春季（5月）共采集到鱼卵 7 种，分别隶属于鲱形目、鲈形目、鲉形目和鲽形目。鱼卵的站位出现率为 86.7%，鱼卵的密度变化范围在 0.01～1.15 ind./m³ 之间，平均值为 0.22 ind./m³。

共采集到仔稚鱼 7 种，分别隶属于鲈形目、鲱形目和鲉形目。仔稚鱼的站位出现率为 46.7%，仔稚鱼的密度变化范围在 0.01～0.63 ind./m³ 之间，平均值为 0.24 ind./m³。

2. 2005—2010年变化趋势

鱼卵数量的年均值波动范围在 0.00～0.02 ind./m³ 之间，最高值出现在 2005 年和 2006 年，最低值出现在 2007 年，鱼卵数量总体呈下降趋势。

仔稚鱼数量的年均值波动范围在 0.02～1.53 ind./m³ 之间，最高值出现在 2006 年和 2005 年，最低值出现在 2007 年和 2008 年，仔稚鱼数量总体呈下降趋势。

6年间鱼卵和仔稚鱼的数量均呈下降趋势，自2007年以来数量均较低（图4-47）。

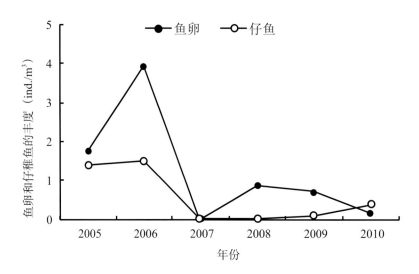

图4-47　2005—2010年黄河口海域鱼卵和仔稚鱼数量的年际变化

三、生态健康状况

采用国家海洋局颁布的《近岸海洋生态健康评价指南》（HY/T 087－2005）河口生态环境健康评价标准对本海域进行评价，2005—2010年各年的生态环境健康状况评价结果如下。

（一）2010年生态健康状况

黄河口海域生态环境健康评价结果，水环境指数为14.6；沉积环境指数为10；生物质量指数为4；栖息地指数为11.6；生物群落指数为22（图4-48）。生态环境健康指数为62.2，属于亚健康状态。

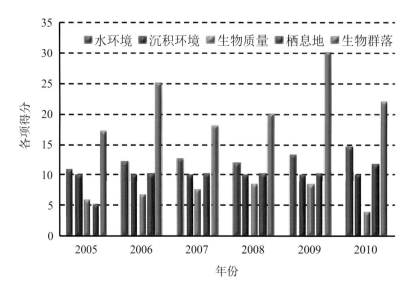

图4-48　2005—2010年黄河口海域各项生态健康指标的年际变化

（二）2005－2010年生态健康状况变化趋势

2005 年黄河口海域生态环境处于不健康状态，指数为 49；2006 年之后生态环境健康状况虽有所好转，但健康指数依次为 64.1、58.5、60.7、72.0、62.2，仍属于亚健康状态。6 年间，生态健康状况呈波动上升趋势（图 4-49），其中生物质量与生物群落指标的年际波动较大。

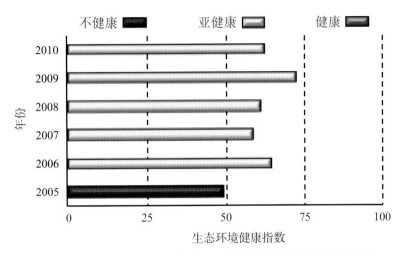

图4-49　2005－2010年黄河口海域生态健康指数的年际变化

四、主要生态问题

（一）径流量偏少且不稳定，河口生态环境难以恢复

历史上黄河入海径流量约占进入渤海总径流量的 3/4，然而 20 世纪末到 21 世纪初，黄河入海径流量急剧减少，甚至出现了严重断流现象，导致河口海域海水盐度上升；因没有足够水量的稀释，水域净化能力下降，污染危害加重；由于来沙量不足，造成岸线后退，三角洲萎缩；因为海水侵入，三角洲土地盐渍化，植被退化加重；由于河口海域盐度上升，产卵场衰退，渔业资源减少。近几年，淡水注入量虽有增加，但仍满足不了实际生态需水量，特别是春夏两季洄游性鱼虾蟹类产卵季节的淡水量仍然偏少，因此长期高盐度的生境对海洋生物的影响仍将持续，河口产卵场也难以恢复。另外，调水调沙导致河口海域海水盐度出现突发性大幅波动现象，可能会对部分海洋生物造成损害（图 4-50）。

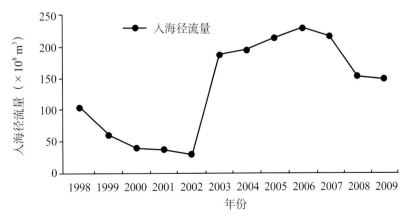

图4-50　1998－2009年黄河入海径流量的年际变化

（二）海洋捕捞强度不断加大，传统经济渔业资源全面衰退

近 20 年来，黄河口及邻近海域海洋捕捞强度呈加大趋势。据调查，1985—2004 年近海捕捞船的数量及吨位增长量很大。总吨位从 1985 年的 2 608 t 发展到 2004 年的 26 983 t，增长了 9 倍以上；渔业捕捞量从 1985 年的 2 970 t 上升到 2004 年的 46 554 t，增长了 14 倍以上。2004 年虾蟹捕捞量是 1985 年的 11.73 倍；贝类捕捞量增长更大，2004 年贝类捕捞量为 1985 年的 127.68 倍。由于海洋捕捞强度的不断增大，主要传统经济鱼类资源业已全面衰退。1982 年 5 月鱼类资源密度为 200～300 kg/h，1992 年同期降至 10～50 kg/h。资源明显减少的种类有黄姑鱼、银鲳、牙鲆、对虾、蓝点马鲛、鹰爪虾等。此外，渔业资源群落结构也随之发生较大变化，种类多样性自 1982 年以后一直呈下降趋势。到 1998 年 5 月，游泳生物只有 30 种，且以赤鼻棱鳀、日本鳀、黄鲫、斑鰶等小型鱼类为主；中国对虾数量骤减，已无法形成渔汛；刀鲚、中华绒螯蟹和日本鳗鲡等过河口性种类基本绝迹。近年渔场已消失，繁育季节鱼卵和仔稚鱼数量很少，近岸网具只能从事小型鱼类、口虾蛄、梭子蟹、毛虾等生产。

（三）油气等开发活动持续升级，湿地生态系统破碎化

自"八五"以来，胜利油田油气勘探开发大步向极浅海和浅海推进。从 1993 年埕岛油田投入开发至 2003 年，海上油田已累计生产原油 1 400×10⁴ t，实现了陆地向海上的跨越，形成了海陆并进的开发格局。特别是近几年来，胜利油田大规模的开发，在潮间带和河口口门周围海域修筑了大量的海防工程、油井平台和进井道路，对黄河口生态系统的完整性、湿地生境条件、海岸稳定性等均造成了很大影响。此外，埕岛油田、桩西油田、孤东油田、长堤油田、红柳油田和新滩油田等油田的开发，除需要占用一定面积的海域外，还进行了漫水路、人工岛等筑堤填海项目，不仅永久性地改变了局部海域的自然属性，而且改变了毗邻海域的水动力条件。1976 年刁口河的流路自老河口改道清水沟流路后，到 1999 年共 24 年间，0 m 水深线蚀退了 10.5 km，平均每年 437 m；2 m 水深线蚀退了 7.89 km，平均每年 343 m；孤东海堤堤前水深由 1986 年的 0.3～0.6 m 发展到 2002 年的 2.0～3.5 m；总体而言，自 1976—2000 年的 20 多年间，三角洲蚀退陆地共 283.98 km²，淤积造陆面积 267.20 km²，净蚀退陆地总面积 16.78 km²。淤积和蚀退加剧了黄河口三角洲湿地生态系统的破碎化，黄河口生态系统的生境条件呈总体恶化趋势。

第四节　长江口海域

一、生境条件

（一）区域自然特征

1. 自然环境

长江口是一个特大型的丰水、多沙、中潮、有规律分叉的淤泥质型三角洲河口，为典型的河口生态系统。由于受长江径流、钱塘江径流、苏北沿岸流、台湾暖流、黄海冷水团及东

海海水的影响，长江口海域的生态环境状况非常特殊，不仅季节性变化明显、年际变化较大，而且在水动力、泥沙沉积、营养盐分布以及生态区系等方面具有其自身的明显特点。

首先，长江口海域在5股海洋水团的共同作用下，水温状况复杂多变：夏季，台湾暖流增强，苏北沿岸流减弱，长江冲淡水在口门附近先顺汊道方向流向东海，约在122°30′E左右转向东或东北；冬季，台湾暖流减弱，苏北沿岸流增强，长江冲淡水沿岸南下，成为东海沿岸流的主要组成部分。

其次，长江口海域营养盐丰富，生产力高：长江流域约占我国大陆国土面积的19%，涉及16个省市，年均径流量为 $9\,240\times10^8\,m^3$。磷酸盐、硝酸盐和硅酸盐年入海量分别高达 $1.4\times10^4\,t$、$204.4\times10^4\,t$ 和 $63.6\times10^4\,t$，显著高于我国其他河口海域。营养盐含量从近海向河口区逐渐递增，导致河口海域成为高生产力区。长江口及其邻近海域的初级生产力（以碳计，下同）平均为 $1\,062\,mg/(m^2\cdot d)$，为一般温带海域的3倍、东海海域的6倍。

另外，长江口湿地广袤，生物丰富多样：长江径流每年带来近 $5\times10^8\,t$ 的泥沙，其中50%左右沉积在河口，形成一系列沙洲和岛屿，并使长江口的岸线不断向东拓展，形成广袤的河口湿地。长江口湿地可分为沿江沿海滩涂湿地和河口沙洲岛屿湿地两种类型。前者面积约有 $8.6\times10^4\,hm^2$，占长江口自然湿地总面积的25%。长江径流带来的营养物质，孕育了大量的浮游生物和滩涂植物，为水生动物提供了充足的食源。因此，长江口海域不仅是各种水生动物栖息、繁殖和索饵肥育之地，而且是众多溯河性和降河性长途洄游性物种，如中华鲟（Acipenser sinensis）、鳗鲡（Anguilla japonica）等鱼类的必经通道。长江口及其邻近海域是我国凤鲚和中华绒螯蟹的最主要产卵场之一，还是珍稀物种中华鲟幼鲟的集中分布区。水域鱼类有197种，隶属于81科155属，以鲈形目种类最多，鲱形目资源量最大。滩涂湿地有鸟类8目103种，是鸟类亚太迁徙路线中的重要驿站，每年春秋两季南来北往的鸟群不断。

2.监测范围及内容

本生态监控区范围为长江口及毗邻水域，经纬度范围为30°30′00″—31°45′00″N、121°04′00″—123°00′00″E，地理位置及监测站位见图4-51。为查明本海域的生态环境状况，掌握其发展变化趋势，在以往调查的基础之上，2005—2010年对本河口海域开展每年一次（8月）的连续监测。海水环境和生物群落监测共设36个站位，海水环境监测项目包括盐度、pH、溶解氧、无机氮、磷酸盐和化学需氧量共6项，生物群落监测项目包括浮游植物、浮游动物、底栖生物及鱼卵和仔稚鱼。沉积物质量监测与海水环境监测同步进行，在海水环境站位中均匀选取20个站位，监测项目有有机碳、硫化物、总汞、铜、铅、镉、铬、石油类、锌和砷共10个项目。生物质量监测每年监测一次（8月），以缢蛏、紫贻贝等贝类作为检测样品，监测项目包括石油烃、总汞、砷、镉、铅、六六六和滴滴涕共7项。

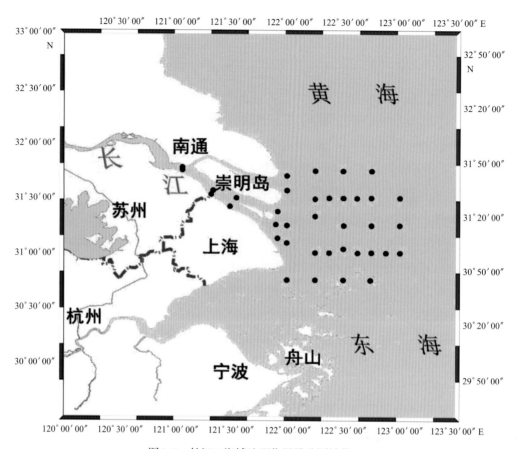

图4-51 长江口海域地理位置及监测站位

（二）海水环境

1. 2010年监测结果

长江口海域海水主要环境要素的监测结果见表4-13。

表4-13 2010年长江口海域海水主要环境要素监测结果

项目	水层	测值范围	平均值
盐度	表层	0.13～31.48	16.25
	底层	0.13～34.23	20.51
pH	表层	7.39～8.19	7.82
	底层	7.44～8.10	7.69
溶解氧（mg/L）	表层	4.43～8.16	6.61
	底层	1.18～7.38	4.30
无机氮（mg/L）	表层	0.09～2.29	0.85
	底层	0.14～1.80	0.81
磷酸盐（mg/L）	表层	0.001 1～0.058 4	0.028 0
	底层	0.014 5～0.058 6	0.033 1
化学需氧量（mg/L）	表层	0.55～3.08	1.25
	底层	0.20～3.08	0.89

（1）盐度

表层海水盐度变化范围为 0.13～31.48，平均值为 16.25；底层海水盐度变化范围为 0.13～34.23，平均值为 20.51。其中，长江口门内水域的表层和底层盐度范围均为 0.13～14.80，平均值均为 1.98。长江口冲淡水区域表层盐度范围为 0.23～31.48，平均值为 20.48；底层盐度范围为 0.25～34.23，平均值为 25.99。受长江径流的影响，长江口门内海域表、底层盐度均低于长江口冲淡水区域，长江口南支的盐度明显小于长江口北支；平面分布总的变化趋势为由长江口南支海域向东到长江口冲淡水区域盐度逐渐升高。

（2）pH

表层海水 pH 变化范围为 7.39～8.19，平均值为 7.82；底层海水 pH 变化范围为 7.44～8.10，平均值为 7.69。其中，长江口门内区域表层海水 pH 变化范围为 7.39～7.82，底层 pH 变化范围为 7.44～7.80。长江冲淡水区域表层 pH 变化范围为 7.46～8.19，底层 pH 变化范围为 7.46～8.10。表层海水仅 31.4% 的站位符合一类、二类海水水质标准，其余站位符合三类、四类海水水质标准；底层海水 65.7% 的站位符合一类、二类海水水质标准，其余站位符合三类、四类海水水质标准。整个监测区域表、底层海水 pH 变化范围相差不大，总的平面分布趋势为长江口门内区域表、底层 pH 均略低于长江口冲淡水区域。

（3）溶解氧

表层海水溶解氧含量变化范围为 4.43～8.16 mg/L，平均含量为 6.61 mg/L；底层溶解氧含量范围为 1.18～7.38 mg/L，平均含量为 4.30 mg/L。其中，长江口门内区域表层溶解氧含量范围为 5.78～7.18 mg/L，平均含量为 6.67 mg/L；底层溶解氧含量范围为 6.45～7.20 mg/L，平均含量为 6.78 mg/L。长江口冲淡水区域表层溶解氧含量范围为 4.43～8.16 mg/L，平均含量为 6.59 mg/L；底层溶解氧含量范围为 1.18～7.38 mg/L，平均含量为 3.56 mg/L。长江口门内海域表、底层溶解氧含量差异较小，而长江冲淡水海域表、底层溶解氧含量差异较大。122.2°E 以东海域溶解氧含量基本维持在 6.0～7.0 mg/L 之间，其饱和度较高；而 122.2°E 以西海域溶解氧含量较低，甚至出现含量低于 2.0 mg/L 的低氧区，其溶解氧的饱和度较低，处于 5%～15% 之间。

（4）无机氮

表层海水无机氮含量变化范围为 0.09～2.29 mg/L，平均值为 0.85 mg/L；底层无机氮含量变化范围为 0.14～1.80 mg/L，平均值为 0.81 mg/L。其中，长江口门内区域表层无机氮含量变化范围为 1.07～1.60 mg/L，平均值为 1.41 mg/L；底层无机氮含量变化范围为 1.09～1.81 mg/L，平均值为 1.48 mg/L。长江冲淡水区域表层无机氮含量变化范围为 0.09～2.29 mg/L，平均值为 0.68 mg/L；底层无机氮含量变化范围为 0.15～1.61 mg/L，平均值为 0.62 mg/L。表层海水 20.0% 站位无机氮含量符合一类、二类海水水质标准，70.0% 站位无机氮含量超出四类海水水质标准；底层海水 35.0% 站位无机氮含量符合一类、二类海水水质标准，57.5% 站位无机氮含量超出四类海水水质标准。口门内表、底层无机氮含量平均值差异较小，冲淡水区域表层无机氮含量平均值高于底层。无机氮含量由长江口门沿东北方向至长江冲淡水区域逐渐降低。

（5）磷酸盐

表层海水磷酸盐含量变化范围为 0.001 1～0.058 4 mg/L，平均值为 0.028 0 mg/L；底层磷酸盐含量变化范围为 0.014 5～0.058 6 mg/L，平均值为 0.033 1 mg/L。其中，长江口门内区域表层磷酸盐含量变化范围为 0.028 4～0.047 4 mg/L，平均值为 0.040 0 mg/L；底层磷酸盐含量变化范围为 0.028 4～0.048 6 mg/L，平均值为 0.041 1 mg/L。长江冲淡水区域表层磷酸盐含量变化范围为 0.001 1～0.058 4 mg/L，平均值为 0.024 5 mg/L；底层磷酸盐含量变化范围 0.014 5～0.058 6 mg/L，平均值为 0.030 7 mg/L。表层海水 25.0% 站位磷酸盐符合一类海水水质标准，20.0% 站位磷酸盐超出四类海水水质标准；底层海水 2.6% 站位磷酸盐符合一类海水水质标准，17.9% 站位磷酸盐超出四类海水水质标准。表层磷酸盐变化趋势为由长江口口门向东北方向到长江冲淡水区域、磷酸盐含量逐渐降低。底层分布与表层类似，122°E 附近海域磷酸盐略高，东西两侧略低。

（6）化学需氧量（COD$_{Mn}$）

表层海水化学需氧量变化范围为 0.55～3.08 mg/L，平均值为 1.25 mg/L；底层化学需氧量变化范围为 0.20～3.08 mg/L，平均值为 0.89 mg/L。其中，长江口门内区域表层化学需氧量变化范围为 1.42～3.08 mg/L，平均值为 1.89 mg/L；底层化学需氧量变化范围为 1.34～3.08 mg/L，平均值为 1.94 mg/L。长江冲淡水区域表层化学需氧量变化范围为 0.55～2.26 mg/L，平均值为 1.06 mg/L；底层化学需氧量变化范围为 0.20～1.41 mg/L，平均值为 0.61 mg/L。表层海水 88.5% 的站位符合一类海水水质标准；底层海水 93.9% 的站位符合一类海水水质标准。长江口门内表层化学需氧量比长江冲淡水区域略高，口门内底层化学需氧量比冲淡水区约高 3 倍。表层化学需氧量分布规律不明显，自西向东略呈降低的趋势；表底层的分布状况基本一致。

2. 2005－2010年变化趋势

长江口海域海水主要环境要素的年际变化见图4-52。

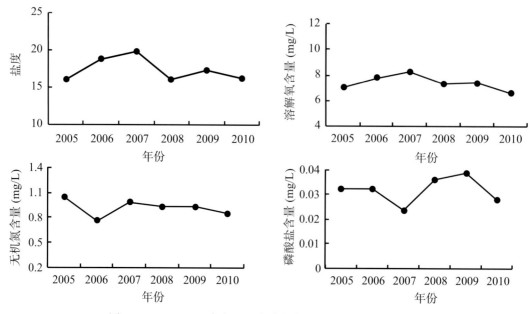

图4-52　2005－2010年长江口海域海水主要环境要素的年际变化

6年间，长江口海域表层海水盐度呈波动变化，年际波动幅度最大为3；表层海水溶解氧年均含量呈波动变化，自2007年以来呈下降趋势。无机氮和磷酸盐年均含量相对稳定，但其年均含量总体较高。多年连续监测结果表明，长江口海域表层海水环境状况较差，营养盐污染严重，尤其是无机氮超标严重，同时表层海水盐度波动变化较大，溶解氧含量略呈下降趋势。

（三）沉积物质量

1.2010年监测结果

长江口海域沉积物质量监测结果见表4-14。5.0%站位铜含量超出一类海洋沉积物质量标准，10.0%站位铅含量超出一类海洋沉积物质量标准，20.0%站位镉含量超出一类海洋沉积物质量标准。除铜、铅、镉外，其余各项指标的全部测值均符合一类海洋沉积物质量标准，表明本海域沉积物质量总体良好，但已受到多种重金属一定程度的污染。

表4-14 2010年长江口海域沉积物质量主要指标监测结果

项目	测值范围	平均值
有机碳（×10^{-2}）	0.21～1.37	0.78
硫化物（×10^{-6}）	3.40～40.90	21.56
总汞（×10^{-6}）	0.006 0～0.119 0	0.044 5
铜（×10^{-6}）	6.52～40.90	22.32
铅（×10^{-6}）	9.82～70.50	36.3
镉（×10^{-6}）	0.08～0.57	0.30
铬（×10^{-6}）	9.06～75.40	40.48
锌（×10^{-6}）	47.50～124.00	78.54
砷（×10^{-6}）	5.12～13.90	9.11

2.2005－2010年变化趋势

长江口海域沉积物有机碳和硫化物含量的年际变化见图4-53。

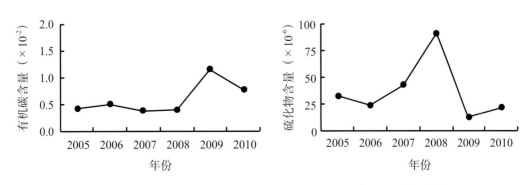

图4-53 2005－2010年长江口海域沉积物有机碳和硫化物含量的年际变化

长江口海域沉积物中有机碳和硫化物含量呈波动变化，但总体状况良好，所监测年份有机碳和硫化物的年均含量均符合一类海洋沉积物质量标准。

（四）生物质量

1. 2010年监测结果

长江口海域生物质量监测结果见表4-15。长江口海域生物质量状况总体较差，全部测值中仅六六六含量符合一类海洋生物质量标准，其他所测指标均有超出一类海洋生物质量标准。如，20.0% 站位的石油烃含量超出三类海洋生物质量标准；60.0% 站位的汞含量仅达到二类海洋生物质量标准；全部站位的砷含量均超出一类海洋生物质量标准，其中 60.0% 站位达到二类海洋生物质量标准，20.0% 站位达到三类海洋生物质量标准；80.0% 站位的镉含量达到二类海洋生物质量标准；40.0% 站位的铅含量达到二类海洋生物质量标准，另有 40.0% 站位达到三类海洋生物质量标准；20.0% 站位的滴滴涕含量超出三类海洋生物质量标准。

表4-15　2010年长江口海域生物质量主要指标监测结果

项目	测值范围	平均值
石油烃（$\times 10^{-6}$）	8.81～172.20	55.86
总汞（$\times 10^{-6}$）	0.017 0～0.153 0	0.075 4
砷（$\times 10^{-6}$）	1.50～8.31	4.49
镉（$\times 10^{-6}$）	0.12～1.20	0.77
铅（$\times 10^{-6}$）	0.09～5.30	2.79
六六六（$\times 10^{-6}$）	0.001 1～0.001 8	0.001 4
滴滴涕（$\times 10^{-6}$）	0.020 9～0.168 0	0.060 5

2. 2005－2010年变化趋势

6 年间，长江口海域生物质量状况总体较差（表4-16）。石油烃、总汞、砷、铅的年均含量均呈增加趋势。尤其是石油烃超标严重，2008 年最高测值超出一类海洋生物质量标准值58.6 倍。

表4-16　2005—2010年长江口海域生物质量主要指标的年际变化（2009年数据暂缺）

年份	石油烃（$\times 10^{-6}$）	总汞（$\times 10^{-6}$）	砷（$\times 10^{-6}$）	镉（$\times 10^{-6}$）	铅（$\times 10^{-6}$）	六六六（$\times 10^{-6}$）	滴滴涕（$\times 10^{-6}$）
2005	13.48	0.013	0.97	0.59	0.13	0.000 0	0.000 0
2006	6.29	0.017	3.12	1.23	0.43	0.000 1	0.000 1
2007	17.56	0.012	1.38	0.43	0.83	0.000 1	0.000 3
2008	293.86	0.021	1.05	0.07	0.30	0.059 3	0.031 4
2010	55.86	0.075	4.49	0.77	2.79	0.001 4	0.060 5

二、生物群落

（一）浮游植物

1.2010年监测结果

（1）种类组成

共鉴定出浮游植物6门131种。其中，硅藻77种，甲藻40种，蓝藻6种，绿藻5种，金藻2种，裸藻1种。全海域各站位种类数变化范围为6～43种，平面分布呈现近岸低、远岸高的特点。

（2）密度和优势种

浮游植物密度变化范围为$1.33×10^4～3\,930×10^4\,cell/m^3$，平均密度为$591×10^4\,cell/m^3$。浮游植物密度的平面分布较均匀（图4-54）。优势种为中肋骨条藻和旋链角毛藻，优势度分别为0.26和0.10。

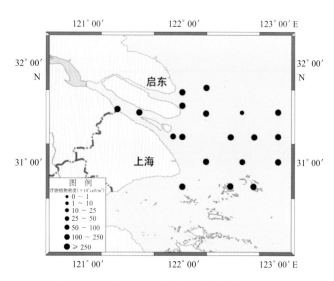

图4-54 2010年长江口海域浮游植物密度平面分布

2.2005－2010年变化趋势

（1）种类组成

6年共鉴定出浮游植物210种。其中，硅藻147种，甲藻44种，其他19种。6年来浮游植物种类数呈波动变化，种类数的年际变化范围为69～131种，最小值出现在2006年，最大值出现在2010年。

（2）密度和优势种

6年间，浮游植物密度年均值变化范围为$590.5×10^4～6\,720.0×10^4\,cell/m^3$，平均密度为$3\,161.9×10^4\,cell/m^3$。2005－2010年间，浮游植物平均密度呈波动状态。2008年浮游植物密度最大，最小值出现在2010年（图4-55）。

6年间浮游植物常见优势种变化不大，主要为中肋骨条藻。该藻为典型的广温广盐种，在近岸低盐海域数量较多，春夏季能在富营养化河口、近岸等海域迅速增殖而形成赤潮。

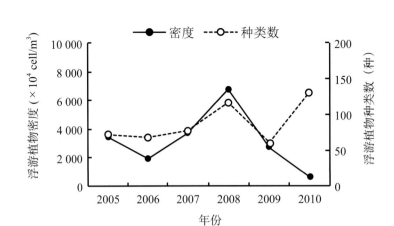

图4-55 2005—2010年长江口海域浮游植物密度和种类数的年际变化

（二）浮游动物

1. 2010年监测结果

（1）种类组成

共鉴定出浮游动物109种和浮游幼虫（体）23大类（不含鱼卵和仔稚鱼）。其中，桡足类48种，水母类15种（水螅水母11种、管水母2种、栉水母2种），端足类和被囊类各7种，毛颚类、枝角类和浮游软体类各6种，糠虾类5种，介形类和十足类各3种，涟虫类2种，磷虾类1种。浮游动物种类数呈近岸高、远岸低的特点。

（2）密度和优势种

浮游动物密度变化范围为51～5 671 ind./m³，平均密度为1 525 ind./m³。其中长江口口门内海域浮游动物的密度低于口门外海域(图4-56)。主要优势种为针刺拟哲水蚤、背针胸刺水蚤、太平洋纺锤水蚤、肥胖箭虫，其优势度分别为0.184、0.181、0.105和0.048。

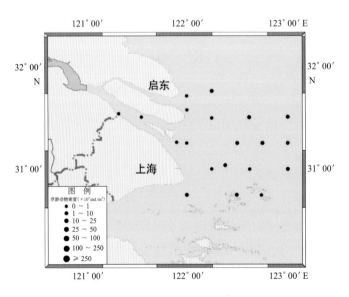

图4-56 2010年长江口海域浮游动物密度平面分布

（3）生物量

浮游动物生物量变化范围为 9～1 794 mg/m³，平均生物量为 494 mg/m³。其中，生物量的平面分布呈长江口口门内海域低于口门外海域（图4-57）。

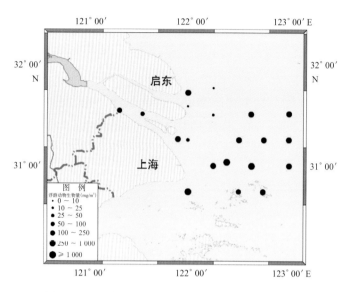

图4-57　2010年长江口海域浮游动物生物量平面分布

2. 2005－2010年变化趋势

（1）种类组成

6年共鉴定出浮游动物15大类276种、浮游幼虫（体）22大类（不含鱼卵和仔稚鱼）。其中，桡足类101种，水母类34种（水螅水母27种、管水母5种、栉水母2种），端足类26种，毛颚类17种，多毛类和十足类各15种，被囊类13种，糠虾类11种，翼足类10种，介形类和枝角类各9种，异足类7种，磷虾类和涟虫类各4种，原生动物1种。

（2）密度和优势种

6年间，浮游动物密度年均值变化范围为 907～4 815 ind./m³，平均值为 2 605 ind./m³。浮游动物密度呈波动变化，其中以2005年的密度最高（图4-58）。密度优势种类年际差异不大，2005－2010年浮游动物第一优势种依次为针刺拟哲水蚤、小拟哲水蚤、小拟哲水蚤、小拟哲水蚤、小拟哲水蚤、针刺拟哲水蚤。

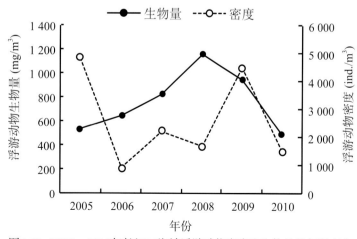

图4-58　2005－2010年长江口海域浮游动物密度和生物量的年际变化

（3）生物量

6年间，浮游动物生物量年均值变化范围为 494～1 159 mg/m³，平均值为 770 mg/m³。浮游动物生物量的年际变化呈波动变化，为先升高、后降低的趋势（图 4-58）。

（三）浅海底栖生物

1. 2010年监测结果

（1）种类组成

共鉴定出底栖生物 59 种。其中，环节动物种类最多，为 34 种，占总种数的 57.6%；其次为软体动物和甲壳动物，各 8 种，棘皮动物 4 种，其他动物 5 种。主要种类有不倒翁虫、彩虹明樱蛤、双形拟单指虫、丝异须虫等。

（2）密度和优势种

浅海底栖生物密度在 5～1 425 ind./m² 之间，平均值为 173.95 ind./m²，东南部海区较高，西北部海区较低（图 4-59）。各站位密度优势种主要为双形拟单指虫、河蚬、钩虾、彩虹明樱蛤、白色吻沙蚕，各优势种在其站位所占比例为 7.14%～87.5%。

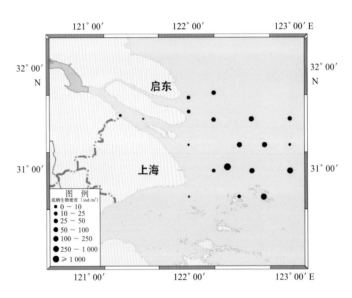

图4-59 2010年长江口海域浅海底栖生物密度平面分布

（3）生物量和优势种

浅海底栖生物生物量在 0～34.92 g/m² 之间，平均值为 11.73 g/m²，东北海区生物量最低，西侧海区最高（图 4-60）。各海区生物量优势种类分别为纵肋织纹螺、智利巢沙蚕、土钉、日本蜅、奇异稚齿虫、棘刺锚参、河蚬、多鳃齿吻沙蚕、彩虹明樱蛤、白带三角口螺，各优势种在其站位所占比例为 43.7%～85.2%。

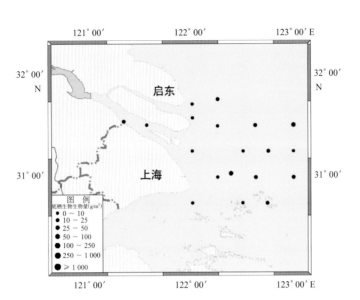

图4-60 2010年长江口海域浅海底栖生物生物量平面分布

2. 2005—2010年变化趋势

（1）种类组成

6年间，浅海底栖生物种类数的年际变化不大，总的趋势是先增长后减少。总种类数 2007年最高，为91种；2008年最低，为49种。各站位平均种类数最低出现在2008年，只有4.4种；最高出现在2007年，为9.3种。

（2）密度和优势种

6年间，浅海底栖生物密度年均值在68.89～213.44 ind./m^2 之间，平均值为139.14 ind./m^2，呈波动变化（图4-61）。2005—2010年第一优势种依次为谭氏泥蟹、尖叶长手沙蚕、尖叶长手沙蚕、尖叶长手沙蚕、尖叶长手沙蚕、丝异须虫。

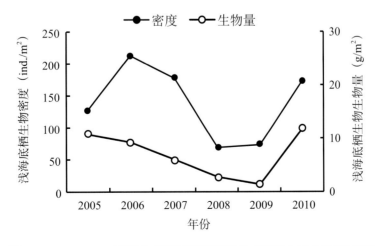

图4-61 2005—2010年长江口海域浅海底栖生物密度和生物量的年际变化

（3）生物量和优势种

6年间，浅海底栖生物生物量年均值在 1.39～11.73 g/m² 之间，平均值为 6.98 g/m²，趋势稳定（图4-61）。2005—2010年第一优势种依次为贻贝、河蚬、朝鲜阳遂足、河蚬、智利巢沙参、豆形短眼蟹。

（四）潮间带底栖生物

1. 2010年监测结果

（1）种类组成

共鉴定出潮间带生物70种。其中，以软体动物、节肢动物及环节动物为主，占总种类数的84.3%，此外还有棘皮动物、脊索动物（鱼类）、腔肠动物、纽形动物，但种类不多；另外还有多种海洋植物（主要是大型海藻类）。主要种类有光滑狭口螺、多鳃齿吻沙蚕、寡鳃齿吻沙蚕、焦河篮蛤、中华拟蟹守螺等。

（2）密度和优势种

潮间带底栖生物密度变化范围为 8～1 168 ind./m²，平均密度为 244.4 ind./m²。南部海区较高，北部海区较低（图4-62）。各海区的密度优势种类差异很大，主要为河蚬、无齿相手蟹、绯拟沼螺、中间拟滨螺、焦河篮蛤、厚壳贻贝，各优势种在其站位所占比例为36.2%～91.1%。

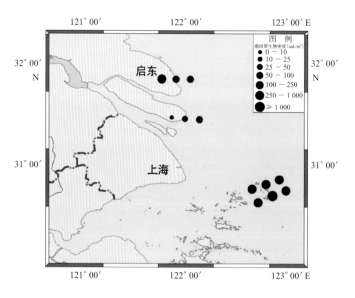

图4-62 2010年长江口海域潮间带底栖生物密度平面分布

（3）生物量和优势种

潮间带底栖生物生物量在 0.112～2 390 g/m² 之间，平均值为 287.66 g/m²，南部海区较高，北部海区较低（图4-63）。各站位生物量优势种主要为河蚬、无齿相手蟹、中间拟滨螺、缢蛏、近江牡蛎、焦河篮蛤、泥螺、厚壳贻贝，各优势种在其站位所占比例为43.3%～99.9%。

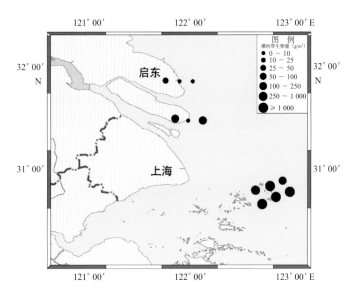

图4-63 2010年长江口海域潮间带底栖生物生物量平面分布

2. 2005—2010年变化趋势

（1）种类组成

6年间，潮间带底栖生物种类的年际变化不大。总种类数2008年最高，为87种，2005年最低，为35种。各年底栖生物站位平均种类数以2007年最高，为5.8种，其次是2006年，为4.5种，2010年最低，为3.8种。

（2）密度和优势种

6年间，潮间带底栖生物密度年均值在241.48～5 477.67 ind./m^{2}之间，平均值为1 194.95 ind./m^2（图4-64）。密度第一优势种依次为短滨螺、中国绿螂、贻贝、光滑狭口螺、中国拟滨螺、河蚬。

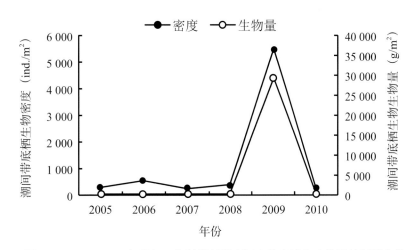

图4-64 2005—2010年长江口海域潮间带底栖生物密度和生物量的年际变化

（3）生物量和优势种

6年间，潮间带底栖生物年均值在237.70～29 406.62 g/m² 之间，平均为5 156.50 g/m²（图4-64）。生物量第一优势种依次为贻贝、厚壳贻贝、中华拟蟹守螺、贻贝、日本笠藤壶、河蚬。

（五）鱼卵和仔稚鱼

2010年夏季（8月）长江口海域共采集到鱼卵和仔稚鱼6目9科15种（不包括1种未定种）。其中，鲈形目、鲱形目种类数最多，各4种，鲽形目次之，为3种。

1.鱼卵

所采获的鱼卵数量较少，各站位鱼卵密度范围为未检出～0.1 ind./m³，平均卵径2.2 mm。

2.仔稚鱼

各站位仔稚鱼密度范围为未检出～1.25 ind./m³，体长范围在6.0～18.0 mm之间，主要分布在口门以外海域。优势度最大的是虾虎鱼科中的一个种类，其优势度为0.02；其次是花斑蛇鳉，优势度为0.01。

（六）渔业资源

凤鲚和刀鲚是目前长江口区主要渔业捕捞对象之一，其渔场主要位于长江口拦门沙外的南支水域和南汇浅滩，东至东海佘山渔场。刀鲚汛期主要集中在3—4月，凤鲚汛期主要集中在5—6月，2010年度刀鲚产量要高于凤鲚（表4-17）；刀鲚每尾规格主要集中在75～149 g，凤鲚每尾规格主要集中在14 g之内，刀鲚规格大于凤鲚。

表4-17　2010年长江口鲚属渔业资源单船渔获量

渔获物种类	月份	平均产量（×500 g/d）	最高产量（×500 g/d）	网次产量（×500 g/网）
刀鲚	3月	21.8	182.6	2.5
	4月	88.7	413.0	22.2
凤鲚	5月	43.5	65.0	10.6
	6月	42.4	61.0	11.6

鳗苗是长江口的宝贵渔业资源。2010年度鳗苗汛期为1—4月（表4-18）。每尾价格为8～9元。2010年鳗苗捕捞产量较2009年同期有明显减少，每尾价格较去年同期上升了约2元。

表4-18　2010年度长江口鳗苗资源单船渔获量

月份	平均捕捞数量（尾）	存活率（%）
1月	36.5	92.8
2月	92.2	94.3
3月	334.6	96.9
4月	200.2	94.7

三、生态健康状况

采用国家海洋局颁布的《近岸海洋环境生态健康评价指南》（HY/T 087－2005）河口生态环境评价方法进行评价，长江口海域的生态环境健康状况结果如下。

（一）2010年生态健康状况

长江口海域水环境指数为 11.9；沉积环境指数为 10；生物质量指数为 4.4；栖息地指数为 11.4；生物群落指数为 26.7（图 4-65）。生态环境健康指数为 64.4，属于亚健康状态。

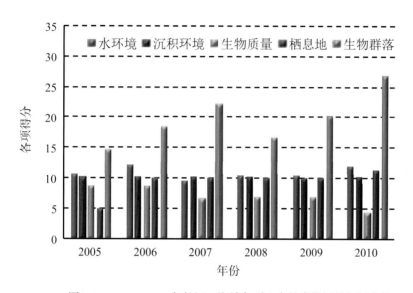

图4-65　2005－2010年长江口海域各项生态健康指标的年际变化

（二）2005－2010年生态健康状况变化趋势

6 年间，长江口海域健康指数变化范围为 49.0～64.4，仅 2005 年生态环境为不健康状态，其他年份均为亚健康状态（图 4-66）。其中，2005 年健康指数最低，2010 年健康指数最高。生态健康状况呈波动上升趋势，其中生物群落指标明显好转，生物质量指标有所下降。

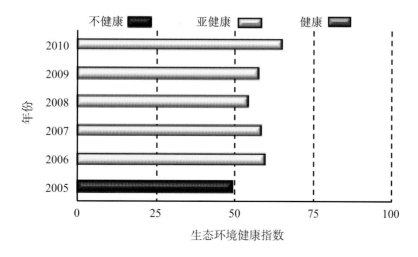

图4-66　2005－2010年长江口海域生态健康指数的年际变化

四、主要生态问题

（一）海水污染严重，生物质量较差

6 年来，长江口海域表层海水水质状况一直很差，营养盐污染严重。无机氮的年均含量均超出四类海水水质标准，属于劣四类海水水质。磷酸盐年均含量在二类、三类海水水质与四类海水水质之间波动。目前，长江口海域是我国海水水质极差的海域之一。除多年水质极差之外，长江口海域生物体内的油类、总汞、砷、铅和滴滴涕含量等指标也普遍超标。2010年的海洋生物质量，有 20% 测站的石油烃含量超出三类海洋生物质量标准；60% 测站总汞含量为二类海洋生物质量；60% 测站的砷含量属于二类海洋生物质量，20% 测站的砷含量属于三类海洋生物质量；80% 测站铅含量分别属于二类、三类海洋生物质量；20% 测站的滴滴涕含量超出三类海洋生物质量标准。环境质量差，是致使长江口海域多年来处于亚健康和不健康的主要原因之一。

（二）外来生物入侵，赤潮频发

上海国际航运中心的确立和运营，经由远洋船只压舱水携带等途径带来的外来海洋生物日益增多。多年连续监测资料与历史资料比较，外来物种特别是外来浮游植物入侵种类的数量越来越多，土著硅藻种类比重日趋减少。特别是甲藻类中的有毒赤潮生物的种类和数量不断增多，并常引发赤潮。如 2004－2005 年曾发生有毒赤潮 13 起，分别由链状亚历山大藻（*Alexandrium catenella*）、红色裸甲藻（*Gymnodinium sanguineum*）、米氏凯伦藻（*Karenia mikimotoi*）和环状异甲藻（*Heterocapsa circularisqua-ma*）等种类引发，历史上在长江口海域这些种类从未出现过的，疑似外来入侵种；2007 年发生有毒赤潮 1 次，由米氏凯伦藻引发；2006 年和 2008 年虽然没有有毒赤潮发生，但检定出的有毒种类的数量明显升高；在 2009 年发现的 48 次赤潮中，有 11 次为有毒赤潮。2010 年东海区共发现赤潮 42 起，累计影响面积超过 6 900 km^2，其中有毒赤潮 4 起，累计影响面积为 130 km^2。分析表明，赤潮的频繁发生的主要原因：① 由于长江口生态系统日趋恶化和脆弱化，为外来种提供了生存、增殖和引发赤潮的条件；② 环境条件的变化致使土著种类不再具有适宜的生境条件，多数土著种类的种群数量减少甚至消失。只有少数土著种类，如广生性和耐污性较强的中肋骨条藻，在环境条件合适时也大量增殖，并形成赤潮。总体而言，浮游植物种类多样性明显下降，群落结构趋向简单化和不稳定。

（三）低氧区长期存在，成为生态安全的潜在威胁

1992－2008 年，长江口海域水体中的溶解氧的平均含量呈明显下降趋势，并出现低氧区。低氧区中心的溶解氧含量仅为 1.12 mg/L。低氧区的存在，可导致大量海洋生物窒息死亡，而低氧区消除和恢复则需要漫长的时间，但迄今未见有消除和恢复迹象。随着长江口海域水体中溶解氧总体水平的降低，低氧区的范围和程度可能进一步扩大和加剧，成为长江口海域生态系统的重要潜在威胁，最终成为长江口生态系统中的生物死亡区或无生物区。

（四）河口工程和人类活动干扰强烈，生境破坏严重

近年来受各种大型工程的影响，长江口生境破碎化严重。上海长江隧桥工程、青草沙源水工程、长兴岛造船基地工程、长兴—崇明—启东桥隧工程项目、长江口深水航道三期疏浚工程和洋山深水港工程等工程的施工和完成，导致长江口海区海洋生物栖息地严重破碎化。特别是它们占用了水生生物的洄游路线，使多个自然洄游通道遭到不同程度的破坏。生境的破碎化和洄游通道的破坏，加之大型船只频繁穿梭等干扰（包括噪声污染等），不仅影响一般过河口性和定居性生物的产卵、育幼、生长和生存，而且经常造成许多珍稀动物的非正常死亡。据调查，近10年来在长江口海域发现受伤的国家级保护野生动物有中华鲟、白鳍豚、绿海龟、玳瑁、江豚、蓝鲸、须鲸和小抹香鲸等10多种，除龟类经救助后多数存活外，其他救活的数量极少。

（五）生物群落状况较差，生态健康总体欠佳

由于长江口海域生境条件的日益恶化，除了浮游植物群落种类组成发生明显变化和赤潮种类种群数量时而异常增殖引发赤潮之外，浮游动物种类明显减少，密度也普遍偏低，原来的优势种类桡足类的种类和数量均呈下降趋势，结构也趋于简单化；浅海和潮间带底栖生物的种类数、密度和生物量同样存在明显的减少趋势。2010年夏季，鱼卵和仔幼鱼的密度分别仅为未检出～0.1 ind./m^{3}和未检出～1.25 ind./m^{3}水平。除了环境质量和生境条件较差之外，生物群落状况较差，也是造成长江口海域处于亚健康和不健康的主要原因。

第五节　珠江口海域

一、生境条件

（一）区域自然特征

1.自然环境

珠江干流总长2 214 km，流域面积为45.3×10^4 km^2（其中极小部分在越南境内），是我国南方最大的河流，也是我国的第四大河。珠江水系共有大小河流774条，总长超过3.6×10^4 km。丰盈的河水与众多的支流，航运条件优越，航运价值仅次于长江，居全国第二位。

珠江三角洲由"三江汇合、八口分流"而成。即，由西江、北江和东江在下游融会贯通，经由八条放射状分流水道经虎门、蕉门、洪奇门、横门、磨刀门、鸡啼门、虎跳门和崖门流入南海。气候属于亚热带气候，终年温暖湿润，年均降水量在1 500 mm以上。多雨季节与高温季节同步，土壤肥沃，农业发达，物产丰富，是我国富庶的鱼米之乡之一。

珠江三角洲平原人口众多，经济发达，具有对外开放的历史传统，历史上广州就是我国南方对外通商口岸之一。不少人还外出谋求发展，足迹遍及港澳、东南亚甚至太平洋彼岸。侨居海外的华侨、外籍华人达500万人，港澳同胞400多万人，因而也是我国重点侨乡之一。

改革开放初期，珠江三角洲地区率先在全国推行市场经济改革，较早地建立起社会主义市场经济体制框架，成为全国市场化程度最高、市场体系最完备的地区。目前，珠江三角洲地区城镇化进展快速，基础设施完备，已形成一批富有时代气息又具岭南特色的现代化城市，成为中国三大城市密集地区之一。珠江口海运繁忙，港口林立，重要港口有香港的葵青货柜码头、香港的内河码头、澳门的货柜码头、广州的黄埔港、深圳的蛇口港、珠海的珠海港、广州的南沙港、广州的新沙港、东莞的虎门港、中山的中山港等。

珠江口海域岛屿众多，在外海水和珠江冲淡水的交汇区，营养物质丰富，浮游生物繁茂，鱼虾蟹贝类众多，是珠江口渔场的中心区域，盛产蓝圆鲹、金色小沙丁鱼、鲐鱼、圆腹鲱等。珠江口海域也是我国一级重点保护野生动物中华白海豚的重要分布区。此外，珠江口现有深圳福田红树林保护区、香港米埔自然保护区、珠海淇澳红树林保护区。其中，福田红树林保护区为国家级红树林自然保护区，沿岸滩涂红树林面积共 0.71 km^2，有红树 13 科 22 种，鸟类 159 种，其中，珍稀濒危鸟类 23 种。它与深圳河口南侧的香港米埔自然保护区一水相隔，共同构成了基本连片的深圳河口湿地生态系统。

珠江口海域是我国人类经济活动最为频繁，并与自然因素交会冲突最为集中的大河口海域之一，海洋生态环境极为敏感。

2. 监测范围及内容

珠江口海域监测范围包括珠江口及毗邻水域，监测站位的地理坐标 21°55′00″—22°47′00″N、113°05′00″—114°00′00″E（图 4-67）。

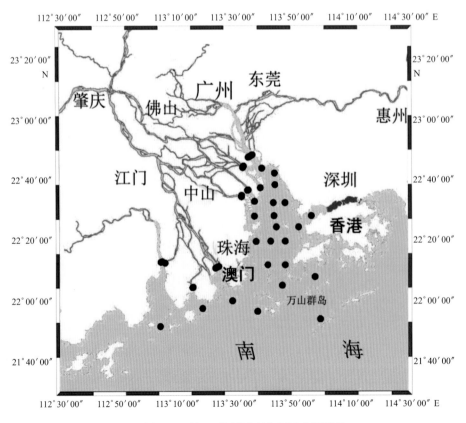

图4-67 珠江口海域地理位置及监测站位

为查明本海域生态环境状况及其变化趋势，在以往调查的基础之上，2005—2010年每年监测一次（8月），海水环境和生物群落监测共设32个站位。海水环境监测项目包括盐度、pH、溶解氧、无机氮、磷酸盐和化学需氧量共6项；生物群落监测项目包括浮游植物、浮游动物和底栖生物、鱼卵和仔稚鱼。沉积物质量监测与海水环境监测同步进行，在海水环境站位中均匀选取20个站位，监测项目包括有机碳、硫化物、总汞、铅、镉、石油类、锌和砷共8项。生物质量监测每年监测一次（8月），以贝类作为检测样品，监测项目包括总汞、砷、铜、铅、镉、锌和石油烃共7项。

（二）海水环境

1. 2010年监测结果

珠江口海域海水主要环境要素监测结果见表4-19。

表4-19　2010年珠江口海域海水主要环境要素监测结果

项目	水层	测值范围	平均值
盐度	表层	1.726~28.819	14.252
	底层	7.916~34.108	21.088
pH	表层	7.27~8.46	8.06
	底层	7.26~8.30	7.95
溶解氧（mg/L）	表层	2.81~9.44	6.45
	底层	3.19~6.45	5.05
无机氮（mg/L）	表层	0.183~4.616	1.581
	底层	0.107~2.0394	0.862
磷酸盐（mg/L）	表层	0.0015~0.0340	0.0146
	底层	0.0041~0.0420	0.0163
化学需氧量（mg/L）	表层	0.76~2.89	1.74
	底层	0.33~4.83	1.38

（1）盐度

表层海水盐度变化范围为1.726~28.819，平均值为14.252；底层海水盐度变化范围为7.916~34.108，平均值为21.088。监测海域盐度呈从西北部向南部逐渐上升的趋势；表层海水平均盐度低于底层。

（2）pH

表层海水pH变化范围为7.27~8.46，平均值为8.06；底层海水pH变化范围为7.26~8.30，平均值为7.95。75%站位的pH符合一类、二类海水水质标准。pH的平面分布与盐度相似，呈从北向南逐渐上升的趋势；表层海水pH略高于底层。

（3）溶解氧

表层海水溶解氧含量变化范围为2.81~9.44 mg/L，平均值为6.45 mg/L；底层海水溶解氧含量变化范围为3.19~6.45 mg/L，平均值为5.05 mg/L。50.0%站位的溶解氧含量符合一类海水水质标准，29.2%的站位达到二类海水水质标准。监测海域北部的溶解氧含量较低，其中虎门附近含量最低，自北向南溶解氧含量逐渐升高；底层略低于表层，部分区域存在缺氧现象。

（4）无机氮

表层海水无机氮含量变化范围为 0.183～4.616 mg/L，平均值为 1.581 mg/L；底层海水无机氮含量变化范围为 0.107～2.039 4 mg/L，平均值为 0.862 mg/L。海水无机氮污染严重，有 79.2% 站位超出四类海水水质标准。监测海域海水中无机氮的分布呈自北向南逐渐下降的趋势，高值区主要出现在内伶仃洋，其中虎门口外海域的含量最高；表层海水无机氮含量高于底层。

（5）磷酸盐

表层海水磷酸盐含量变化范围为 0.001 5～0.034 0 mg/L，平均值为 0.014 6 mg/L；底层海水磷酸盐含量变化范围为 0.004 1～0.042 0 mg/L，平均值为 0.016 3 mg/L。有 54.2% 站位的磷酸盐含量符合一类海水水质标准，而 33.3% 站位的磷酸盐含量达到二类、三类海水水质标准，12.5% 站位达到四类海水水质标准。表层海水磷酸盐含量最高值出现在东宝河附近，底层最高值出现在虎门附近；表、底层海水中磷酸盐平均含量差异较小。

（6）化学需氧量（COD_{Mn}）

表层海水化学需氧量变化范围为 0.76～2.89 mg/L，平均值为 1.74 mg/L；底层海水变化范围为 0.33～4.83 mg/L，平均值为 1.38 mg/L。表、底层海水化学需氧量均呈西北部高、东南部低的趋势。

2. 2005－2010年变化趋势

6 年间，珠江口海域表层海水主要环境要素的年际变化见图 4-68。

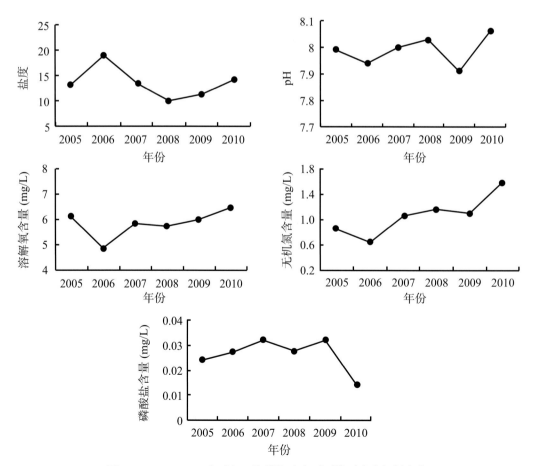

图4-68 2005－2010年珠江口海域海水主要环境要素的年际变化

6年间，珠江口海域表层海水盐度呈波动变化，年际波动幅度最大值超过5；pH保持相对稳定；溶解氧年均含量总体稳定，2006年略低于其他年份。无机氮年均含量较高、且呈持续上升趋势；磷酸盐年均含量也较高、但略呈下降趋势。连续监测结果表明，珠江口海域表层海水水质状况较差，营养盐污染严重，尤其是无机氮超标严重，连续6年超出四类海水水质标准，且含量呈持续上升状态。

（三）沉积物质量

1. 2010年监测结果

珠江口海域沉积物质量监测结果见表4-20。所有站位除有机碳含量符合一类海洋沉积物质量标准外，其余项目均有一定程度的超标，与一类海洋沉积物质量标准相比较，硫化物站位超标率为5%，最大超标倍数为0.86；总汞的站位超标率为10%，超标程度较轻，最大超标倍数为0.07；砷的站位超标率为60%，最大超标倍数为0.79；铅的站位超标率为10%，最大超标倍数为0.38；镉的站位超标率为15%，最大超标倍数为0.98；锌的站位超标率为10%，最大超标倍数为0.25；石油类站位超标率为10%，最大超标倍数为0.87。

因此，本海域沉积物质量已受到多种污染物的污染，沉积物质量总体较差。

表4-20　2010年珠江口海域沉积物质量主要指标监测结果

项目	测值范围	平均值
有机碳（$\times 10^{-2}$）	0.16～1.51	0.89
硫化物（$\times 10^{-6}$）	12～558	130
总汞（$\times 10^{-6}$）	0.045～0.214	0.115
砷（$\times 10^{-6}$）	9.32～35.7	21.2
铅（$\times 10^{-6}$）	17.8～82.9	42.6
镉（$\times 10^{-6}$）	0.06～0.99	0.38
锌（$\times 10^{-6}$）	34.0～187.0	99.5
石油类（$\times 10^{-6}$）	19.6～933.0	165.0

2. 2005－2010年变化趋势

珠江口海域沉积物有机碳和硫化物含量的年际变化见图4-69。

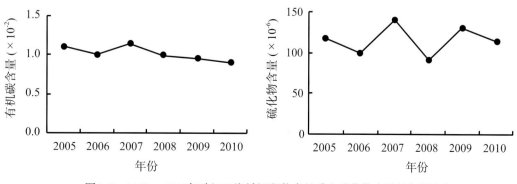

图4-69　2005－2010年珠江口海域沉积物有机碳和硫化物含量的年际变化

6年间，珠江口海域沉积物有机碳的年均含量略呈降低趋势，硫化物的年均含量呈波动变化。所监测年份珠江口海域沉积物有机碳和硫化物的年均含量均符合一类海洋沉积物质量标准。

（四）生物质量

1. 2010年监测结果

珠江口海域生物质量监测结果见表4-21。总汞、铜、镉、锌含量均符合一类海洋生物质量标准，而铅、砷和石油烃存在不同程度超标（超出一类海洋生物质量标准）；其中，铅和砷超过一类海洋生物质量标准的站位分别为100%和80%。

表4-21　2010年珠江口海域生物质量主要指标监测结果

指标	测值范围	平均值
总汞（$\times 10^{-6}$）	0.018～0.023	0.022
砷（$\times 10^{-6}$）	0.7～3.0	1.9
铜（$\times 10^{-6}$）	1.7～6.5	4.0
铅（$\times 10^{-6}$）	0.1～1.2	0.6
镉（$\times 10^{-6}$）	0.03～0.56	0.20
锌（$\times 10^{-6}$）	11.0～26.7	16.9
石油烃（$\times 10^{-6}$）	4.81～78.3	27.8

2. 2005—2010年变化趋势

6年间，珠江口海域生物质量状况总体较差（表4-22），主要污染物为砷、铅，其次为石油烃，它们的含量多数年份在二类生物质量标准值范围。总汞、石油烃年均含量略呈上升趋势；铅、镉年均含量略呈下降趋势；砷含量变化不大。

表4-22　2005－2010年珠江口海域生物质量主要指标的年际变化

年份	总汞（$\times 10^{-6}$）	砷（$\times 10^{-6}$）	铅（$\times 10^{-6}$）	镉（$\times 10^{-6}$）	石油烃（$\times 10^{-6}$）
2005	0.008	1.7	1.5	1.43	11.9
2006	0.008	2.0	0.8	0.98	22.9
2007	0.005	0.6	2.4	0.37	10.9
2008	0.025	1.5	1.4	0.19	13.4
2009	0.026	2.0	1.2	0.36	15.4
2010	0.021	1.9	0.6	0.20	27.8

二、生物群落

（一）浮游植物

1. 2010年监测结果

（1）种类组成

本海域共鉴定出浮游植物4大类28属71种。其中，硅藻19属51种，甲藻4属11种，蓝藻4属5种、绿藻1属4种。其中，赤潮生物共19属36种，占总种数的50.7%，有毒赤潮种类有5属5种，为扁面角毛藻、浮动弯角藻、细长翼根管藻、反曲原甲藻、红海束毛藻。各站位浮游植物种类数介于8～28种之间，种类数的平面分布呈口门内低、口门外高的趋势。

（2）密度和优势种

浮游植物密度变化范围为$28×10^4 ～ 8\,636×10^4$ cell/m^3，平均密度为$1\,218×10^4$ cell/m^3。其中，赤潮生物平均密度为$976×10^4$ cell/m^3，占浮游植物总密度的80.1%；赤潮生物中有毒赤潮生物平均密度为$2×10^4$ cell/m^3，占浮游植物总密度的0.2%。浮游植物密度平面分布较均匀，珠江口外东西两侧海域密度略高于其余海区（图4-70）。

浮游植物密度优势种为中肋骨条藻、日本星杆藻、江河骨条藻和佛氏海毛藻，优势度依次为0.37、0.14、0.13、0.03。

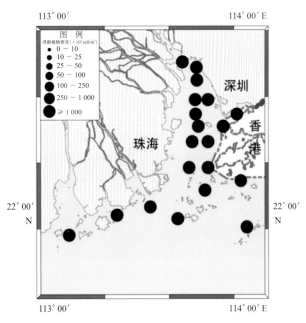

图4-70　2010年珠江口海域浮游植物密度平面分布

2. 2005—2010年变化趋势

（1）种类组成

6年间，共鉴定出浮游植物275种。其中，硅藻190种，甲藻36种，其他49种。种类数年际波动范围为49～155种，最小值出现在2008年，最大值出现在2005年，浮游植物种类数呈下降趋势。

（2）密度和优势种

浮游植物密度年均值在 $595 \times 10^4 \sim 43\,900 \times 10^4\,\text{cell/m}^3$ 之间，平均密度为 $9\,374 \times 10^4\,\text{cell/m}^3$，除 2009 年外，其他年份相对稳定。2009 年浮游植物密度异常升高，主要原因为颗粒直链藻和颗粒直链藻最窄变种在部分站位比较繁盛，导致浮游植物密度急剧升高（图 4-71）。

2005—2010 年第一优势种依次为优美拟菱形藻、中肋骨条藻、中肋骨条藻、北方劳德藻、颗粒直链藻、中肋骨条藻。

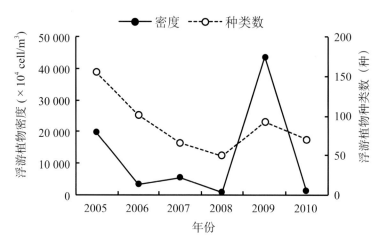

图4-71　2005—2010年珠江口海域浮游植物密度和种类数的年际变化

（二）浮游动物

1. 2010年监测结果

（1）种类组成

共鉴定出浮游动物 198 种和浮游幼体 5 大类（不含鱼卵和仔稚鱼）。其中，桡足类 92 种，水母类 38 种（水螅水母 23 种、管水母 14 种、栉水母 1 种），被囊类 16 种，毛颚类 14 种，介形类 9 种，端足类 7 种，磷虾类 6 种，软体类 5 种，原生动物 4 种，莹虾类 3 种，枝角类 2 种，糠虾类和十足类各 1 种。浮游动物种类数的平面分布呈口门内低、口门外高的特点。

（2）密度和优势种

浮游动物的密度变化范围为 $378 \sim 8\,738\,\text{ind./m}^3$，平均密度为 $2\,790\,\text{ind./m}^3$。密度的平面分布呈斑块状，高值区主要出现在河口顶部海域（图 4-72）。各类群浮游动物中，以桡足类的密度最高，达 $2\,111\,\text{ind./m}^3$，占浮游动物总密度的 75.6%。浮游动物的优势种为中华异水蚤、鸟喙尖头溞、锥形宽水蚤、刺尾纺锤水蚤和矮拟哲水蚤，优势度分别为 0.10、0.06、0.05、0.03 和 0.02。

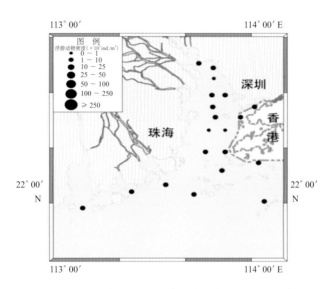

图4-72 2010年珠江口海域浮游动物密度平面分布

（3）生物量

浮游动物生物量变化范围为14～309 mg/m³，平均生物量为74 mg/m³。生物量的高值区主要出现在珠江口外海域（图4-73）。

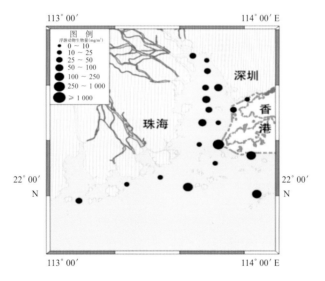

图4-73 2010年珠江口海域浮游动物生物量平面分布

2. 2005—2010年变化趋势

（1）种类组成

共鉴定出浮游动物13大类355种和8大类浮游幼虫（体）（不含鱼卵和仔稚鱼）。其中，桡足类149种、水母类67种（其中，水螅水母41种、管水母23种、栉水母2种、钵水母1种）、被囊类32种、端足类24种、毛颚类18种、磷虾类和介形类各12种、十足类6种、原生动物5种、翼足类和枝角类各3种、糠虾类和异足类各2种。2006年监测到的种类数最少，2010年种类数最多，种类数略呈上升趋势。

（2）密度和优势种

浮游动物密度年均值变化范围为 1 470～8 910 ind./m³，平均值为 4 248 ind./m³。2006—2007 年浮游动物密度呈显著下降趋势，2008 年以后密度波动较小（图4-74）。优势种类年际差异不大，2005—2010 年每年的浮游动物第一优势种依次为强额拟哲水蚤、中华异水蚤、夜光虫、中华异水蚤、中华异水蚤、中华异水蚤。

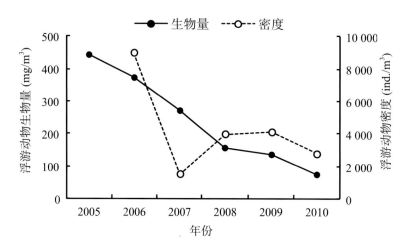

图4-74　2005—2010年珠江口海域浮游动物密度和生物量的年际变化

（3）生物量

浮游动物生物量年均值变化范围为 74～445 mg/m³，平均值为 243 mg/m³。6 年间，浮游动物生物量年均值呈显著降低趋势（图 4-74）。

（三）浅海底栖生物

1. 2010年监测结果

（1）种类组成

共鉴定出浅海底栖生物 181 种。其中，节肢动物 57 种，软体动物 41 种，脊索动物 38 种，环节动物 32 种，棘皮动物 5 种，腔肠动物 4 种，其他种类共 4 种。主要种类有扁蛰虫、不倒翁虫、光滑倍棘蛇尾、后指虫、梳鳃虫、智利巢沙蚕等。

（2）密度和优势种

浅海底栖生物密度在 1～4 950 ind./m² 之间，全海域平均值为 521 ind./m²。在平面分布上，呈现湾内低、湾外高的特点（图 4-75）。各海区密度优势种类差异很大，主要为昆士兰稚齿虫、毛头梨体星虫、蛇潜虫、双形拟单指虫、奇异稚齿虫、背蚓虫、钩毛虫、日本长手沙蚕、尖叶长手沙蚕和奇异稚齿虫，各优势种在其站位所占比例为 18.8%～85.6%。

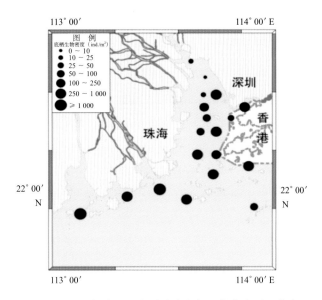

图4-75 2010年珠江口海域浅海底栖生物密度平面分布

（3）生物量和优势种

浅海底栖生物生物量在 0.01～83.65 g/m² 之间，全海域平均为 11.29 g/m²，生物量的平面分布较均匀（图4-76）。各站位生物量优势种主要为模糊新短眼蟹、奇异稚齿虫、双形拟单指虫、光亮倍棘蛇尾、头吻沙蚕、尖叶长手沙蚕、联珠蚶和狼虾虎鱼，各优势种在其站位所占比例为 27.2%～98.5%。

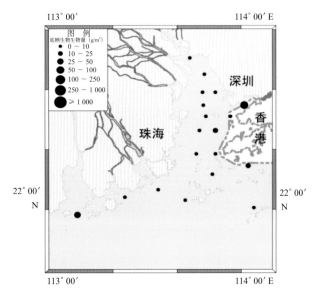

图4-76 2010年珠江口海域浅海底栖生物生物量平面分布

2. 2005—2010年变化趋势

（1）种类组成

6年间，浅海底栖生物种类数的年际变化不大，总种类数 2008 年最高，为 194 种，2006年最低，为 121 种。各站位平均种类数最低出现在 2007 年，只有 3.6 种；最高出现在 2010 年，为 9.6 种。

（2）密度和优势种

6年间，浅海底栖生物密度年均值在28.5～521.1 ind./m² 之间，平均值为243.1 ind./m²（图 4-77），呈波动变化。2005－2010年浅海底栖生物第一优势种依次为光滑河篮蛤、革囊星虫、光滑河篮蛤、奇异稚齿虫、短吻铲荚螠、奇异稚齿虫。

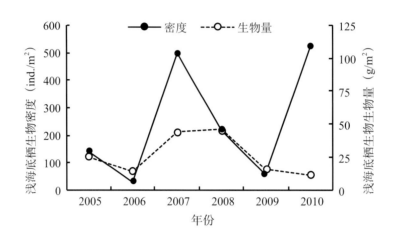

图4-77 2005－2010年珠江口海域浅海底栖生物密度和生物量的年际变化

（3）生物量和优势种

6年间，浅海底栖生物生物量年均值变化范围为11.29～45.77 g/m²，平均值为25.99 g/m²，呈下降趋势（图 4-77）。2005－2010 年第一优势种依次为光滑河篮蛤、孔虾虎鱼、光滑河篮蛤、美洲角海葵、海鳃、模糊新短眼蟹。

（四）潮间带底栖生物

1. 2009年监测结果

（1）种类组成

共鉴定出潮间带底栖生物 43 种。其中，腔肠动物 2 种，环节动物 5 种，软体动物 16 种，节肢动物 16 种，棘皮动物 3 种，脊索动物 1 种。主要种类有不倒翁虫、淡水泥蟹、短拟沼螺、光亮倍棘蛇尾、弧边招潮、日本大眼蟹、中华枝吻纽虫、锥唇吻沙蚕等。

（2）密度和优势种

潮间带底栖生物密度在 2～132 ind./m² 之间，平均为 27.03 ind./m²。西岸中部海区较高，东岸及南部海域较低（图 4-78）。各站位密度优势种主要为变化短齿蛤、齿纹蜒螺、近江牡蛎、全刺沙蚕、鳃沙蚕、网纹藤壶、中国蛤蜊，各优势种在其站位所占比例为15.2%～90.6%。

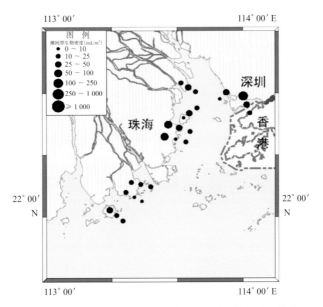

图4-78 2009年珠江口海域潮间带底栖生物密度平面分布

（3）生物量和优势种

潮间带底栖生物生物量在0.63～181.78 g/m²之间，平均为42.81 g/m²。西岸中部海区较高，东岸及南部海域较低（图4-79）。各站位生物量优势种主要为变化短齿蛤、齿纹蜓螺、近江牡蛎、日本石磺海牛、网纹藤壶、中国蛤蜊，各优势种在其站位所占比例为37.6%～97.6%。

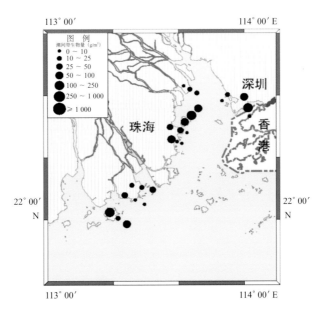

图4-79 2009年珠江口海域潮间带底栖生物生物量平面分布

2. 2005—2009年变化趋势

（1）种类组成

5年间，潮间带底栖生物种类的年际变化不大。各站位平均种类数最低出现在2005年，只有6.4种；最高出现在2007年，为9.3种。

（2）密度和优势种

5 年间，潮间带底栖生物密度年均值在 73～250 ind./m² 之间，平均值为 108.6 ind./m²，呈波动变化（图 4-80）。2005—2009 年第一优势种依次为广口蜒螺、中国绿螂、中国绿螂、团聚牡蛎、中间拟滨螺。

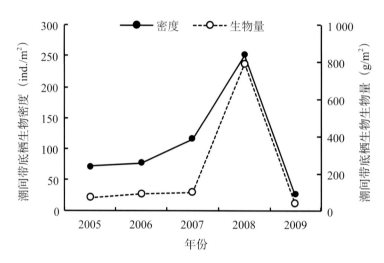

图4-80　2005—2009年珠江口海域潮间带底栖生物密度和生物量的年际变化

（3）生物量和优势种

5 年间，潮间带底栖生物年均值变化范围为 65.5～1 793.8 g/m²，平均值为 217.8 g/m²，呈波动变化（图 4-80）。2005—2009 年第一优势种依次为中国绿螂、河蚬、中国绿螂、团聚牡蛎、近江牡蛎。

（五）鱼卵和仔稚鱼

2010 年夏季（8 月）共监测到 27 种鱼卵和仔稚鱼，主要种类为虾虎鱼科和小公鱼属等，经济鱼类如鲷科、石首鱼科、鲹科、舌鳎科等，数量较少。

1. 鱼卵

共鉴定出鱼卵 11 种，各站位鱼卵平均密度为 4.6 ind./m³。其中，以小公鱼属鱼卵的密度最高，占总密度的 29.4%，其次为鳀属和舌鳎科鱼卵，分别为 25.4% 和 22.1%。鱼卵的平面分布呈口门内低、口门外高的趋势。

2. 仔稚鱼

共鉴定出仔稚鱼 23 种，各站位仔稚鱼平均密度为 1.46 ind./m³。其中，以小公鱼属仔稚鱼的密度最高，占总密度的 33.4%，其次为虾虎鱼科和石首鱼科仔稚鱼，分别为 21.6% 和 11.0%。同鱼卵的平面分布趋势，仔稚鱼的密度也大致呈口门内低、口门外高的趋势。

三、生态健康状况

采用国家海洋局颁布的《近岸海洋环境生态健康评价指南》（HY/T 087—2005）河口生态环境评价方法进行评价，珠江口海域的生态环境健康状况结果如下。

（一）2010年生态健康状况

珠江口海域生态环境健康评价结果：水环境指数为11.6；沉积环境指数为9.8；生物质量指数为8；栖息地指数为12.4；生物群落指数为20（图4-81）。生态环境健康指数为61.8，属于亚健康状态。

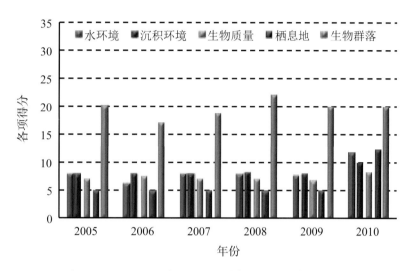

图4-81　2005—2010年珠江口海域各项生态健康指标的年际变化

（二）2005—2010年生态健康状况变化趋势

2005—2009年珠江口海域生态环境处于不健康状态（图4-82），指数变化范围为43.4～49.8；2010年生态环境健康状况明显好转，健康指数为61.8，属于亚健康状态。6年间，生态健康指数呈波动上升趋势，其中水环境和栖息地指标明显好转，可能与2010年广州亚运会前期的环境整治有关。

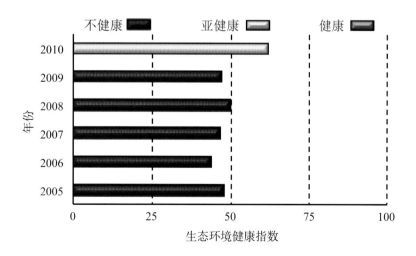

图4-82　2005—2010年珠江口海海域生态健康指数的年际变化

四、主要生态问题

（一）海水营养盐结构失衡，出现高营养盐和低生产力区

珠江口海域是我国目前海水水质极差海域之一。6年间，珠江口海域无机氮的年均含量均超出四类海水水质标准，其中以虎门为首的八大口门含量最高。无机氮严重超标是珠江口海域生态系统属于亚健康，甚至不健康的主要原因之一。近年，磷酸盐的年均含量虽略有下降，但仍在二类、三类海水水质与四类海水水质之间波动。由于氮磷不均衡的输入，导致入海口水域氮磷比严重失衡，比值大于650，远高于正常浮游植物的最适生长比值14。加上珠江口顶部受到悬浮物影响致使海水透光率降低，致使入海口水域出现了高营养盐含量、低叶绿素a含量和低初级生产力的异常现象。

（二）海水富营养化，赤潮频繁发生

珠江口海域因营养盐污染，呈明显的富营养化状态。20世纪末，河口海域浮游植物种类还比较丰富，以硅藻为主，夹有不少甲藻和绿藻。之后，硅藻逐渐减少，甲藻种类增多，并在盐度适宜的深圳湾、内伶仃、深圳前海一带，平时罕见的一些甲藻种类常突发繁盛引发赤潮。2006年珠江口海域共发生赤潮3起，最大面积达到300 km^2；发生时间分别为2月、4月和10月，赤潮生物分别为球形棕囊藻、多环旋沟藻和红色中缢虫。这三种赤潮生物均不是珠江口浮游植物的原优势种类。据2008年监测结果，浮游植物中常见优势种中肋骨条藻不再为优势种类，而且优势种中出现了甲藻，此群落结构变化可能与海水中硅酸盐含量下降、无机氮含量上升引起的营养盐结构变化有关。

（三）高强度的捕捞及海岸工程，导致渔业资源明显衰退

由于高强度的捕捞作业和不合理的捕捞方式以及环境污染、填海造地、采砂和航道疏浚等活动的影响，珠江口渔业资源衰退十分严重。根据鱼卵和仔稚鱼监测结果，2004年和2005年春季舌鳎科鱼卵已失去优势，而夏季以鳀科鱼卵为主；2008年虾虎鱼科、小公鱼属和小沙丁鱼属等低值鱼类的鱼卵和仔稚鱼占据优势，鲷科、石首鱼科、金线鱼、舌鳎科和小带鱼等高值鱼类的鱼卵和仔稚鱼变少。现今，珠江口的多齿蛇鲻、鲐鱼、绯鲤、蓝圆鲹和对虾等鱼虾类的产卵场，均已严重退化或已基本消失。

（四）生境恶化，珍稀物种遭到严重威胁

海上船只的撞击、高速运转的螺旋桨以及水下密布的渔网，对大型水生动物，特别是对中华白海豚等一些珍稀物种具有致命的杀伤力。水下施工和爆破产生的震荡和强烈声波对中华白海豚也具有致命影响。水体中的重金属和有机氯化物等污染物，通过食物链逐级传递和富集，最终在白海豚体内不断积累达到中毒水平，可损害其免疫系统并提高新生白海豚的死亡率。此外，挖砂船作业、航道疏浚和渔业资源衰退等直接或间接影响到白海豚的食物来源。航运产生的噪声还会干扰白海豚的回声定位系统而影响其觅食和交配等正常活动，严重的会损害其听觉系统甚至导致白海豚个体死亡。目前，珠江口中华白海豚的非正常死亡事件不断出现。据不完全统计，2009年珠江口内外发现中华白海豚非正常死亡共计22头，死因主要为船只撞击、水下爆破冲击、渔网缠绕和环境恶化患病致死等。

第五章 典型海湾生态状况

第一节 锦州湾

一、生境条件

（一）区域自然特征

1. 自然环境

锦州湾地处渤海辽东湾西北部，为一个三面陆地环绕的开敞浅水小海湾，面积约 120 km²，岸线长约 46 km。沿海地区属辽西丘陵地带，地形平缓，西北高，东南低，平均海拔 10～15 m。海域地貌较单一，地形平坦，由西北向东南倾斜，平均水深约 3.5 m。湾南岸地势略高，有海拔 211.0 m 的虎达山和海拔 163.1 m 的马鞍山。西部为低山丘陵，海拔多在 100m 以下，北岸地势低，属低平地地区。沿岸入湾河流较多，主要有五里河、茨山河、连山河、周流河、塔山河、朱家洼河、高桥东河和大兴堡河等河流，但大多短小。除大兴堡河、高桥东河和塔山河等常年有水外，其余皆为季节性河流。

锦州湾地处辽河口邻近海域和辽西—冀东海域的交会区，主要使用功能为港口航运、旅游、矿产资源利用和渔业资源利用等功能。其中，重点港口航运功能区有锦州港口及相关航道、葫芦岛港、葫芦岛新港及相关航道；重点旅游功能区有兴城海滨、锦州大、小笔架山景区等；重点油气功能区有笔架岭、锦州和绥中等油气区。锦州湾既是天然的避风良港，其两侧建有锦州港和葫芦岛港，其滩涂和水域还是锦州和葫芦岛两市的重要海水养殖区或盐业区。

锦州湾沿海地区大部分隶属于葫芦岛市，沿岸滩涂广阔，宜于盐业和养殖业，现有盐田 1 123 hm²。海水养殖以滩涂养殖为主，港池养殖、浅海围栏养殖为辅。2009 年锦州湾渔业总产值、水产品产量以及出口创汇等都有显著增加，海洋经济状况有明显提升。2009 年，锦州市海洋经济总产值达到 183 亿元，同比增长 18%。渔业经济增加值实现 24.4 亿元，同比增长 20.8%。

2. 监测范围与内容

本海域的监测范围包括锦州湾及其毗邻海域，地理坐标为 40°35′—40°54′N，120°45′30″—121°14′E，见图 5-1。为查明本海域生态环境及其变化趋势，在以往调查的基础之上，2005—2010 年每年监测一次（8 月），海水环境与生物群落监测共设 30 个站位。海水环境监测项目包括盐度、pH、溶解氧、无机氮、化学需氧量、磷酸盐、硅酸盐、石油类和重金属（铜、铅、镉、锌、汞、砷）共14项。生物群落监测项目包括浮游植物、浮游动物、浅海底栖生物、潮间带底栖生物、鱼卵和仔稚鱼。沉积物质量监测与海水环境监测同步进行，在海水环境站位中均匀选取10个站位，测项有有机碳、硫化物、石油类以及重金属等9项。生物质量监测每年监测一次（8月），以褶牡蛎、菲律宾蛤仔等贝类作为检测样品，监测项目包括总汞、镉、铅、砷、六六六、滴滴涕和多氯联苯等。

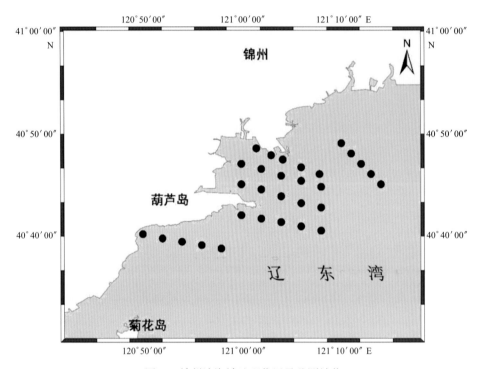

图5-1 锦州湾海域地理位置及监测站位

（二）海水环境

1. 2010年监测结果

锦州湾海域海水主要环境要素监测结果见表5-1。

表5-1 2010年锦州湾海域海水主要环境要素监测结果

项目	测值范围	平均值
盐度	21.97 ～ 25.86	23.19
pH	7.42 ～ 7.70	7.55
溶解氧 (mg/L)	6.20 ～ 7.46	6.87
化学需氧量 (mg/L)	1.70 ～ 2.95	2.10
无机氮 (mg/L)	0.674 ～ 1.254	1.074
磷酸盐 (mg/L)	0.003 ～ 0.029	0.010
硅酸盐 (mg/L)	0.84 ～ 1.85	1.37
石油类 (mg/L)	0.044 ～ 0.120	0.070
铜 (mg/L)	0.001 98 ～ 0.004 27	0.002 79
铅 (mg/L)	0.000 62 ～ 0.002 25	0.001 08
镉 (mg/L)	0.000 82 ～ 0.002 09	0.001 77
锌 (mg/L)	0.008 26 ～ 0.054 6	0.023 4

续 表

项目	测值范围	平均值
汞 (mg/L)	0.000 03 ~ 0.000 07	0.000 046
砷 (mg/L)	0.001 65 ~ 0.002 55	0.002 04

（1）盐度

盐度变化范围为 21.97～25.86，平均值为 23.19。最高值出现在湾口位置，最低值出现在西北沿岸河口海域；盐度空间分布特征明显，由西北沿岸海域向东、东南远岸海域递增。

（2）pH

海水 pH 变化范围为 7.42～7.70，平均值为 7.55。高值区出现在东部湾口海域，低值区出现在西部沿岸。其空间分布特征与盐度相似，由西部湾内沿岸海域向东部湾外海域明显递增。

（3）溶解氧

溶解氧含量变化范围为 6.20～7.46 mg/L，平均值为 6.87，全部符合一类海水水质标准。在北部锦州港海区和东南部葫芦岛沿岸海区均出现一低值区。湾内高值区出现在笊篱头沿岸海域。湾外溶解氧含量明显高于湾内。溶解氧含量由湾内南、北两侧海域向西部和东部湾外海域递增。

（4）化学需氧量

化学需氧量变化范围为 1.70～2.95 mg/L，平均值为 2.10 mg/L，均符合二类海水水质标准。最高值出现在东南部大酒篓附近海域，最低值出现在东部的外湾海域，由湾内向湾外递减。

（5）无机氮

海水无机氮含量变化范围为 0.674～1.254 mg/L，平均值为 1.074 mg/L。所有站位无机氮含量均超出四类海水水质标准。在湾口南侧出现一高值区，其他海域由西部沿岸海域向东部湾外明显递减。

（6）磷酸盐

磷酸盐含量变化范围为 0.003～0.029 mg/L，平均值为 0.010 mg/L。所有站位磷酸盐含量均符合二类海水水质标准。磷酸盐含量分布特征明显，自湾外向湾内近岸海域递增。

（7）硅酸盐

硅酸盐含量变化范围为 0.84～1.85 mg/L，平均值为 1.37 mg/L。硅酸盐与磷酸盐有相同的变化趋势。由于受陆源排污的影响，高值区均出现在近岸海域，呈现明显的由湾外向湾内递增的变化趋势。

（8）石油类

石油类变化范围为 0.044～0.120 mg/L，平均值为 0.070 mg/L。33% 的站位海水水质达到二类海水水质标准，其余站位水质符合三类海水水质标准。最高值出现在湾内西北近岸海域，最低值出现在东南部湾外海域。调查海域出现多个高值区和低值区，分布规律不明显。

（9）重金属

重金属中除铜测项符合一类海水水质标准外，其他重金属均符合二类海水水质标准，但有少数站位锌含量超过二类海水水质标准，超标率为 10%。

2010 年夏季水环境营养盐和重金属受陆源径流影响明显，近岸污染物含量高于远岸，递减趋势明显；由于陆源入海淡水团带来大量无机氮，造成无机氮含量严重超标。

2. 2005—2010年变化趋势

6年间，锦州湾海域海水主要环境要素的年际变化见图5-2。

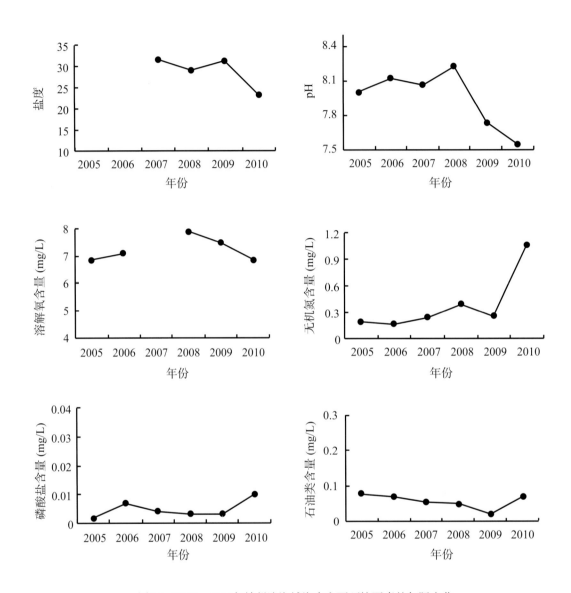

图5-2　2005—2010年锦州湾海域海水主要环境要素的年际变化

　　6年来，锦州湾海域海水除溶解氧和磷酸盐年均含量符合一类海水水质标准外，其他要素变化均较大。pH值和盐度年均含量均呈下降趋势，无机氮和磷酸盐均呈上升趋势，石油类呈现先下降后上升趋势。无机氮年均含量变化范围为0.160～1.074 mg/L，总体呈上升趋势，2010年无机氮年均含量明显增加，这与较大洪水带来大量无机氮有关。锦州湾海域的海水受营养盐污染严重，主要污染物是无机氮，且近年来有加重趋势。

（三）沉积物质量

1. 2010年监测结果

锦州湾海域沉积物质量监测结果见表 5-2。2010 年沉积物中有机碳、硫化物含量较低，符合一类海洋沉积物质量标准；石油类符合二类海洋沉积物质量标准。重金属中总汞、铅、砷符合一类海洋沉积物质量标准，而铜、锌、镉超过一类海洋沉积物质量标准，尤其镉最高含量为 24.5×10^{-6}，为三类海洋沉积物质量标准的 5 倍。各沉积物质量指标的监测值均近岸高于远岸。

表5-2　2010年锦州湾海域沉积物质量主要指标监测结果

项目	测值范围	平均值
有机碳 ($\times 10^{-2}$)	0.13 ~ 0.65	0.43
硫化物 ($\times 10^{-6}$)	28.0 ~ 103.2	59.8
石油类 ($\times 10^{-6}$)	9.5 ~ 808	355.6
总汞 ($\times 10^{-6}$)	0.083 ~ 0.135	0.115
铜 ($\times 10^{-6}$)	25.0 ~ 127.3	42.1
铅 ($\times 10^{-6}$)	29.7 ~ 110.9	49.6
锌 ($\times 10^{-6}$)	153.6 ~ 1 682.1	470.8
镉 ($\times 10^{-6}$)	0.585 ~ 24.5	9.94
砷 ($\times 10^{-6}$)	7.0 ~ 20.3	14.1

2. 2005—2010年变化趋势

6 年间，锦州湾海域沉积物有机碳和硫化物含量的年际变化见图 5-3。锦州湾海域沉积物有机碳含量 2006 年最高，2008 年最低，年均值均符合一类海洋沉积物质量标准。硫化物含量 2006 年达到高值，之后大幅下降，全部测值均符合一类海洋沉积物质量标准。

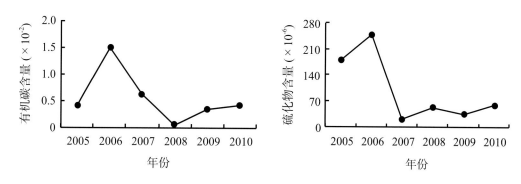

图5-3　2005—2010年锦州湾海域沉积物有机碳和硫化物含量的年际变化

（四）生物质量

1. 2010年监测结果

锦州湾海域生物质量监测结果见表5-3。锦州湾海域生物体中的总汞、镉、六六六和多氯联苯符合一类海洋生物质量标准，而铅、砷和滴滴涕符合二类海洋生物质量标准。表明锦州湾海域生物体主要受到铅、砷和滴滴涕的污染。

表5-3 2010年锦州湾海域生物质量主要指标监测结果

项目	测值范围	平均值
总汞 (mg/kg)	0.010 ~ 0.021	0.016
镉 (mg/kg)	0.078 ~ 0.208	0.143
铅 (mg/kg)	0.045 ~ 0.183	0.114
砷 (mg/kg)	2.56 ~ 2.85	2.71
六六六 (mg/kg)	0.000 284	—
滴滴涕 (mg/kg)	0.020 840 6	—
多氯联苯 (mg/kg)	0.002 650 3	—

2. 2005—2010年变化趋势

6年间，锦州湾海域生物质量主要指标的年际变化见表5-4。由表5-4可见，总汞、铜含量一直符合一类海洋生物质量标准；砷含量呈升高趋势，从符合一类海洋生物质量标准转变为符合二类海洋生物质量标准；铅含量呈先下降后上升趋势，符合二类海洋生物质量标准；镉含量除2006年符合二类海洋生物质量标准外，其他年份均符合一类海洋生物质量标准；石油烃含量有下降趋势，从符合二类海洋生物质量转变为符合一类海洋生物质量。从目前来看，重金属铅、砷含量污染加重。

表5-4 2005—2010年锦州湾海域生物质量主要指标的年际变化

项目	2005年	2006年	2007年	2008年	2009年	2010年
汞（×10⁻⁶）	0.02	0.01	0.03	0.034	0.006 8	0.016
砷（×10⁻⁶）	0.96	0.75	1.66	0.64	2.66	2.71
铜（×10⁻⁶）	6.24	7.16	7.26	0.93	—	—
铅（×10⁻⁶）	1.17	0.86	0.07	0.07	0.07	0.114
锌（×10⁻⁶）	21.4	26.9	18.25	—	—	—
镉（×10⁻⁶）	0.14	0.12	0.26	0.127	0.182	0.143
六六六（×10⁻⁶）	0.8	0.52	—	—	0.004 4	0.000 284
滴滴涕（×10⁻⁶）	—	—	0.005 5	0.003 9	0.001 24	0.020 8
多氯联苯（×10⁻⁶）	0.4	0.5	0.008 7	0.044 8	0.002 58	0.002 65
多环芳烃（×10⁻⁶）	5.84	5.84	3.66			
石油烃（×10⁻⁶）	28.2	25.6	9.95	0.203	8.644	—

注："—"表示缺少监测数据。

二、生物群落

（一）浮游植物

1.2010年监测结果

（1）种类组成

共鉴定出浮游植物26种。其中，硅藻10科11属23种，占种类组成88.46%；甲藻2科2属2种，占种类组成7.69%，金藻1科1属1种，占种类组成3.85%。

（2）密度和优势种类

浮游植物密度的变化范围在$79.8 \times 10^4 \sim 497.5 \times 10^4$ cell/m^{3}之间，平均值为238.9×10^4 cell/m^3。浮游植物平面分布比较均匀（图5-4）。主要优势种为洛氏角毛藻，占各站位总密度的49%～80%。

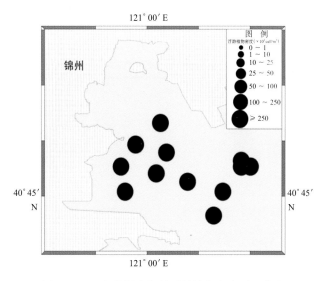

图5-4　2010年锦州湾海域浮游植物密度平面分布

2.2005—2010年变化趋势

（1）种类组成

6年间，共鉴定出浮游植物49种。其中，硅藻40种，甲藻7种，其他2种。年均种类数变化范围为16～26种，最小值出现在2007年，最大值出现在2005年和2010年，6年间浮游植物种类数呈波动变化（图5-5）。

（2）密度和优势种类

6年间，浮游植物密度年均值变化范围在$7.5 \times 10^4 \sim 238.9 \times 10^4$ cell/m^{3}之间，平均值为57.6×10^4 cell/m^3。浮游植物密度最大值出现在2010年，最小值出现在2006年。平均密度略呈升高趋势（图5-5）。

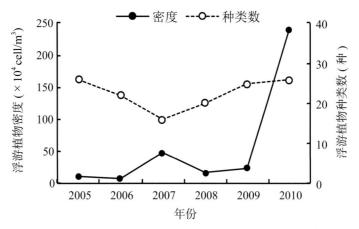

图5-5 2005—2010年锦州湾海域浮游植物密度和种类数的年际变化

6年间,第一优势种(属)依次为角毛藻、中肋骨条藻、圆筛藻、中肋骨条藻、中肋骨条藻、洛氏角毛藻。

(二)浮游动物

1. 2010年监测结果

(1)种类组成

本海域共鉴定出浮游动物3大类15种和浮游幼虫(体)4大类。其中,桡足类13种,毛颚类和枝角类各1种。

(2)密度和优势种类

浮游动物的密度在 7 848~65 245 ind./m³ 之间,平均密度为 16 598 ind./m³。其中,锦州湾内海域浮游动物的密度低于湾外海域(图5-6)。主要优势种为小拟哲水蚤、强额拟哲水蚤、双毛纺锤水蚤、克氏纺锤水蚤和太平洋纺锤水蚤等,其中以小拟哲水蚤占绝对优势,各站位小拟哲水蚤的优势度在 0.31~0.68 之间。

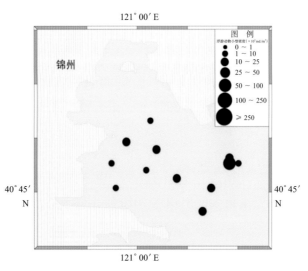

图5-6 2010年锦州湾海域浮游动物密度平面分布

（3）生物量

浮游动物的生物量变化范围为 13～48 mg/m³，平均生物量为 30 mg/m³。浮游动物生物量的平面分布呈湾中部低于其他海域（图 5-7）。

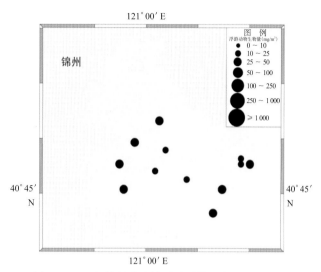

图5-7　2010年锦州湾海域浮游动物生物量平面分布

2. 2005－2010年变化趋势

（1）种类组成

6 年间，共鉴定出浮游动物 4 大类 20 种和 7 大类浮游幼虫（体）（不含鱼卵和仔稚鱼）。其中，桡足类 17 种，占浮游动物总种类数的 85.0%；水母类、毛颚类和枝角类各 1 种，占浮游动物总种类数的 5.0%。

（2）密度和优势种类

浮游动物的密度年均值变化范围为 9 757～39 388 ind./m³，平均值为 18 219 ind./m³。浮游动物密度的年际变化总体呈先升高后降低的趋势，2008 年密度显著高于其他年份（图5-8）。密度优势种类年际差异不大，第一优势种主要为小拟哲水蚤和拟长腹剑水蚤。

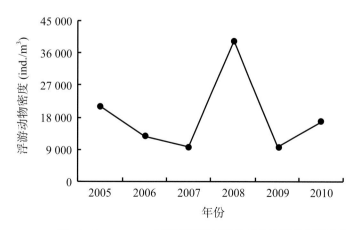

图5-8　2005—2010年锦州湾海域浮游动物密度的年际变化

（三）浅海底栖生物

1.2010年监测结果

（1）种类组成

共鉴定出底栖生物6种。其中，环节动物4种，节肢动物1种，棘皮动物1种，主要种类有短叶索沙蚕、紫臭海蛹、艾氏活额寄居蟹、不倒翁虫等。

（2）密度和优势种类

本海域浅海底栖生物密度在90～180 ind./m² 之间，平均值为145 ind./m²。东部海区较高，西部海区较低（图5-9）。各站位密度优势种类主要为短叶索沙蚕、紫臭海蛹、软背鳞虫、艾氏活额寄居蟹，各优势种在其站位所占比例为13.9%～38.9%。

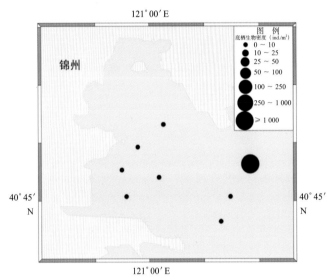

图5-9　2010年锦州湾海域浅海底栖生物密度平面分布

（3）生物量和优势种类

本海域浅海底栖生物生物量在10.6～392.5 g/m² 之间，平均值为145.09 g/m²。东部海区较高，西部海区较低（图5-10）。各站位生物量优势种类分别为短叶索沙蚕、日本倍棘蛇尾、不倒翁虫，各优势种在其站位所占比例为32.1%～99.0%。

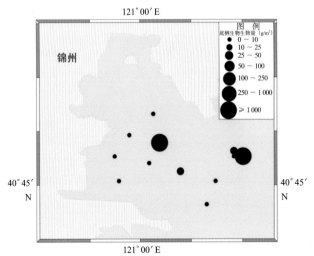

图5-10　2010年锦州湾海域浅海底栖生物生物量平面分布

2. 2009—2010年变化趋势

（1）种类组成

2009 年种类数为 7 种，2010 年为 6 种。各站位平均种类数 2009 年为 1.45 种，2010 年为 0.58 种。

（2）密度和优势种类

浅海底栖生物 2009 年密度年均值是 399.9 ind./m²，2010 年年均值是 48.33 ind./m²，两年的平均值为 224.13 ind./m²（图 5-11）。密度优势种依次为短叶索沙蚕、褶牡蛎。

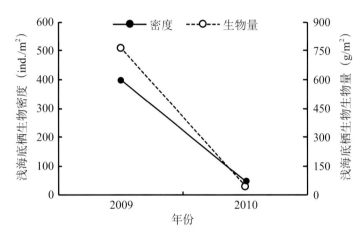

图5-11　2009—2010年锦州湾海域浅海底栖生物密度和生物量的年际变化

（3）生物量和优势种类

浅海底栖生物 2009 年生物量年均值为 765.27 g/m²，2010 年年均值为 48.02 g/m²，两年平均值为 406.64 g/m²（图 5-11）。生物量优势种类依次为短叶索沙蚕、褶牡蛎。

（四）潮间带底栖生物

1. 2009年监测结果

（1）种类组成

共鉴定出潮间带底栖生物 70 种。其中，软体动物、甲壳动物及多毛类为三大主要类群，占总种类数的 84.3%，此外还有棘皮动物、脊索（鱼类）动物、腔肠动物、纽形动物，但种类不多；另外还有多种海洋植物，主要是海藻类。主要种类有光滑狭口螺、多鳃齿吻沙蚕、寡鳃齿吻沙蚕、焦河篮蛤、中华拟蟹守螺等。

（2）密度和优势种类

本海域潮间带底栖生物密度在 5～105 ind./m² 之间，平均为 31.7 ind./m²，南部海区较高，北部海区较低（图 5-12）。各站位密度优势种主要为河蚬、无齿相手蟹、绯拟沼螺、中间拟滨螺、焦河篮蛤、厚壳贻贝。各优势种在其站位所占比例为 36.2%～91.1%。

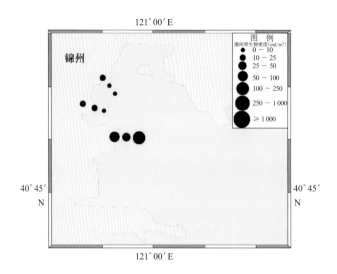

图5-12　2009年锦州湾海域潮间带底栖生物密度平面分布

（3）生物量和优势种类

潮间带底栖生物生物量在 $1.0\sim46.0\ \mathrm{g/m^2}$ 之间，平均值为 $46.0\ \mathrm{g/m^2}$，南部海区生物量较高，北部海区较低（图5-13）。各站位生物量优势种分别为河蚬、无齿相手蟹、中间拟滨螺、缢蛏、近江牡蛎、焦河篮蛤、泥螺、厚壳贻贝。优势种在其站位所占比例为 $43.3\%\sim99.9\%$。

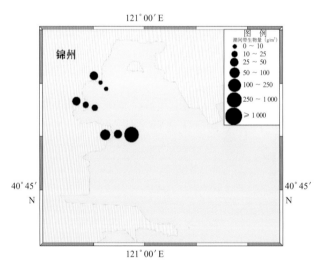

图5-13　2009年锦州湾海域潮间带底栖生物生物量平面分布

2. 2008－2009年间变化

（1）种类组成

本区底栖生物种类的年间变化不大。总种类数都是 7 种。

（2）密度和优势种类

潮间带底栖生物 2008 年密度年均值是 $392.9\ \mathrm{ind./m^2}$，2009 年年均值是 $31.7\ \mathrm{ind./m^2}$，平均值为 $212.2\ \mathrm{ind./m^2}$。密度优势种依次为托氏蝲螺、褶牡蛎（图 5-14）。

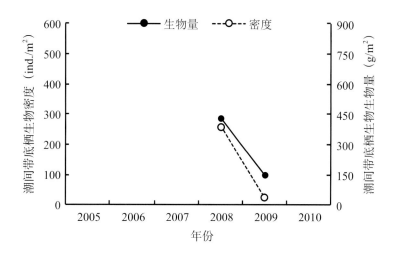

图5-14　2008—2009年锦州湾海域潮间带底栖生物密度和生物量的年际变化

（3）生物量和优势种类

潮间带底栖生物2008年生物量年均值是287.82 g/m²，2009年年均值是97.05 g/m²，两年的平均值为192.43 g/m²。生物量优势种依次为托氏蝠螺、褶牡蛎（图5-14）。

（五）鱼卵和仔稚鱼

2010年春季（5月），6个鱼卵和仔稚鱼监测站位的监测结果如下。

1.鱼卵

鱼卵的站位出现率为100%，共鉴定出4种鱼卵，分别属于鲱形目、鲉形目、鲻形目。其中，以鲻形目鲻科的长蛇鲻鱼卵数量最多。各站位鱼卵的密度在0～0.49 ind./m³之间，平均值为0.19 ind./m³。

2.仔稚鱼

仔稚鱼的站位出现率为16.7%，共鉴定出1种仔稚鱼，为鲈形目虾虎鱼科的矛尾虾虎鱼仔稚鱼。各站位仔稚鱼的密度在0～0.01 ind./m³之间，平均值为0.0 017 ind./m³。

三、生态健康状况

采用国家海洋局颁布的《近岸海洋生态健康评价指南》（HY/T 087—2005）海湾生态环境评价方法进行评价，锦州湾海域的生态环境健康状况结果如下。

（一）2010年生态健康状况

2010年锦州湾海域的水环境指数为11.8；沉积环境指数为10；生物质量指数为7.5；栖息地指数为7.5；生物群落指数为10（图5-15）。生态环境健康指数为46.8，属于不健康状态。

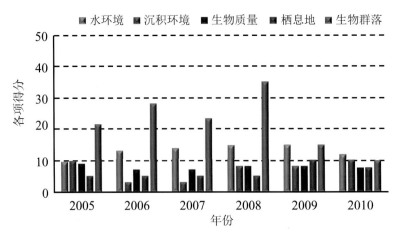

图5-15 2005—2010年锦州湾海域各项生态健康指标的年际变化

（二）2005—2010年生态健康状况变化趋势

6 年间，锦州湾海域健康指数变化范围为 43～49，生态环境始终处于不健康状态。其中，2008 年健康指数最低，2006 年健康指数最高（图 5-16）。

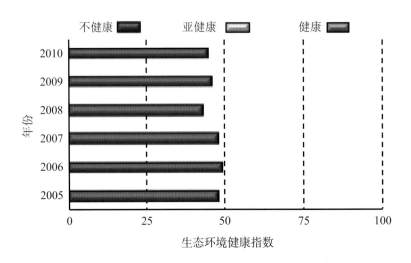

图5-16 2005—2010年锦州湾海域生态健康指数的年际变化

四、主要生态问题

（一）海域污染严重，局部底栖生物锐减甚至绝迹

改革开放以前，锦州湾周边地区是我国重要的工业基地之一，有数十家工矿企业。随着工业的迅速发展，海湾污染日趋严重，成为我国历史上重金属污染最为严重的海域之一。改革开放以后，锦州湾海域受到周边城镇生活污水和工业废水排放的综合影响，污染物种类有增无减。由于锦州湾是个半封闭的海湾，自身水动力条件较差决定了它的自净能力十分有限。入海河流携带的污染物以及各种排污口大量排放的生活废水、工业废水，已使锦州湾遭到严

重污染。据 2010 年监测结果，湾内所有测站无机氮均为劣四类海水水质；67% 测站石油类仅符合三类海水水质标准，特别是西南部的葫芦岛锌厂，由于含有大量重金属废水的直接排放入海，导致锦州湾沉积物遭到了重金属的严重污染。沉积物中铜、锌含量分别超过一类海洋沉积物质量标准，镉最高含量为 24.5×10^{-6}，为三类海洋沉积物质量标准的 5 倍。污染源附近底栖生物大量减少甚至灭绝，出现大面积的无生物区。

（二）围填海工程不断，生物栖息地遭到严重破坏

自改革开放以来，特别是辽宁沿海经济带发展规划确立以来，锦州市和葫芦岛市作为辽宁沿海经济带的重要城市，沿海经济社会发展十分迅速。锦州湾周边围填海工程不断且规模巨大，仅锦州湾西侧的葫芦岛市而言，2007－2009 年三年间就有 12 项围填海工程上马，填海面积约 700 km²，占海湾总面积的 7%。围填海工程不仅严重影响潮间带海域的自然生态状况，造成大量潮间带滩涂湿地彻底丧失，致使原有潮间带滩涂生物遭到完全破坏（因人工潮间带极为狭窄，生物群落不同，数量明显减少，特别是原潮间带滩涂大型经济贝类完全消失），而且大规模的围填海工程使海湾面积急剧缩减，纳潮量减少，水交换能力降低，海湾的生物生产能力、生物多样性维护能力、海水自净能力和气候调节能力等生态调节功能也随之降低。

第二节　渤海湾

一、生境条件

（一）区域自然特征

1. 自然环境

渤海湾位于渤海西部，北起河北省乐亭县大清河口，南到山东省利津县新黄河口，面积 14 700 km²，平均水深 26 m，为陆地环抱的浅海盆地。沿岸为淤泥质平原海岸，潮间带宽广，宽度为 1.5～10 km。

渤海湾自东北部至西部有大清河口、北塘口、大沽口、独流减河口、岐河口、套尔河口、黄河口 7 个主要河口。有海河、永定新河、潮白新河、蓟运河、新陡河、独流减河等 12 条河流注入。在蓟运河河口，由于河口输沙量少，受潮流的冲刷形成一条从西北伸向东南的水下河谷，至渤海中央盆地消失。海底地形大致自南向北，自岸向海倾斜，沉积物主要为细颗粒的粉砂与淤泥。因海岸几经海进海退，在海湾西岸遗存有标志性的泥炭层和 3 条贝壳堤。本区沿岸河流含沙量大。黄河大量泥沙的入海和扩散，是渤海湾泥沙的主要来源之一。滦河入海泥沙的向西南运移，虽为数不多，但也是重要来源之一。由于渤海湾的不断淤浅，滩面不断扩张，1958－1984 年年均向海延伸 1.5 km，沉积厚度年均增 11.5 cm，为其他海域所罕见。

渤海湾水温、盐度空间分布较均匀，季节变化明显。水温冬季沿岸水温略低于 0 ℃；夏季 8 月水温最高，约为 28 ℃。水温年较差在 28 ℃以上。冬季常结冰，冰期始于 12 月，终于翌年 3 月。历史上曾出现两次（1936 年和 1969 年）严重大冰封，湾内冰丘逶迤，全被封冻，

冰厚50~70 cm，最厚达1 m。盐度湾中高于近岸，分别为29~31和23~29。但紧邻岸滩一带，受沿岸盐田排卤的影响，盐度最高可达33。盐度的年变差为8。

渤海湾，尤其在其河口区，浮游生物和底栖生物丰富，历史上曾是黄渤海重要经济鱼虾蟹类重要产卵、育幼和索饵场，是渤海三大渔场之一。

2.监测范围与内容

为查明本海域环境状况及其变化趋势，2004年渤海湾海域被列入国家海洋局"全国近岸生态监控区"之一。监测范围为渤海湾及其毗邻海域，监测站位地理坐标为38°36′00″—39°06′57″N，117°41′—118°02′E（图5-17）。

在以往调查的基础之上，2005—2010年每年监测一次（8月），海水环境和生物群落监测共设20个站位。海水环境监测项目包括盐度、pH、溶解氧、化学需氧量、无机氮、磷酸盐和石油类共7项。生物群落监测项目包括浮游植物、浮游动物、浅海底栖生物、潮间带底栖生物、鱼卵和仔稚鱼。沉积物质量监测与海水环境监测同步进行，在海水环境站位中均匀选取10个站位，监测项目包括有机碳、硫化物、石油类以及重金属8项。生物质量监测每年开展一次（8月），以四角蛤蜊、缢蛏等贝类作为检测样品，监测项目包括总汞、镉、铅、砷、六六六、滴滴涕和多氯联苯残共7项。

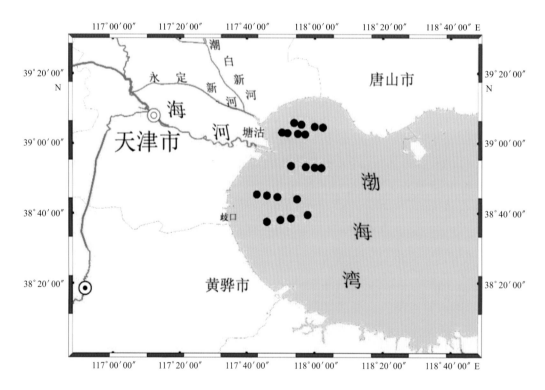

图5-17 渤海湾海域地理位置及监测站位

（二）海水环境

1. 2010年监测结果

渤海湾海域海水主要环境要素监测结果见表5-5。

表5-5 2010年渤海湾海域海水主要环境要素监测结果

项目	测值范围	平均值
盐度	29.318～31.219	30.451
pH	7.39～8.04	7.79
溶解氧 (mg/L)	5.07～6.97	6.16
化学需氧量 (mg/L)	1.03～2.22	1.55
无机氮 (mg/L)	0.204～0.717	0.436
磷酸盐 (mg/L)	未检出～0.056 2	0.018 78
石油类 (mg/L)	0.026 6～0.045 6	0.036 4

（1）盐度

盐度变化范围为29.318～31.219，平均值为30.451。低盐区主要分布在近岸各河口附近。

（2）pH

海水pH的变化范围为7.39～8.04，平均值为7.79。

（3）溶解氧

溶解氧含量变化范围为5.07～6.97 mg/L，平均值6.16 mg/L；全海域表层溶解氧含量均符合二类海水水质标准。

（4）化学需氧量

海水化学需氧量含量变化范围为1.03～2.22 mg/L，平均含量为1.55 mg/L；化学需氧量的分布呈近岸高、远岸低的特征。

（5）无机氮

海水无机氮含量变化范围为0.204～0.717 mg/L，平均值为0.436 mg/L，80%的站位超二类海水水质标准，其中40%的站位为劣四类海水水质。渤海湾无机氮含量近岸高于远岸，最高值出现在渤海湾中部。

（6）磷酸盐

海水磷酸盐含量变化范围为未检出～0.056 2 mg/L，平均值为0.018 8 mg/L，高值区主要分布在塘沽和汉沽附近海域；20%的站位超二类、三类海水水质标准要求，仅有4%的站位超四类海水水质标准。海水磷酸盐含量在空间分布上呈现湾北部高、南部低，近岸高、远岸低的趋势。

（7）石油类

石油类含量变化范围为 0.026 6～0.045 6 mg/L，平均值为 0.036 4 mg/L；全部站位的石油类含量符合一类海水水质标准。

2. 2005－2010年变化趋势

6 年间，渤海湾海域海水主要环境要素的年际变化见图 5-18。

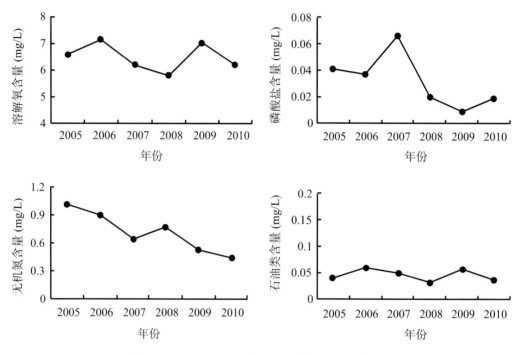

图5-18　2005－2010年渤海湾海水主要环境要素的年际变化

6 年间，渤海湾海水溶解氧均值在 5.77～7.15 mg/L 之间，除 2008 年小于 6 mg/L 外，其他年份均大于 6 mg/L，溶解氧变化趋势呈稳定波动。磷酸盐年均含量在 0.018 8～0.066 8 mg/L 之间，2007 年最高，年均值整体呈下降趋势。无机氮年均含量在 0.436～1.010 mg/L 之间，年均值呈逐年递减趋势，符合三类或四类海水水质标准。石油类年均含量在 0.031 7～0.059 3 mg/L 之间，2008 年最低，年均值符合一类海水水质标准。渤海湾海域的海水水质受营养盐污染严重，主要污染物是无机氮。

（三）沉积物质量

1. 2010年监测结果

渤海湾海域沉积物质量监测结果见表 5-6。所有指标的全部测值均符合一类海洋沉积物质量标准，表明该海域沉积物质量状况总体良好。

表5-6　2010年渤海湾海域沉积物质量主要指标监测结果

项目	测值范围	平均值
有机碳（$\times 10^{-2}$）	0.483 ~ 0.89	0.722
硫化物（$\times 10^{-6}$）	37.1 ~ 147	90.57
石油类（$\times 10^{-6}$）	26.7 ~ 132	73.11
铅（$\times 10^{-6}$）	17.7 ~ 23.5	20.61
锌（$\times 10^{-6}$）	44.6 ~ 65.3	57.08
镉（$\times 10^{-6}$）	0.09 ~ 0.141	0.115
汞（$\times 10^{-6}$）	0.017 ~ 0.034	0.024
砷（$\times 10^{-6}$）	3.75 ~ 11.8	7.17

2. 2007－2010年变化趋势

4年间，渤海湾海域沉积物有机碳和硫化物含量的年际变化见图5-19。有机碳年均含量变化范围为 $0.594 \times 10^{2} \sim 0.722 \times 10^{-2}$，硫化物的年均含量变化范围为 $64.9 \times 10^{-6} \sim 90.6 \times 10^{-6}$。虽然有机碳和硫化物的年均含量均呈波动式缓慢上升趋势，但4年间渤海湾沉积物质量均符合一类海洋沉积物质量标准。

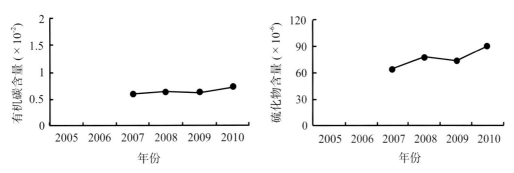

图5-19　2007－2010年渤海湾海域沉积物有机碳和硫化物含量的年际变化

（四）生物质量

1. 2010年监测结果

渤海湾海域生物质量监测结果，总汞、镉、六六六、多氯联苯均符合一类海洋生物质量标准；33.3%站位砷、滴滴涕含量超出一类海洋生物质量标准，所有站位铅含量超出一类海洋生物质量标准（表5-7）。

表5-7　2010年渤海湾海域生物质量主要指标监测结果

项目	测值范围	平均值
总汞（$\times 10^{-6}$）	0.020 6 ~ 0.039 7	0.029 8
镉（$\times 10^{-6}$）	0.047 6 ~ 0.077 7	0.059 7
铅（$\times 10^{-6}$）	0.18 ~ 0.365	0.252

续表

项目	测值范围	平均值
砷（×10⁻⁶）	0.672 ~ 3	1.453
六六六（×10⁻⁶）	0.004 43 ~ 0.009 22	0.007 58
滴滴涕（×10⁻⁶）	0.001 93 ~ 0.015 6	0.009 07
多氯联苯（×10⁻⁶）	0.010 78 ~ 0.030 4	0.019 35

2. 2005—2010年变化趋势

6年间，渤海湾海域生物质量主要指标的年际变化见表5-8。从表5-8可见，生物质量状况总体稳定。石油烃、砷、铅年均含量呈上升趋势，从一类海洋生物质量转变为二类海洋生物质量，海洋生物开始遭受石油烃、砷、铅污染。镉年均含量在2006年和2008年两年为二类海洋生物质量，其他年份均符合一类海洋生物质量标准；汞年均含量总体呈先升高后降低，但均符合一类海洋生物质量标准；六六六在一类海洋生物质量和二类海洋生物质量标准之间波动；多氯联苯在2009年出现异常高值，其他年份呈下降趋势。

表5-8 2005—2010年渤海湾海域生物质量主要指标的年际变化

指标	2005年	2006年	2007年	2008年	2009年	2010年
石油烃（×10⁻⁶）	4.67	9.33	—	5.176	6.775	—
总汞（×10⁻⁶）	0.009	—	0.013 5	0.036 9	0.031 5	0.029 8
砷（×10⁻⁶）	0.139	0.643	1.12	0.764	2.015	1.453
镉（×10⁻⁶）	0.193	0.246	—	0.458	0.166	0.059 7
铅（×10⁻⁶）	—	0.052 5	—	0.058 6	0.143	0.252
六六六（×10⁻⁶）	—	0.023	0.012 2	0.001 2	0.374	0.007 58
滴滴涕（×10⁻⁶）	—	0.040 7	0.014 6	0.000 569	0.024 8	0.009 07
多氯联苯（×10⁻⁶）	0.075 9	0.009 54	0.059 5	0.989	0.019 35

注："—"代表没有数据。

二、生物群落

（一）浮游植物

1. 2010年监测结果

（1）种类组成

共鉴定出浮游植物3门19属32种。其中，硅藻类26种，占总数的81.25%；甲藻类5种，占15.63%；金藻类1种，占3.12%。

（2）密度和优势种类

各站位浮游植物密度的变化范围在 $6.9 \times 10^4 \sim 555.5 \times 10^4$ cell/m³ 之间，平均值为 107.0×10^4 cell/m³，平面分布呈近岸低、远岸高的趋势（图 5-20）。主要优势种类为格氏圆筛藻、琼氏圆筛藻和巨圆筛藻。

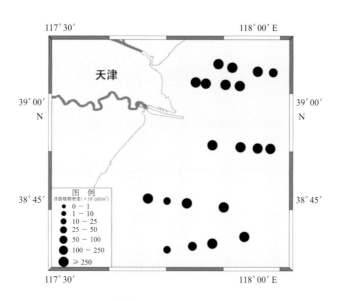

图5-20　2010年渤海湾海域浮游植物密度平面分布

2. 2005—2010年变化趋势

（1）种类组成

6 年间，共鉴定出浮游植物 76 种。其中，硅藻 55 种，甲藻 15 种，其他 6 种。年均种类数变化范围在 23~61 种，最小值出现在 2007 年，最大值出现在 2005 年，浮游植物种类数呈波动变化（图 5-21）。

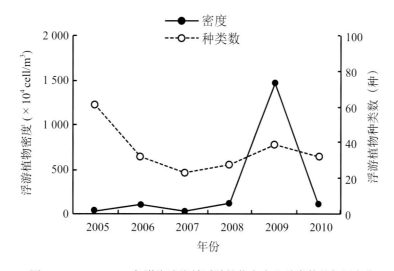

图5-21　2005—2010年渤海湾海域浮游植物密度和种类数的年际变化

（2）密度及优势种类

6年间，浮游植物密度年均值变化范围在 $23 \times 10^4 \sim 1\,463.1 \times 10^4 \text{cell/m}^3$ 之间，平均值为 $308.5 \times 10^4 \text{cell/m}^3$。浮游植物密度最大值出现在 2009 年，最小值出现在 2007 年。年间波动较大，但总趋势相对稳定（图 5-21）。

6年间，优势种类逐年间差异较大，第一优势种分别为佛氏海毛藻、中肋骨条藻、格氏圆筛藻、叉状角藻、中肋骨条藻、格氏圆筛藻。其中，2008 年甲藻类叉状角藻的数量增多上升为优势种类。

（二）浮游动物

1. 2010年监测结果

（1）种类组成

本海域共鉴定出浮游动物 6 大类 13 种和浮游幼虫（体）10 大类（不含鱼卵和仔稚鱼）。其中，桡足类 7 种，水母类 2 种（其中，水螅水母 1 种、栉水母 1 种），毛颚类、十足类、被囊类和涟虫类各 1 种。

（2）密度和优势种类

浮游动物密度变化范围为 $64 \sim 12\,120 \text{ ind./m}^3$，平均密度为 $5\,068 \text{ ind./m}^3$。浮游动物密度的平面分布表现为近岸略高于远岸海域（图 5-22）。主要优势种为小拟哲水蚤和拟长腹剑水蚤。

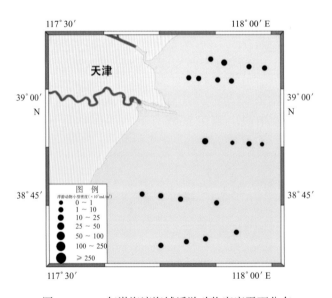

图5-22　2010年渤海湾海域浮游动物密度平面分布

（3）生物量

浮游动物生物量变化范围为 $7 \sim 225 \text{ mg/m}^3$，平均生物量为 72 mg/m^3。其中，浮游动物生物量的平面分布为近岸高于远岸海域（图 5-23）。

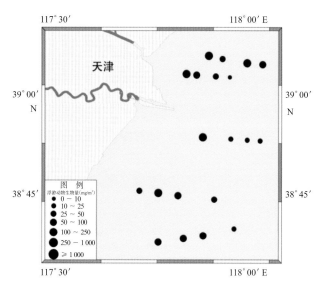

图5-23　2010年渤海湾海域浮游动物生物量平面分布

2. 2005—2010年变化趋势

（1）种类组成

6年间，共鉴定出浮游动物7大类19种和17大类浮游幼虫（体）（不含鱼卵和仔稚鱼）。其中，桡足类12种，水母类2种（其中，水螅水母1种、栉水母1种），毛颚类、十足类、被囊类、涟虫类和端足类各1种。

（2）密度和优势种类

6年间，浮游动物密度年均值变化范围为4 412~22 748 ind./m³，平均值为11 485 ind./m³。浮游动物密度年际差异不大，总体呈先升高后降低的趋势，以2006年的密度最高，2009年密度最低（图5-24）。密度优势种类年际差异不大，第一优势种均为小拟哲水蚤。

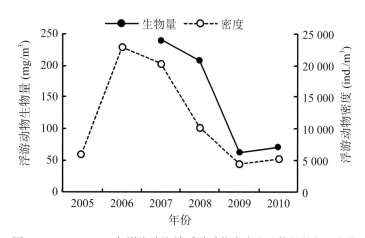

图5-24　2005—2010年渤海湾海域浮游动物密度和生物量的年际变化

（3）生物量

2007—2010年，浮游动物生物量年均值变化范围为62~241 mg/m³，平均值为145 mg/m³。浮游动物生物量呈降低的趋势，2007年生物量最高，2010年生物量最低（图5-24）。

（三）浅海底栖生物

1. 2010年监测结果

（1）种类组成

共鉴定出浅海底栖生物35种。隶属软体动物门、节肢动物门、环节动物门、棘皮动物门、扁形动物门、纽形动物门、螠形动物门和脊椎动物门8个门类。其中，软体动物16种，节肢动物9种，环节动物4种，棘皮动物2种，鱼类1种，扁形动物、纽形动物和螠形动物各1种。主要种类有高塔捻塔螺、涡虫、长偏顶蛤、绒毛细足蟹。

（2）密度和优势种类

浅海底栖生物密度在5～1 265 ind./m² 之间，平均值为203 ind./m²。东部海域较高，西部海域较低（图5-25）。各站位密度优势种类差异很大，分别为涡虫、绒毛细足蟹、纽虫、高塔捻塔螺、脆壳理蛤、长偏顶蛤，各优势种在其站位所占比例为16%～95%。

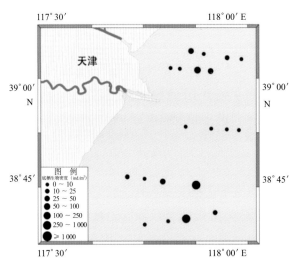

图5-25　2010年渤海湾海域浅海底栖生物密度平面分布

（3）生物量和优势种类

浅海底栖生物生物量在0.004～493.01 g/m² 之间，东北海域生物量最低，东侧海域最高（图5-26）。各站位生物量优势种类分别为小头栉孔虾虎鱼、棘刺锚参、红带织纹螺、长偏顶蛤、薄云母蛤、扁玉螺，各优势种在其站位所占比例为15%～97%。

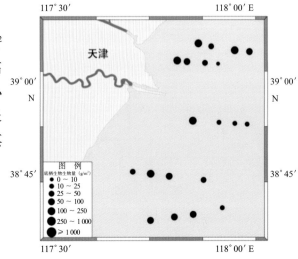

图5-26　2010年渤海湾海域浅海底栖生物生物量平面分布

2. 2005～2010年变化趋势

（1）种类组成

6年间，浅海底栖生物种类的年际变化范围为25～59种，2005年最高，2009年最低，总体呈减少趋势。各站位平均种类数的年际变化范围为4～7种，2005年最高，2009年最低。

（2）密度和优势种类

6年间，浅海底栖生物密度年均值在51.00～220.13 ind./m² 之间，平均为138.24 ind./m²，呈波动变化（图5-27）。第一优势种依次为小瘤犹帝虫、篮蛤、涡虫、小月阿布蛤、光滑河篮蛤、涡虫。

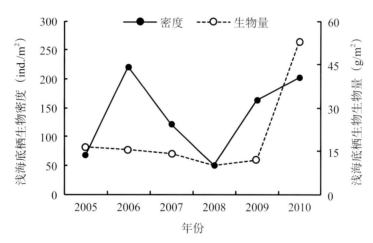

图5-27　2005—2010年渤海湾海域浅海底栖生物密度和生物量年际变化

（3）生物量和优势种类

6年间，浅海底栖生物生物量年均值在10.09～52.80 g/m² 之间，平均值为20.16 g/m²，呈上升趋势（图5-27）。第一优势种依次为四角蛤蜊、篮蛤、棘刺锚参、棘刺锚参、无疣齿沙蚕、小头栉孔虾虎鱼。

（四）潮间带底栖生物

1. 2009年监测结果

（1）种类组成

共鉴定出潮间带底栖生物15种。隶属软体动物、环节动物、节肢动物、棘皮动物、纽形动物、扁形动物和腕足动物7个门类。其中软体动物6种，环节动物3种，节肢动物2种，棘皮动物、扁形动物、纽形动物和腕足动物各1种。主要种类有长吻沙蚕、涡虫、光滑河篮蛤、四角蛤蜊、海豆芽和泥螺等。

（2）密度和优势种类

潮间带底栖生物密度在5～1265 ind./m² 之间，平均值为203 ind./m²，南部海域较高，北部海域较低（图5-28）。各站位的密度优势种分别为棘刺锚参、光滑河篮蛤、涡虫、四角蛤蜊、光滑河篮蛤、四角蛤蜊，各优势种在其站位所占比例为45.3%～66.7%。

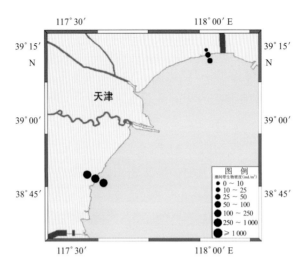

图5-28 2009年渤海湾海域潮间带底栖生物密度平面分布

（3）生物量和优势种类

潮间带底栖生物生物量在 $0.43 \sim 1\,098$ g/m^2 之间，平均为 450 g/m^2。南部海域较高，北部海域较低，高中低潮差别不大（图5-29）。各站位生物量优势种类分别为棘刺锚参、光滑河篮蛤、四角蛤蜊，各优势种在其站位所占比例为 49.3%～97.6%。

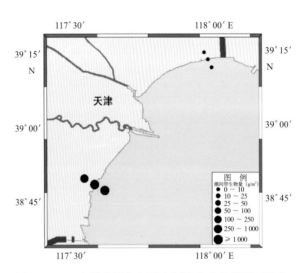

图5-29 2009年渤海湾潮间带底栖生物生物量平面分布

2. 2007－2009年变化趋势

（1）种类组成

3 年间，潮间带底栖生物种类的年际变化范围为 15～40 种，2007 年最高，2009 年最低；总体呈逐年减少趋势。各站位平均种类数的年际变化范围为 4～6 种，2007 年最高，2006 年最低。

（2）密度和优势种类

3年间，潮间带底栖生物密度年均值在 167.7～254.7 ind./m² 之间，平均值为 213.0 ind./m²（图 5-30）。2007－2009 年第一优势种依次为黑龙江河篮蛤、黑龙江河篮蛤、光滑河篮蛤。

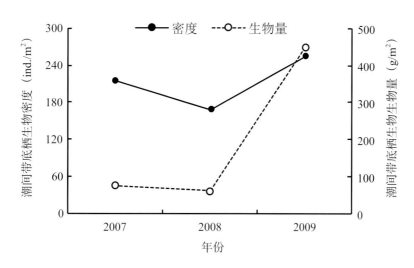

图5-30 2007－2009年渤海湾海域潮间带底栖生物密度和生物量的年际变化

（3）生物量和优势种类

3年间，潮间带底栖生物量年均值在 74.16～449.99 g/m² 之间，年际波动不大，总趋势相对稳定（图 5-30），平均值为 195.56 g/m²。2007－2009 年生物量第一优势种依次为四角蛤蜊、篮蛤、光滑河篮蛤。

（五）鱼卵和仔稚鱼

2010 年春季（5 月），7 个鱼卵与仔稚鱼监测站位的监测结果如下。

1. 鱼卵

未获得鱼卵。

2. 仔稚鱼

仔稚鱼密度在 0.7 ～ 25 ind./m³ 之间，平均值为 5.51 ind./m³。

三、生态健康状况

采用国家海洋局颁布的《近岸海洋生态健康评价指南》（HY/T 087－2005）海湾生态环境评价方法进行评价，渤海湾海域的生态环境健康状况结果如下。

（一）2010年生态健康状况

渤海湾海域的水环境指数为 13.3；沉积环境指数为 10；生物质量指数为 9；栖息地指数为 7.6；生物群落指数为 23.3（图 5-31）。生态环境健康指数为 63.2，属于亚健康状态。

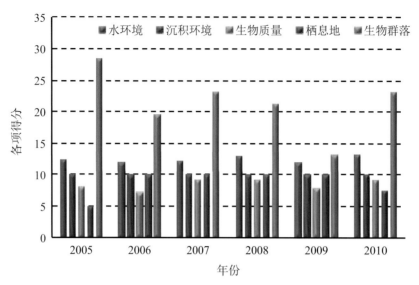

图5-31　2005—2010年渤海湾海域各项生态健康指标的年际变化

（二）2005—2010年生态健康状况变化趋势

6年间，渤海湾海域健康指数变化范围为53.1～64.5，生态环境始终处于亚健康状态。其中，2009年健康指数最低（图5-32）。6年间，生态健康状况呈波动状态，保持基本稳定。

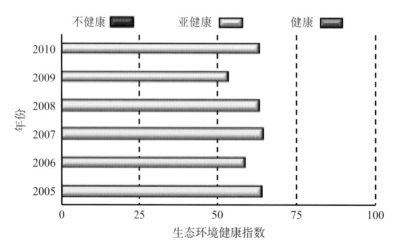

图5-32　2005—2010年渤海湾海域生态健康指数的年际变化

四、主要生态问题

（一）近岸海域水质污染严重

2010年渤海湾水质监测结果表明，无机氮40%的测站为劣四类海水水质，污染严重；磷酸盐20%的测站超过二类、三类海水水质标准，个别近岸测站海水水质为劣四类水质。2010年天津市主要入海河流下游河段的水质监测结果表明，河流污染物是造成渤海湾海水水质污染的最主要污染物来源（表5-9）。

表5-9 2010年天津市主要入海河流下游河段水质监测结果（均值）

河流名称	无机氮 (mg/L)	磷酸盐 (mg/L)	化学需氧量 (mg/L)
子牙新河	1.356	0.658	77
青静黄排水渠	0.292	0.009	38
独流减河	0.403	0.013	81
蓟运河	5.169	0.350	33
海河	7.374	0.636	26
潮白新河	0.148	0.005	38
永定新河	11.955	0.135	31
四类海水水质标准	≤0.500	≤0.045	≤5

（二）赤潮频繁发生

2010年天津近岸海域共发生赤潮2次。5月24日至6月12日的夜光藻赤潮，分布范围较广，水色砖红色，呈条带状分布，赤潮表征明显；9月23日至11月3日发生的威氏圆筛藻-尖刺菱形藻赤潮，持续时间较长，海水透明度远低于该海域正常水平。

渤海湾是我国北方海域的赤潮多发区。相对而言，2000年以前渤海湾赤潮的发生特点是频率低，面积大；2000年以后，赤潮的发生的特点是面积小，频率高（表5-10）。

表5-10 2005—2010年渤海湾赤潮发生记录

时间	发生海域	发生面积（km²）	赤潮生物
2005-06	天津近岸海域	750	棕囊藻
2006-06	天津近岸海域		赤潮异弯藻的孢囊
2006-06	天津近岸海域	60	圆筛藻-赤潮异弯藻-海洋卡盾藻
2006-08	天津近岸海域	600	夜光藻
2006-09	天津近岸海域		球形棕囊藻
2007-05	天津近岸海域	218	中肋骨条藻
2007-10	天津近岸海域	30	球形棕囊藻
2007-11	天津近岸海域	300	浮动弯角藻
2008-07	天津近岸海域	30	叉状角藻-小新月菱形藻
2009-04	天津近岸海域	30	中肋骨条藻
2009-06	天津近岸海域	30	夜光藻
2009-08	天津近岸海域	300	中肋骨条藻
2010-05	天津港航道以北	140	夜光藻
2010-09	天津港航道以北		威氏圆筛藻-尖刺菱形藻

（三）生境遭到严重破坏

近几年，随着天津滨海新区经济发展的需要，海岸带围填海工程越来越多。据不完全统计，截至 2009 年 9 月，天津市环评已通过核准的海岸工程项目有 23 个，用海面积超过 916 hm²。加上目前在建的临港工业区、临港产业区、天津港、中心渔港、北疆电厂等相关项目，渤海湾 153 km 海岸线上保存完好的天然潮间带已所剩无几。

围填海工程对海洋生态环境影响很大，属于国家严格控制的项目。该类项目的建设将对一定区域内的水质环境、底质环境以及生物群落结构产生重大影响，特别是填海工程将永久性地改变潮间带和海域的自然属性，彻底破坏和永远丧失原来海洋生态服务功能。围填海工程不仅仅影响到工程所在海域，并且产生大量悬浮物和附属污染物，对毗邻海域造成不同程度的生态影响。同时，围填海工程对施工海域水动力条件影响很大，流向、流速都可能因此而改变，随之带来是淤积和冲蚀环境格局的变化。

历史上，渤海湾是渤海内的三大优良产卵场、育幼场和索饵场之一，是黄渤海海洋生物资源的发源地和摇篮。20 世纪 50 年代以前，渤海湾盛产小黄鱼、带鱼、马鲛鱼、黄姑鱼、鳓鱼、梭鱼、鲈鱼等传统经济鱼虾蟹贝类，渔汛交替不断。到了 80 年代，这些优质鱼类在渔获物中的数量比例明显下降。虽然捕捞强度加大，但这些鱼类总产量不仅没有增长，而呈小型化、低龄化，带鱼和真鲷基本绝迹。进入 21 世纪后，渤海湾已没有渔汛。渔业资源的严重衰退，对虾、梭子蟹和毛蚶等传统优质虾蟹贝类的产量也减少。渤海湾渔业资源的严重衰退，无疑与捕捞过度，引起繁殖亲体不足有关，而且与近岸传统产卵场、育幼场的破坏，导致资源性种群的数量补充严重不足有关。

第三节 莱州湾

一、生境条件

（一）区域自然特征

1. 自然环境

莱州湾位于渤海南部，山东半岛北部，向北敞开，湾口宽达 96 km，面积 6 966 km²。海岸线西起黄河口，东至屺姆角，长 319 km。湾内水深大部分在 10 m 以内，中部最深处可达 18 m。入湾主要河流有黄河、小清河、潍河等。海底地形单调平缓，沿岸多砂质浅滩，滩涂辽阔。莱州湾西面受黄河泥沙影响，潮滩宽阔，达 6 000～7 000 m，东部较窄，为 500～1 000 m。由于小清河、广利河、潍河、胶莱河、白浪河、弥河，特别是黄河的输沙作用，海底泥沙堆积迅速，浅滩逐渐变宽，海水渐浅，湾口距离不断缩短，莱州湾海域面积日益萎缩。本区冬季受寒潮影响较大，气候比较寒冷；夏季较炎热，大陆性气候特征显著。多年平均气温 11.9～12.6 ℃，1 月气温最低，平均值为 2.8～3.8 ℃。7 月温度最高，平均值为 25.9～26.4 ℃。

莱州湾是发展浅海养殖业的优良场所，盛产蟹、蛤和毛虾等。近年来，莱州市推进"海上牧场"战略，全面发展滩涂和浅海养殖渔业。滩涂（池塘）养殖品种有鲈鱼、河豚、梭子蟹等；浅海（浮筏）养殖以扇贝为主；同时出售野生梭子蟹苗与人工生产的扇贝苗，一举成为山东省最大的鲈鱼、梭子蟹养殖基地，北方最大的鱼、贝类养殖基地和全国重要的鲈鱼出口基地。

莱州湾资源丰富，黄金、石油、海盐是海湾地区的三大支柱产业。莱州湾曾是山东省的四大渔场之一，因有黄河等径流注入，湾内海水盐度较低，水质肥沃，饵料丰富，加上温度适宜，使莱州湾成为多种经济鱼类良好的索饵、产卵和栖息场所，盛产鱼、虾、蟹、贝等经济海产品。

随着山东半岛蓝色经济区建设的发展，黄河三角洲和莱州湾将大力开展集约用海项目。在山东半岛蓝色经济区建设规划中，共有4个集约用海核心区位于莱州湾。其中，国家发展改革委员会2009年12月批准建设的黄河三角洲高效生态建设区，规划总面积达到6 400 km^2，涉海面积1 400 km^2。位于莱州湾东岸的龙口湾海洋装备制造业集聚区，一期工程填海面积接近50 km^2。

2. 监测范围及内容

为查明本海域环境状况及其变化趋势，2004年莱州湾海域被列入国家海洋局"全国近岸生态监控区"之一，监测范围包括莱州湾及其毗邻海域，监测站位坐标为37°04′09″—37°36′00″N，118°57′47″—119°51′22″E（图5-33）。

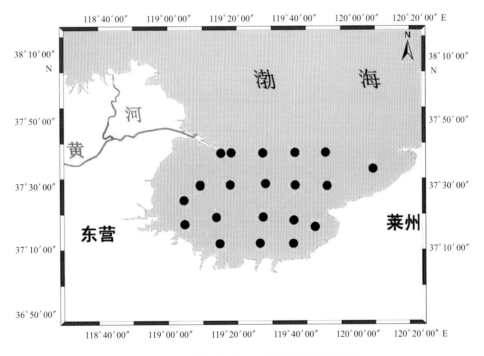

图5-33 莱州湾海域地理位置及监测站位图

在以往调查的基础之上，2005—2010年每年监测一次（8月），海水环境与生物群落监测共设20个站位。海水环境监测项目包括盐度、pH、溶解氧、化学需氧量、无机氮、磷酸盐和石油类共7项。生物群落监测项目包括浮游植物、浮游动物、浅海底栖生物、潮间带底栖生物、鱼卵和仔稚鱼。沉积物质量监测与海水环境监测同步进行，在海水环境站位中均匀选择 10 个站位，监测项目包括有机碳、硫化物、石油类、总汞、铜、铅、镉、铬、锌和砷共 10 项。生物质量监测每年监测一次（8 月），以菲律宾蛤仔、海湾扇贝、紫贻贝等贝类作为检测样品，监测项目包括石油烃、总汞、镉、铅、砷、六六六以及多氯联苯共 7 项。

（二）海水环境

1. 2010 年监测结果

莱州湾海域海水主要环境要素监测结果见表 5-11。

表 5-11 2010 年莱州湾海域海水主要环境要素监测结果

项目	测值范围	平均值
盐度	23.062 ~ 32.754	30.881
pH	7.69 ~ 8.17	8.00
溶解氧 (mg/L)	5.43 ~ 8.81	6.57
化学需氧量 (mg/L)	0.97 ~ 3.34	1.58
无机氮 (mg/L)	0.024 ~ 0.820	0.248
磷酸盐 (mg/L)	未检出 ~ 0.031 7	0.005 8
石油类 (mg/L)	0.033 8 ~ 0.121 7	0.065 2

（1）盐度

盐度变化范围为 23.062 ~ 32.754，平均值为 30.881。潍坊小清河与老弥河之间海域有高盐度区。

（2）pH

pH 变化范围为 7.69 ~ 8.17，平均值为 8.00。平面分布变化趋势不明显。

（3）溶解氧

溶解氧含量变化范围为 5.43 ~ 8.81 mg/L，平均值为 6.57 mg/L，全海域溶解氧含量符合二类海水水质标准。平面分布变化趋势明显，湾底海域明显高于中部海域。

（4）化学需氧量

海水化学需氧量变化范围为 0.97 ~ 3.34 mg/L，平均值为 1.58 mg/L；平面分布变化趋势明显，西部海域高于东部海域，广利河口与小清河口海域数值最高，由内向外逐渐降低。

（5）无机氮

海水无机氮含量变化范围为 0.024 ~ 0.820 mg/L，平均值为 0.248 mg/L，全海域无机氮含量达到四类海水水质标准。平面分布变化趋势明显，西部海域高于东部海域，广利河口与黄河口海域数值最高。

（6）磷酸盐

海水磷酸盐浓度变化范围为未检出 ~ 0.031 7 mg/L，平均值为 0.005 8 mg/L，全海域磷酸盐含量符合二类水质标准。平面分布变化趋势明显，广利河口海域最高，由内向外逐渐降低。

（7）石油类

石油类浓度变化范围为 0.033 8～0.121 7 mg/L，平均值为 0.065 2 mg/L，符合三类海水水质。平面分布变化趋势不明显，龙口外海域有高浓度区。

2. 2005－2010年变化趋势

6 年间，莱州湾海域海水主要环境要素的年际变化见图 5-34。

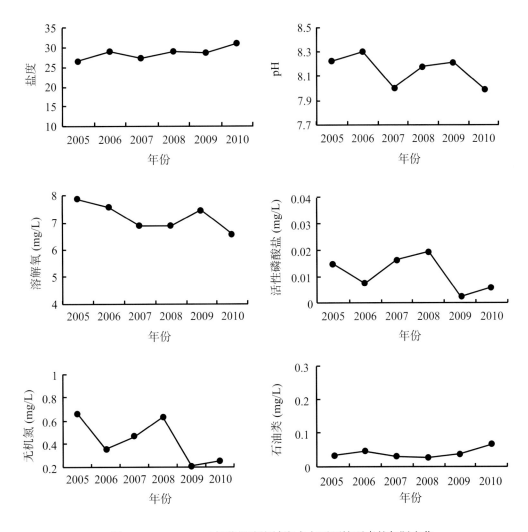

图5-34 2005－2010年莱州湾海域海水主要环境要素的年际变化

6 年间，莱州湾海域海水盐度逐年上升，这与莱州湾入海径流减少有关；pH 和溶解氧含量均呈下降趋势；磷酸盐年均值在 0.002 13～0.019 5 mg/L 之间，亦呈波动式下降趋势，其中 2008 年均值为二类海水水质；无机氮含量呈波动式下降趋势，年均含量变化在 0.211～0.660 mg/L 之间，2005－2008 年的年均值为二类和三类海水水质，甚至达到劣四类海水水质；石油类年均值在 0.027～0.065 2 mg/L 之间，2005－2009 年间含量基本稳定，但 2008－2010 年似有增高趋向。就海水水质而言，莱州湾海域的海水已分别受到无机氮和石油类不同程度的污染。

（三）沉积物质量

1. 2010年监测结果

莱州湾海域沉积物质量监测结果见表5-12。从表5-12可见，所有监测站位有机碳、硫化物、石油类、总汞、铅、砷、铜、锌和铬含量均符合一类海洋沉积物质量标准；而镉含量最高可达到超过三类海洋沉积物质量标准，表明莱州湾局部海域的沉积物已受到重金属镉的严重污染。

表5-12　2010年莱州湾海域沉积物质量主要指标监测结果

项目	测值范围	平均值
有机碳（$\times 10^{-2}$）	0.079 7 ～ 0.573	0.226
硫化物（$\times 10^{-6}$）	63.8 ～ 138	96.96
石油类（$\times 10^{-6}$）	15.7 ～ 85.4	33.31
总汞（$\times 10^{-6}$）	0.005 6 ～ 0.057 7	0.029 3
铅（$\times 10^{-6}$）	7.24 ～ 30.2	16.35
镉（$\times 10^{-6}$）	0.176 ～ 5.95	0.539
砷（$\times 10^{-6}$）	5.75 ～ 15.32	9.22
铜（$\times 10^{-6}$）	2.8 ～ 31.5	13.10
锌（$\times 10^{-6}$）	12.7 ～ 34	20.46
铬（$\times 10^{-6}$）	16.8 ～ 41.5	25.33

2. 2005－2010年变化趋势

6年间，莱州湾海域沉积物有机碳和硫化物含量的年际变化见图5-35。从图5-35可见，各监测年份有机碳和硫化物的所有测值均符合一类海洋沉积物质量标准。其中，沉积物中有机碳含量整体呈波动式的变化，但略有上升趋势；硫化物含量的变化趋势前期呈平稳略微下降趋势，后期2008年以后呈直线上升趋势。

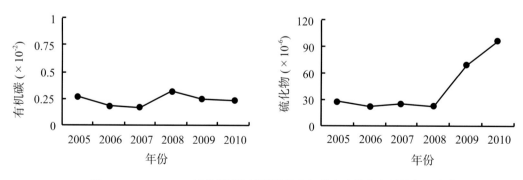

图5-35　2005－2010年莱州湾海域沉积物有机碳和硫化物含量的年际变化

（四）生物质量

1. 2010年监测结果

莱州湾海域生物质量监测结果见表5-13。除镉和铅外，其他指标均符合一类海洋生物质量标准。镉和铅分别超一类海洋生物质量标准5倍和10倍。镉只有在套子湾采集的栉孔扇贝中的含量不超标，最大含量出现在莱州金城采集的海湾扇贝体中；而铅只有在莱州虎头崖和套子湾采集的贝类体中含量符合一类海洋生物质量标准，最大含量出现在莱州叼龙嘴采集的中国蛤蜊体内。

表5-13　2010年莱州湾海域生物质量主要指标监测结果

项目	测值范围	平均值
石油烃（$\times 10^{-6}$）	1.44 ～ 14.9	5.28
汞（$\times 10^{-6}$）	0.017 2 ～ 0.073 4	0.035 8
镉（$\times 10^{-6}$）	0.112 ～ 1.96	1.04
铅（$\times 10^{-6}$）	0.081 ～ 1.87	1.04
砷（$\times 10^{-6}$）	0.032 2 ～ 0.973	0.436
六六六（$\times 10^{-6}$）	0.012 5 ～ 0.019 3	0.014 65
多氯联苯（$\times 10^{-6}$）	0.000 46 ～ 0.004 23	0.002 04

2. 2005－2010年的变化趋势

6年间，莱州湾海域生物质量主要指标的年际变化见表5-14。石油烃年均含量先升高后降低，2007年达到最高值，达到二类海洋生物质量标准，其余年份符合一类海洋生物质量标准。总汞含量在2005年达到三类海洋生物质量标准，2006年达到二类海洋生物质量标准，其余年份符合一类海洋生物质量标准。镉含量除2006－2007年符合一类海洋生物质量标准外，其他年均含量均达到二类海洋生物质量标准，且除2005年外有升高趋势，2010年镉含量达到历年最高值。铅含量除2006年符合一类海洋生物质量标准外，其他年份均达到二类海洋生物质量标准。砷含量在2010年前有升高趋势，但2010年达到历年最低值，2007－2009年3年砷含量达到二类海洋生物质量标准。滴滴涕6年间呈下降趋势，其含量在2005年达到三类海洋生物质量标准，2006年达到二类海洋生物质量标准外，其他年份均符合一类海洋生物质量标准。而总六六六和多氯联苯残留均符合一类海洋生物质量标准。可见，该海域海洋生物主要受到重金属镉、铅的污染，其他污染均有所减弱。

表5-14 2005—2010年莱州湾海域生物质量主要指标的年际变化

指标	2005 年	2006 年	2007 年	2008 年	2009 年	2010 年
石油烃（×10⁻⁶）	4.13	10.95	45.38	16.1	6.88	5.28
汞（×10⁻⁶）	0.111	0.080 5	0.007 95	0.006 38	0.025 8	0.035 8
镉（×10⁻⁶）	0.486	0.168	0.182	0.252	0.283	1.04
铅（×10⁻⁶）	0.29	0.044 5	0.135	0.713	0.791	1.04
砷（×10⁻⁶）	0.96	0.967	1.262	1.139	3.99	0.436
六六六（×10⁻⁶）	—	0.012 6	0.008 55	—	0.005 81	0.014 65
多氯联苯（×10⁻⁶）	0.014	0.032 6	—	—	0.002 1	0.002 04
滴滴涕（×10⁻⁶）	0.306	0.015 9	0.001 76	—	0.004 23	—

注："—"表示缺少监测数据。

二、生物群落

（一）浮游植物

1. 2010年监测结果

（1）种类组成

共鉴定出浮游植物44种，隶属于硅藻、甲藻两个植物门，未鉴定种1种。其中，硅藻40种，占浮游植物种类组成的90.91%；甲藻3种，占浮游植物种类组成的6.82%，未鉴定藻种1种，占浮游植物种类组成的2.27%。本海域浮游植物绝大多数为北温带近岸种类。

（2）密度和优势种类

浮游植物的密度变化范围在 $1.6×10^4 \sim 8\,131.3×10^4\,cell/m^3$ 之间，平均值为 $744.8×10^4\,cell/m^3$。平面分布表现为湾底小清河附近高，向外逐渐降低，低值出现在湾口东北部和湾中部（图5-36）。优势种以中肋骨条藻和柏氏角管藻为主，优势度分别为 0.094 和 0.055。

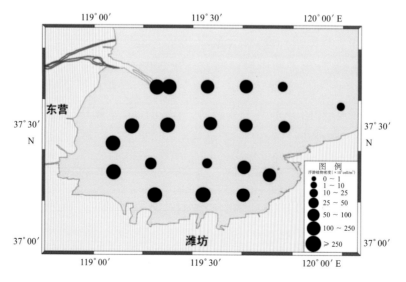

图5-36 2010年莱州湾海域浮游植物密度平面分布

2. 2005—2010年变化趋势

（1）种类组成

6年间，共鉴定出浮游植物120种，其中硅藻94种，甲藻21种，其他5种。种类数变化范围在44～76种，最小值出现在2010年，最大值出现在2006年，浮游植物种类数呈下降趋势（图5-37）。

（2）密度和优势种类

6年间，浮游植物密度年均值变化范围在 $48.2 \times 10^4 \sim 2\,675.8 \times 10^4\,cell/m^3$ 之间，平均值为 $901.6 \times 10^4\,cell/m^3$。浮游植物密度最大值出现在2005年，最小值出现在2008年。2005—2010年间，浮游植物平均密度略呈先下降后增加趋势（图5-37）。

2005—2010年第一优势种（属）依次为假弯角毛藻、丹麦细柱藻、舟行藻、舟行藻、丹麦细柱藻、中肋骨条藻。

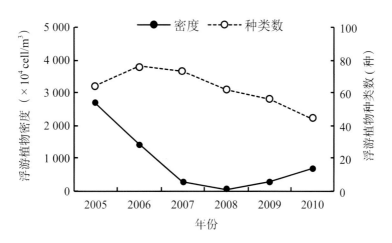

图5-37　2005—2010年莱州湾海域浮游植物密度与种类数的年际变化

（二）浮游动物

1. 2010年监测结果

（1）种类组成

本海域共鉴定出浮游动物30种和浮游幼虫（体）18类（不含鱼卵和仔稚鱼）。其中，桡足类18种，水母类3种（均为水螅水母），十足类3种，枝角类、糠虾类、端足类、被囊类、翼足类和毛颚类各1种。

（2）密度和优势种类

浮游动物密度变化范围为 $1\,896 \sim 100\,825\,ind./m^3$，平均密度为 $18\,091\,ind./m^3$。平面分布上，湾底和湾口海域浮游动物的密度高于湾中部海域（图5-38）。浮游动物主要优势种为小拟哲水蚤、拟长腹剑水蚤、短角长腹剑水蚤等。

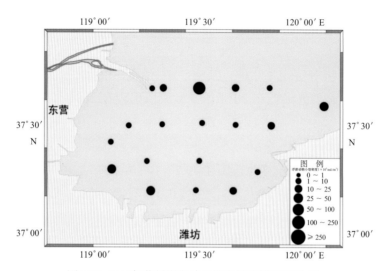

图5-38 2010年莱州湾海域浮游动物密度平面分布

（3）生物量

浮游动物生物量变化范围为 41~649 mg /m³，平均生物量为 294 mg/m³。浮游动物生物量高值区出现在莱州湾西南部海域（图 5-39），主要优势种为小拟哲水蚤。

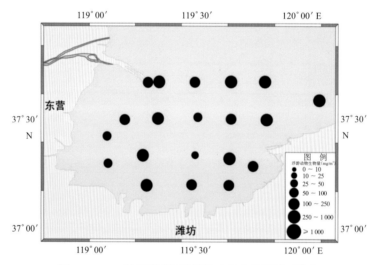

图5-39 2010年莱州湾海域浮游动物生物量平面分布

2. 2005－2010年变化趋势

（1）种类组成

6 年间，共鉴定出浮游动物 11 大类 44 种和 20 大类浮游幼虫（体）（不含鱼卵和仔稚鱼）。其中，桡足类 25 种，水母类 3 种（均为水螅水母），十足类和端足类各 3 种，原生动物、糠虾类和被囊类各 2 种，毛颚类、翼足类、介形类和枝角类各 1 种。

（2）密度和优势种类

5 年间（2009 年无数据），浮游动物密度年均值变化范围为 4 565~113 652 ind./m³，平均值为 33 311 ind./m³。浮游动物密度呈下降趋势，2005 年密度最高（图 5-40）。浮游动物密度优势种类年间差异不大，2005—2008年第一优势种依次为长腹剑水蚤、小拟哲水蚤、小拟哲水蚤、双毛纺锤水蚤，2010年第一优势种为小拟哲水蚤。

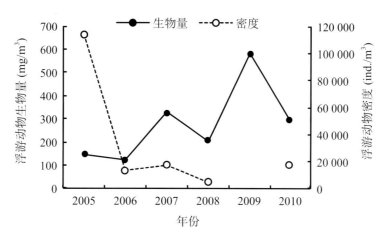

图5-40 2005—2010年莱州湾海域浮游动物密度和生物量的年际变化

（3）生物量

6年间，浮游动物生物量年均值变化范围为120～583 mg /m³，平均值为279 mg/m³。2009年生物量最高，2006年生物量最低，浮游动物平均生物量呈波动变化（图5-40）。

（三）浅海底栖生物

1.2010年监测结果

（1）种类组成

共鉴定出浅海底栖生物41种。其中，软体动物20种，环节动物9种，节肢动物8种，棘皮动物1种，其他类别3种。主要种类有长足长方蟹、刀额新对虾、鼓虾、弧边招潮蟹、可口革囊星虫、褶痕相手蟹等。

（2）密度和优势种类

浅海底栖生物密度在24～300 ind./m² 之间，平均值为102.70 ind./m²。其平面分布为南部海域较高，北部海域较低（图5-41）。各站位密度优势主要为江户明樱蛤、磷沙蚕、索沙蚕、扁玉螺、细螯虾、小亮樱蛤、薄荚蛏、耳口露齿螺、紫壳阿文蛤，各优势种在其站位所占比例为20%～80.95%。

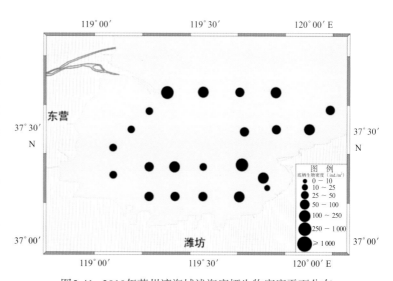

图5-41 2010年莱州湾海域浅海底栖生物密度平面分布

（3）生物量和优势种类

浅海底栖生物生物量在 $0.42 \sim 65.5$ g/m² 之间，平均为 12.99 g/m²。南部海域较高，北部海域较低（图 5-42）。各站位生物量优势种类主要为薄荚蛏、细螯虾、扁玉螺、节织纹螺、小亮樱蛤、江户明樱蛤、长吻沙蚕、经氏壳蛞蝓、紫壳阿文蛤，各优势种在其站位所占比例为 $31.3\% \sim 98.1\%$。

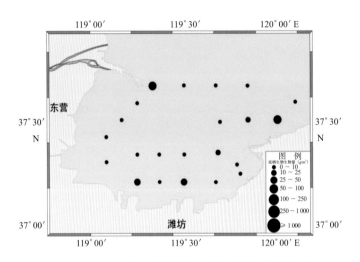

图5-42　2010年莱州湾海域浅海底栖生物生物量分布

2. 2005—2010年变化趋势

（1）种类组成

6 年间，浅海底栖生物种类的年际变化范围为 $41 \sim 122$ 种，2009 年最低，2005 年最高。各站位平均种类数的年际变化范围为 $6.5 \sim 12.9$ 种，2009 年最低，2007 年最高。

（2）密度和优势种类

6 年间，浅海底栖生物密度年均值在 $102.70 \sim 5\,778.00$ ind./m² 之间，平均值为 $1\,252.65$ ind./m²，2010 年较其他年均值上升明显（图 5-43）。第一优势种依次为阿曼吉虫、凸壳肌蛤、薄荚蛏、薄荚蛏、江户明樱蛤、紫壳阿文蛤。

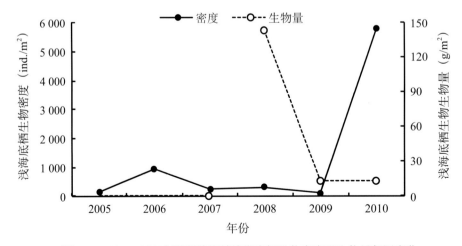

图5-43　2005—2010年莱州湾海域浅海底栖生物密度和生物量年际变化

（3）生物量和优势种类

浅海底栖生物生物量只监测了2008年、2009年和2010年，3年的浅海底栖生物生物量分别为143.2 g/m²、13.0 g/m²和12.7 g/m²，生物量优势种类分别为纵肋织纹螺、四角蛤蜊、紫壳阿文蛤。

（四）潮间带底栖生物

1.2009年监测结果

（1）种类组成

共鉴定出潮间带底栖生物74种。其中，软体动物29种，占总种数的39.19%；环节动物24种，占总种数的32.43%；节肢动物16种，占总种数的21.62%；其他5类动物占6.76%。主要种类有扁角蛤蜊、寡腮齿吻沙蚕、江户明樱蛤、纽虫、浅古铜吻沙蚕、日本大眼蟹、小头虫等。

（2）密度和优势种类

潮间带底栖生物密度在104～4 848 ind./m²之间，平均值为1 472 ind./m²，南海域较高，西部海域较低，各潮带差别不大（图5-44）。各站位密度优势种分别为江户明樱蛤、薄壳绿螂、寡节甘吻沙蚕、谭氏泥蟹、扁角蛤蜊、光滑河篮蛤、小类鹿眼螺，各优势种在其站位所占比例为26.9%～90.4%。

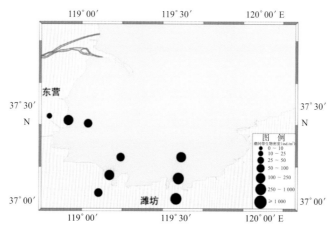

图5-44 2009年莱州湾海域潮间带底栖生物密度平面分布

（3）生物量和优势种类

潮间带底栖生物生物量在17.89～462.44 g/m²之间，平均值为157.89 g/m²。南部海域较高，西部海域较低，各潮带差别不大（图5-45）。各站位生物量优势种类分别为扁角蛤蜊、薄壳绿螂、日本刺沙蚕、泥螺、光滑河篮蛤、四角蛤蜊，各优势种在其站位所占比例为39.6%～91.6%。

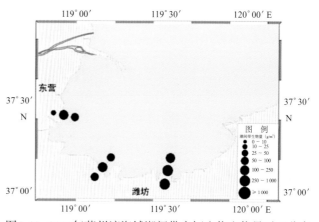

图5-45 2009年莱州湾海域潮间带底栖生物生物量平面分布

2. 2005—2009年变化趋势

（1）种类组成

5年间，潮间带底栖生物种类的年际变化范围为74～92种，2008年最高，2007年最低。各站位平均种类数的年际变化范围为7～14种，2009年最高，2005年最低。

（2）密度和优势种类

5年间，潮间带底栖生物密度年均值在661.87～1472 ind./m² 之间，平均值为1020.89 ind./m²。呈上升趋势（图5-46）。2005—2009年，密度优势种依次主要为薄壳绿螂、薄壳绿螂、薄壳绿螂、薄壳绿螂、光滑河篮蛤。

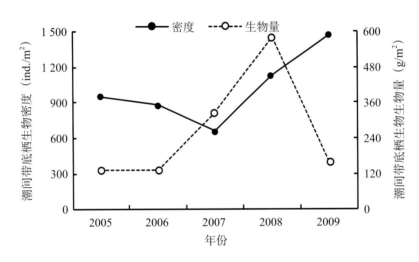

图5-46　2005—2009年莱州湾海域潮间带底栖生物密度和生物量年际变化

（3）生物量和优势种类

5年间，潮间带底栖生物生物量年均值在132.14～588.17 g/m² 之间，平均生物量为267.67 g/m²，呈波动变化（图5-46）。5年生物量优势种类年间差异较大，生物量优势种依次主要为薄壳绿螂、朝鲜笋螺、四角蛤蜊、四角蛤蜊、光滑河篮蛤。

（五）鱼卵和仔稚鱼

2010年春季（5月），8个鱼卵和仔稚鱼监测站位的监测结果如下。

1. 鱼卵

鱼卵的站位出现率为100%，共鉴定出3种鱼卵，分别属于带鱼、鳀科和斑鰶；各站位鱼卵密度在2～1329 ind./m³ 之间，平均值为254 ind./m³。

2. 仔稚鱼

仔稚鱼的站位出现率为90%，共鉴定出5种仔稚鱼，分别为六丝矛尾虾虎鱼、斑鰶、拟矛尾虾虎鱼、梭鱼、鲬；各站位仔稚鱼密度在0.67～22.57 ind./m³ 之间，平均值为5.87 ind./m³。

三、生态健康状况

采用国家海洋局颁布的《近岸海洋生态健康评价指南》（HY/T 087－2005）海湾生态环境评价方法进行评价，莱州湾海域的生态环境健康状况结果如下。

（一）2010年生态健康状况

莱州湾海域的水环境指数为13.3；沉积环境指数为10；生物质量指数为6.2；栖息地指数为10；生物群落指数为16.7（图5-47）。生态环境健康指数为56.2，属于亚健康状态。

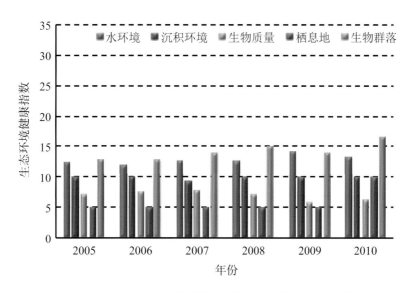

图5-47　2005－2010年 莱州湾海域各项生态健康指标的年际变化

（二）2005－2010年生态健康状况变化趋势

6年间，莱州湾海域生态健康指数变化范围为47.5～56.2，2006年健康指数最低，2010年健康指数最高（图5-48）。生态健康状况2009年以前始终处于不健康状态，2010年有所改善，转变为亚健康状态。

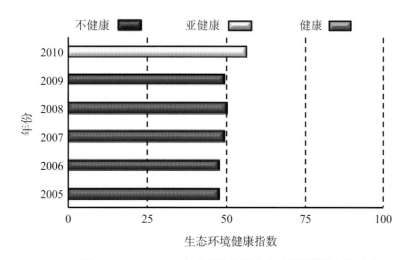

图5-48　2005－2010年莱州湾海域生态健康指数的年际变化

四、主要生态问题

（一）局部海域存在异常高盐度区

综合近年来的监测数据、调查报告和研究成果表明，莱州湾近岸海域盐度大致呈逐年上升的趋势。2005 年的年均值在 30 以下，到 2010 年年均值上升到了 30 以上。海水盐度是影响海洋甲壳类和河口浅滩贝类生长发育的重要生态因子。低盐度海水环境也是众多洄游型经济鱼虾蟹类产卵和育幼必需的重要生态因子之一。盐度升高对海洋生物的生长发育及生理活动有着诸多重要影响，会引起浮游生物密度和生物量的降低和优势种类的正常更替，进而影响整个生态系统的生态稳定性。此外，据研究还认为，温盐度的变化已经引起渤海整个环流的改变。莱州湾海水盐度的变化与入海径流量、降雨量、蒸发量以及环流等环境因素密切相关，此外，还与局部高盐水的排海影响有关，例如潍坊沿海众多盐场苦卤水的排海，特别是在降雨量少的夏季，也会造成局部海区海水盐度的骤增。

（二）海水氮磷比严重失调

2010 年莱州湾污染程度有所缓减，但环境污染仍然较重。其中，无机氮和石油类超标严重。全部海域无机氮浓度超一类海水水质标准，90% 海域无机氮浓度超二类海水水质标准，60% 海域无机氮浓度超四类海水水质标准。40% 海域石油类浓度超一、二类海水水质标准。

受无机氮污染影响，莱州湾海域海水中的氮磷比（N/P）严重失调，一直维持在较高水平，并呈逐年加大的趋势。2006 年 N/P 平均比值为 112，2008 年为 153，2009 年为 193，2010 年为 172。

（三）鱼类资源明显衰退

近年来，本海域鱼卵数量总体呈明显下降趋势。2010 年春季，鱼卵数量较前几年进一步减少，并且大部分为未受精卵。鱼卵中，斑鰶鱼卵成为绝对优势种。仔稚鱼数量同样偏低，主要以虾虎鱼为主。

2010 年鱼卵仔稚鱼主要分布在广利河和小清河口附近，较 2009 年分布范围有所扩大，局部海区，如小清河口处，鱼卵仔稚鱼数量较 2009 年大幅增加，可能是小清河周边海域水质污染程度有所减缓所致。

本海域鱼卵仔稚鱼数量减少可能与以下几方面因素有关：① 2010 年 5 月份水温较往年偏低，大部分鱼类推迟产卵；② 鱼类资源大幅度下降，产卵鱼类种类和数量与 20 世纪 80 年代相比均大幅降低，导致鱼卵数量较往年同期锐减；③ 鱼类资源结构发生改变，导致优势种发生改变。1982 年 5 月鱼卵仔稚鱼优势种均以鳀鱼为主，但是近几年同期优势种均变为斑鰶，优势种的改变导致其他相关鱼类产卵索饵路线的改变，特别是以鳀鱼为饵料的蓝点马鲛和鲐鱼等鱼卵数量也随之大幅减少；④ 东营和潍坊市沿岸大型晒盐场较多，加上雨水较少，局部盐度偏高，许多鱼类产卵场移到广利河口盐度相对较低区域。

（四）海洋工程增加，近岸生态功能受损

莱州湾的围填海等工程规模大、进展快，迄今已导致大量滩涂浅海被填埋，使莱州湾

3/4 的海岸线平直化，海湾面积亦急速缩减，并使海湾潮流、波浪、泥沙冲淤等状况发生剧烈改变。特别是潮间带变窄变陡带来的生境变化，许多生物因不能适宜环境变化而消失，直接影响海洋生物的原始分布格局，加之环境污染、入海径流量减少、渔业资源种群衰退等因素，海湾的生物生产功能，由生物参与的生态调节功能，如净化环境、调节气候等均受到严重损害。

第四节　杭州湾

一、生境条件

（一）区域自然特征

1. 自然环境

杭州湾位于浙江省北部、上海市南部，东临舟山群岛，西有钱塘江注入。东西长 90 km，湾口宽 100 km，湾顶宽约 21 km，面积约 5 000 km²，其中滩涂面积约 550 km²，钱塘江河口段滩涂面积约 440 km²。杭州湾两岸多为平直的淤泥质海岸，海岸线长 258.49 km。其中，人工及淤泥质岸线 217.37 km；河口岸线 22.08 km；基岩及沙砾岸线 19.04 km。

杭州湾位于北亚热带，东亚季风盛行区。受冬夏季风交替影响，四季分明，光照条件好，气候温和湿润，降水充沛，四季均有可能出现灾害性天气。冬季受欧亚大陆冷气团控制，盛行西北风，天气寒冷。夏季受太平洋暖气团控制，盛行东南风，天气炎热。春秋两季冷暖气团交替，时冷时热，天气多变，春末夏初进入梅雨期，初秋多阴雨绵绵，晚秋多秋高气爽。四季中，冬季最长，夏季次之，春秋两季较短。

杭州湾呈喇叭形，水浅，海底平坦，地形的集能作用使湾内潮流速和潮差向湾顶递增，湾内曾观测到的最大流速达 400 cm/s 以上，基本属于强潮流区。杭州湾的潮流性质，除了南汇嘴有一小区域外，皆属于半日潮流海域。杭州湾涨落潮时间由湾口向湾顶逐渐推迟，不论涨落，湾口与湾顶皆有 2 h 的时间差。潮流以往复流为主。

杭州湾海域是宁波市、嘉兴市等经济发达地区重要的出海通道和临港产业建设区域，也是鳗鱼、海蟹等海洋经济生物重要的繁殖洄游区，有着较为丰富的滩涂湿地和生态景观资源。根据《浙江省海洋功能区划》，本区域主要为港口海运和临港产业功能，同时具有海洋旅游、滩涂养殖、围海造地等功能。重点功能区有：嘉兴港口区、杭州湾北岸临港产业区、杭州湾风景旅游区、杭州湾北岸围海造地区、慈溪围海造地区、慈溪养殖区、杭州湾重要渔业品种保护区等。

2. 监测范围及内容

本海域的监测范围包括杭州湾及其毗邻海域，监测站位的地理坐标为 29°48′—30°48′N，120°24′—122°12′E（图 5-49）。

在以往调查的基础之上，2005－2010年每年监测一次（8月），海水环境与生物群落监测共设30个站位。海水环境监测项目包括盐度、pH、溶解氧、化学需氧量、无机氮、磷酸盐、石油类和重金属（汞、砷、铜、铅、镉、铬和锌）共14项。生物群落监测项目包括浮游植物、浮游动物、浅海底栖生物、潮间带底栖生物和鱼卵和仔稚鱼。沉积物质量监测与海水环境监测同步进行，在海水环境测站中均匀选取18个站位，监测项目包括有机碳、硫化物、石油类、总汞、镉、铅、砷、锌、铜和铬共10项。生物质量监测每年监测一次（8月），以泥螺、缢蛏和翡翠贻贝作为检测样品，监测项目包括石油烃、总汞、镉、铅、砷、铜、锌、六六六、多氯联苯和总滴滴涕共10项。

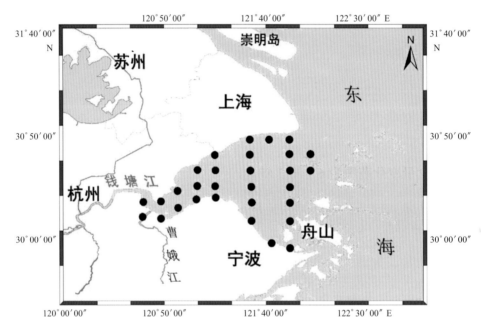

图5-49 杭州湾海域地理位置及监测站位

（二）海水环境

1. 2010年监测结果

杭州湾海域海水主要环境要素监测结果见表5-15。

表5-15 2010年杭州湾海域海水主要环境要素监测结果

项目	测值范围	平均值
盐度	4.935 ～ 24.832	11.041
pH	7.83 ～ 8.14	8
溶解氧	5.76 ～ 7.45	6.77
化学需氧量（mg/L）	0.74 ～ 4.65	2.24
无机氮（mg/L）	1.63 ～ 5.52	3.69
磷酸盐（mg/L）	0.024 9 ～ 0.097	0.074 3
石油类（mg/L）	0.01 ～ 0.043	0.023 2
铜（mg/L）	0.002 60 ～ 0.006	0.004 2

续　表

项目	测值范围	平均值
铅（mg/L）	0.000 92 ~ 0.002 28	0.001 51
镉（mg/L）	0.000 038 ~ 0.000 02	0.000 109
锌（mg/L）	0.022 70 ~ 0.030 97	0.026 29
汞（mg/L）	0.000 000 6 ~ 0.000 036	0.000 002 2
砷（mg/L）	0.000 090 ~ 0.002 05	0.001 58
铬（mg/L）	0.000 06 ~ 0.000 33	0.000 17

（1）盐度

盐度变化范围为 4.935 ~ 24.832，平均值为 11.041。盐度呈现湾内向湾口递增的趋势。舟山附近海域盐度明显高于其他区域，在杭州湾的西北角出现明显的低盐区。

（2）pH

海水表层 pH 变化范围为 7.87 ~ 8.14，平均值为 8.00；底层 pH 变化范围为 7.83 ~ 8.13，平均值为 7.99。全部测值符合一类海水水质标准。pH 值分布呈现湾中部向四周降低的趋势。

（3）溶解氧

表层溶解氧含量变化范围为 6.11 ~ 7.45 mg/L，平均值为 6.86 mg/L，底层溶解氧含量变化范围为 5.76 ~ 6.96 mg/L，平均值为 6.67 mg/L。全部测值均符合一类海水水质标准。表层溶解氧含量空间分布呈湾中部逐渐向湾两侧递减的趋势，底层溶解氧含量空间分布呈西部和北部逐渐向南侧和湾口递减的趋势。

（4）化学需氧量

化学需氧量变化范围为 0.74 ~ 4.65 mg/L，平均值为 2.24 mg/L。最高测值达到了四类海水水质标准。

（5）无机氮

表层无机氮含量变化范围为 1.631 ~ 5.280 mg/L，平均值为 3.700 mg/L；底层无机氮含量变化范围为 1.685 ~ 5.518 mg/L，平均值 3.680 mg/L，全部测值超四类海水水质标准。杭州湾海域无机氮空间分布总体上呈湾内向湾口递减的趋势，最高值出现在湾内。

（6）磷酸盐

表层磷酸盐含量变化范围为 0.030 1 ~ 0.097 0 mg/L，平均值为 0.074 1 mg/L；底层磷酸盐含量变化范围为 0.024 9 ~ 0.096 7 mg/L，平均值为 0.074 5 mg/L，劣于四类海水水质标准。杭州湾海域磷酸盐含量空间分布呈湾西南部高于湾西北部的趋势。

（7）石油类

表层海水石油类含量变化范围为 0.01 ~ 0.043 mg/L，平均值为 0.023 2 mg/L。所有测站的石油类含量均符合一类海水水质标准。杭州湾海域表层石油类含量空间分布呈湾中部和湾口南部较高，湾口北部较低。

（8）重金属

除铅和锌含量符合二类海水水质标准外，其他测项均符合一类海水水质标准。重金属含量较低，分布多呈湾内向湾外递减的规律。

杭州湾海水主要受到无机氮、磷酸盐的严重污染，其中尤以无机氮污染严重，整个海湾为严重污染海域。通过水体中氮磷比（N/P）分析，杭州湾水体中 N/P 值均远超正常值 16，表明该海域氮磷含量极度不平衡。其中，表层水体 N/P 值为 20.2～97.9，平均值为 52.3；底层水体 N/P 值为 21.3～107.2，平均值为 51.7。无机氮含量相对过剩，水质处于磷中等限制潜在性营养状态。

2. 2005－2010年变化趋势

6 年间，杭州湾海域海水主要环境要素的年际变化见图 5-50。

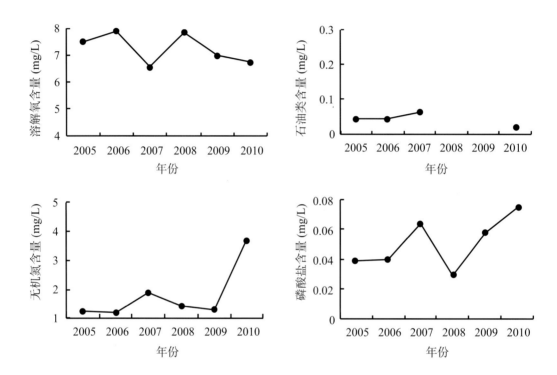

图5-50 2005－2010年杭州湾海域海水主要环境要素的年际变化

溶解氧含量呈波动状态，整体有所降低，但历年平均值均大于 6 mg/L，符合一类海水水质标准。石油类缺少 2008 年和 2009 年数据，其他年份均符合一类海水水质标准。磷酸盐 2008－2010 年含量急剧上升，6 年中有 3 年（2007 年、2009 年和 2010 年）均超四类海水水质标准。无机氮含量年均值全部超四类海水水质标准。杭州湾海域海水水质受营养盐污染严重，主要污染物是磷酸盐和无机氮，而且近年来仍有加重趋势。

（三）沉积物质量

1. 2010年监测结果

杭州湾海域沉积物质量监测结果见表 5-16。所有指标中除镉符合二类海洋沉积物质量标准外，其他指标如有机碳、硫化物、石油类、铬、汞、砷、锌、铜和铅均符合一类海洋沉积物质量标准，表明杭州湾海域沉积物质量状况总体较好。

表5-16 2010年杭州湾海域沉积物质量主要指标监测结果

项目	测值范围	平均值
有机碳 ($\times 10^{-2}$)	0.23 ~ 0.83	0.41
硫化物 ($\times 10^{-6}$)	0.38 ~ 24.36	5.196
石油类 ($\times 10^{-6}$)	13.2 ~ 85.3	47.2
铬 ($\times 10^{-6}$)	37.29 ~ 67.67	49.51
汞 ($\times 10^{-6}$)	0.036 ~ 0.063	0.049
砷 ($\times 10^{-6}$)	2.50 ~ 3.94	3.00
锌 ($\times 10^{-6}$)	85.38 ~ 135.11	105.50
镉 ($\times 10^{-6}$)	0.221 ~ 1.303	0.504
铜 ($\times 10^{-6}$)	17.23 ~ 32.84	23.98
铅 ($\times 10^{-6}$)	0.221 ~ 46.450	8.860

2. 2005—2010年的变化趋势

6 年间，杭州湾海域沉积物有机碳和硫化物含量的年际变化见图 5-51。杭州湾海域沉积物中有机碳含量呈下降趋势，硫化物含量呈波动变化。各监测年份有机碳和硫化物的所有测值均符合一类海洋沉积物质量标准。

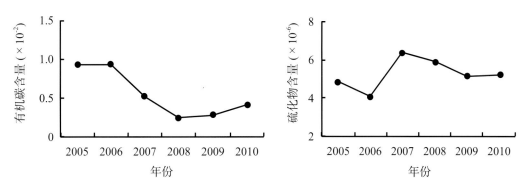

图5-51 2005—2010年杭州湾海域沉积物有机碳和硫化物含量的年际变化

（四）生物质量

1. 2010年监测结果

杭州湾海域生物质量监测结果见表 5-17。由表可知，全部测项中除石油类含量符合二类海洋生物质量标准外，其他测项均符合一类海洋生物质量标准，表明杭州湾海域生物体主要受到石油烃污染。

表5-17 2010年杭州湾海域生物质量主要指标监测结果

项目	测值范围	平均值
石油烃（$\times 10^{-6}$）	3.5 ～ 17.5	5.864
汞（$\times 10^{-6}$）	0.007 ～ 0.012	0.01
镉（$\times 10^{-6}$）	0.06 ～ 0.14	0.09
铅（$\times 10^{-6}$）	0.06 ～ 0.10	0.08
砷（$\times 10^{-6}$）	0.05 ～ 1.16	0.93
铜（$\times 10^{-6}$）	0.91 ～ 7.67	4.20
锌（$\times 10^{-6}$）	12.49 ～ 16.39	14.37
六六六（$\times 10^{-6}$）	0.000 13 ～ 0.000 64	0.000 34
多氯联苯（$\times 10^{-6}$）	0.000 27 ～ 0.003 40	0.000 71
滴滴涕（$\times 10^{-6}$）	0.000 13 ～ 0.000 89	0.000 34

2. 2005－2010年变化趋势

6 年间，杭州湾海域生物质量主要指标的年际变化见表 5-18。石油烃含量在 2009 年达到最高值，超过三类海洋生物质量标准，属于严重污染；2005－2009 年，生物体内石油烃含量呈增加趋势，2010 年为近年来的最低值。总汞含量一直保持稳定，符合一类海洋生物质量标准。生物体内镉、铅和砷含量在 2007 年符合二类海洋生物质量标准，其他年份均符合一类海洋生物质量标准。

表 5-18 2005—2010 年杭州湾海域生物质量主要指标的年际变化

指标	2005 年	2006 年	2007 年	2008 年	2009 年	2010 年
石油烃（$\times 10^{-6}$）	10.95	12.1	11.04	11.833	89.45	5.864
总汞（$\times 10^{-6}$）	0.009 5	0.010 4	0.01	0.008	0.035 7	0.01
镉（$\times 10^{-6}$）	0.061 5	0.074	0.083	0.063	0.72	0.09
铅（$\times 10^{-6}$）	0.065	0.056	0.056	0.032	0.56	0.08
砷（$\times 10^{-6}$）	0.85	0.846	0.878	0.757	1.53	0.93
铜（$\times 10^{-6}$）	—	—	—	—	12.96	4.2
锌（$\times 10^{-6}$）	—	—	—	—	—	14.37
六六六（$\times 10^{-6}$）	—	—	未检出	未检出	0.001 78	0.000 34
多氯联苯（$\times 10^{-6}$）	—	—	未检出	未检出	0.004 12	0.000 71
滴滴涕（$\times 10^{-6}$）	—	—	未检出	未检出	0.020 5	0.000 34

注："—"表示缺少数据。

二、生物群落

（一）浮游植物

1.2010年监测结果

（1）种类组成

共鉴定到浮游植物4门28属55种，其中硅藻22属47种，甲藻4属6种，蓝藻1属1种，绿藻1属1种。

（2）密度和优势种类

浮游植物密度变化范围在 $7.5×10^4～801×10^4\,cell/m^3$ 之间，平均值为 $145.6×10^4\,cell/m^3$，平面分布表现为湾底较均匀，湾口为北高南低（图5-52）。优势种以中肋骨条藻、琼氏圆筛藻和洛氏角毛藻为主。中肋骨条藻为第一优势种，优势度为0.655。

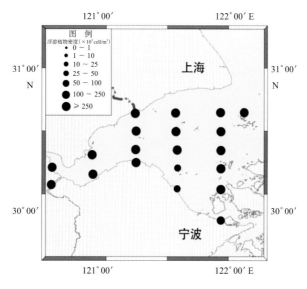

图5-52　2010年杭州湾海域浮游植物密度平面分布

2.2005—2010年变化趋势

（1）种类组成

6年间，共鉴定出浮游植物93种。其中，硅藻75种，甲藻13种，其他5种。年均种类数变化范围为37～61种，最小值出现在2009年，最大值出现在2007年，浮游植物种类数呈波动变化（图5-53）。

（2）密度和优势种类

6年间，浮游植物密度年均值变化范围在 $11.7×10^4～145.6×10^4\,cell/m^3$ 之间，平均值为 $44.9×10^4\,cell/m^3$。浮游植物密度最大值出现在2010年，最小值出现在2009年。浮游植物密度略呈增加趋势（图5-53）。

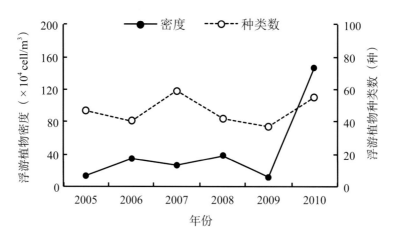

图5-53　2005—2010年杭州湾海域浮游植物密度和种类数的年际变化

2005—2010年第一优势种依次为中肋骨条藻、琼氏圆筛藻、中肋骨条藻、中肋骨条藻、琼氏圆筛藻、中肋骨条藻，中肋骨条藻和琼氏圆筛藻交替成为本海域的优势种。

（二）浮游动物

1. 2010年监测结果

（1）种类组成

共鉴定出浮游动物8大类36种、浮游幼虫（体）9大类（不含鱼卵和仔稚鱼）。其中，桡足类21种，水母类8种（水螅水母6种，栉水母2种），毛颚类2种，端足类、介形类、涟虫类、糠虾类、磷虾类各1种。

（2）密度和优势种类

浮游动物的密度变化范围为194~3 088 ind./m³，平均密度为999 ind./m³。其中，湾口中部海域密度高于其他海域（图5-54）。浮游动物主要优势种有太平洋纺锤水蚤、虫肢歪水蚤、针刺拟哲水蚤和短额刺糠虾等。第一优势种为太平洋纺锤水蚤，优势度为0.445，优势度较明显。

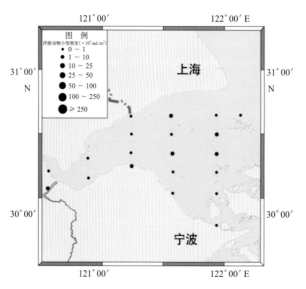

图5-54　2010年杭州湾海域浮游动物密度平面分布

（3）生物量

浮游动物生物量变化范围为 38～200 mg/m³ 之间，平均生物量为 86 mg /m³。其中，近岸站位浮游动物生物量较高，湾中部海域生物量较低（图5-55）。

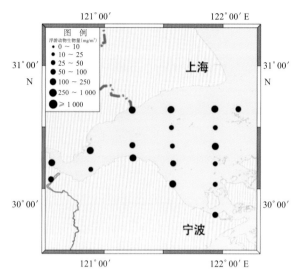

图5-55 2010年杭州湾海域浮游动物生物量平面分布

2. 2005－2010年变化趋势

（1）种类组成

6 年间，共鉴定出浮游动物 12 大类 70 种、浮游幼虫（体）17 大类（不含鱼卵和仔稚鱼）。其中，桡足类 26 种，水母类 19 种（水螅水母 15 种，管水母和栉水母各 2 种），糠虾类 6 种，毛颚类和十足类各 5 种，介形类和枝角类各 2 种，端足类、被囊类、翼足类、磷虾类和涟虫类各 1 种。

（2）密度和优势种类

6 年间，浮游动物密度年均值变化范围为 440～999 ind./m³，平均值为 744 ind./m³。浮游动物密度呈波动变化，2005－2009 年间密度呈下降趋势，2010 年有所回升（图5-56）。优势种类年间差异不大，2005－2010 年浮游动物第一优势种依次为太平洋纺锤水蚤、太平洋纺锤水蚤、针刺拟哲水蚤、太平洋纺锤水蚤、太平洋纺锤水蚤、太平洋纺锤水蚤。

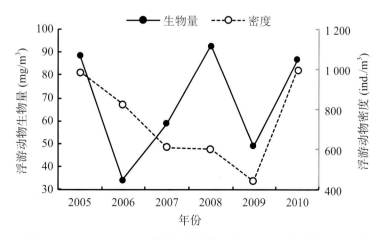

图5-56 2005－2010年杭州湾海域浮游动物密度和生物量的年际变化

（3）生物量

6年间，浮游动物生物量年均值变化范围为34~93 mg/m³，平均值为68 mg/m³。生物量呈波动变化，以2008年生物量最高，2006年生物量最低（图5-56）。

（三）浅海底栖生物

1. 2010年监测结果

（1）种类组成

共鉴定出浅海底栖生物19种。其中，软体动物6种，节肢动物4种，鱼类1种，环节动物5种，棘皮动物1种和纽形动物2种。主要种类有半褶织纹螺、不倒翁虫、光滑河篮蛤等。

（2）密度和优势种类

浅海底栖生物密度在5~25 ind./m²之间，平均值为23.5 ind./m²。北部海域较高，南部海域较低（图5-57）。各站位密度优势种主要为钩虾、光滑河篮蛤、不倒翁虫等。各优势种在其站位所占比例为33%~60%。

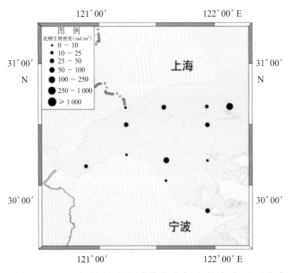

图5-57 2010年杭州湾海域浅海底栖生物密度平面分布

（3）生物量和优势种类

浅海底栖生物生物量在0.05~7.35 g/m²之间，生物量分布均较均匀（图5-58）。各站位生物量优势种类分别为豆形胡桃蛤、纵肋织纹螺、光滑河篮蛤、不倒翁虫、纵肋织纹螺、金氏真蛇尾、孔虾虎鱼，各优势种在其站位所占比例为41.6%~81.5%。

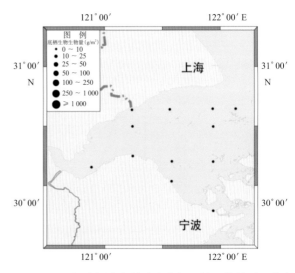

图5-58 2010年杭州湾海域浅海底栖生物生物量平面分布

2.2005—2010年变化趋势

（1）种类组成

6年间，浅海底栖生物种类数的年际变化范围为19～48种之间，2010年最低，2008年最高；各站位平均种类数的年际变化范围为1.1～2.1种之间，2009年最低，2008年最高。

（2）密度和优势种类

6年间，本海域浅海底栖生物密度年均值在14.50～40.42 ind./m²之间，平均值为22.39 ind./m²，呈上升趋势（图5-59）；密度优势种依次为双锶内卷齿蚕、不倒翁虫、不倒翁虫、不倒翁虫、纵肋织纹螺、钩虾。

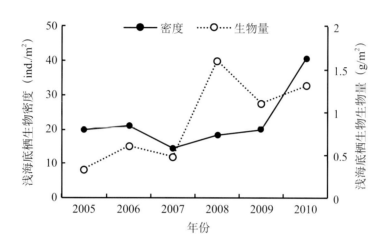

图5-59　2005—2010年杭州湾浅海底栖生物密度和生物量的年际变化

（3）生物量和优势种类

6年间，浅海底栖生物年均生物量在0.33～1.60 g/m²之间，平均值为0.91 g/m²，呈上升趋势（图5-59）；生物量优势种依次为豆形胡桃蛤、脊尾白虾、纵肋织纹螺、红带织纹螺、纵肋织纹螺、豆形胡桃蛤。

（四）潮间带底栖生物

1.2010年监测结果

（1）种类组成

共鉴定出潮间带底栖生物58种，隶属6门类49属。其中，环节动物10种，软体动物19种，节肢动物21种，鱼类5种，腔肠动物2种和纽形动物1种。主要种类有中间拟滨螺、多齿围沙蚕、长牡蛎、淡水泥蟹、渤海鸭嘴蛤、彩虹明樱蛤、纽虫等。

（2）密度和优势种类

潮间带底栖生物密度在16～696 ind./m²之间，平均值为232 ind./m²，中潮区较高，低潮区较低（图5-60）。各站位密度优势种分别为中间拟滨螺、淡水泥蟹、长牡蛎、多齿围沙蚕，各优势种在其站位所占比例为25.2%～85.7%。

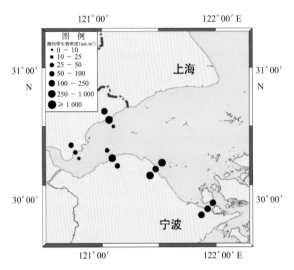

图5-60 2010年杭州湾海域潮间带底栖生物密度平面分布

（3）生物量和优势种类

潮间带底栖生物生物量在 $0.24 \sim 2\,524\ g/m^2$ 之间，平均为 $212.3\ g/m^2$。北部海域较高，南部海域较低，中潮区较高，低潮区较低（图5-61）。各站位生物量优势种类分别为渤海鸭嘴蛤、长牡蛎、弹涂鱼、淡水泥蟹、中华蜾蠃蜚、婆罗囊螺、齿纹蜒螺、彩虹明樱蛤，各优势种在其站位所占比例为 $36.3\% \sim 99.8\%$。

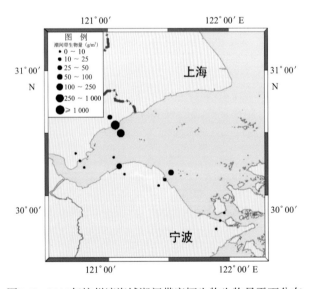

图5-61 2010年杭州湾海域潮间带底栖生物生物量平面分布

2. 2005—2010年变化趋势

（1）种类组成

6年间，潮间带底栖生物种类的年际变化为40～58种，2010年最高，2008年最低。各站位平均种类数的年际变化为3.8～6.1种，2005年最高，2008年最低。

（2）密度和优势种类

6年间，潮间带底栖生物密度年均值在 200.53～547.11 ind./m² 之间，平均值为 335 ind./m²，2005 年最高，2006 年最低，6年呈波动变化（图 5-62）；密度优势种依次为缢蛏、多齿围沙蚕、长牡蛎、淡水泥蟹、渤海鸭嘴蛤、彩虹明樱蛤。

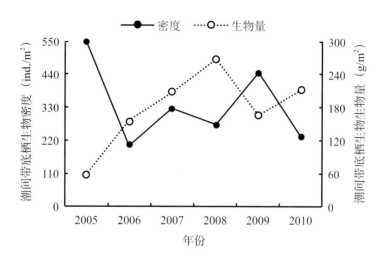

图5-62 2005—2010年杭州湾潮间带底栖生物密度和生物量的年际变化

（3）生物量和优势种类

6年间，潮间带底栖生物生物量年均值在 57.96～267.53 g/m² 之间，平均值为 167 g/m²，整体呈升高趋势（图 5-62）；生物量优势种依次为珠带拟蟹守螺、司氏盖蛇尾、朝鲜阳遂足、朝鲜阳遂足、革囊虫、渤海鸭嘴蛤。

（五）鱼卵与仔稚鱼

2010 年 5 月在 15 个站位的样品中获得仔稚鱼，共 7 种，分别为凤鲚、龙头鱼、美肩鳃鳚、七星底灯鱼、四指马鲅、小带鱼、中华小公鱼。各站位仔稚鱼密度在 0.1～1.081 ind./m³ 之间，平均值为 0.370 ind./m³。

三、生态健康状况

采用国家海洋局颁布的《近岸海洋生态健康评价指南》（HY/T 087—2005）海湾生态环境评价方法进行评价，杭州湾海域的生态环境健康状况结果如下。

（一）2010年生态健康状况

杭州湾海域的水环境指数为 11；沉积环境指数为 10；生物质量指数为 8.1；栖息地指数为 5.3；生物群落指数为 13.3（图 5-63）。生态环境健康指数为 47.7，属于不健康状态。

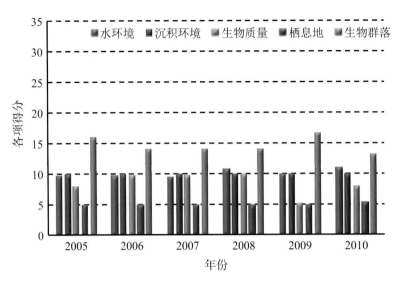

图5-63 2005--2010年杭州湾海域各项生态健康指标的年际变化

（二）2005—2010年生态健康状况变化趋势

6年间，杭州湾海域生态环境健康指数变化范围为46.8～49.9，生态环境始终处于不健康状态（图5-64）。

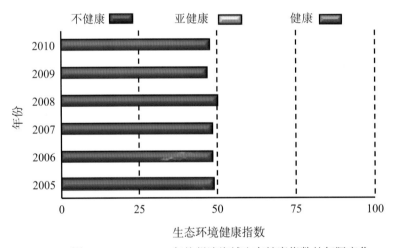

图5-64 2005—2010年杭州湾海域生态健康指数的年际变化

四、主要生态问题

（一）水体污染严重，富营养化逐年加剧

2005—2010年，本区无机氮含量年均值全部超四类海水水质标准，磷酸盐有3年（2007年、2009年和2010年）年均值超四类海水水质标准，整个海湾为营养盐类的严重污染海域。此外，生物体内石油烃含量在2009年达到最高值，超过三类海洋生物质量标准；海域水质和生物质量的恶化，导致杭州湾生态退化、生产力下降，极大地破坏了海洋生态环境，甚至影

响到沿海地区社会经济的进一步健康发展。历年化学需氧量、磷酸盐和无机氮的平面分布状况均呈湾内向湾口逐渐降低的趋势，表明陆源污染源是杭州湾海域污染物的主要来源。本区陆源污染物主要包括工业废水、生活污水、禽畜饲养污染物、农业化肥和水产养殖污染等。

（二）围涂工程不断，海洋生物栖息地遭到严重损坏

近几十年来，由于城市、工业、农业经济的发展，人口的迅速增加，杭州湾湿地遭到了前所未有的严重破坏，尤其是围垦造陆，使得天然湿地面积大大缩减。2006－2010年期间，杭州湾海域的滩涂湿地面积减少了10%以上。仅慈溪一地，围涂工程就围掉了滩涂湿地$0.39 \times 10^4 hm^2$。另外，滩涂养殖的过度发展，也使余姚和慈溪沿岸的滩涂生物简单化，基本形成了由单一养殖物种组成的滩涂湿地生物结构，大大降低了滩涂湿地的物种多样性。可以预见，随着杭州湾沿岸城市经济的迅猛发展，越来越多的沿海码头、化工、电力企业在杭州湾周围上马，潮间带自然生物的生存空间将越来越小。

（三）曹娥江建闸工程带来的生境剧变

曹娥江是钱塘江的一条重要支流，对杭州湾生态系的物质和能量收支平衡有着重要作用。曹娥江大闸位于曹娥江河口，是我国强涌潮河口地区的第一大闸，是浙东水资源配置的重要枢纽工程，对绍兴等地区的社会经济有着重要推动作用。2008年12月曹娥江大闸28扇闸门建成并落下。大闸内的水域，由于没有了钱塘海潮的作用，已由咸淡水拉锯交汇水域变成了相对稳定的水库式淡水水域。原河口区的鱼虾蟹贝类和浮游生物等种类，除少数能适应新环境的种类外，绝大部分消失，逐渐被淡水种类替代；而大闸外的海域，由于入海径流量的大幅度减少，盐度大幅上升，加之曹娥江的陆源物质输入的变化，原江口海域的海洋生物群落结构也已改变。至于曹娥江江口海域，乃至杭州湾西部海域的生物分布格局和生物生产力等，究竟受到何种影响，影响多大，尚需进一步深入调查。

第五节　乐清湾

一、生境条件

（一）区域自然特征

1.自然环境

乐清湾地处浙江省南部瓯江口北侧，包括自乐清市岐头山嘴（27°59′09″N，120°57′55″E），经洞头县北小门岛、大乌星，至玉环县大岩头灯标（28°02′16″N，121°09′09″E）连线以北海域。乐清湾为一典型半封闭海湾，东、北、西三面由低山丘陵环抱，向西南敞开，形态呈狭长葫芦状。

乐清湾与象山港、三门湾是浙江省的三大半封闭海湾。乐清湾纵深达42 km，平均宽度约10 km，平均水深约10 m，面积约463 km²，大陆海岸线长185 km。乐清湾为强潮海域，

具有不正规半日潮浅海潮特征，潮差较大，平均潮差 4 m 以上，且湾顶大于湾口，湾顶最大潮差可达 8 m 以上。湾内涨、落潮历时不等，涨潮历时长于落潮。乐清湾水系发育，流域总面积 1 470 km²，入海河流有清江、大荆溪、白溪、雁芙溪、坞根溪、楚门河、江厦河和淡水溪等 30 条。

乐清湾属亚热带季风气候区，四季分明，雨水充沛，多年平均气温 17.0～17.5℃，严寒和酷暑期均不长。乐清湾常受热带气旋侵袭，几乎每年都受台风影响。台风主要集中在 4—11 月，其中 7—9 月最多。

乐清湾渔业资源丰富，是发展浅海滩涂养殖的理想区域，是浙江省的海水增养殖基地和贝类苗种基地，蛏、蚶苗产量居全国第一。乐清湾浅海养殖主要集中在内湾和中湾。乐清湾浅海宽广，滩涂相对稳定。滩涂宽阔平坦，涂质细软，是重要的增养殖场所和后备土地资源。

根据《浙江省海洋功能区划》，乐清湾的主要开发功能是水产养殖和港口建设，同时发展滨海和海岛旅游业，使乐清湾区域形成港口、海洋渔业及滨海旅游业等行业协调发展的海洋资源开发保护示范区。

2. 监测范围及内容

为查明本海域环境状况及其变化趋势，2004 年乐清湾海域被列入国家海洋局"全国近岸生态监控区"之一，监测范围包括乐清湾及其毗邻海域，监测站位的地理坐标为 27°55′00″—28°25′00″N，120°55′00″—121°18′00″E（图5-65）。

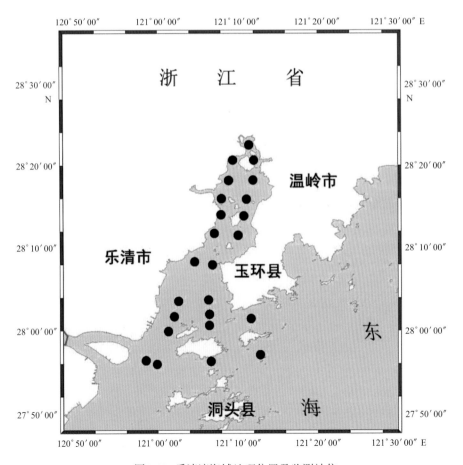

图5-65 乐清湾海域地理位置及监测站位

在以往调查的基础之上，2005—2010年每年监测一次（8月），海水环境与生物群落监测共设24个测站。海水环境监测项目包括盐度、pH、溶解氧、化学需氧量、无机氮、磷酸盐、石油类以及重金属（汞、砷、铜、铅、镉、铬、锌）共14项。生物群落监测项目包括浮游植物、浮游动物、浅海底栖生物和潮间带底栖生物。沉积物质量监测与海水环境监测同步进行，在海水环境测站中均匀选取18个测站，测项包括有机碳、硫化物、石油类和重金属（汞、砷、锌、镉、铅、铜、铬）共10项。生物质量监测每年监测一次（8月），以缢蛏、泥蚶等贝类作为检测样品，监测项目包括石油烃、总汞、镉、铅、砷、六六六以及多氯联苯等。

（二）海水环境

1. 2010年监测结果

乐清湾海域海水主要环境要素监测结果见表5-19。

表5-19　2010年乐清湾海域海水主要环境要素监测结果

项目	水层	测值范围	平均值
盐度	表层	12.045 ~ 28.858	23.715
	底层	25.409 ~ 32.434	29.320
pH	表层	7.91 ~ 8.50	8.15
	底层	8.04 ~ 8.12	8.07
溶解氧 (mg/L)	表层	6.04 ~ 8.06	6.89
	底层	5.56 ~ 6.34	5.92
化学需氧量 (mg/L)	表层	0.50 ~ 2.52	1.28
	底层	0.43 ~ 0.86	0.63
无机氮 (mg/L)	表层	0.214 ~ 0.950	0.569
	底层	0.255 ~ 0.461	0.381
磷酸盐 (mg/L)	表层	0.011 ~ 0.025	0.015
	底层	0.012 ~ 0.028	0.019
石油类 (mg/L)	表层	0.004 ~ 0.030	0.017
汞 (mg/L)	表层	0.000 014 ~ 0.000 029	0.000 021
砷 (mg/L)	表层	0.001 4 ~ 0.002 1	0.001 7
铜 (mg/L)	表层	0.002 2 ~ 0.006 4	0.004
铅 (mg/L)	表层	0.001 1 ~ 0.003 8	0.002 4
锌 (mg/L)	表层	0.006 ~ 0.041	0.022
镉 (mg/L)	表层	0.000 027 ~ 0.000 146	0.000 068
铬 (mg/L)	表层	0.002 7 ~ 0.004 2	0.003 3

（1）盐度

表层海水盐度变化范围为 12.045～28.858，平均值为 23.715。底层海水盐度变化范围为 25.409～32.434，平均值为 29.320。底层盐度明显高于表层，分析其原因为：夏季多雨季节，陆域冲淡水大量汇入使得表层盐度下降明显，导致表、底层海水盐度差别较大。盐度呈现由内湾向外湾递增的趋势。

（2）pH

表层海水 pH 变化范围为 7.91～8.50，平均值为 8.15。底层海水 pH 变化范围为 8.04～8.12，平均值为 8.07，表层海水 pH 高于底层。pH 呈现出由内湾向外湾递增的分布趋势。

（3）溶解氧

表层海水溶解氧含量变化范围为 6.04～8.06 mg/L，平均值为 6.89 mg/L。底层溶解氧含量变化范围为 5.56～6.34 mg/L，平均值为 5.92 mg/L。表层溶解氧浓度高于底层。溶解氧浓度呈现出外湾高于内湾高于中湾的分布趋势。

（4）化学需氧量

表层化学需氧量变化范围为 0.50～2.52 mg/L，平均值为 1.28 mg/L。底层化学需氧量含量变化范围为 0.43～0.86 mg/L，平均值为 0.63 mg/L。表层明显高于底层。化学需氧量呈现出内湾高于外湾高于中湾的分布趋势。

（5）无机氮

表层海水无机氮含量变化范围为 0.214～0.950 mg/L，平均值为 0.569 mg/L。底层海水无机氮含量变化范围为 0.255～0.461 mg/L，平均值为 0.381 mg/L，无机氮表层浓度高于底层。无机氮浓度呈现出由内湾向外湾递减趋势。

（6）磷酸盐

表层海水磷酸盐含量变化范围为 0.011～0.025 mg/L，平均值为 0.015 mg/L。底层海水磷酸盐含量变化范围为 0.012～0.028 mg/L，平均值为 0.019 mg/L。磷酸盐表层浓度略低于底层。磷酸盐分布呈现由内湾向外湾递减的趋势。

（7）石油类

石油类含量变化范围为 0.004～0.030 mg/L，平均值为 0.017 mg/L，全部测站符合一类海水水质标准。

（8）重金属

海水重金属中总汞、砷、镉、铬浓度均符合一类海水水质标准，铜、铅、锌符合二类海水水质标准。水体中重金属含量中铜的分布为内湾高于外湾高于中湾的趋势，而其他重金属指标均呈现出内湾高于中湾高于外湾的趋势。

2. 2005－2010年变化趋势

6 年间，乐清湾海域海水主要环境要素的年际变化见图 5-66。

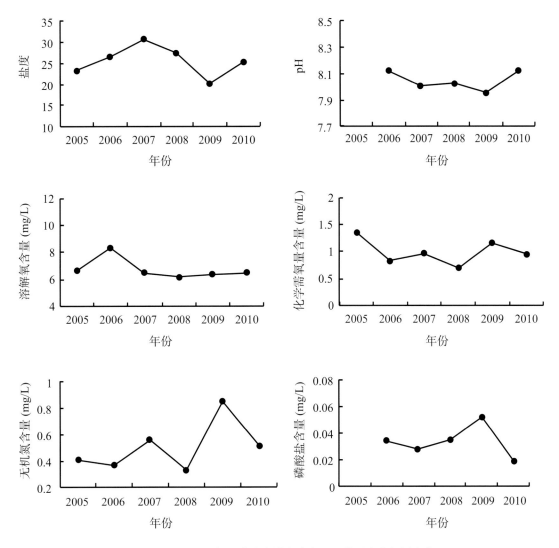

图5-66　2005－2010年乐清湾海域海水主要环境要素的年际变化

6 年间，乐清湾海域海水环境中的 pH、溶解氧和化学需氧量年均含量均符合一类海水水质标准；无机氮年均含量 6 年来呈逐渐升高趋势，其中有 3 年（2007 年、2009 年和 2010 年）超四类海水水质标准。磷酸盐年均含量基本符合二、三类海水水质标准，整体呈先升高后降低的趋势，2009 年达到最高值，超四类海水水质标准。

乐清湾海域的海水水质主要受营养盐污染，主要污染物是无机氮和磷酸盐，其中无机氮污染有加重趋势。

（三）沉积物质量

1. 2010年监测结果

乐清湾海域沉积物质量监测结果见表 5-20。由表 5-20 可知，所有监测站位的全部测值均符合一类海洋沉积物质量标准，表明该海域沉积物质量状况总体良好。

表 5-20　2010 年乐清湾海域沉积物质量主要指标监测结果

项目	测值范围	平均值
有机碳 ($\times 10^{-2}$)	0.49 ~ 0.79	0.69
硫化物 ($\times 10^{-6}$)	1.5 ~ 11.5	4.2
石油类 ($\times 10^{-6}$)	—~ 35.8	7.2
汞 ($\times 10^{-6}$)	0.033 ~ 0.082	0.051
砷 ($\times 10^{-6}$)	8.5 ~ 15.9	12.5
锌 ($\times 10^{-6}$)	49.4 ~ 145.4	109
镉 ($\times 10^{-6}$)	0.031 ~ 0.328	0.169
铅 ($\times 10^{-6}$)	14.7 ~ 36.4	28.9
铜 ($\times 10^{-6}$)	15.7 ~ 54.6	37.7
铬 ($\times 10^{-6}$)	25.3 ~ 89.5	63.2

注："—"表示缺少监测数据。

2. 2005－2010年变化趋势

6 年间，乐清湾海域沉积物有机碳和硫化物含量的年际变化见图 5-67。由图 5-67 可知，乐清湾海域沉积物有机碳含量呈下降趋势，而硫化物含量 2007 年达到最大值，二者年均值均符合一类海洋沉积物质量标准。总体而言，乐清湾海域的沉积物质量良好。

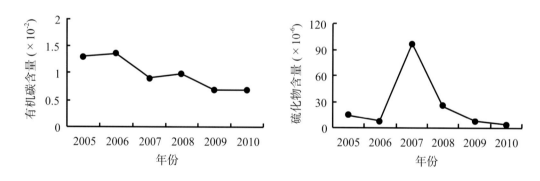

图5-67　2005－2010年乐清湾海域有机碳和硫化物含量的年际变化

（四）生物质量

1. 2010年监测结果

乐清湾海域生物质量监测结果见表 5-21。由表 5-21 可知，全部测项中除六六六和滴滴涕含量符合一类海洋生物质量标准外，其他测项均达到二类海洋生物质量标准。表明乐清湾海域生物体受到石油烃和重金属等污染，生物质量较差。

表5-21　2010年乐清湾海域生物质量主要指标监测结果

项目	测值范围	平均值
石油烃（×10⁻⁶）	14.7 ~ 110.6	62.66
汞（×10⁻⁶）	0.022 ~ 0.058	0.036
铜（×10⁻⁶）	2 ~ 21.5	8.92
镉（×10⁻⁶）	0.11 ~ 2.28	0.98
铅（×10⁻⁶）	0.27 ~ 0.67	0.396
锌（×10⁻⁶）	7.4 ~ 23	12.88
砷（×10⁻⁶）	1.6 ~ 2.7	2.1
铬（×10⁻⁶）	0.2 ~ 0.89	0.508
六六六（×10⁻⁶）	0.000 458 ~ 0.000 61	0.000 513
滴滴涕（×10⁻⁶）	0.001 01 ~ 0.004 98	0.002 53

2. 2005—2010年变化趋势

6年间，乐清湾海域生物质量主要指标的年际变化见表5-22。石油烃含量先降低后升高，2005年符合二类海洋生物质量标准，2009—2010年达到三类生物质量标准，总体有升高趋势。总汞、铜含量相对稳定，符合一类海洋生物质量标准。镉含量2005年符合一类海洋生物质量标准，2006年达到最高值，达到三类海洋生物质量标准。铅含量符合二类海洋生物质量标准。砷含量有升高趋势，2007年以前符合一类生物质量标准，之后达到二类海洋生物质量标准。六六六含量符合一类海洋生物质量标准。滴滴涕在2005年和2007年符合二类海洋生物质量标准，其余年份符合一类海洋生物质量标准。

整体而言，6年来乐清湾海域生物体内石油烃污染物有加剧趋势，同时还受到铅、砷的污染。

表5-22　2005—2010年乐清湾海域生物质量主要指标的年际变化

指标	2005年	2006年	2007年	2008年	2009年	2010年
石油烃（×10⁻⁶）	24.8	2.052	6.388	4.26	68.2	62.66
汞（×10⁻⁶）	0.007	0.040 8	0.043 8	0.03	0.023	0.036
铜（×10⁻⁶）	—	9.34	3.85	—	4.2	8.92
镉（×10⁻⁶）	0.03	2.248	0.29	0.29	0.98	0.98
铅（×10⁻⁶）	0.413	0.536	0.205	0.31	0.905	0.396
锌（×10⁻⁶）	—	—	—	—	—	12.88
砷（×10⁻⁶）	0.9	0.58	2.65	1.73	1.65	2.1
总六六六（×10⁻⁶）	—	—	0.001 22	0.000 478	—	0.000 513
总滴滴涕（×10⁻⁶）	0.040 7	0.000 96	0.010 5	0.005 81	0.003 34	0.002 53

注：“—”表示缺少监测数据。

二、生物群落

（一）浮游植物

1. 2010年监测结果

（1）种类组成

共鉴定出浮游植物78种。其中，硅藻67种，占总种数的85.9%；甲藻10种，占12.8%；金藻1种，占1.3%。

（2）密度和优势种类

浮游植物密度变化范围在 $14.4 \times 10^4 \sim 11\,151.0 \times 10^4\,cell/m^3$ 之间，平均值为 $1\,494.0 \times 10^4$ $cell/m^3$。浮游植物密度呈近岸高于远岸，湾内西侧高于东侧的分布趋势，清江口、瓯江口浮游植物密度最高（图5-68）。浮游植物优势种为中肋骨条藻、虹彩圆筛藻、地中海辐杆藻。

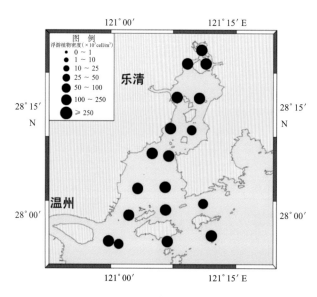

图5-68　2010年乐清湾海域浮游植物密度平面分布

2. 2005—2010年变化趋势

（1）种类组成

6年间，共鉴定出浮游植物156种。其中，硅藻135种，甲藻18种。6年间浮游植物种类数变化范围为44~90种，最大值出现在2005年，最小值出现在2006年（图5-69）。

（2）密度和优势种类

浮游植物密度年均值变化范围在 $61 \times 10^4 \sim 6\,549.4 \times 10^4\,ind./m^3$ 之间，平均为 $4\,012.5 \times 10^4\,ind./m^3$。最大值出现在2007年，最小值出现在2009年。除2005年和2006年外，2007—2010年，浮游植物平均密度总体呈下降趋势（图5-69）。

优势种类逐年间差异较小，除2006年第一优势种为琼氏圆筛藻外，其他年份第一优势种均为中肋骨条藻。

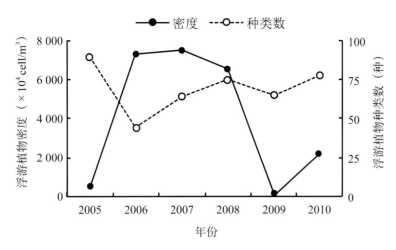

图5-69 2005—2010年乐清湾海域浮游植物密度和种类数的年际变化

（二）浮游动物

1. 2010年监测结果

（1）种类组成

本海域共鉴定出浮游动物10大类52种和浮游幼虫（体）14大类（不含鱼卵和仔稚鱼）。其中，桡足类28种，水母类11种（水螅水母7种，管水母3种，栉水母1种），介形类、糠虾类、十足类、毛颚类、被囊类各2种，枝角类、端足类、磷虾类各1种。

（2）密度和优势种类

浮游动物密度变化范围为1 714～45 434 ind./m³，平均密度为12 821 ind./m³。其中，湾内浮游动物密度较高，向外大致呈降低趋势（图5-70）。主要优势种为针刺拟哲水蚤、强额拟哲水蚤、刺尾纺锤水蚤和简长腹剑水蚤等。

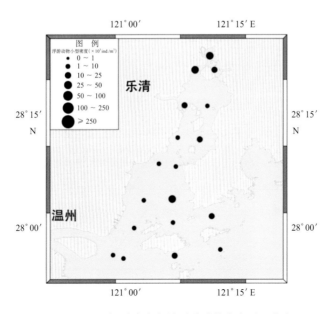

图5-70 2010年乐清湾海域浮游动物密度平面分布

（3）生物量

浮游动物生物量变化范围为 19～367 mg/m³，平均生物量为 97 mg/m³。浮游动物生物量的平面分布为湾内高于湾外，西侧高于东侧海域（图5-71）。

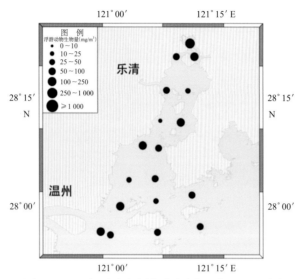

图5-71　2010年乐清湾海域浮游动物生物量平面分布

2. 2005－2010年变化趋势

（1）种类组成

6 年间，共鉴定出浮游动物 15 大类 146 种和 18 大类浮游幼虫（体）（不含鱼卵和仔稚鱼）。其中，桡足类 59 种，水母类 40 种（水螅水母 30 种，管水母 8 种，栉水母 2 种），糠虾类 9 种，毛颚类 8 种，多毛类、介形类和十足类各 5 种，端足类 4 种，被囊类和翼足类各 3 种，原生动物、磷虾类、枝角类、涟虫类和等足类各 1 种。

（2）密度和优势种类

6 年间，浮游动物密度年均值变化范围为 1 608～14 604 ind./m³，平均值为 7 294 ind./m³。浮游动物密度呈波动升高的趋势，2005 年和 2006 年较低，2008 年和 2010 年较高（图5-72）。2005－2010 年浮游动物第一优势种依次为针刺拟哲水蚤、小拟哲水蚤、克氏纺锤水蚤、太平洋纺锤水蚤、针刺拟哲水蚤、针刺拟哲水蚤。

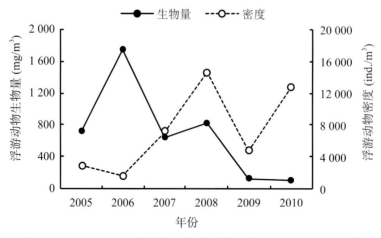

图5-72　2005－2010年乐清湾海域浮游动物密度和生物量的年际变化

（3）生物量

6年间，浮游动物生物量年均值变化范围为97～1 749 mg/m³，平均值为695 mg/m³。浮游动物生物量呈降低的趋势，以2006年生物量最高，2009年和2010年生物量显著低于其他年份（图5-72）。

（三）浅海底栖生物

1. 2010年监测结果

（1）种类组成

共鉴定出浅海底栖生物45种。其中，软体动物18种，环节动物15种，节肢动物8种，棘皮动物2种，星虫动物、鱼类各1种。主要种类有不倒翁虫、彩虹明樱蛤、绯拟沼螺、光滑河篮蛤、红带织纹螺、日本索沙蚕、异足索沙蚕等。

（2）密度和优势种类

浅海底栖生物密度变化范围在33～199 ind./m²之间，平均值为113.17 ind./m²。北部近岸海区较高，南部远海海区较低（图5-73）。各站位之间的密度优势种差异较大，主要为棒槌螺、红带织纹螺、泥蚶、彩虹明樱蛤、圆筒原盒螺、异足索沙蚕、婆罗囊螺、绯拟沼螺、绯拟沼螺、光滑河篮蛤，各优势种在其站位所占比例为16.7%～66.7%。

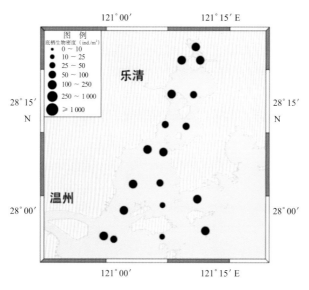

图5-73 2010年乐清湾海域浅海底栖生物密度平面分布

（3）生物量和优势种类

浅海底栖生物生物量变化范围在2.78～106.12 g/m²之间，平均值为44.78 g/m²。北部近岸海域较高，南部远海海域较低（图5-74）。各站位生物量优势种差异较大，分别为圆筒原盒螺、滩栖阳遂足、棘刺锚参、泥蚶、彩虹明樱蛤、红带织纹螺、棒槌螺、凸镜蛤、缢蛏，各优势种在其站位所占比例为22.1%～96.7%。

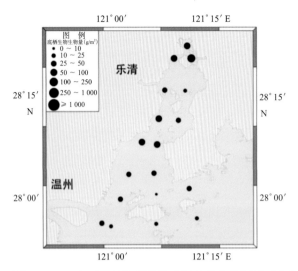

图5-74 2010年乐清湾海域浅海底栖生物生物量平面分布

2. 2005—2010年变化趋势

（1）种类组成

6年间，浅海底栖生物种类的年际变化范围为23～50种，2008年最高，2005年最低；各站位平均种类数的年际变化范围为0.82～6.28种，2010年最高，2005年最低。

（2）密度和优势种类

6年间，浅海底栖生物密度年均值在6.47～144.94 ind./m² 之间，平均值为78.81 ind./m²，呈上升趋势（图5-75）。密度优势种依次为小刀蛏、圆筒原盒螺、绯拟沼螺、光滑河篮蛤、彩虹明樱蛤、绯拟沼螺。

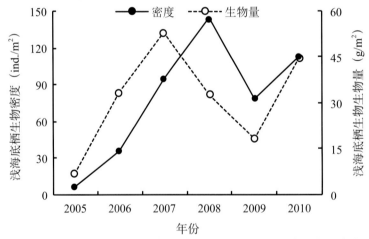

图5-75 2005—2010年乐清湾浅海底栖生物密度和生物量年际变化

（3）生物量和优势种类

6年间，浅海底栖生物生物量年均值在6.82～53.18 g/m² 之间，平均值为31.54 g/m²，呈波动变化（图5-75）。最高生物量优势种依次为小刀蛏、小荚蛏、绯拟沼螺、泥蚶、泥蚶、棒槌螺。

（四）潮间带底栖生物

1. 2010年监测结果

（1）种类组成

共鉴定出潮间带底栖生物75种。其中，软体动物37种，占总种数的49.3%；甲壳类22种，占29.3%；多毛类11种，占14.7%；鱼类2种，腔肠动物、星虫动物和棘皮动物各1种。主要种类有齿纹蜒螺、粗腿厚纹蟹、绯拟沼螺、红带织纹螺、西格织纹螺、珠带拟蟹守螺等。

（2）密度和优势种类

潮间带底栖生物密度在16～444 ind./m² 之间，平均值为125.56 ind./m²，南部海域较高，北部海域较低（图5-76）。各站位密度优势种分别为齿纹蜒螺、粗糙滨螺、僧帽牡蛎、白脊藤壶、团聚牡蛎、红带织纹螺、绯拟沼螺、珠带拟蟹守螺、寄居蟹，各优势种在其站位所占比例为19.1%～62.5%。

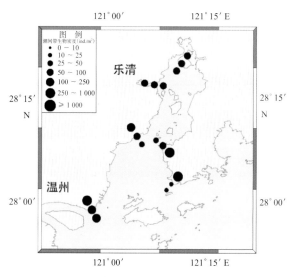

图5-76　2010年乐清湾海域潮间带底栖生物密度平面分布

（3）生物量和优势种类

潮间带底栖生物生物量在17.66～565.8 g/m² 之间，平均值为145.18 g/m²，南部海域较高，北部海域较低（图5-77）。各站位生物量优势种类分别为可口革囊星虫、红带织纹螺、粗腿厚纹蟹、珠带拟蟹守螺、僧帽牡蛎、粗糙滨螺、团聚牡蛎和珠带拟蟹守螺，各优势种在其站位所占比例为0.5%～74.9%。

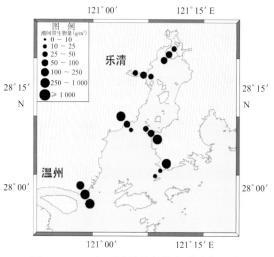

图5-77　2010年乐清湾海域潮间带底栖生物
生物量平面分布

2. 2005—2010年变化趋势

（1）种类组成

6年间，潮间带底栖生物种类的年际变化范围为21～75种，2010年最高，2005年最低；各站位平均种类数的年际变化范围为6～54种，2006年最高，2007年最低。

（2）密度和优势种类

6年间，潮间带底栖生物密度年均值在64.9～156.4 ind./m² 之间，平均密度为116.7 ind./m²，呈明显下趋势（图5-78）。密度优势种依次为珠带拟蟹守螺、渤海鸭嘴蛤、凸壳肌蛤、凸壳肌蛤、短拟沼螺、粗糙滨螺。

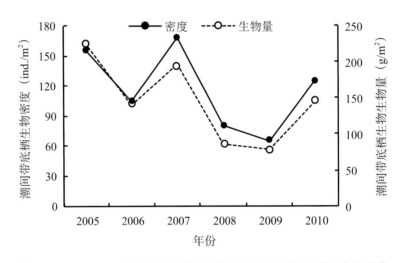

图5-78 2005—2010年乐清湾海域潮间带底栖生物密度和生物量年际变化

（3）生物量和优势种类

6年间，潮间带底栖生物生物量年均值在18.9～105.6 g/m² 之间，平均值为65.4 g/m²，呈下降趋势（图5-78）。生物量优势种依次为珠带拟蟹守螺、渤海鸭嘴蛤、凸壳肌蛤、屠氏招潮、日本大眼蟹、僧帽牡蛎。

三、生态健康状况

采用国家海洋局颁布的《近岸海洋生态健康评价指南》（HY/T 087—2005）海湾生态环境评价方法进行评价，乐清湾海域的生态环境健康状况评价结果如下。

（一）2010年生态健康状况

2010年乐清湾海域的水环境指数为12.3；沉积环境指数为10；生物质量指数为5.9；栖息地指数为11.9；生物群落指数为14（图5-79）。生态环境健康指数为54.1，属于亚健康状态。

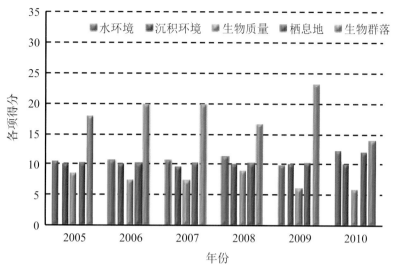

图5-79 2005—2010年乐清湾海域各项生态健康指标的年际变化

（二）2005—2010年生态健康状况变化趋势

6年间，乐清湾海域生态健康指数变化范围为54.1～59.4，生态环境始终处于亚健康状态。其中，2010年健康指数最低，2009年健康指数最高（图5-80）。

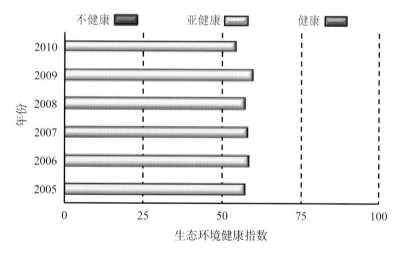

图5-80 2005—2010年乐清湾海域生态健康指数的年际变化

四、主要生态问题

（一）污染加重，环境质量有下降趋势

随着乐清湾周边人口和工业的发展，乐清湾地区已成为我国许多工业产业的生产基地，如乐清市为全国著名的低压电器、钻头和电子元件等的生产基地，玉环县为全国最大的中低压铜制阀门生产和出口基地、全国重要汽摩件配生产制造基地等。据2010年监测结果，乐清湾表层海水无机氮浓度高于底层。全部超过二类海水水质标准，其中43%测站为劣四类海

水水质。磷酸盐表层浓度略低于底层，有39%测站劣于一类海水水质标准值。无机氮和磷酸盐浓度分布均呈从内湾向外湾递减的趋势。海水中的铜、铅、锌等重金属超过一类海水水质标准，超标率分别为33.3%、100%和58.3%。其中，无机氮污染有逐年加重趋势。

近年来，生物体中的石油烃含量有加重趋势，同时也受到铅、砷的一定程度污染。

（二）过度围垦，生境变异加剧

据历史资料（海图对比），1934年乐清湾自然水域总面积为535.10 km²，1968年为503.610 km²，2005年为419.76 km²。70年间乐清湾自然水域实际缩小了11.35 km²。

过度围垦和填海造地，特别是乐清湾原有的两个潮汐通道之一漩门港堵港后，乐清湾内的水动力和自然生态功能明显改变，潮流由原来的两个进出口变成了单一南部一个进出口。1934年乐清湾的纳潮量为20.82×10⁸ m³，堵港后湾内纳潮量降低了7%。平均流速减少幅度达15%。由于海岸淤涨，岸线向海推进，以华岐潮滩为例，1934－1992年近60年间潮滩岸线外推314 m，平均每年外推5 m。

由于湾内潮流结构和水动力条件变化，水交换能力减弱。生境条件变异过快，在一定程度上超出了一些生物物种的适应能力，湾内生物多样性明显降低。

（三）过度捕捞，生物资源结构失衡

乐清湾原为优良渔场、湾内地形平坦、潮流畅通、近岸浪小、水质肥沃、渔业资源丰富。历史记载有鱼类190种，其中有经济价值的约106种，常见的有大黄鱼、带鱼、黄姑鱼、墨鱼、鲳鱼、鳓鱼、鲈鱼、鲵鱼、海鳗、鲻鱼、梭鱼等。乐清湾还是著名的大黄鱼产卵场。湾内四季均有渔汛；春夏季为大黄鱼、鳓鱼汛期，夏秋季为海蜇汛期。

由于长期过度捕捞以及作业方式落后，我国近海渔场的生物资源结构发生了巨大变化，乐清湾也不例外。20世纪50年代中后期的敲鼓作业方式严重破坏了大黄鱼资源，70年代海洋捕捞实施"大拖风"生产，自此，四大经济鱼类资源严重衰退，导致乐清湾春夏季汛期消失，秋季海蜇绝迹，冬季带鱼鱼汛不稳定。处于食物链较高层次的大黄鱼、带鱼等越来越少，而斑鰶等饵料性低值鱼类的比例逐渐增多，一些经济价值低的竞食种，如马面鲀以及虾蟹类已上升为主要渔获种类。

（四）温排水导致浮游生物生物量损失

2010年，对乐清湾2个火电厂的温排水影响研究表明，浙能乐清电厂和华能玉环电厂排水口的水温最高升温约7℃和9℃。4℃温升的最大包络面积分别为0.08 km²和0.24 km²；2℃温升最大包络面积分别为1.12 km²和3.19 km²。取排水卷载效应、热冲击等引起的浮游生物生物量损失率平均为63.57%和78.29%。

（五）互花米草蔓延难以控制

自20世纪80年代引种互花米草以来，互花米草从无到有，迅速在乐清湾扩展并在局部海域形成连片草场。根据2005年卫星图片解读统计和结合实地调查结果，乐清湾内互花米草面积共计9.323 km²。较大面积的互花米草分布区有乐清市南岳镇东侧滩涂、玉环市江岩岛东侧滩涂和青马镇西侧滩涂等。

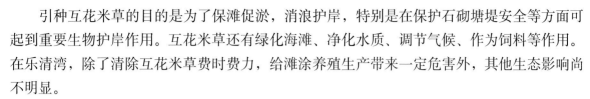

引种互花米草的目的是为了保滩促淤，消浪护岸，特别是在保护石砌塘堤安全等方面可起到重要生物护岸作用。互花米草还有绿化海滩、净化水质、调节气候、作为饲料等作用。在乐清湾，除了清除互花米草费时费力，给滩涂养殖生产带来一定危害外，其他生态影响尚不明显。

有些生态学家认为，"世界上并没有有害的植物，只有长错地方的植物。"互花米草亦不例外。为顺应当地互花米草分布的现实，可考虑发展利用互花米草资源的新兴产业，将互花米草作为再生资源加以科学利用，同时控制其蔓延造成危害。

第六节 大亚湾

一、生境条件

（一）区域环境特征

1. 自然环境

大亚湾位于南海北部广东省南部沿海，西南邻香港，西邻大鹏湾，东接红海湾。大亚湾为半封闭沉降山地溺谷型海湾，三面山岭环抱，北枕铁炉嶂山脉，东倚平海半岛，西依大鹏半岛，西南有沱泞列岛为屏障，十分隐蔽。大亚湾是广东省最大的半封闭型海湾，岸线曲折，长约 150 km；多为基岩海岸，海滩狭窄；湾内拥有大小岛屿 100 多个。大亚湾湾口朝南，口宽 15 km，腹宽 13.5～25 km，纵深 26 km，面积 516 km²。水下浅滩是大亚湾海底的主要堆积地貌类型，平均水深 11 m。

大亚湾海域位于北回归线以南，属南亚热带季风气候，具有明显的海洋性气候特点。多年平均气温 22.7℃。7 月最热，多年月平均气温 28.3℃；1 月最冷，多年月平均气温 13.8℃；累年极端最高气温 38.3℃，极端最低气温 0.3℃。海域风向、风速的季节变化比较明显，尤以湾口更甚。湾口冬、春季（11 月至翌年 5 月）以东北东风为主，夏季（6—8 月）以西南偏南风为主，秋季（9—10 月）以东风为主。潮流性质属于不正规半日潮流。局部呈正规日潮流或正规半日潮流。大亚湾海域潮流最大流速较小，一般表层大于底层，最大潮差为 2.34 m，平均潮差为 0.85 m。

大亚湾海水盐度稳定，生态环境优良，海洋生物多样性高，水产资源种类繁多，是南海水产资源的种质资源库，也是多种珍稀物种的集中分布区和水产增养殖基地。大亚湾拥有鱼类 400 余种、贝类 200 多种、甲壳类 100 多种、棘皮类 60 余种和藻类 30 多种，是我国唯一的真鲷鱼类的天然繁育场，是多种鲷科鱼类、石斑鱼类、龙虾、鲍鱼等名贵种类的幼体密集分布区。

大亚湾海域及周边地区分属于深圳和惠州两市，是广东省石油化工工业、港口航运业、海水养殖业和旅游业比较发达地区。在广东海洋功能区划（2011—2020 年）中，大亚湾主要功能为海洋保护、港口航运、旅游娱乐和农渔业。大亚湾现建有惠东港口海龟国家级海洋自然保护区和大亚湾省级水产资源自然保护区，重点保护海龟及其栖息地、马氏珍珠贝、红树林和珊瑚礁等。

2.监测范围及内容

大亚湾生态监控区的范围包括大亚湾及其毗邻海域，监测站位的地理坐标为22°31′59.9″—22°45′39.7″N，114°32′31″—114°52′13.7″E（图5-81）。

为查明本海域生态环境状况及其变化趋势，在以往调查的基础之上，2005—2010年每年监测一次（8月），海水环境和生物群落监测共设27个站位。海水环境监测项目包括盐度、pH、叶绿素a、溶解氧、悬浮物、无机氮、磷酸盐、化学需氧量、石油类9项；生物群落监测项目包括浮游植物、浮游动物、浅海底栖生物、潮间带底栖生物、鱼卵和仔稚鱼。沉积物质量监测与海水环境监测同步进行，在海水环境站位中均匀选取18个站位，监测项目包括有机碳、硫化物、石油类、总汞、铅、镉、锌、砷8项。生物质量监测每年监测一次（8月），监测项目包括石油烃、总汞、砷、镉、铅、六六六、滴滴涕、多氯联苯、多环芳烃9项。

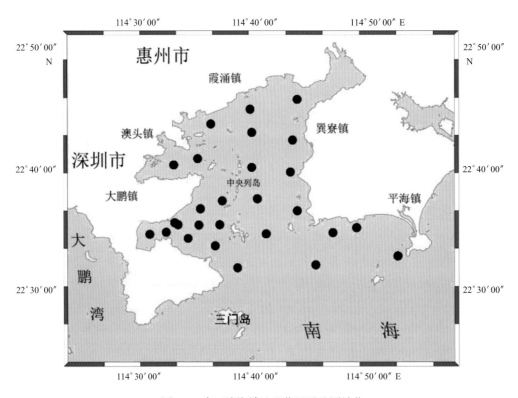

图5-81 大亚湾海域地理位置及监测站位

（二）海水环境

1.2010年监测结果

大亚湾海域海水主要环境要素监测结果见表5-23。

表5-23 2010年大亚湾海域海水主要环境要素监测结果

项目	水层	测值范围	平均值
盐度	表层	24.326 ~ 33.052	30.777
	底层	30.714 ~ 34.318	32.115
pH	表层	8.08 ~ 8.28	8.20
	底层	7.79 ~ 8.37	8.04
叶绿素 a（μg/L）	表层	0.98 ~ 8.94	2.57
	底层	0.86 ~ 6.95	2.34
溶解氧（mg/L）	表层	4.05 ~ 7.36	6.27
	底层	1.48 ~ 6.35	4.30
悬浮物（mg/L）	表层	1 ~ 13.2	3.67
	底层	1.3 ~ 67	9.33
无机氮（mg/L）	表层	0.02 ~ 0.199	0.098 9
	底层	0.013 5 ~ 0.143 8	0.05
磷酸盐（mg/L）	表层	0.001 1 ~ 0.009 4	0.002 8
	底层	0.001 3 ~ 0.025 7	0.007 1
化学需氧量（mg/L）	表层	0.30 ~ 1.58	0.77
	底层	0.24 ~ 1.56	0.66
石油类（mg/L）	表层	0.022 ~ 0.048	0.031 6
	底层	0.013 ~ 0.035	0.019 5

（1）盐度

表层盐度变化范围为 24.326 ~ 33.052，平均值为 30.777；大亚湾表层盐度平面分布在湾内湾口基本一致，呈均匀分布。底层盐度变化范围为 30.714 ~ 34.318，平均值为 32.115；底层盐度平面分布明显由湾口向湾内递减。

（2）pH

表层海水 pH 变化范围为 8.08 ~ 8.28，平均值为 8.20；100% 站位含量符合一类海水水质标准。底层海水 pH 变化范围为 7.79 ~ 8.37，平均值为 8.04；所有监测站位 pH 均符合一类海水水质标准。pH 平面分布湾口高于湾内。

（3）叶绿素 a

表层叶绿素 a 含量变化范围为 0.98 ~ 8.94 μg/L，平均值为 2.57 μg/L。底层叶绿素 a 含量变化范围为 0.86 ~ 6.95 μg/L，平均值为 2.34 μg/L。叶绿素 a 的平面分布湾口高于湾内。

（4）溶解氧

表层海水溶解氧含量变化范围为 4.05～7.36 mg/L，平均值为 6.27 mg/L；81.48%站位符合一类海水水质标准；11.1%站位符合二类海水水质标准；7.4%站位符合三类海水水质标准；表层溶解氧平面分布较均匀。底层溶解氧含量在 1.48～6.35 mg/L 之间，平均值为 4.30 mg/L；22.2%站位符合一类海水水质标准，22.2%站位符合二类海水水质标准，18.5%站位符合三类海水水质标准，7.4%站位符合四类海水水质标准，29.6%站位符合劣四类海水水质标准；底层溶解氧由大亚湾内向湾口逐渐下降，以南部湾口较低。

（5）悬浮物

表层悬浮物含量变化范围为 1～13.2 mg/L，平均值为 3.67 mg/L；悬浮物由湾内向湾口逐渐降低。底层悬浮物含量变化范围为 1.3～67 mg/L，平均值为 9.33 mg/L；悬浮物湾内浓度低于湾口。

（6）无机氮

表层无机氮含量变化范围为 0.02～0.199 mg/L，平均值为 0.098 9 mg/L；底层无机氮含量变化范围为 0.013 5～0.143 8 mg/L，平均为 0.05 mg/L；全部测值含量符合一类海水水质标准；无机氮浓度由湾内向湾口逐渐降低。

（7）磷酸盐

表层磷酸盐含量变化范围为 0.001 1～0.009 4 mg/L，平均值为 0.002 8 mg/L；全部站位符合一类海水水质标准；磷酸盐浓度由湾内向湾口逐渐下降。底层磷酸盐含量变化范围为 0.001 3～0.025 7 mg/L，平均值为 0.007 1 mg/L；92.3%站位符合一类海水水质标准，7.69%站位符合二类海水水质标准；磷酸盐浓度湾内高于湾口。

（8）化学需氧量

表层化学需氧量变化范围为 0.30～1.58 mg/L，平均值为 0.77 mg/L；化学需氧量的平面分布湾内低于湾口。底层化学需氧量含量变化范围为 0.24～1.56 mg/L，平均值为 0.66 mg/L；全部站位符合一类海水水质标准；化学需氧量湾内低于湾口。

（9）石油类

表层石油类含量变化范围为 0.022～0.048 mg/L，平均值为 0.031 6 mg/L。底层石油类含量变化范围为 0.013～0.035 mg/L，平均浓度为 0.019 5 mg/L；全部站位符合一类海水水质标准。

2. 2005－2010年变化趋势

6 年间，大亚湾海域海水主要环境要素的年际变化见图 5-82。

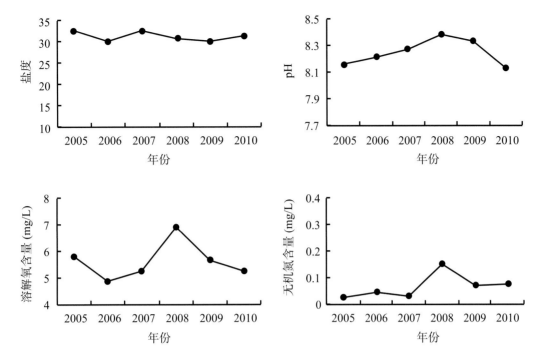

图5-82 2005—2010年大亚湾海域海水主要环境要素的年际变化

6年间，大亚湾海域海水环境状况较好。大亚湾海域表层海水的盐度、叶绿素a呈下降趋势，溶解氧、pH、悬浮物、无机氮、磷酸盐年均浓度均保持相对稳定；底层海水的盐度、叶绿素a呈下降趋势，悬浮物呈上升趋势，溶解氧、pH、无机氮、磷酸盐年均浓度均保持相对稳定。

（三）沉积物质量

1. 2010年监测结果

大亚湾海域沉积物质量监测结果见表5-24。由表5-24可知，所有指标测值均符合一类海洋沉积物质量标准，表明该海域沉积物质量状况总体良好。

表5-24 2010年大亚湾海域沉积物质量指标监测结果

项目	测值范围	平均值
有机碳（$\times 10^{-2}$）	0.48 ~ 1.41	0.825
硫化物（$\times 10^{-6}$）	44 ~ 240	107.7
石油类（$\times 10^{-6}$）	26.1 ~ 406	94.03
总汞（$\times 10^{-6}$）	0.016 ~ 0.079	0.045
铅（$\times 10^{-6}$）	10.6 ~ 20.3	14.3
镉（$\times 10^{-6}$）	0.02 ~ 0.08	0.04
锌（$\times 10^{-6}$）	25.2 ~ 49.5	36.36
砷（$\times 10^{-6}$）	6.2 ~ 12.8	9.12

2. 2005—2010年变化趋势

6年间，大亚湾海域沉积物有机碳和硫化物含量的年际变化见图5-83。大亚湾海域沉积物中有机碳年均含量呈下降趋势，硫化物年均含量呈上升趋势。各监测年份有机碳和硫化物所有测值均符合一类海洋沉积物质量标准，沉积物质量一直良好。

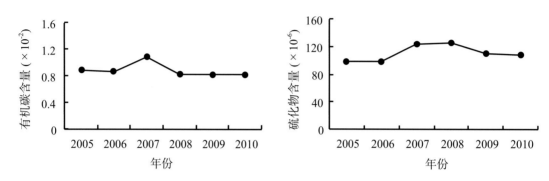

图5-83 2005—2010年大亚湾海域沉积物有机碳和硫化物含量的年际变化

（四）生物质量

1. 2008年监测结果

大亚湾海域生物质量监测结果见表5-25。从表5-25可知，仅六六六含量全部站位符合一类海洋生物质量标准外，其他指标均有超出一类海洋生物质量标准站位。石油烃含量有22.2%测站达到二类海洋生物质量标准，5.56%测站达到三类海洋生物质量标准。总汞含量5.56%测站达到二类海洋生物质量标准。砷含量有33.3%测站达到二类海洋生物质量标准。镉含量有16.67%测站达到二类海洋生物质量标准。铅含量有66.7%测站达到二类海洋生物质量标准，有33.3%测站达到三类海洋生物质量标准。滴滴涕含量有11.1%测站达到二类海洋生物质量标准。

表5-25 2008年大亚湾海域生物质量主要指标监测结果

项目	测值范围	平均值
石油烃（$\times 10^{-6}$）	1.01 ～ 59.5	12.64
总汞（$\times 10^{-6}$）	0.012 ～ 0.146	0.03
砷（$\times 10^{-6}$）	0.37 ～ 2.4	1.03
镉（$\times 10^{-6}$）	未检出 ～ 0.68	0.15
铅（$\times 10^{-6}$）	0.4 ～ 3.1	1.75
六六六（$\times 10^{-6}$）	未检出 ～ 0.008	0.004 9
滴滴涕（$\times 10^{-6}$）	0.006 9 ～ 0.126	0.05
多氯联苯（$\times 10^{-6}$）	0.003 14 ～ 0.011 9	0.006 4
多环芳烃（$\times 10^{-6}$）	未检出 ～ 0.088 9	0.039 66

2. 2005—2008年变化趋势

4年间，大亚湾海域生物质量总体较差（表5-26）。石油烃、砷、镉、六六六和滴滴涕年均含量均呈增加趋势，石油烃、砷、镉和滴滴涕含量均从符合一类海洋生物质量标准升高至二类海洋生物质量，2008年达到最高值；唯有六六六一直符合一类海洋生物质量标准。总汞含量呈降低趋势，铅含量呈波动状态，4年间呈降低—升高—降低状态，2007年达到最高值，达到三类海洋生物质量标准；多氯联苯呈现先升高后降低趋势，2006年达到最高值。

表5-26　2005—2008年大亚湾口海域生物质量主要指标的年际变化

年份	石油烃（×10⁻⁶）	总汞（×10⁻⁶）	砷（×10⁻⁶）	镉（×10⁻⁶）	铅（×10⁻⁶）	六六六（×10⁻⁶）	滴滴涕（×10⁻⁶）	多氯联苯（×10⁻⁶）
2005	4.880	0.032 5	0.75	0.095	2.6	0.001 9	0.007 6	0.008 45
2006	10.555	0.006 5	0.85	0.190	1.3	未检出	未检出	0.660 00
2007	8.035	0.011 5	0.80	0.180	5.4	0.000 2	0.001 6	0.000 40
2008	27.402	0.025 0	1.43	0.250	1.9	0.004 0	0.062 0	0.008 22

二、生物群落

（一）浮游植物

1. 2010年监测结果

（1）种类组成

本海域共鉴定出2大类22属69种。其中，硅藻17属51种，甲藻5属18种。

（2）密度和优势种类

浮游植物密度波动范围为11×10⁴ ~ 13 100 ×10⁴cell/m³，平均值为1 198×10⁴cell/m³。硅藻占绝对优势，赤潮生物较多。浮游植物密度平面分布为湾内较湾外高（图5-84）。主要优势种（属）为中肋骨条藻和菱形海线藻，优势度分别为0.53和0.02。

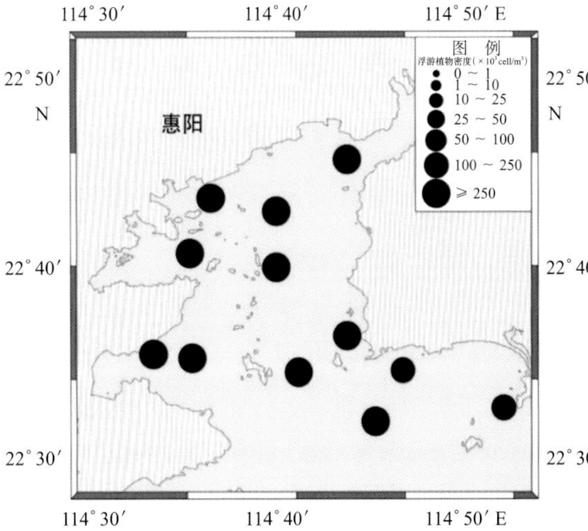

2. 2005—2010年变化趋势

（1）种类组成

6年间，共鉴定出浮游植物152种。其中，硅藻120种，甲藻27种，其他5种。浮游植物种类数呈波动趋势（图5-85），种类数波动范围为49~87种，最小值出现在2006年，最大值出现在2008年。

图5-84　2010年大亚湾海域浮游植物密度平面分布

（2）密度和优势种类

浮游植物密度年均值的变化范围为 $72 \times 10^4 \sim 11\ 823 \times 10^4\ cell/m^3$，平均值为 $2\ 986.5 \times 10^4\ cell/m^3$。最大值出现在 2008 年，最小值出现在 2007 年。6 年间浮游植物密度年均值呈波动状态（图 5-85）。第一优势种依次分别为细长翼根管藻、中肋骨条藻、柔弱菱形藻、柔弱菱形藻、柔弱菱形藻、柔弱菱形藻。

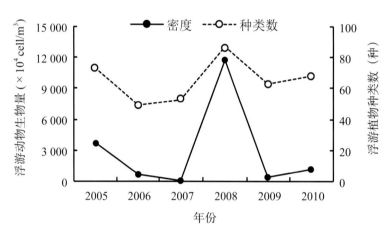

图5-85 2005—2010年大亚湾海域浮游植物密度和种类数的年际变化

（二）浮游动物

1. 2010年监测结果

（1）种类组成

本海域共鉴定出浮游动物 13 类 114 种和浮游幼虫（体）4 大类（不含鱼卵和仔稚鱼）。其中，桡足类 51 种，水母类 24 种（水螅水母 13 种，管水母 10 种，栉水母 1 种），被囊类 6 种，介形类、端足类和毛颚类各 5 种，磷虾类 4 种，翼足类和莹虾类各 3 种，异足类、枝角类和原生动物各 2 种，糠虾类 1 种。

（2）密度和优势种类

浮游动物密度变化范围为 274 ~ 6 228 ind./m³，平均密度为 1 694 ind./m³。平面分布为湾内西部低、东部高，由湾内向湾外逐渐升高（图 5-86）。主要优势种为小拟哲水蚤、锥形宽水蚤和小齿海樽等，其优势度分别为 0.17、0.13 和 0.08。

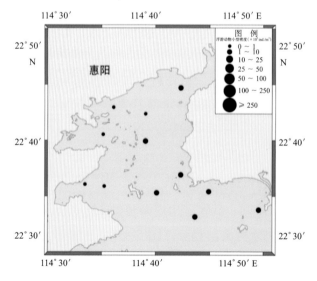

图5-86 2010年大亚湾海域浮游动物密度平面分布

（3）生物量

浮游动物生物量变化范围为 10~458 mg/m³，平均生物量为 124 mg/m³。其中，生物量高值区位于湾口东侧，低值区位于湾中部（图 5-87）。

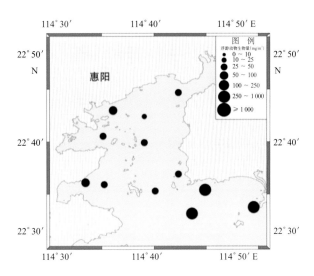

图5-87　2010年大亚湾海域浮游动物生物量平面分布

2. 2005—2010年变化趋势

（1）种类组成

6 年间，共鉴定出浮游动物 13 类 226 种和 8 大类浮游幼虫（体）（不含鱼卵和仔稚鱼）。其中，桡足类 116 种，水母类 43 种（水螅水母 28 种，管水母 14 种，栉水母 1 种），被囊类 15 种，端足类 12 种，毛颚类 10 种，介形类 9 种，磷虾类 7 种，原生动物、翼足类和十足类各 3 种，异足类和枝角类各 2 种，糠虾类 1 种。

（2）密度和优势种类

6 年间（缺 2005 年资料），浮游动物密度年均值变化范围为 1 261~11 819 ind./m³，平均值为 5 679 ind./m³。浮游动物密度呈波动变化，2007 年和 2010 年密度较低，2006 年和 2008 年较高（图 5-88）。

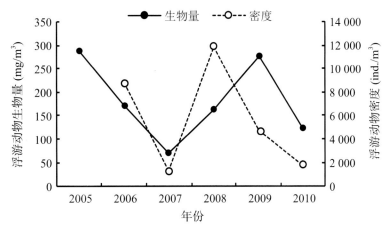

图5-88　2005—2010年大亚湾海域浮游动物密度和生物量的年际变化

2005—2010 年第一优势种依次为鸟喙尖头溞、强额拟哲水蚤、挪威小毛猛水蚤、鸟喙尖头溞、强额拟哲水蚤、小拟哲水蚤。

（3）生物量

6 年间，浮游动物生物量年均值变化范围为 70～287 mg/m³，平均值为 182 mg/m³。浮游动物生物量年均值呈波动变化，2005 年和 2009 年生物量较高，2007 年生物量较低（图 5-88）。

（三）浅海底栖生物

1. 2010年监测结果

（1）种类组成

本海域共鉴定出浅海底栖生物 203 种。其中，软体动物 60 种，环节动物 57 种，节肢动物 46 种，脊索动物 23 种，腔肠动物 7 种，棘皮动物 6 种，其他类 4 种。主要种类有花冈钩毛虫、杰氏内卷齿蚕、鳞片帝汶蛤、毛头梨体星虫、纽虫、奇异稚齿虫和中蚓虫等。

（2）密度和优势种类

本海域浅海底栖生物密度变化范围为 33～199 ind./m²，平均值为 113.17 ind./m²。北部海区密度较高，东南部海区较低（图 5-89）。各站位密度优势种主要为棒槌螺、红带织纹螺、泥蚶、彩虹明樱蛤，各优势种在其站位所占比例为 47%～93%。

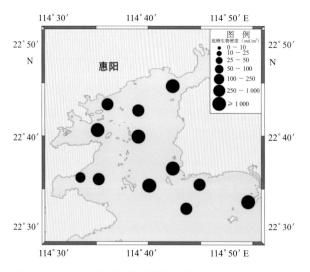

图5-89 2010年大亚湾海域浅海底栖生物密度平面分布

（3）生物量和优势种类

本海域浅海底栖生物生物量变化范围为 2.78～106.12 g/m²，平均值为 44.78 g/m²，生物量总体较低，湾内高湾外低（图 5-90）。各站位生物量优势种主要为圆筒原盒螺、滩栖阳遂足、棘刺锚参、泥蚶、红带织纹螺，各优势种在其站位所占比例在 22.1%～96.7% 之间。

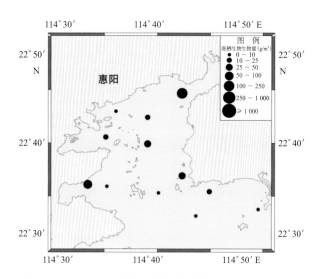

图5-90 2010年大亚湾海域浅海底栖生物生物量平面分布

2. 2005－2010年变化趋势

（1）种类数

6年间，全海域浅海底栖生物种类的年际变化范围为123～203种，2010年最高，2007年和2009年最低，各站位平均种类数的年际变化范围为3～19种，2010年最高，2005年最低。

（2）密度和优势种类

6年间，浅海底栖生物密度的年均值变化范围在21.82～1 078.75 ind./m² 之间，平均值为357.80 ind./m²，总体呈上升趋势（图5-91）。每年的最高密度优势种依次主要为鳞片帝汶蛤、鳞片帝汶蛤、鳞片帝汶蛤、光滑倍棘蛇尾、鳞片帝汶蛤、鳞片帝汶蛤。

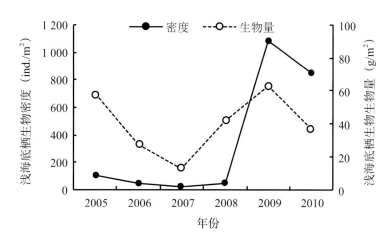

图5-91 2005—2010年大亚湾海域浅海底栖生物密度和生物量的年际变化

（3）生物量和优势种类

6年间，浅海底栖生物生物量年均值变化范围为12.53～62.72 g/m²，平均值为39.68 g/m²，呈波动状态（图5-91）。生物量优势种依次为鳞片帝汶蛤、鳞片帝汶蛤、棒锥螺、黑斑蠕鳞虫、短吻铲荚螠、短吻铲荚螠。

（四）潮间带底栖生物

1.2009年监测结果

（1）种类组成

本海域共鉴定出潮间带底栖生物132种。其中，软体动物74种，节肢动物33种，环节动物10种，棘皮动物6种，其他类生物9种。主要种类有粒花冠小月螺、粒结节滨螺、鳞笠藤壶、牡蛎、青蚶、日本花棘石鳖、僧帽牡蛎、塔结节滨螺、小相手蟹、中间拟滨螺等。

（2）密度和优势种类

本海域潮间带底栖生物密度变化范围为 210～1 214 ind./m²，平均值为 566.67 ind./m²，西部海区较高，东部海区较低，各潮带差别不大（图5-92）。各站位密度优势种主要为可变荔枝螺、牡蛎、黑凹螺、单齿螺、平轴螺、爪哇荔枝螺、结节滩栖螺、塔结节滨螺、小相手蟹，各优势种在其站位所占比例为 14.29%～79.21%。

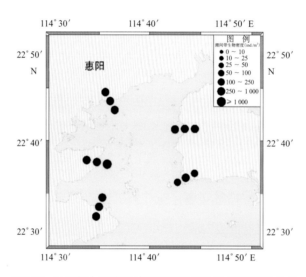

图5-92 2009年大亚湾海域潮间带底栖生物密度平面分布

（3）生物量和优势种类

潮间带底栖生物生物量变化范围为 65.1～1 744.4 g/m²，平均为 784.48 g/m²，西部海域较高，东部区较低，各潮带差别不大（图5-93）。各站位密度优势种分别为变化短齿蛤、鳞笠藤壶、僧帽牡蛎、黑凹螺、青蚶、结节滩栖螺和近江牡蛎，各优势种在其站位所占比例在 18.83%～65.87% 之间。

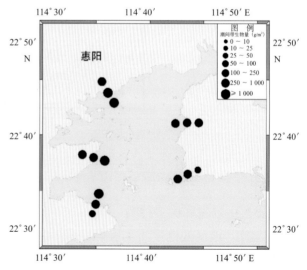

图5-93 2009年大亚湾海域潮间带底栖生物
生物量平面分布

2. 2005－2009年变化趋势

（1）种类数

5年间，潮间大型带底栖生物种类的年际变化范围为65～132种，2009年最高，2005年最低，总的趋势呈波动变化。

（2）密度和优势种类

5年间，潮间带底栖生物密度年均值变化范围为106.07～566.67 ind./m^2，平均值为313.14 ind./m^2，呈逐年升高趋势（图5-94）。5年内每年的最高密度优势种依次为烧酒海蜷、古氏滩栖螺、粒屋顶螺、平轴螺、结节滩栖螺。

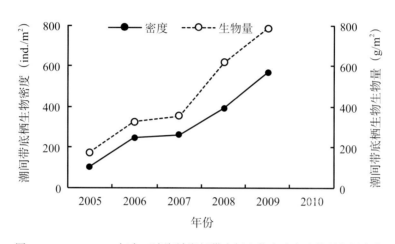

图5-94　2005－2009年大亚湾海域潮间带底栖生物密度和生物量年际变化

（3）生物量和优势种类

5年间，潮间带底栖生物年均生物量变化范围为176.59～784.48 g/m^2，平均值为450.74 g/m^2，呈逐年升高趋势（图5-94）。5年内每年的最高生物量优势种依次为尖峰蛤、凸加夫蛤、疣荔枝螺、凸壳肌蛤、结节滩栖螺。

（五）鱼卵与仔稚鱼

2010年8月在大亚湾海域10个鱼卵和仔稚鱼监测站位采集结果如下。

1. 鱼卵

在10个站位获得鱼卵，共7种，分别为康氏小公鱼、中华小公鱼、小沙丁鱼属、鲾属、鲹属、石首鱼科、舌鳎科的鱼卵。各站位鱼卵密度为0.56～11.25 ind./m^3，平均值为4.10 ind./m^3。

2. 仔稚鱼

在7个站位获得仔稚鱼，共12种，分别为黄姑鱼、眶棘双边鱼、跳岩鳚、银腰犀鳕、白姑鱼、康氏小公鱼、中华小公鱼、鲾属、小沙丁鱼属、石斑鱼属、舌鳎科、虾虎鱼科的仔稚鱼。各站位仔稚鱼密度为0.56～4 ind./m^3，平均值为1.57 ind./m^3。

三、生态健康状况

采用国家海洋局颁布的《近岸海洋环境生态健康评价指南》（HY/T 087－2005）海湾生态环境评价方法进行评价，大亚湾海域的生态环境健康状况评价结果如下。

（一）2010年生态健康状况

2010年大亚湾海域的水环境指数为14.7；沉积环境指数为10；生物质量指数为8；栖息地指数为6.7；生物群落指数为13.3（图5-95）。生态环境健康指数为52.7，属于亚健康状态。

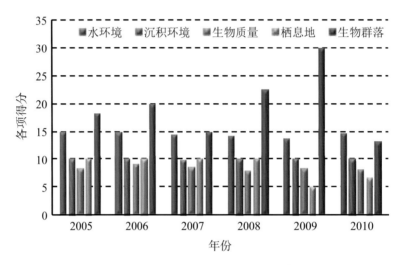

图5-95　2005－2010年大亚湾海域各项生态健康指标的年际变化

（二）生态健康变化趋势

2005－2010年，大亚湾海域生态环境健康状况的年际变化见图5-96。6年来大亚湾生态环境总体处于亚健康状态，且年际变化不明显。生态环境健康指数2010年最低，2009年最高。

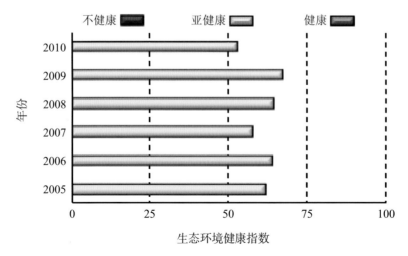

图5-96　2005－2010年大亚湾海域生态健康指数的年际变化

四、主要生态问题

（一）围填海开发，沿岸栖息地大面积丧失

大亚湾海岸线漫长，岛屿众多，海域广阔。近二三十年来，大亚湾周边地区一直处于大规模的开发建设之中，围海造地、海水养殖、码头建设占用了大量的海岸线和海涂资源，已有约 70% 的海岸线遭到了破坏，其中约 8% 完全改变了自然属性。例如，大亚湾北部的中海壳牌化工基地填海面积达 6.58 km²，占用了大片浅海沙砾滩，不但造成了该地底栖生物的灭绝，且由于所围筑的海堤向海延伸了近 1 km，对近海潮流场也造成一定影响。又如，大鹏半岛惠州港区的扩建及中央列岛中马鞭洲岛的全面开发，使整个大鹏半岛和马鞭洲岛自然岸线几乎全部被破坏。此外，大亚湾大部分滩涂和浅海，如范和港、坪峙、衙前、东升、巽寮、东山、平海、港口及大鹏半岛沿岸等地也都被开辟为养殖场或增养殖区，明显增加了大亚湾生态环境的压力。

（二）温排水大量排放，海水余氯增加及升温明显

在大亚湾地区，迄今已建成滨海火电厂 1 座，核电站 2 座。大型热（核）电厂通常都采用海水作为直流冷却水。冷却系统的温排水对周围生态系统的影响有两个方面：① 温排水导致的周边海域表层水温升高；② 排水中的余氯直接对海洋生物造成的生理影响。

一般地说，电厂的冷却水用量可高达 108 m³/s，大量的温排水导致排水口附近表层海水温度明显上升。在热排口附近局部海域往往可形成温度层化，表、底层海水的垂直对流减弱，进而形成温跃层，阻碍表、底层海水间溶解氧与营养盐的交换，影响海域的正常物质循环和能量流动。

电厂通常采用低浓度连续通氯（或间歇加氯）的方法来防治污损生物在管道中的附着，但有时效果不佳。因此，电厂有时会采用高剂量加氯浓度来灭杀冷却系统中的软体动物，加氯浓度可达到 3～5 mg/L，甚至可高达 10 mg/L。实验证明，加氯处理、暴露时间、加氯和温升间的交互作用等，对浮游植物细胞活性和海水中的叶绿素 a 浓度有显著影响，有时也可影响到浮游动物及其他生态类群中的一些敏感性种类。

第六章 其他类型海域生态状况

第一节 苏北浅滩海域

一、生境条件

（一）区域自然特征

1. 自然环境

苏北浅滩系指南起南通启东北至盐城射阳之间的全部滩涂湿地，是亚洲最大的淤泥质海岸滩涂湿地，包括南通、盐城两市，启东、海门、通州、如东、海安、东台、大丰、射阳8县（市），海岸线总长 696 km，滩涂及其辐射沙洲面积达 72×10^4 hm²。

苏北浅滩潮汐以半日潮为主，涨落潮历时几乎相等，平均潮差较大，平均高潮位 2.95 m，平均低潮位 -1.75 m，平均潮差 4.7 m，小洋口最大潮差达 6.68 m，平均高潮间隙为 12.8 h 左右。

苏北浅滩主要是由海洋潮汐流多年涨落潮泥沙淤积而成。海岸类型为粉砂淤泥质海岸，其表层主要为粉质黏土和粉土，深部以粉砂和细砂为主，岸线长度占江苏省岸线总长度的90.5%。滩阔坡缓，宽 10 km 以上，坡度约为 2‰。目前浅滩仍以 30 m/a 的速度外移。盐城射阳河口以南分布有辐射状沙脊群，面积超过 13×10^4 hm²。本区粉砂淤泥质潮滩是我国最宽广的潮滩，平均滩宽为 4～5 km，最宽处是被渔民们称之为"条子泥"区域，可达 14 km。岸外辐射状沙脊是江苏海岸特有的地貌类型，大致以东台市弶港为顶点，10 条长条状的大型水下沙脊群向北、东北、东和东南呈辐射状分布，逐年淤长的潮滩资源是江苏省海洋资源的特色和优势之一。

苏北浅滩因辐射状沙脊的掩护，近海生物物种多样，渔业资源丰富，全国著名的吕四渔场即位于此处。主要捕捞种类有黄鲫、棘头梅童鱼、银鲳、刀鲚、小带鱼、大带鱼、大黄鱼、小黄鱼、鳓鱼、灰鲳、鱿鱼、海鳗、乌贼、章鱼、凤尾鱼、马鲛鱼、海蜇、葛氏长臂虾、鹰爪虾、毛虾、梭子蟹和青蟹等，其中鳗鱼苗捕捞量居全国首位。养殖种类有文蛤、青蛤、四角蛤蜊、竹蛏、泥螺、香螺、海葵、褶牡蛎、紫菜和红毛菜等。

2. 监测范围及内容

为查明本海域生态环境状况及其变化趋势，2004 年苏北浅滩海域被列入国家海洋局"全国近岸生态监控区"之一，监测范围包括苏北浅滩及其毗邻海域，监测站位地理坐标为 31°41′—34°03′N，120°29′—122°10′E（图6-1）。

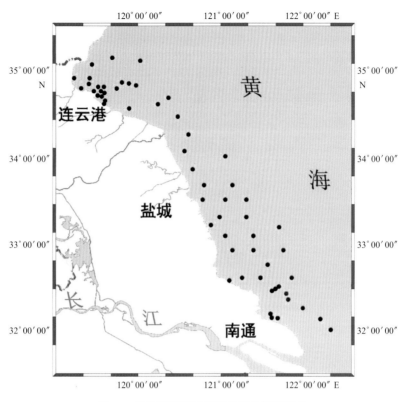

图6-1 苏北浅滩海域地理位置及监测站位

在以往调查的基础上，2005－2010年每年监测一次（8月），海水环境和生物群落监测共设37个站位。海水环境监测项目包括温度、盐度、pH、叶绿素a、悬浮物、溶解氧、化学需氧量、无机氮、磷酸盐、油类、铜、锌、铅、镉、铬、总汞、砷共17项；生物群落监测项目包括浮游植物、浮游动物和潮间带底栖生物。沉积物质量监测与海水环境监测同步进行，在海水环境站位中均匀选取10个站位，监测项目包括有机碳、硫化物、石油类、铜、锌、铅、镉、铬、总汞、砷10项（2009年之前仅监测有机碳和硫化物）。生物质量监测每年监测一次（8月），以文蛤作为检测样品，监测项目包括石油烃、总汞、砷、镉、铅、六六六、滴滴涕和多氯联苯共8项。

（二）海水环境

1.2010年监测结果

苏北浅滩海域海水主要环境要素监测结果见表6-1。

表6-1 2010年苏北浅滩海域海水主要环境要素监测结果

项目	测值范围	平均值
盐度	26.03～30.73	28.81
pH	7.91～8.10	8.02
叶绿素a（μg/L）	0.008～11.341	3.813
悬浮物（mg/L）	9～308	59
溶解氧（mg/L）	5.25～7.67	6.25

续 表

项目	测值范围	平均值
化学需氧量（mg/L）	0.26 ～ 1.92	0.94
无机氮（mg/L）	0.067 ～ 0.596	0.241
磷酸盐（mg/L）	0.004 ～ 0.065	0.021
石油类（mg/L）	0.003 5 ～ 0.023	0.009
铜（mg/L）	未检出 ～ 0.007 63	0.002 33
锌（mg/L）	未检出 ～ 0.048 00	0.012 79
铅（mg/L）	未检出 ～ 0.001 66	0.000 335
镉（mg/L）	未检出 ～ 0.000 29	0.000 039
铬（mg/L）	0.000 02 ～ 0.006 25	0.001 75
总汞（mg/L）	0.000 047 ～ 0.000 095	0.000 063
砷（mg/L）	0.001 2 ～ 0.002 036	0.001 119

（1）盐度

盐度变化范围在 26.03～30.73 之间，平均值为 28.81。南部海区盐度最低，中部海区最高；近岸海区低于远岸海区。

（2）pH

pH 变化范围在 7.91～8.10 之间，平均值为 8.02，中部海区 pH 最低，南部海区最高；近岸海区低于远岸海区。全部站位均符合一类海水水质标准。

（3）叶绿素 a

叶绿素 a 变化范围在 0.008～11.341 μg/L 之间，平均值为 3.813 μg/L。北部海区最高，南部海区最低；近岸海区低于远岸海区。

（4）悬浮物

悬浮物含量变化范围在 9～308 mg/L 之间，平均值为 59 mg/L，南部海区大于中部海区，北部海区最低；近岸海区高于远岸海区。

（5）溶解氧

溶解氧含量变化范围在 5.25～7.67 mg/L 之间，平均值为 6.25 mg/L，中部海区溶解氧最低，南部海区最高；近岸海区低于远岸海区。53.3% 的站位测值符合一类海水水质标准，46.7% 符合二类海水水质标准，符合二类海水水质标准的站位全部位于东、中部海区。

（6）化学需氧量

化学需氧量变化范围在 0.26～1.92 mg/L 之间，平均值为 0.94 mg/L，中部海区化学需氧量最低，南部海区最高；近岸海区高于远岸海区。全部站位均符合一类海水水质标准。

（7）无机氮

无机氮含量变化范围在 0.067～0.596 mg/L 之间，平均值为 0.241 mg/L，中部海区无机氮含量最低，北部海区最高；近岸海区高于远岸海区。全部测站中有 30% 站位达到二类海水水质标准；10% 站位达到三类海水水质标准；6.67% 站位达到四类海水水质标准；6.67% 站位超四类海水水质标准。

（8）磷酸盐

磷酸盐含量变化范围在 0.004～0.065 mg/L 之间，平均值为 0.021 mg/L，北部海区磷酸盐最低，南部海区最高；近岸海区高于远岸海区。全部测站中有 33.3% 站位达到二类、三类海水水质标准；13.3% 站位达到四类海水水质标准；10% 站位超四类海水水质标准。

（9）石油类

石油类含量变化范围在 0.003 5～0.023 mg/L 之间，平均值为 0.009 mg/L，中部海区石油类含量最低，西部海区最高；近岸海区低于远海海区。全部站位符合一类海水水质标准。

铜、锌、铅、镉、铬、总汞、砷全部站位均符合一类海水水质标准，中部海区最高，南部海区最低；近岸海区低于远岸海区。

2. 2005－2010年变化趋势

6 年间，苏北浅滩海域表层海水主要环境要素的年际变化见图 6-2。

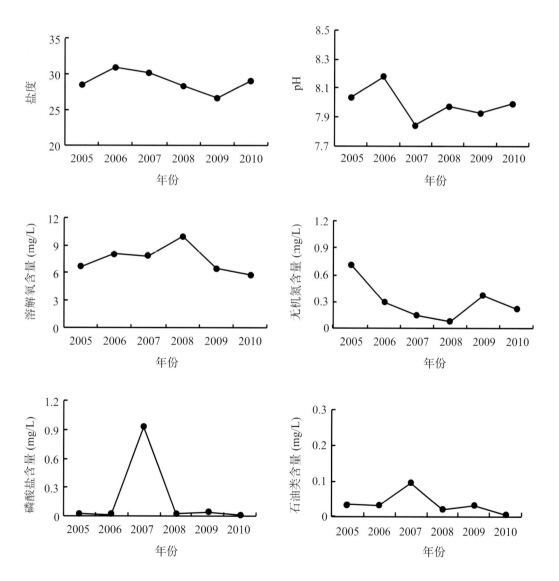

图6-2　2005—2010年苏北浅滩海域海水主要环境要素的年际变化

6年间，海水溶解氧年均含量都符合一类海水水质标准；无机氮年均含量于2005年为劣四类海水水质，此后年份在一类和二类海水水质之间波动；磷酸盐年均含量于2007年最高，为劣四类海水水质，其他年份均较低，均符合一类海水水质标准；石油类含量于2007年达到三类海水水质，但后期呈下降趋势。总体而言，6年来苏北浅滩海域海水水质污染程度呈减弱趋势。

（三）沉积物质量

1. 2010年监测结果

苏北浅滩海域沉积物质量监测结果见表6-2。由表6-2可知，沉积物质量测项中除镉外，其他测项均符合一类海洋沉积物质量标准，表明苏北浅滩海域沉积物质量较好。

表6-2 2010年苏北浅滩海域沉积物质量主要指标监测结果

项目	测值范围	平均值
有机碳（$\times 10^{-2}$）	0.051 ~ 0.510	0.257
硫化物（$\times 10^{-6}$）	0.000 ~ 46.800	6.524
石油类（$\times 10^{-6}$）	未检出 ~ 289.47	36.10
铜（$\times 10^{-6}$）	3.74 ~ 25.50	17.07
锌（$\times 10^{-6}$）	未检出 ~ 76.98	25.09
铅（$\times 10^{-6}$）	1.00 ~ 6.58	1.34
镉（$\times 10^{-6}$）	0.04 ~ 0.84	0.21
铬（$\times 10^{-6}$）	2.00 ~ 35.83	11.63
汞（$\times 10^{-6}$）	0.004 ~ 0.088	0.031
砷（$\times 10^{-6}$）	7.01 ~ 17.40	10.40

有机碳含量平面分布为北部海区高于南部海区，中部海区最低。硫化物含量平面分布为南部海区高于中部海区，北部海区最低。石油类含量平面分布为北部海区最高，中部海区最低。铜含量平面分布为南部海区高于北部海区，中部海区最低。锌含量平面分布为北部海区最高，中部海区最低。铅含量平面分布为中部海区高于南部海区，北部海区最低。镉含量20%站位达到二类海洋沉积物质量标准，平面分布为中部海区高于北部海区，南部海区最低。铬含量平面分布为中部海区最高，北部海区最低。汞含量平面分布为中部海区最高，南部海区最低。砷含量平面分布为北部海区最高，南部海区最低。

2. 2005—2010年变化趋势

6年间，苏北浅滩海域沉积物有机碳和硫化物含量的年际变化见图6-3。由图6-3可知，沉积物中有机碳和硫化物含量均呈上升趋势，但均符合一类海洋沉积物质量标准，沉积物质量总体良好。

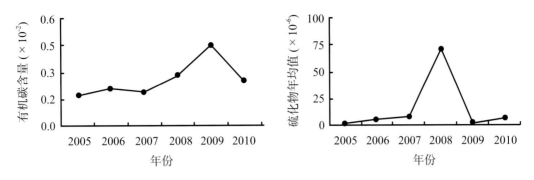

图6-3　2005－2010年苏北浅滩海域沉积物有机碳和硫化物含量的年际变化

（四）生物质量

1. 2010年监测结果

苏北浅滩海域生物质量监测结果见表6-3。全部测项中除铅外，其他测项均符合一类海洋生物质量标准，表明苏北浅滩海域生物质量较好。

表6-3　2010年苏北浅滩海域生物质量主要指标监测结果

项目	测值范围	平均值
石油烃（$\times 10^{-6}$）	0.583 ~ 0.626	0.609
总汞（$\times 10^{-6}$）	0.001 5 ~ 0.001 9	0.001 7
砷（$\times 10^{-6}$）	0.37 ~ 0.40	0.38
镉（$\times 10^{-6}$）	< 0.005	< 0.005
铅（$\times 10^{-6}$）	0.04 ~ 0.27	0.17
六六六（$\times 10^{-6}$）	未检出	未检出
滴滴涕（$\times 10^{-6}$）	未检出	未检出
多氯联苯（$\times 10^{-6}$）	未检出	未检出

2. 2005－2010年变化趋势

6年间，苏北浅滩海域生物质量主要指标的年际变化见表6-4。石油烃、总汞、镉含量呈下降趋势，砷含量基本稳定，铅含量呈上升趋势，六六六、滴滴涕、多氯联苯含量均比较低，生物质量状况总体良好。

表6-4　2005—2010年苏北浅滩海域生物质量主要指标的年际变化

年份	石油烃（×10⁻⁶）	总汞（×10⁻⁶）	砷（×10⁻⁶）	镉（×10⁻⁶）	铅（×10⁻⁶）	六六六（×10⁻⁶）	滴滴涕（×10⁻⁶）	多氯联苯（×10⁻⁶）
2005	20.7	0.1	0.4	0.8	未检出	未检出	未检出	未检出
2006	4.27	0.023 666 7	0.233 333 3	0.283 333 3	0.000 1	0.000 32	0.007 626 7	100
2007	3.18	0.007 5	0.485	0.049 5	未检出	未检出	未检出	未检出
2008	9.375	0.028 722	0.380 278	0.378 444	0.000 1	0.020 88	0.000 923	0.000 02
2009	—	—	—	—	—	—	—	—
2010	0.609	0.001 667	0.383 333	0.005	0.116 667	未检出	未检出	未检出

注："—"表示缺少监测数据。

二、生物群落

（一）浮游植物

1. 2010年监测结果

（1）种类组成

共鉴定出浮游植物36种。其中，硅藻32种，甲藻4种。

（2）密度和优势种

浮游植物密度波动范围在 $666.7×10^4 \sim 2\,021.5×10^4\,cell/m^3$ 之间，平均为 $1\,333.3×10^4\,cell/m^3$，平面分布较均匀（图6-4）。主要优势种为中肋骨条藻、琼氏圆筛藻等。

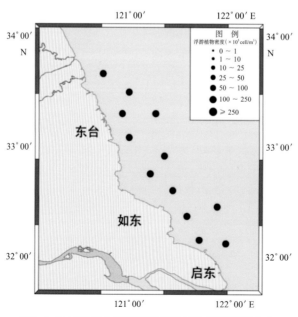

图6-4　2010年苏北浅滩海域浮游植物密度平面分布

2. 2005—2010年变化趋势

（1）种类组成

6年间，共鉴定出浮游植物160种。其中，硅藻126种，甲藻25种，其他9种。6年间，浮游植物种类数呈下降趋势，种类数在36～96种之间，最小值出现在2010年，最大值出现在2006年（图6-5）。

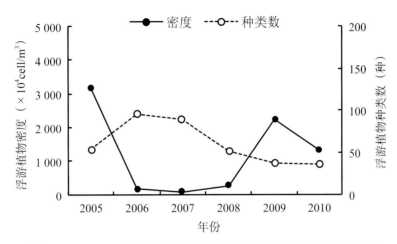

图6-5　2005—2010年苏北浅滩海域浮游植物密度和种类数的年际变化

（2）密度和优势种

6年间，浮游植物密度年均值在 $76.6 \times 10^4 \sim 31\,127.5 \times 10^4 \, cell/m^3$ 之间，平均值为 $1\,201.3 \times 10^4 \, cell/m^3$。最大值出现在2005年，最小值出现在2007年。2005—2010年，浮游植物密度呈波动状态（图6-5）。

2005—2010年第一优势种（属）依次为角毛藻、日本星杆藻、圆筛藻、偏心圆筛藻、中肋骨条藻、中肋骨条藻。

（二）浮游动物

1. 2010年监测结果

（1）种类组成

本海域共鉴定出浮游动物10类44种和浮游幼虫（体）9大类（不含鱼卵和仔稚鱼）。其中，桡足类14种，水母类13种（水螅水母9种、管水母和栉水母各2种），毛颚类和糠虾类各4种，枝角类3种，十足类2种，端足类、涟虫类、磷虾类和被囊类各1种。

（2）密度和优势种

浮游动物密度变化范围为 $177 \sim 5\,129 \, ind./m^3$，平均密度为 $1\,127 \, ind./m^3$。密度的平面分布较均匀（图6-6）。主要优势种为小拟哲水蚤等。

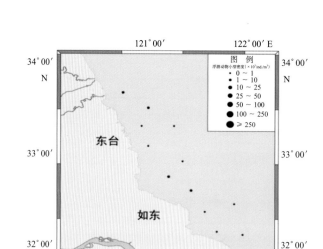

图6-6 2010年苏北浅滩海域浮游动物密度平面分布

（3）生物量

浮游动物生物量变化范围为94～1 320 mg/m³，平均生物量为315 mg/m³。南部区域生物量高于北部区域（图6-7）。

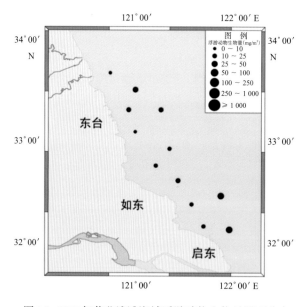

图6-7 2010年苏北浅滩海域浮游动物生物量平面分布

2. 2005－2010年变化趋势

（1）种类组成

6年间，共鉴定出浮游动物13类100种和15大类浮游幼虫（体）（不含鱼卵和仔稚鱼）。其中，桡足类33种，水母类28种（水螅水母20种、管水母5种、栉水母3种），毛颚类9种，糠虾类和十足类各5种，被囊类4种，磷虾类、端足类和翼足类各3种，枝角类、多毛类和涟虫类各2种，原生动物1种。

（2）密度和优势种

6 年间，浮游动物密度年均值变化范围为 1 127～3 440 ind./m³，平均值为 1 951 ind./m³。浮游动物密度呈波动变化，2005－2009 年间浮游动物总体略呈下降趋势，2006 年密度最高，2010 年密度最低（图6-8）。密度优势种类年间差异不大，第一优势种均为小拟哲水蚤。

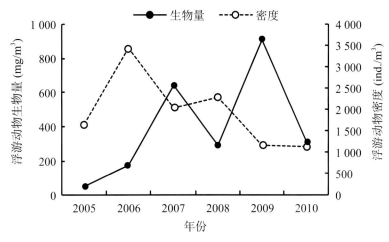

图6-8　2005—2010年苏北浅滩海域浮游动物密度和生物量年际变化

（3）生物量

6 年间，浮游动物生物量年均值变化范围为 50～909 mg/m³，平均值为 397 mg/m³。浮游动物平均生物量呈波动上升，最大值出现在 2009 年，最小值出现在 2005 年（图6-8）。

（三）潮间带底栖生物

1. 2010年监测结果

（1）种类数

共鉴定出潮间带底栖生物 62 种。其中，环节动物 35 种，软体动物 17 种，甲壳动物 5 种，脊索动物 2 种，螠虫动物、纽形动物和腕足动物各 1 种。主要种类有彩虹明樱蛤、泥螺、日本索沙蚕、异足索沙蚕等。

（2）密度和优势种

潮间带底栖生物密度在 20～584 ind./m² 之间，平均值为 134.22 ind./m²。南部海区较高，北海区较低，中潮带较高，高潮带较低（图6-9）。各站位密度优势种类主要为光滑河篮蛤、纵肋织纹螺、燐虫、文蛤、泥螺等，各优势种在其站位所占比例为 47%～93%。

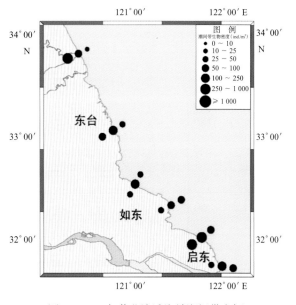

图6-9　2010年苏北浅滩海域潮间带底栖生物密度平面分布

（3）生物量和优势种

本海域潮间带底栖生物生物量在 0.22～396.40 g/m² 之间，平均值为 90.49 g/m²，南部海区较高，北海区较低，中潮带较高，高潮带较低（图6-10）。各站位生物量优势种类主要为异足索沙蚕、文蛤、泥螺、四角蛤蜊、燐虫等，各优势种在其站位所占比例为 33%～90%。

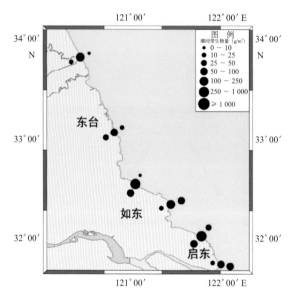

图6-10　2010年苏北浅滩海域潮间带底栖生物生物量平面分布

2. 2005－2009年变化趋势

（1）种类组成

5年间，潮间带底栖生物种类的年际变化范围为 31～61 种。2008 年最高，2005 年最低。

（2）密度和优势种

潮间带底栖生物密度年均值在 72～134 ind./m² 之间，平均值为 129.03 ind./m²，5 年间呈波动状态（图 6-11）。密度优势种类依次主要为黑荞麦蛤、彩虹明樱蛤、文蛤、文蛤、长吻沙蚕、光滑河篮蛤。

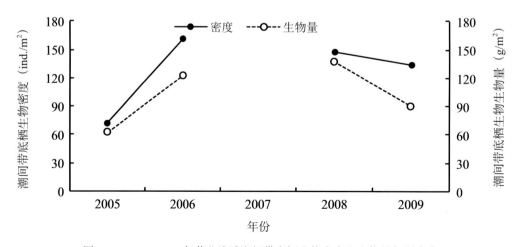

图6-11　2005－2009年苏北浅滩潮间带底栖生物密度和生物量年际变化

（3）生物量和优势种

潮间带底栖生物年均生物量在 $62.31\sim137.88$ g/m^2 之间，平均值为 103.26 g/m^2，5 年间呈波动状态（图 6-11）。生物量优势种类依次主要为黑荞麦蛤、异足索沙蚕、燐虫、文蛤、泥螺。

三、生态健康状况

采用国家海洋局颁布的《近岸海洋环境生态健康评价指南》（HY/T 087-2005）河口生态环境评价方法进行评价，苏北浅滩海域的生态环境健康状况如下。

（一）2010年生态健康状况

苏北浅滩海域的水环境指数为 13.2；沉积环境指数为 10；生物质量指数为 9.7；栖息地指数为 10；生物群落指数为 14.0（图 6-12）。生态环境健康指数为 56.9，属于亚健康状态。

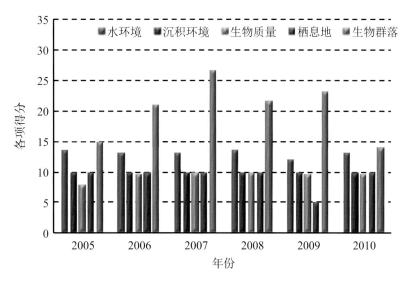

图6-12　2005—2010年 年苏北浅滩海域各项生态健康指标的年际变化

（二）2005—2010年生态健康状况变化趋势

6 年间，苏北浅滩海域健康指数变化范围为 $56.6\sim69.7$，其中，2005 年健康指数最低，2007 年健康指数最高，生态环境始终处于亚健康状态（图 6-13）。

6 年间，水环境状况一般，主要污染物为无机氮和磷酸盐，但呈波动下降趋势。2010 年 37 个站位中 6.65% 站位属于四类海水水质，6.65% 站位劣于四类海水水质标准限值；磷酸盐 13.3% 站位劣于三类海水水质标准限值，10.0% 站位为劣四类海水水质标准限值；石油类含量较 2009 年有大幅的下降；溶解氧、pH 值变化不明显。

沉积物环境质量总体较好，但硫化物的含量有明显的上升，已从 0.409×10^{-6} 增加到 5.872×10^{-6}，上升了 14.4 倍，有机碳从 0.173×10^{-2} 增加到 0.257×10^{-2}，上升了 1.5 倍。

生物质量良好，但生物（文蛤）体内重金属镉含量较高。

栖息地状况一般，每年都有近 2 000 hm² 滩涂被围垦，既占用了大量的滩面，又在某种程度上阻碍了潮流的畅通，加速了滩面的淤积，加剧了沉积环境恶化的风险。

生物群落状况较差，其中 2010 年最差。浮游植物浮游动物密度呈大幅下降趋势；虽然潮间带底栖生物密度与生物量有大幅上升，但经济种类的种类与密度自 2008 年逐年下降。

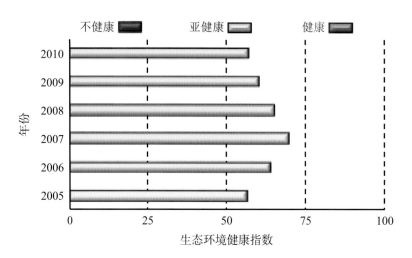

图6-13 2005－2010年苏北浅滩海域生态健康趋势变化

四、主要生态问题

（一）污染物入海量不断增加，近岸海域环境污染日趋严重

近几年来，江苏省化工企业逐渐向苏北浅滩沿海地区聚集，灌河北岸的灌南县堆沟化工园区现有化工企业 20 多家。响水、滨海化工园区也已初步建成。射阳黄沙港，大丰王港，如东和启东等地都建有类似的化工集聚区和工业园区等。由于这些企业废水的排放，对近岸海域环境造成巨大压力，近岸海域海水污染日趋加重。主要污染物有化学需氧量、氨氮、磷酸盐和重金属等。近年来，海水中无机氮、磷酸盐含量有所下降趋势，但化学需氧量、重金属含量呈上升趋势。

2005－2010 年沉积物质量虽然均为良好，但硫化物含量有明显的上升，已经从 0.409×10^{-6} 增加到 5.872×10^{-6}，上升了 14.4 倍，有机碳从 0.173×10^{-2} 增加到 0.257×10^{-2}，上升了 1.5 倍。随着大量滩涂和海域被开发利用，沉积物质量下降的风险将明显增加。

（二）围填海开发，天然滩涂湿地急剧缩减

自 20 世纪 80 年代以来，苏北地区沿海工业、港口经济、海滨旅游等海洋开发项目的迅速发展，人为干扰强度不断增大，每年有近 2 000 hm² 滩涂被围垦（表 6-5，表 6-6）。被誉为"江苏第一围"的匡围工程，是江苏省百万亩滩涂综合开发试验区建设的启动工程，规划将匡围面积约 27 000 hm²。滩涂围垦既彻底改变了滩涂的自然属性，完全破坏了潮间带滩涂的生态服务功能，又在某种程度上改变了海域的流速流向，改变原来的冲淤环境和温盐度分布，最终影响到海洋生物自然空间分布格局和产卵场、育幼场和索饵场的环境条件。

表6-5 1990年以来南通市沿海五县（市）围垦造田面积统计

年度	1990	1995	2000	2004	2005	2006	2008	2009	2010
围垦面积（hm²）	2887	153	87	9020	3320	1613	5013	6147	10 000

表 6-6 1986 年以来盐城市监控区所在三县（市）围垦造田面积统计

年度	1986—1990	1991—1995	1996—2000	2001—2004	2005	2006	2007	2008	2009	2010
围垦面积（hm²）	9867	1167	23 640	933	2667	2333	2667	3066	2667	2667

（三）渔业生产无序发展，生物多样性明显降低

苏北浅滩海域主要海洋功能区类型为养殖区。但由于近年来不科学的养殖和捕捞方式严重影响着海域的渔业资源。紫菜、文蛤等养殖业的无序发展，养殖面积逐年增加，养殖自身污染对滩涂生物资源的影响已越来越明显。养殖区内其他物种资源稀少，甚至绝迹。部分滩涂呈现沙漠化趋势。底栖生物的繁殖与发育受到明显的抑制。通过调查已知，潮间带底栖生物的密度与生物量从 2008 年明显下降，生物居多的中潮带底栖生物密度已从近 800 ind./m²，降至 2010 年的 204 ind./m²，生物量从 2008 年的近 300 g/m²，降至 2010 年的 200 g/m²。优质滩涂的拥有量正逐年减少，很多滩涂已不适合文蛤、泥螺等资源性生物的生存。在 2010 年潮间带底栖生物调查中，未见到本地原重要经济种类青蛤。

历史上，苏北浅滩的渔业资源十分丰富。自 20 世纪 70 年代开始，特别是近 10 年来，由于捕捞方式的不合理，自然苗种掠夺性的采捕使得资源量急剧减少。过去形成渔汛的大黄鱼、小黄鱼、鲳鱼、梭子蟹、日本对虾等已成稀有物种；自然生长的成品文蛤也在减少，逐渐被人工养殖成品文蛤所替代，被称之为"天下第一鲜"的文蛤品质不断下降；渔获种类简单化，个体小型化。

（四）生态灾害频发，生物群落结构发生变化

根据调查，2004—2009 年，苏北浅滩及毗邻海域大面积暴发文蛤病害，每平方米死亡率达 60% 以上，直接导致其自然产卵场大范围减少；自 2008 年以来，苏北浅滩南部海面年年出现浒苔暴发生长现象，在向北漂移过程中规模不断扩大，最后在青岛一带近岸海域和海岸堆积，严重影响青岛等地海域的环境质量和海岸景观，并影响那里的渔业生产、海上航运和滨海旅游；在生态事件频发的同时，海域生物群落结构也发生了明显改变，近 10 年来，浮游藻类中的绿藻和硅藻等比例下降，金藻、蓝藻等比例上升，裸甲藻等有害藻类频繁出现。

第二节　闽东近岸海域

一、生境条件

（一）区域自然特征

1.自然环境

闽东系指福建省东北部沿海地区，东临东海，南接福州，西连南平，北与浙江省温州市接壤。闽东近岸海域主要位于宁德市周边海域，包括闽浙交界至罗源湾之间的海域，即宁德市的蕉城区、福安市、霞浦县以及福鼎市的近岸海域及滩涂，海岸线长 878 km，总面积为 5 063 km²。本区山地直逼海岸，岸线迂回曲折，半岛众多而窄长。由半岛围成的大小港湾有数十个，且呈不规则的枝杈状。其中，以沙埕港、福宁湾港和三都澳港等最为著名；本区海域岛礁棋布，大小岛屿数百个，多为无居民岛。

本区地处中低纬度，受太阳辐射、山地地形及季风的影响强烈，春夏雨热同期，秋冬光温互利，光能充足，热量丰富，雨水充沛，四季分明，海洋性季风气候显著，属中亚热带海洋性季风气候。

本区沿岸流由两支组成：一支是粤东近岸流，主要出现在夏季，它与南海季风漂流一起朝东北方向流动，在台湾浅滩一带与南海水混合，成为西南季风漂流的一部分；另一支是低温低盐的闽浙沿岸流，由浙江的瓯江和福建的闽江等入海径流与海水混合而成，流幅较窄，流速较小，且不稳定。此外，冬季在台湾海峡西岸近海有一支明显逆风而上的海流，沿福建近海经过澎湖水道北上。

本区许多海湾口门较窄，呈半封闭状态。因无大河注入，湾内海水受陆源径流及外海水的影响相对较小。在春夏季浮游植物生长旺盛时营养盐被大量消耗，到秋冬季这些营养盐又矿化再生，故而具有营养盐在湾内不断再循环的季节性变化特征。由于陆源径流量较小，营养盐含量较低，大部分海区浮游植物生长明显受氮元素的限制，这与福建省河口区的磷限制特征鲜明不同。

由于本区有多支海流交汇，环境隐蔽，生境适宜，历史上是我国闽东渔场的所在地。资源丰富，盛产大黄鱼、对虾、石斑鱼、二都蚶、剑蛏等海珍品。大黄鱼人工繁殖及育苗技术达到国际领先水平。

2.监测范围及内容

2004 年闽东近岸海域被列入国家海洋局"全国近岸生态监控区"之一，监测范围包括闽东近岸及其毗邻海域，监测站位的地理坐标为 26°10′—27°30′N，119°20′—120°40′E（图 6-14）。

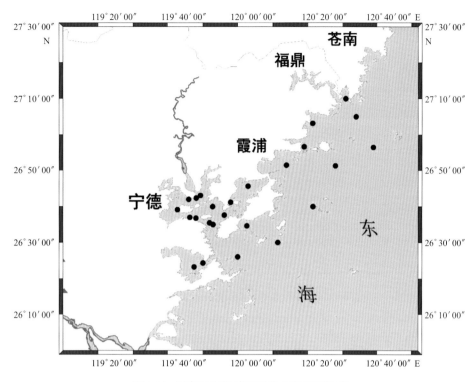

图6-14 闽东近岸海域地理位置及监测站位

为查明本海域生态环境状况及其变化趋势，在以往调查的基础之上，2005—2010年每年监测一次（8月），海水环境和生物群落监测共设30个站位。海水环境监测项目包括盐度、pH、叶绿素a、溶解氧、悬浮物、无机氮、磷酸盐、化学需氧量、石油类、铜、铅、锌、镉、汞、砷15项；生物群落监测项目包括浮游植物、浮游动物、浅海底栖生物、潮间带底栖生物、鱼卵和仔稚鱼。沉积物质量监测与海水环境监测同步进行，在海水环境站位中均匀选取6个站位，监测项目包括有机碳、硫化物、石油类、汞、铜、铅、镉、铬、锌、砷10项。生物质量监测每年监测一次（8月），监测项目包括石油烃、总汞、砷、镉、铅、六六六和滴滴涕共7项。

（二）海水环境

1. 2010年监测结果

闽东近岸海域海水主要环境要素监测结果见表6-7。

表6-7 2010年闽东近岸海域海水主要环境要素监测结果

项目	水层	测值范围	平均值
盐度	表层	25.13 ~ 34.46	32.42
	底层	25.32 ~ 34.62	33.03
pH	表层	7.72 ~ 8.18	7.94
	底层	7.73 ~ 8.10	7.93

续　表

项目	水层	测值范围	平均值
叶绿素 a（μg/L）	表层	0.34～2.55	1.23
	底层	0.68～1.87	1.30
溶解氧（mg/L）	表层	4.63～7.66	6.24
	底层	4.62～7.41	6.07
悬浮物（mg/L）	表层	11.7～103.0	46.0
	底层	21.5～118.5	55.5
无机氮（mg/L）	表层	0.198～0.522	0.387
	底层	0.182～0.499	0.405
磷酸盐（mg/L）	表层	0.005～0.043	0.022
	底层	0.010～0.043	0.023
化学需氧量（mg/L）	表层	0.30～2.22	0.80
	底层	0.29～2.04	0.89
石油类（mg/L）	表层	0.008～0.0014	0.0099
铜（mg/L）	表层	0.00298～0.00526	0.004
	底层	0.00274～0.00482	0.0041
铅（mg/L）	表层	0.0012～0.00195	0.0013
	底层	0.00055～0.0015	0.001
锌（mg/L）	表层	0.00101～0.0358	0.0077
	底层	0.00189～0.00631	0.0036
镉（mg/L）	表层	0.00005～0.00016	0.000082
	底层	0.00005～0.00011	0.000072
汞（mg/L）	表层	0.000034～0.000076	0.000059
	底层	0.00004～0.000099	0.000058
砷（mg/L）	表层	0.0012～0.003	0.0019
	底层	0.0012～0.0021	0.0017

（1）盐度

表层盐度变化范围为 25.13～34.46，平均值为 32.42；浮鹰岛以东和以南海域盐度较高，沿岸海域盐度较低，其中三沙湾西面的盐度最低。

底层盐度在 25.32～34.62，平均值为 33.03；近岸海域盐度低于远岸海域。

（2）pH

表层 pH 变化范围为 7.72～8.18，平均值为 7.94，福宁湾海域 pH 较高，低值区出现在三都澳西部海域。

底层 pH 变化范围为 7.73～8.10，平均值为 7.93，西南海域 pH 较高，东北海域较低，近岸海域低于远岸海域。

本区几乎所有测值均符合一类海水水质标准。

（3）叶绿素 a

表层叶绿素 a 含量变化范围为 0.34～2.55 μg/L，平均值为 1.23 μg/L，东北海域较高，西北海域较低。

底层叶绿素 a 含量变化范围为 0.68～1.87 μg/L，平均值为 1.30 μg/L。

（4）溶解氧

表层溶解氧含量变化范围为 4.63～7.66 mg/L，平均值为 6.24 mg/L，近岸海域表层溶解氧含量低于远岸海域。60% 站位达到二类海水水质标准，40% 站位达到三类海水水质标准。

底层溶解氧含量变化范围为 4.62～7.41 mg/L，平均值为 6.07 mg/L，近岸海域低于远岸海域。全区 50% 站位达到二类海水水质标准，50% 站位达到三类海水水质标准。

（5）悬浮物

表层悬浮物含量变化范围为 11.7～103.0 mg/L，平均值为 46.0 mg/L，东北向西南逐渐降低。

底层悬浮物含量变化范围为 21.5～118.5 mg/L 之间，平均值为 55.5 m g/L，近岸海域高于远岸海域。

（6）无机氮

表层无机氮含量变化范围为 0.198～0.522 mg/L，平均值为 0.387 mg/L。10% 站位符合一类海水水质标准，50% 站位达到二类海水水质标准，40% 站位达到三类海水水质标准。

底层无机氮含量变化范围为 0.182～0.499 mg/L 之间，平均值为 0.405 mg/L。12.5% 站位符合一类海水水质标准，37.5% 站位达到二类海水水质标准，37.5% 站位达到三类海水水质标准，12.5% 站位达到四类海水水质标准。

（7）磷酸盐

表层磷酸盐含量变化范围为 0.005～0.043 mg/L，平均值为 0.022 mg/L，西南海域较高，东北海域较低。在全部测站中，仅有 10% 站位符合一类海水水质标准，30% 站位达到二类海水水质标准，60% 站位达到三类海水水质标准。

底层磷酸盐含量变化范围为 0.010～0.043 mg/L，平均值为 0.023 mg/L，近岸海域高于远岸海域。其中，12.5% 站位符合一类海水水质标准，25% 站位达到二类海水水质标准，62.5% 站位达到三类海水水质标准。

（8）化学需氧量

表层化学需氧量变化范围为 0.30～2.22 mg/L，平均值为 0.80 mg/L。化学需氧量由东北向西南逐渐下降，高值出现大嵛山岛北面海域，向南逐渐降低。

底层化学需氧量变化范围为 0.29～2.04 mg/L 之间，平均值为 0.80 mg/L。

全部站位符合一类海水水质标准。

（9）石油类

表层石油类含量变化范围为 0.008～0.001 4 mg/L，平均值为 0.009 9 mg/L。全部站位符合一类海水水质标准。

（10）铜

表层铜含量变化范围为 0.002 98～0.005 26 mg/L，平均值为 0.004 mg/L；80% 站位符合第一类水质标准，20% 站位符合二类海水水质标准。

底层铜含量铜含量变化范围为 0.002 74～0.004 82 mg/L，平均值为 0.004 1 mg/L。全部站位符合一类海水水质标准。

（11）铅

表层铅含量变化范围为 0.001 2～0.001 95 mg/L，平均值为 0.001 3 mg/L，全部站位达到二类海水水质标准。

底层铅含量变化范围为 0.000 55～0.001 5 mg/L，平均值为 0.001 mg/L，75% 的站位符合一类海水水质标准，25% 站位达到二类海水水质标准。

（12）锌

表层锌含量变化范围为 0.001 01～0.035 8 mg/L，平均值为 0.007 7 mg/L；90% 的站位符合一类海水水质标准，10% 达到二类海水水质标准。

底层锌含量变化范围为 0.001 89～0.006 31 mg/L，平均值为 0.003 6 mg/L；全部测站符合一类水质标准。

（13）镉

表层镉含量变化范围为 0.000 05～0.000 16 mg/L，平均值为 0.000 082 mg/L。底层镉含量变化范围为 0.000 05～0.000 11 mg/L，平均值为 0.000 072。表、底层镉含量全部测值符合一类海水水质标准。

（14）汞

表层汞含量变化范围为 0.000 034～0.000 076 mg/L，平均值为 0.000 059 mg/L。30% 的站位符合一类海水水质标准，70% 的站位达到二类海水水质标准。

底层汞含量变化范围为 0.000 04～0.000 099 mg/L，平均值为 0.000 058 mg/L；50% 站位符合一类海水水质标准，50% 站位达到二类海水水质标准。

（15）砷

表层砷含量变化范围为 0.001 2～0.003 mg/L，平均值为 0.001 9 mg/L。底层砷含量变化范围为 0.001 2～0.002 1 mg/L，平均值为 0.001 7。表、底层砷含量全部测值符合一类海水水质标准。

2. 2005－2010 年变化趋势

6 年间，闽东近岸海域海水主要环境要素的变化见图 6-15。

6 年间，溶解氧含量有下降趋势，而无机氮和磷酸盐含量有先降低后升高趋势，表明闽东近岸海域主要受到无机氮和磷酸盐较重污染。

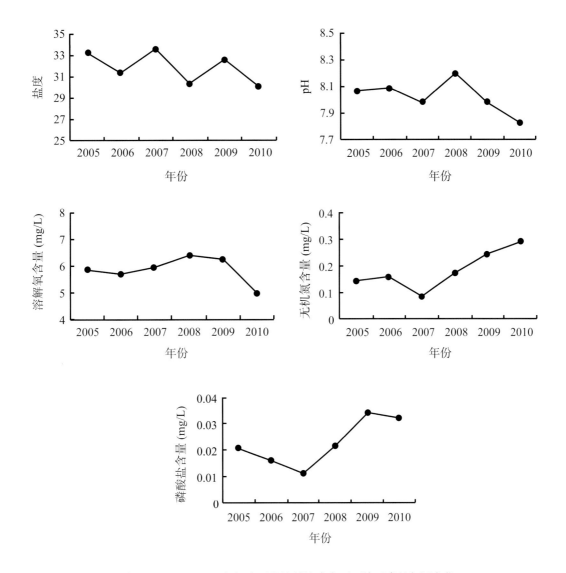

图6-15 2005—2010年闽东近岸海域海水主要环境要素的年际变化

（三）沉积物质量

1. 2010年监测结果

闽东近岸海域沉积物质量监测结果见表 6-8。由表 6-8 可知，所有指标均符合一类海洋沉积物质量标准，表明闽东近岸海域沉积物质量状况总体良好。

硫化物、石油类、总汞、镉和铅含量的平面分布为湾内含量高于湾外。有机碳、锌、铜和铬含量的平面分布为湾内与湾外较均匀。砷含量的平面分布为湾内低湾外高。

表 6-8 2010 年闽东近岸海域沉积物质量主要指标监测结果

项目	测值范围	平均值
有机碳（$\times 10^{-2}$）	0.68 ～ 1.52	0.98
硫化物（$\times 10^{-6}$）	11.7 ～ 209.0	75.1
石油类（$\times 10^{-6}$）	19.0 ～ 231.0	56.5
总汞（$\times 10^{-6}$）	0.05 ～ 0.11	0.06
铜（$\times 10^{-6}$）	29.0 ～ 43.3	34.6
铅（$\times 10^{-6}$）	12.3 ～ 52.0	23.5
镉（$\times 10^{-6}$）	0.08 ～ 0.20	0.13
铬（$\times 10^{-6}$）	50.8 ～ 130.5	77.4
锌（$\times 10^{-6}$）	70.0 ～ 133.7	111.5
砷（$\times 10^{-6}$）	2.9 ～ 13.8	10.5

2. 2005—2010年变化趋势

6 年间，闽东近岸海域沉积物有机碳和硫化物含量年际变化见图 6-16。由图 6-16 可知，闽东近岸海域沉积物中有机碳和硫化物的年均含量呈波动变化。各年份有机碳和硫化物的所有测值均符合一类海洋沉积物质量标准。6 年间闽东近岸海区沉积物质量总体良好。

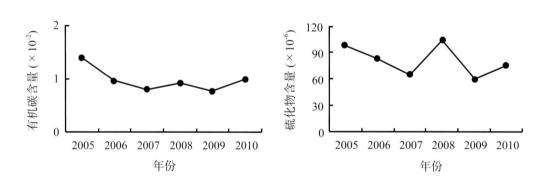

图6-16 2005—2010年闽东近岸海域沉积物有机碳和硫化物含量的年际变化

（四）生物质量

1. 2010年监测结果

闽东近岸海域生物质量监测结果见表 6-9。由表 6-9 可知，六六六和总汞含量全部站位符合一类海洋生物质量标准，其他指标均超出一类海洋生物质量标准，生物质量总体较差。其中，石油烃含量 36.4% 的站位为二类海洋生物质量，9.09% 的站位为三类海洋生物质量，9.09%

的站位超出三类海洋生物质量标准。砷含量有 95.45% 的站位为二类海洋生物质量，4.55% 的站位为三类海洋生物质量。镉含量有 77.27% 的站位为二类海洋生物质量，4.55% 的站位为三类海洋生物质量。铅含量全部站位为二类海洋生物质量。铜含量有 27.27% 的站位为二类海洋生物质量，9.09% 的站位为三类海洋生物质量，40.9% 的站位超三类海洋生物质量标准。锌含量有 18.18% 的站位为二类海洋生物质量，31.81% 的站位为三类海洋生物质量，50% 的站位超三类海洋生物质量标准。铬含量有 22.7% 的站位为二类海洋生物质量。滴滴涕含量有 22.72% 的站位为二类海洋生物质量，22.72% 的站位为三类海洋生物质量，4.55% 的站位含量超出三类海洋生物质量标准。

表6-9　2010年闽东近岸海域生物质量主要指标监测结果

项目	测值范围	平均值
石油烃（$\times 10^{-6}$）	28.7 ～ 63.8	40.7
总汞（$\times 10^{-6}$）	0.019 ～ 0.038 8	0.014 4
砷（$\times 10^{-6}$）	1.36 ～ 5.48	2.6
镉（$\times 10^{-6}$）	0.104 ～ 2.37	1.2
铅（$\times 10^{-6}$）	0.165 ～ 0.637	0.4
铜（$\times 10^{-6}$）	7.04 ～ 393	139.7
锌（$\times 10^{-6}$）	40.2 ～ 743	314.8
铬（$\times 10^{-6}$）	0.114 ～ 0.948	0.5
六六六（$\times 10^{-6}$）	0.000 26 ～ 0.000 34	0.000 285
滴滴涕（$\times 10^{-6}$）	0.102 ～ 0.422	0.3

2. 2005 － 2010 年变化趋势

6 年间，闽东近岸海域生物质量主要指标的年际变化见表 6-10。由表 6-10 可知，生物质量总体较差。石油烃年均含量总体呈增加趋势；总汞、砷、镉、铅、六六六、滴滴涕的年均含量相对稳定，变化不大。

表 6-10　2005—2010 年闽东近岸海域生物质量主要指标的年际变化

年份	石油烃（$\times 10^{-6}$）	总汞（$\times 10^{-6}$）	砷（$\times 10^{-6}$）	镉（$\times 10^{-6}$）	铅（$\times 10^{-6}$）	六六六（$\times 10^{-6}$）	滴滴涕（$\times 10^{-6}$）
2005	8.01	0.007 4	1.79	0.48	0.30	未检出	0.013 5
2006	12.31	0.010 2	2.21	1.01	0.30	0.000 6	0.013 1
2007	10.22	0.009 0	1.29	0.31	0.23	0.000 9	0.024 4
2008	6.64	0.009 1	2.08	0.22	0.26	0.053 5	0.035 0
2009	18.66	0.006 7	0.33	—	0.37	0.000 2	0.133 0
2010	40	0.014 4	2.45	0.33	0.39	0.000 3	0.108 0

注："—"表示缺少监测数据。

二、生物群落

（一）浮游植物

1. 2010年监测结果

（1）种类组成

共鉴定浮游植物84种。其中，硅藻35属75种，甲藻4属7种，其他2种。

（2）密度和优势种

浮游植物密度波动范围为 $8.6 \times 10^4 \sim 6\,209.2 \times 10^4$ cell/m³，平均值为 564×10^4 cell/m³。浮游植物密度平面分布为北部高于南部，北部和中部海域近岸高于远岸，南部近岸出现较低值（图6-17）。浮游植物优势种为中肋骨条藻，优势度为0.455。

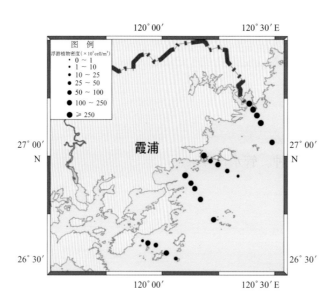

图6-17 2010年闽东近岸海域浮游植物密度平面分布

2. 2005—2010年变化趋势

（1）种类组成

6年间，浮游植物共鉴定出217种。其中，硅藻181种，甲藻30种，其他6种。6年间浮游植物种类数波动范围为76～155种，最小值出现在2009年，最大值出现在2008年。浮游植物种类数呈减少趋势。最近2年浮游植物种类数较低。

（2）密度和优势种

6年间，浮游植物密度年均值在 $38.6 \times 10^4 \sim 44\,379.6 \times 10^4$ cell/m³ 之间，平均值为 $8\,420.2 \times 10^4$ cell/m³。6年来波动较大，最大值出现在2008年，最小值出现在2006年（图6-18）。

6年间，浮游植物密度优势种年间差异不大，除2007年第一优势种为钟形中鼓藻外，其他年份第一优势种均为中肋骨条藻。

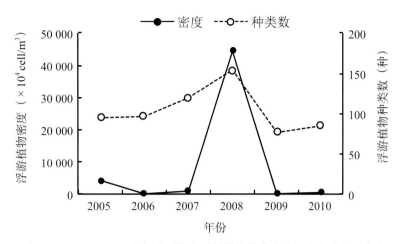

图6-18 2005—2010年闽东近岸海域浮游植物密度和种类数的年际变化

（二）浮游动物

1. 2009年监测结果

（1）种类组成

本海域共鉴定出浮游动物15类149种和浮游幼虫（体）23大类。其中，桡足类61种，水母类37种（水螅水母31种、管水母4种、栉水母2种），端足类和十足类各8种，毛颚类7种，糠虾类5种，翼足类和多毛类各4种，原生动物和海樽类各3种，有尾类、介形类、涟虫类和磷虾类各2种，等足类1种。

（2）密度和优势种

浮游动物密度变化范围为238～2 789 ind./m³，平均密度为1 098 ind./m³。总体呈现外海高于近岸、北部略高于南部的分布特征（图6-19）。主要优势种为肥胖箭虫和拟细浅室水母。

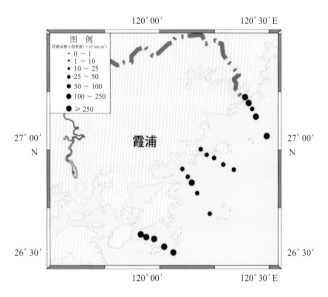

图6-19 2009年闽东近岸海域浮游动物密度平面分布

（3）生物量

浮游动物生物量变化范围为 33～834 mg/m³，平均生物量为 325 mg/m³。总体呈现湾外高于湾内、北部高于南部的分布趋势（图 6-20）。

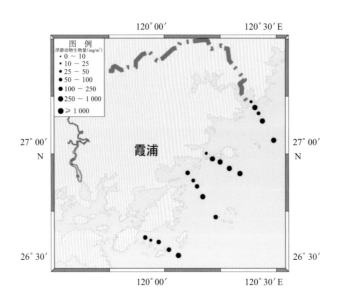

图6-20　2009年闽东近岸海域浮游动物生物量平面分布

2. 2005—2009年变化趋势

（1）种类组成

5 年间，共鉴定出浮游动物 15 类 252 种和 29 大类浮游幼虫（体）（不含鱼卵和仔稚鱼）。其中，桡足类 105 种，水母类 64 种（水螅水母 53 种、管水母 9 种、栉水母 2 种），毛颚类和端足类各 14 种，糠虾类 9 种，翼足类和十足类各 8 种，被囊类和原生动物各 5 种，异足类和多毛类各 4 种，枝角类 3 种，磷虾类、涟虫类和等足类各 1 种。

（2）密度和优势种

5 年间，浮游动物密度年均值变化范围为 1 098～8 397 ind./m³，平均值为 4 713 ind./m³。浮游动物密度呈先升高后降低的趋势，2006 年密度最高（图 6-21）。2005—2009 年浮游动物第一优势种依次为强额拟哲水蚤、针刺拟哲水蚤、强额拟哲水蚤、短尾类蚤状幼体、肥胖箭虫。

（3）生物量

5 年间，浮游动物生物量年均值变化范围为 39～577 mg/m³，平均生物量呈先升高后降低的趋势，以 2007 年生物量最高，平均值为 241 mg/m³（图 6-21）。

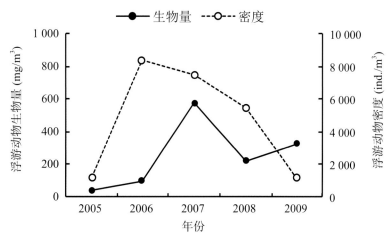

图6-21 2005—2009年闽东近岸海域浮游动物密度和生物量的年间变化

（三）浅海底栖生物

1. 2010年监测结果

（1）种类组成

共鉴定出浅海底栖生物143种。其中，环节动物50种，软体动物40种，节肢动物34种，棘皮动物9种，其他类10种，主要种类有扁蛰虫、不倒翁虫、光滑倍棘蛇尾、后指虫、梳鳃虫、智利巢沙蚕等。

（2）密度和优势种

浅海底栖生物密度在$25 \sim 190$ ind./m²，平均值为99.5 ind./m²，南部海区较高，北部海区较低（图6-22）。各站位密度优势种分别为光滑倍棘蛇尾、西方似蛰虫、不倒翁虫、珠带拟蟹守螺、不倒翁虫、梳鳃虫、扁蛰虫和霍氏三强蟹，各优势种在其站位所占比例在$23\% \sim 96\%$之间。

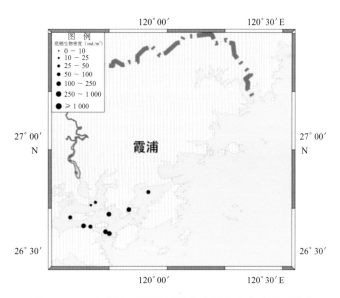

图6-22 2010年闽东近岸海域浅海底栖生物密度平面分布

（3）生物量和优势种类

浅海底栖生物生物量在 1.28～122.39 g/m² 之间，东北海域生物量较低，西南海域较高，平均值为 22.46 g/m²（图6-23）。各站位生物量优势种类主要为光滑倍棘蛇尾、中华枝吻纽虫、刺足掘沙蟹、珠带拟蟹守螺、隆线强蟹、斑尾腹虾虎鱼、智利巢沙蚕、日本鼓虾、扁蛰虫和棘刺锚参，各优势种在其站位所占比例为 23%～96%。

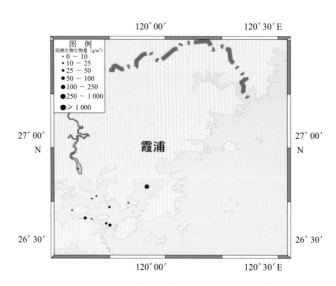

图6-23　2010年闽东近岸海域浅海底栖生物生物量平面分布

2. 2005－2010年变化趋势

（1）种类组成

6 年间，浅海底栖生物种类的年际变化范围为 83～120 种，2009 年最高，2008 年最低；站位平均种类数的年际变化范围为 4.5～9.9 种，2005 年最高，2006 年最低。

（2）密度和优势种

6 年间，浅海底栖生物密度年均值波动范围为 41.75～114.74 ind./m²，平均值为 77.93 ind./m²，呈波动状态（图6-24）。6 年间每年的第一密度优势种类依次为棒锥螺、鸭嘴蛤、似蛰虫、西方似蛰虫、彩虹明樱蛤、扁蛰虫。

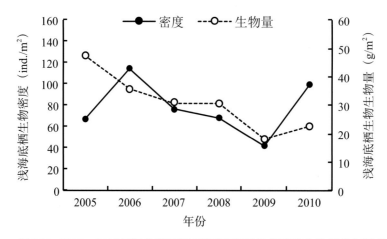

图6-24　2005－2010年闽东近岸海域浅海底栖生物密度和生物量的年际变化

（3）生物量和优势种

6年间，浅海底栖生物生物量年均值波动范围为18.15～47.42 g/m²之间，平均为30.81 g/m²，年间波动不大，总趋势相对稳定（图6-24）。6年间每年的第一生物量优势种类依次为棒锥螺、棒锥螺、棘刺锚参、海地瓜、棒锥螺、棘刺锚参。

（四）潮间带底栖生物

1. 2010年监测结果

（1）种类组成

2010年监测共鉴定出潮间带底栖生物84种。主要种类有不倒翁虫、淡水泥蟹、短拟沼螺、光亮倍棘蛇尾、弧边招潮蟹、日本大眼蟹、中华枝吻纽虫、锥唇吻沙蚕等。

（2）密度和优势种

潮间带底栖生物密度波动范围为56～236 ind./m²，平均值为126 ind./m²，其平面分布较为均匀（图6-25）。各站位密度优势种分别为绒毛细足蟹、日本大眼蟹、淡水泥蟹、日本大眼蟹、毡毛岩虫、短拟沼螺，各优势种数量在其站位所占比例为14%～64%。

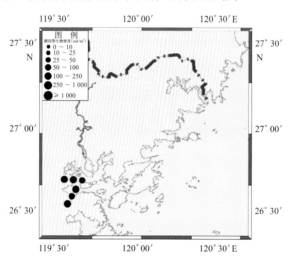

图6-25 2010年闽东近岸潮间带底栖生物密度平面分布

（3）生物量和优势种

潮间带底栖生物生物量在6.328～291.352 g/m²之间，平均值为72.36 g/m²，其平面分布为高潮、中潮区较高，低潮较低，见图6-26。各站位生物量优势种类分别为毡毛岩虫、小翼拟蟹守螺、日本大眼蟹、珠带拟蟹守螺、弧边招潮蟹、鲜明鼓虾，各优势种生物量在其站位所占比例在32%～61%之间。

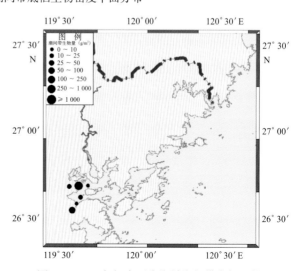

图6-26 2010年闽东近岸海域潮间带底栖生物
生物量平面分布

2. 2005—2010年变化趋势

（1）种类数

6年间，潮间带底栖生物种类的年际波动范围为64~99种，2005年最高，2008年最低。各站位平均种类数的年际波动范围为6.0~54.4种；2006年最高，2007年最低。

（2）密度和优势种

6年间，潮间带底栖生物密度年均值在98.8~276.4 ind./m² 之间，平均值为158.5 ind./m²，年间波动较大（图6-27）。6年内每年的最高密度优势种依次为珠带拟蟹守螺、不倒翁虫、渤海鸭嘴蛤、凸壳肌蛤、凸壳肌蛤、短拟沼螺。

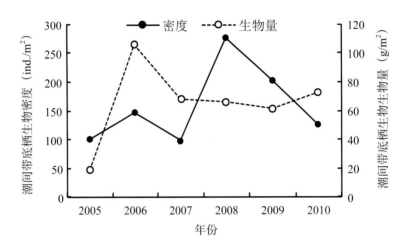

图6-27 2005—2010年闽东近岸海域潮间带底栖生物密度和生物量的年际变化

（3）生物量和优势种

6年间，潮间带底栖生物年均值在18.9~105.6 g/m² 之间，平均为65.4 g/m²，年间波动较大（图6-27）。6年内每年的最高生物量优势种依次为珠带拟蟹守螺、织纹螺、渤海鸭嘴蛤、凸壳肌蛤、屠氏招潮蟹、日本大眼蟹。

（五）鱼卵和仔稚鱼

2010年监测结果如下。

1. 鱼卵

在1个站位的样品中获得鱼卵1种，属于鲳科，密度为0.54 ind./m³。

2. 仔稚鱼

在2个站位的样品中获得仔稚鱼，共5种，分别为小公鱼属、须鳗虾虎鱼、虾虎鱼、副舌虾虎鱼、缟虾虎鱼。各站位仔稚鱼密度在0.74~0.81 ind./m³ 之间，平均密度为0.78 ind./m³。

三、生态健康状况

采用国家海洋局颁布的《近岸海洋环境生态健康评价指南》（HY/T 087—2005）海湾生态环境评价方法进行评价，闽东近岸海域的生态环境健康状况结果如下。

（一）2010年生态健康状况

闽东近岸海域的水环境指数为10.8；沉积环境指数为10；生物质量指数为5.6；栖息地指数为12.9；生物群落指数为23.3（图6-28）。生态环境健康指数为62.6，属于亚健康状态。

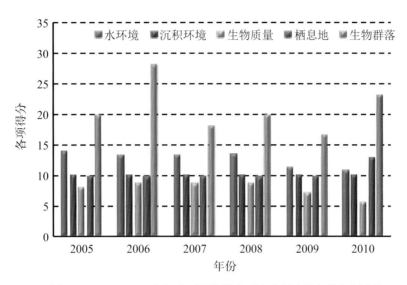

图6-28 2005—2010年闽东近岸海域各项生态健康指标的年际变化

（二）2005—2010年生态健康年际变化趋势

6年间，闽东近岸海域生态环境健康指数变化范围为55.0～70.0，生态环境始终处于亚健康状态（图6-29）。

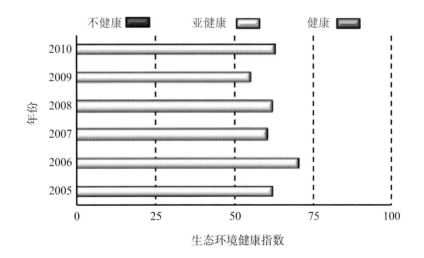

图6-29 2005—2010年闽东近岸海域生态健康指数的年际变化

四、主要生态问题

（一）外来物种入侵，土著群落生物多样性降低

互花米草是宁德市最明显的外来入侵种。它的蔓延对宁德市海洋生态环境已产生了巨大影响，不仅与海带、紫菜等养殖生物争夺营养，与滩涂土著植物争夺生长空间，导致大片红树林消失，鱼虾蟹贝类生息繁衍的场所锐减，候鸟数量大减，直接威胁和降低海域海洋生物的种类多样性，而且导致航道堵塞，影响船只航行，给海洋渔业、海上交通运输业等带来重大危害。此外，互花米草的蔓延还影响海水交换能力，导致海水水质下降。互花米草的生长加速滩涂淤积，导致天然滩涂湿地面积锐减，自然景观被破坏等。据有关部门测算，宁德市互花米草造成的经济损失每年可高达1亿元以上。

（二）开发过度，海洋渔业生物资源和环境资源均呈衰退状态

随着沿海人口数量的不断增长、城镇化程度的加快，水产品的需求量呈现不断加大趋势。由于近海捕捞强度没有得到有效遏制，给本区海洋渔业生物资源带来巨大的压力，主要渔业生物资源均已过度利用而呈不断衰退趋势，渔船单产降低，渔获物中优质经济鱼类数量明显下降，幼鱼和低值鱼类数量明显增加。特别是本海域原是东海大黄鱼的重要产地之一，但大黄鱼产卵场已基本消失。与此同时，由于海水养殖的规模和结构调整缓慢，养殖水域环境质量明显下降，养殖病害时有发生，加上台风、风暴潮、赤潮等灾害频发，养殖产量和产值也极不稳定。

第三节　广西北海海草床区

一、生境条件

（一）区域自然特征

1. 自然环境

北海市位于广西南部，北部湾东北岸，是广西南部的经济中心。北海地处北回归线以南，属典型的南亚热带海洋性季风气候，日照充足，热量丰富。年平均气温为23.1℃，极端高温为37.1℃，极端低温为2.7℃。多年平均降雨量为1 663.7 mm，历年最大雨量为2 211.2 mm，历年最小雨量为849.1 mm，每年5—9月为雨季，10月至翌年4月为旱季。

本区每年9月至翌年4月受北方大陆冷气团控制，多为北风和东北风；4—9月受南方海洋暖湿气团控制，多为西南风。平均每年有4~5次热带气旋活动，风力多在7~9级，最大达12级，大于6级风力以上的天数约为30天。主要自然灾害为暴雨、台风、风暴潮、春秋大旱、春季阴雨和冰雹、海上大风和大浪。

北海海域潮汐性质为不正规全日潮。以铁山港为例，最高高潮位为4.33 m，最低低潮位为−2.75m，平均高潮位1.62 m，平均低潮位−0.91 m，多年平均潮差为2.53 m，最大潮差为6.25 m。

北海沿岸海域有 6 个海草场，总面积约 400 hm²，主要分布在合浦县的沙田半岛两侧，即英罗港和沙田镇近岸海域。历史上，英罗港和沙田镇附近的海草场曾是珍稀海兽儒艮出没的海域，但随着该海域渔业等人类活动的不断增强，儒艮赖以生存的海草资源遭到破坏，草场面积减少，儒艮的食料短缺，目前已鲜有儒艮的目击记录。

2. 监测范围及内容

广西北海海草床生态监测区主要包括山口红树林保护区境内东部的英罗港的乌坭网流沙滩和西部的淀洲沙下量尾两处海草床（图6-30）。在以往调查基础上，从 2005 年开始每年开展一次监测（8月），海水环境共设 15 个测站，生物群落设 6 条监测断面。海水环境监测项目包括盐度、化学需氧量、溶解氧、悬浮物、无机氮、磷酸盐共6项。沉积物质量监测与海水环境监测同步进行，监测项目包括有机碳、硫化物。生物群落监测项目包括海草覆盖度、密度和生物量，底栖生物种类数、密度和生物量等。

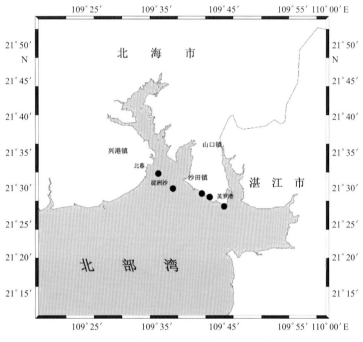

图6-30　广西北海海草床监测区示意图

（二）海水环境

1. 2010年监测结果

北海海草床海水主要环境要素监测结果见表6-11。

表6-11　2010年广西北海海草床海水主要环境要素监测结果

项目	测值范围	平均值
盐度	26.46 ～ 26.39	26.43
悬浮物（mg/L）	8.1 ～ 13	10.6
溶解氧（mg/L）	6.4 ～ 7.84	7.37

续 表

项目	测值范围	平均值
化学需氧量（mg/L）	2.08 ～ 2.13	2.11
磷酸盐（mg/L）	0.002 1 ～ 0.003 5	0.002 6
无机氮（mg/L）	0.093 ～ 0.121	0.112

海区盐度变化范围在 26.46～26.39 之间，平均盐度为 26.43。悬浮物变化范围为 8.1～13 mg/L 之间，平均值为 10.6 mg/L。

溶解氧变化范围为 6.4～7.84 mg/L 之间，平均值为 7.37 mg/L，均符合一类海水水质标准。化学需氧量变化范围在 2.08～2.13 之间，平均值为 2.11，全部测值均符合二类海水水质标准。海水磷酸盐浓度变化范围在 0.002 1～0.003 5 mg/L 之间，平均值为 0.002 6，均符合一类海水水质标准。无机氮浓度变化范围为 0.093～0.121 mg/L 之间，平均值为 0.112 mg/L，均符合一类海水水质标准。

2. 2006－2010年变化趋势

5 年间，广西北海海草床主要海水环境要素的年际变化见图 6-31。从图 6-31 可见，海草床的盐度、悬浮物基本保持稳定。磷酸盐含量和无机氮含量在 2010 年明显上升，但平均值仍未超过一类水质标准限值。近 5 年来，广西北海海草床的海水水质状况总体良好。

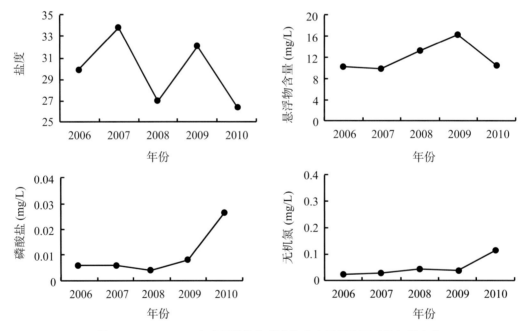

图6-31 2006－2010年广西北海海草床海水主要环境要素的年际变化

（三）沉积物质量

1. 2010年监测结果

沉积物中硫化物含量变化范围在 12.7×10^{-6}～14.7×10^{-6} 之间，平均值为 13.7×10^{-6}，符合一类海洋沉积物质量标准。有机碳含量变化范围在 0.12×10^{-2}～0.14×10^{-2} 之间，平均值为 0.13×10^{-2}，符合一类海洋沉积物质量标准。

2010 年广西北海海草床沉积物质量，按现测值而言，均符合一类海洋沉积物质量标准。

2. 2006－2010年变化趋势

广西北海海草床沉积物质量主要指标的年际变化见图 6-32。硫化物年均含量和有机碳年均含量均呈现一定的波动，其中硫化物年均变化范围为 $8.2 \times 10^{-6} \sim 19.2 \times 10^{-6}$，有机碳年均变化范围为 $0.13 \times 10^{-2} \sim 0.54 \times 10^{-2}$，2 项指标均符合海洋沉积物质量一类标准。5 年间，广西北海海草床沉积环境状况良好。

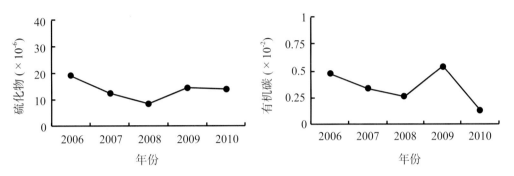

图6-32　2006－2010年广西北海海草床沉积物质量主要指标的年际变化

二、生物群落

（一）海草

1. 2010年监测结果

2010 年监测鉴定出海草 2 种，分别为水鳖科的喜盐草（图 6-33）和眼子菜科的二药藻（图 6-34），海草的平均盖度为 23.8 %，平均密度为 325.5 株 /m^2，平均生物量为 38.9 g/m^2，主要优势种为喜盐草。

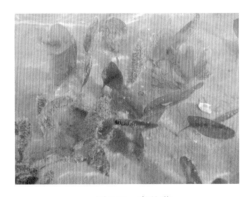

图6-33　喜盐草

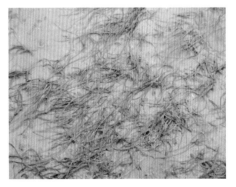

图6-34　二药藻

2. 2005－2010年变化趋势

（1）种类数

6 年间，海草种类数稳定，分别为喜盐草和二药藻，两种海草均生长在中低潮带至潮下带。

6年间，广西北海海草床分布总体呈衰退趋势（表6-12），传统草场分布区域——沙田镇榕根山村和山寮村海草场消失，海草覆盖度为零。东部英罗港和西部淀洲沙下量尾海草场面积明显退化，海草生长状况不良。

表6-12 2005—2010年广西北海海草床分布的年际变化

年份	监测区域	变化趋势
2005	下量尾和英罗港	两草场均呈逐年退化趋势
2006	下量尾和英罗港	下量尾海草长势较好，海草斑块基本完整；英罗港乌坭处海草长势较差，多呈零星分布状态
2007	下量尾、英罗港、北暮（盐场五七海区）	下量尾草场已破坏殆尽；英罗港乌坭处喜盐草尚存零星分布，长势极差；北暮（盐场五七海区）海草生长良好
2008	英罗港、北暮（盐场五七海区）	英罗港草场生长状况一直不良，海草稀疏；北暮（盐场五七海区）海草分布面积较2007年略有减少
2009	下量尾、英罗港	下量尾草场得到较好恢复和发展，长势较好
2010	北暮、川江、下量尾、下龙尾、沙田榕根山、沙田山寮	沙田镇榕根山村和沙田山寮村草场消失，海草覆盖度为零

注：2010年监测范围扩大。

（2）海草平均覆盖度、平均密度和生物量

6年间，广西北海海草平均密度、平均覆盖度和生物量年际变化见图6-35。从图6-35可见，海草生长状况年际波动较大，海草的平均密度呈先高后低的变化趋势，2008年达到最高，为250株/m²以上，此后逐年下降；海草的平均覆盖度也从2005年开始逐渐升高，2007年达到最高值，为50.4%，随后逐年下降；海草的生物量呈明显周期性波动，且年际波动幅度较大。

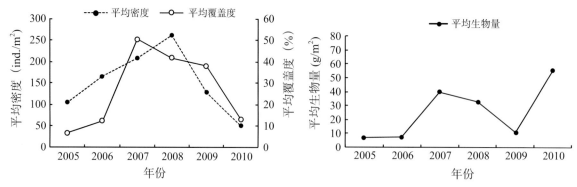

图6-35 广西北海海草平均密度、覆盖度和生物量的年际变化

（二）底栖动物

1. 2010年监测结果

北海海草床共鉴定出底栖动物23种。其中，环节动物2种，节肢动物5种，软体动物

15 种，星虫 1 种，主要种类有纵带滩栖螺，珠带拟蟹守螺等。大型底栖动物平均生物量为 114.74 g/m²，平均密度为 212 ind./m²。

2. 2005－2010年变化趋势

（1）种类数

6 年间，广西北海海草床底栖动物种类数年际变化见图 6-36。由图 6-36 可见，除 2010 年种类数显著增加外，其余 5 年间种类数基本稳定，但年际间种类组成差异较大。6 年间共鉴定出底栖动物 49 种，分别为软体动物 27 种，鱼类 2 种，甲壳类 13 种，多毛类 3 种，星虫类 3 种，棘皮类 1 种。常见种类为古氏滩栖螺、泥蚶、青蛤。

（2）密度和生物量

底栖动物的年均密度和年均生物量均呈现不规则的年际变化，前者在 2010 年达到最大，而后者在 2008 年的值最高。

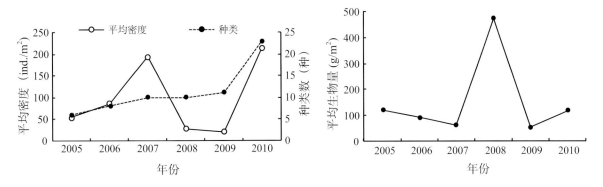

图6-36　广西北海海草床底栖动物种类、密度和生物量分布年际变化

三、生态健康状况

采用国家海洋局颁布的《近岸海洋环境生态健康评价指南》（HY/T 087－2005）海草床生态环境评价方法进行评价，海草床生态环境健康状况如下。

（一）2010年生态健康状况

2010 年广西北海海草床海域的水环境指数为 12.5；沉积环境指数为 10；生物质量指数为 9.3；栖息地指数为 5；生物群落指数为 30.0。生态环境健康指数为 66.8，属于亚健康状态（图 6-37），主要原因为：受挖掘沙虫、电鱼虾、围网、海水养殖、污水排放等人为活动的影响，海草床损失严重，栖息地面积急剧减少。

（二）2005－2010年生态健康状况变化趋势

2005－2010 年广西北海海草床健康状况年际变化见图 6-38。由图 6-38 可见，2005－2008 年生态系统呈健康状态；2009－2010 年生态系统健康状况下降，呈亚健康状态，主要原因为栖息环境质量下降和生物群落的异常改变。

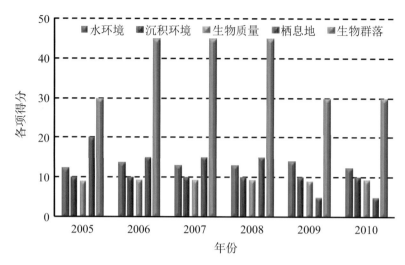

图6-37　2005—2010年广西北海海草床各项生态健康指标的年际变化

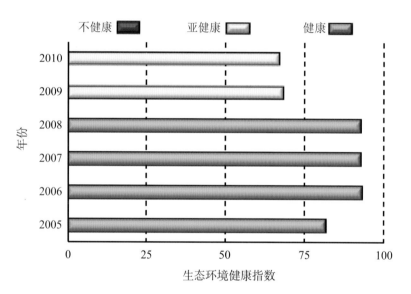

图6-38　2005—2010年广西北海海草床健康指数的年际变化

四、主要生态问题

（一）海草床海域的环境污染

由于沿海地区人口增长和工农业迅速发展，生活污水、工业废水等陆源污染物的入海量不断增长，加之海上交通、养殖残饵和海上倾废等海上活动产生的污染物的迅速增长，不仅使海草床海域的悬浮物、营养盐类和难降解有机物等浓度大量增加，而且使海水透明度也明显降低，既给海草床生物带来生存威胁，又影响了海草的生长。5年来，尽管本区海水中的无机氮和磷酸盐浓度均未超过一类海水水质标准，但2010年的测值和年均值均有十分明显的上升。

（二）海上作业对海草床生境的破坏

在广西，在海草床内挖贝、挖沙虫、耙螺等现象十分普遍。仅在合浦海草床，每天挖贝、耙螺者近千人。星期六、星期日或其他节假日还有很多中小学生也参加挖耙活动。挖沙虫、耙螺常将海草连根翻起，最终海草不是被晒死就是被海水冲走，给海草造成了毁灭性的破坏。此外，被挖松了的滩涂泥沙，造成泥沙流动，使泥沙埋没海草，影响海草的正常生长。

在海草床及其周围海域进行吊养贝类（牡蛎和珍珠贝等）以及大型海藻等作业时，人为践踏、打桩、挖掘等活动，都对海草的生长带来明显的影响。比较典型的地方是在铁山港淀洲沙和下龙尾滩涂，因在海草床中进行插桩吊养贝类，养殖范围内的海草覆盖度已很低，植株密度相当稀疏，遍地都是断桩、死牡蛎壳等废弃物。尤其是在沙田半岛的榕根山、山寮一带，当地群众还在海草床附近放养大量鸭、猪等家禽家畜。鸭子除了在海草床里寻觅各种小鱼小虾外，有时也会进食海草。而猪在觅食时对海草造成的破坏更大。

底拖网作业对海草的破坏也很突出。仅在铁山港与沙田海域，底拖网渔船多达几百艘，一般作业于10 m深度以内的浅海。这些船只在拖网作业时把海底的海草成片连根地拖起，给海草造成毁灭性的破坏，对当地环境也造成了极大的影响。

另外，航道开挖、航道疏浚、泊船时铁锚的收放、台风引起的风暴潮、台风浪的冲刷、浅水区作业人员的践踏等，对海草或多或少地也造成一定影响。

（三）捕捞活动对海草床生态系统的不利影响

一般而言，海草床内鱼类资源较为丰富，因而海草床内的捕捞活动较为活跃。首先是当地居民在海草床内密布大范围的定置渔网，利用潮水的涨落围捕鱼虾蟹类。该作业方式不仅在打桩和作业时践踏海草，破坏海草生长，而且由于近海渔业资源的严重衰退以及海草床生物资源捕捞强度过大，降低了海草床生物资源的再生能力和生物多样性。密集的渔网，也给儒艮和中华白海豚等珍稀海洋动物造成误捕、搁浅甚至死亡。特别是由于海草床渔业资源的衰退，鱼虾蟹类越来越少，一些不法渔民甚至采用炸鱼、毒鱼和电鱼等捕捞方式，对海草床的生态安全造成极大的威胁。

第四节　海南东海岸海草床区

一、生境条件

（一）区域自然特征

1.自然环境

海南省东海岸的气温较高，历年平均气温为24.7℃。6月、7月气温最高，极端最高气温为37℃。1月气温最低，最低为5℃。全年雨量充沛，雨季长，旱季短，年均降雨分布较均匀。该区台风登陆频繁，每当台风袭击时，常产生30 m/s以上的东北风，风暴潮增水现象频繁。

海南东海岸的高隆湾、长圮港、龙湾港、黎安港和新村港等地沿岸均有海草床分布。高隆湾位于海南省文昌市清澜开发区境内，距文城镇约 15 km，是清澜经济开发区的旅游胜地，已先后建起了高隆湾度假村、金融度假中心等多家宾馆、酒店。长圮港位于海南省文昌市会文镇宝峙村，该处经济落后，产业单一，以海洋捕捞业为主。长圮港自然环境较好，红树林、海藻和海草床、珊瑚礁生态系统等并存，物种多样性丰富。龙湾港位于海南省长坡镇与潭门港镇交界处，陆域平坦，海域宽阔，天然港池面积 387 hm²，港口水深 12～18 m，将发展建设高新技术、转口贸易、仓储加工、商贸旅游等产业园区、保税区和各类公共服务设施。黎安港面积 963 hm²，长宽约 3 km，是陵水县重要海水养殖基地，主要养殖品种为麒麟菜、珍珠、海水鱼类和对虾等。大量的养殖污染物和生活废弃物是该海域营养盐类污染的主要来源。

新村港位于海南岛东南部，港内海水养殖业较发达，并建有国家级及省级重点渔港，是海南省东南部海洋捕捞基地。港外是底拖网、围网、流刺网、灯光作业和钓业的良好渔场，一年四季均可作业，以冬汛为主。港内有大小渔船近千艘。

在上述 5 处港湾中，新村港和黎安港是较典型的海洋潟湖生态环境，海草种类丰富，数量较大，生长良好，并且海草床具有较高的生物多样性。高隆港由于港内的海草床对水质起到很大的水质净化和生态调节作用，为港内养殖业的持续发展提供了重要生态保障。高隆港和龙湾港由于海草分布在港湾外缘风浪相对较大的沿岸，海草床受人为破坏程度相对较轻，对坡岸起到了固沙防浪的保护作用。长圮港具有特殊的多样性生态系统，形成外、中、内 3 个生物带。外带是珊瑚礁坪区，中间带是海草床区，内带是红树林区；由于海草生长区避风浪条件好，底质有机物多，对海草的生长有利，但水中悬浮物较多，海草叶面沉积物较厚，对海草的生长也带来不利影响。

2.监测范围及内容

海南东海岸海草床监测区，包括高隆湾、长圮港、龙湾港、黎安港和新村港等地沿岸的海草床分布区（图 6-39）。为查明海南东海岸海草床生态环境状况及变化趋势，在以往调查基础上，从 2005 年开始每年开展一次监测（8 月），海水环境共设 50 个测站，生物群落设 25 条监测断面。海水环境监测项目包括盐度、化学需氧量、硅酸盐、悬浮物、无机氮、磷酸盐共 6 项。沉积物质量监测与海水环境监测同步进行，监测项目包括有机碳、硫化物。生物群落监测项目包括海草覆盖度、密度和生物量，底栖生物种类数、密度和生物量等。

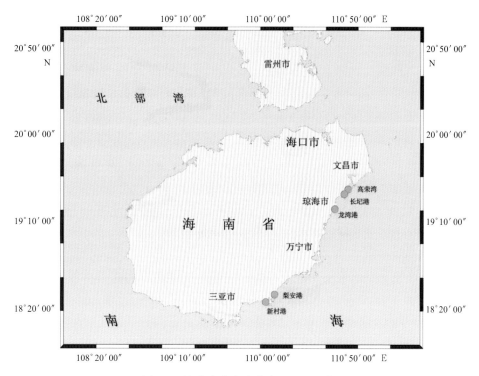

图6-39 海南东海岸海草床监测区示意图

（二）海水环境

1. 2010年监测结果

海南东海岸海草床海水主要环境要素状况监测结果见表 6-13。

表6-13 2010年海南东海岸海草床海水主要环境要素监测结果

项目	测值范围	平均值
盐度	31.656～34.064	33.319
悬浮物（mg/L）	0.4～6	4.3
化学需氧量（mg/L）	0.18～0.97	0.588
无机氮（mg/L）	0.019～0.527	0.14
磷酸盐（mg/L）	0.001～0.020	0.011
硅酸盐（mg/L）	0.059～0.517	0.257

海区盐度变化范围在 31.656～34.064 之间，平均值为 33.319。悬浮物变化范围为 0.4～6 mg/L 之间，平均值为 4.3 mg/L。化学需氧量变化范围在 0.18～0.97 之间，平均值为 0.588。全部测值均符合一类海水水质标准。海水无机氮浓度变化范围在 0.019～0.527 mg/L 之间，平均值为 0.14 mg/L。测站水质均符合一类海水水质标准。磷酸盐浓度变化范围在 0.001～0.020 mg/L 之间，平均值为 0.011，除少数测站在二类海水水质外，多数符合一类水质标准。

2010 年海南东海岸北海海草床的海水水质总体良好。

2. 2005—2010年变化趋势

6年间，海南东海岸草床海水主要环境要素的年际变化见图6-40。由图6-40可知，海草床的盐度、悬浮物、磷酸盐含量基本保持稳定，无机氮含量在2010年有明显上升，但平均值仍未超过一类海水水质标准。近6年来，海南东海岸海草床的海水水质状况总体良好。

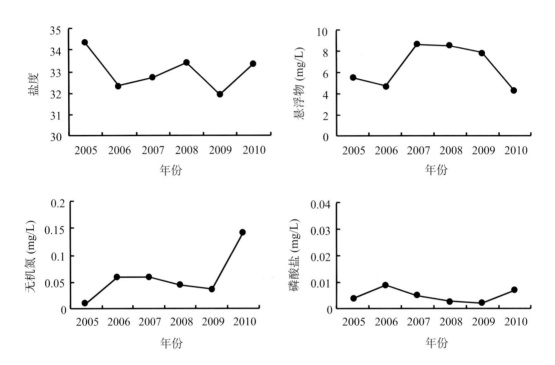

图6-40　2005—2010年海南东海岸海草床海水主要环境要素的年际变化

（三）沉积物质量

1. 2010年监测结果

沉积物中硫化物变化范围在8.82～446.18之间，平均值为67.35，除1个站位沉积物质量符合二类海洋沉积物质量标准外，其余测站沉积物质量均符合一类海洋沉积物质量标准。有机碳变化范围在0.07～2.31之间，平均值为0.56，符合一类海洋沉积物质量标准。

2010年海南东海岸海草床沉积物环境总体良好，除个别站位符合二类海洋沉积物质量标准外，其余站位均符合国家一类海洋沉积物质量标准。

2. 2005—2010年变化趋势

海南东海岸海草床主要沉积物指标的年际变化见图6-41，硫化物年均含量呈下降趋势，有机碳年均含量基本保持稳定。其中，硫化物年均变化范围为67.35～230.6，有机碳年均变化范围为0.43～0.66，各项指标均符合一类海洋沉积物质量标准。6年间，海南东海岸海草床沉积环境状况良好。

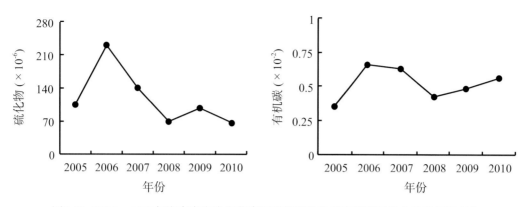

图6-41 2005—2010年海南东海岸海草床沉积物硫化物和有机碳年均含量的年际变化

二、生物群落

（一）海草

1. 2010年监测结果

共鉴定出海草8种，分别为水鳖亚科、海菖蒲属的海菖蒲，泰来草属的泰来草，喜盐草亚科、喜盐草属的喜盐草、小喜盐藻，眼子菜科、海神草属的海神草和齿叶海神草，二药草属的二药藻，针叶藻属的针叶藻（图6-42）。其中，泰来草、海菖蒲、海神草和齿叶海神草为热带种；喜盐草、小喜盐藻、二药藻为热带－亚热带种；针叶藻为亚热带种。

| 二药藻 | 海菖蒲 | 泰来草 |

| 喜盐草 | 泰来草床 | 海菖蒲床（一） |
| | 二药藻床 | 海菖蒲床（二） |

图 6-42 海南东海岸海草床分布的部分海草

2. 2005—2010年变化趋势

（1）种类数

海南东海岸海草种类数的年际变化列于表6-14。由表6-14可见，6年间海草种类数年际波动较小，在8～9种之间。种类数量波动的原因是由于齿叶海神草和羽叶二药藻两个种的有或无所引起。

表6-14 海南东海岸生态监控区海草种类的年际变化

年份	种类数	海草种类
2005	8	泰来草、海菖蒲、海神草、喜盐藻、羽叶二药藻、二药藻、针叶藻和小喜盐藻
2006	9	泰来草、海菖蒲、海神草、喜盐藻、羽叶二药藻、二药藻、针叶藻、小喜盐藻和齿叶海神草
2007	9	泰来草、海菖蒲、海神草、喜盐藻、羽叶二药藻、二药藻、针叶藻、小喜盐藻和齿叶海神草
2008	9	泰来草、海菖蒲、海神草、喜盐藻、羽叶二药藻、二药藻、针叶藻、小喜盐藻和齿叶海神草
2009	8	泰来草、海菖蒲、海神草、喜盐藻、二药藻、针叶藻、小喜盐藻、齿叶海神草
2010	8	泰来草、海菖蒲、海神草、喜盐藻、二药藻、针叶藻、小喜盐藻、齿叶海神草

（2）海草平均密度、平均覆盖度和生物量

6年间，海南东海岸海草平均密度、平均覆盖度和生物量年际变化见图6-43。由图6-43可看出，海草平均密度和平均覆盖度年际震荡较大，其中2006—2008年密度较高，2010年最低。这与2010年海南发生特大洪水带来泥沙覆盖有关。海草平均生物量在2005—2007年波动不大，生物量相对较低，2008年生物量最高，随后平均生物量下降。

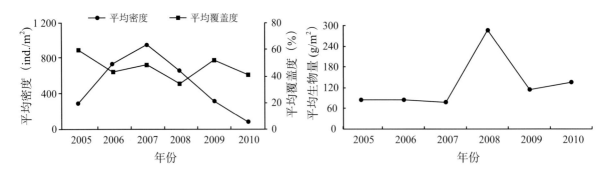

图6-43 2005—2010年海南东海岸生态监控区海草平均密度、覆盖度和生物量的年际变化

（二）底栖动物

1. 2010年监测结果

海南东海岸海草床鉴定出大型底栖生物15种。其中，软体动物12种，甲壳动物2种，环节动物1种。主要种类以梳纹加夫蛤、短偏顶蛤等软体动物为主。大型底栖动物平均生物量为498.9 g/m^2，平均密度为48 ind./m^2。

2. 2005－2010年变化趋势

（1）种类数

6年间，海南东海岸海草床底栖动物种类数的年际变化见图6-44。底栖动物种类数年际波动较大。6年间，共鉴定出底栖生物共有112种。其中，软体动物73种，甲壳动物14种，棘皮动物10种，环节动物3种，多孔动物4种，腔肠类3种，底栖藻类2种，造礁珊瑚3种。

（2）密度和生物量

底栖动物的年均密度和年均生物量年际波动较大。前者在2010年达到最大，而后者在2008年的值最高。

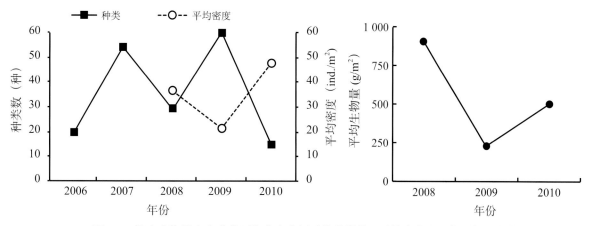

图6-44　海南东海岸生态监控区海草床底栖动物种类数、平均密度和生物量年际变化

三、生态健康状况

采用国家海洋局颁布的《近岸海洋环境生态健康评价指南》（HY/T 087－2005）海草床生态环境评价方法进行评价，海南东海岸海草床的生态环境健康状况结果如下。

（一）2010年生态健康状况

2010年，海南东海岸海草床的水环境指数为13.2；沉积环境指数为9.7；生物质量指数为9.8；栖息地指数为11.8；生物群落指数为40.0（图6-45）。生态环境指数84.5，属健康状态。但受2010年特大洪水影响，海南东海岸海草床被入海泥沙严重覆盖，沉积物组分变化也大，对海草床生物的栖息地造成了一定影响。

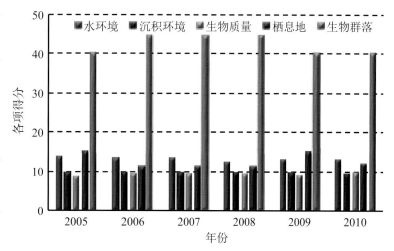

图6-45　2005－2010年海南东海岸海草床各项生态健康指标的年际变化

（二）2005—2010年生态健康状况变化趋势

6年间，海南东海岸海草床健康状况年际变化（图6-46），海草床生态系统一直处于健康状态，环境因素和生物群落状况保持相对稳定。

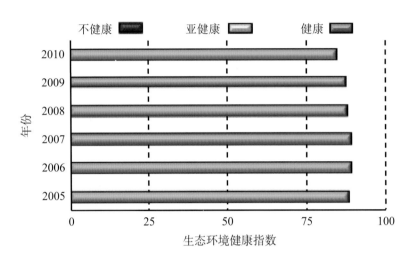

图6-46　2005—2010年海南东海岸海草床生态健康指数的年际变化

四、主要生态问题

（一）海域环境质量呈现恶化趋势

在新村港，因缺少统一规划和有效管理，港内船舶停靠和养殖用海相对密集而又无序，造成水面缩小，海水交换不畅，加之污水垃圾排放和随意回填等原因，水深变浅，水质有恶化趋势。1994年港内曾发生过一次严重赤潮。1998年5月再次发生赤潮，给港内海草及海草床生物群落带来极为不利的影响。

（二）养殖活动和自然灾害带来的生态压力日益增强

海水养殖等人类活动，对本区天然海草床的海草密度、覆盖度和生物量等均已造成一定影响。首先，养殖场的发展挤占了海草的部分生存空间。例如，新村港和黎安港具有海草生长最好的潟湖环境，但由于养殖业的发展和布局不合理、不科学，特别是鱼类、贝类和麒麟菜的养殖，对海草生长带来了诸多不利因素，导致海水透光率降低，造成局部海草衰退。麒麟菜虽然具有净化水质的作用，但在海草床区内进行养殖，不仅与海草竞争营养，影响海草正常生长，而且为了保障养殖麒麟菜的生长，一些养殖户往往将海草彻底挖除。其次，在新村港、黎安港、高隆湾和龙湾港等地的海草生长区，由于挖贝耙螺、定置网架设、开挖虾池和靠泊船只等的人类活动，也给海草床带来一定破坏。在高隆湾，由于养殖业的发展和一些海岸工程建设的影响，海草床遭到了部分破坏，造成海草分布上限点后退，导致海草床面积急剧缩减。除了人类活动外，自然灾害对海草的密度、生物量和覆盖度等也可造成一定影响。如2010年由于海南省发生特大洪水，造成大量泥沙倾注入海，引起许多地区的海草平均覆盖度和平均密度均有明显下降。

（三）捕捞活动的生态压力越来越大

长期以来，由于海南沿岸海域捕捞过度，海草床海域的大型经济鱼类和贝类已变得很少。多数海草床海域的海洋生物种类也相对较少，一般仅能见到一些小型经济鱼类和观赏性鱼类。

更为严重的是，在麒麟菜养殖中，为了防止鱼类对麒麟菜稚嫩幼体的啄食，一些养殖户常采取投放炸药放炮来驱赶和灭杀鱼群，这种极端性的野蛮措施不仅炸死了许多稚幼鱼类，也影响到海草的正常生长，对海草床生态系统的危害极大。

第五节　广西山口红树林区

一、生境条件

（一）区域自然特征

1. 自然特征

山口红树林生态自然保护区位于广西北海市合浦县东南部的沙田半岛，由半岛东西两侧的陆域、海域及全部滩涂组成，地理坐标为 21°28′22″—21°37′00″N，109°37′00″—109°47′00″E。保护区总面积 8 000 hm²，岸线长 50 km。保护区于 1990 年 9 月经国务院批准建立，主要保护对象为红树林生态系统，是我国首批五个国家级海洋自然保护区之一。本区为南亚热带季风型海洋性气候，年均气温 23.4 ℃，海水年平均温度 23.5 ℃，盐度 20～23。本区滩涂宽广，有机质多，淤泥冲积层深厚，盐渍土壤遍布，风浪平静，具有大陆红树林海岸生态系统的典型特征，是我国大陆海岸上发育较好、连片较大的天然红树林分布区。

保护区于 2000 年 1 月加入联合国教科文组织世界生物圈，2002 年 1 月又被列为国际重要湿地，是目前广西唯一获得此世界双桂冠的自然保护区。保护区内有红海榄、秋茄、角果木、桐花树、木榄等 21 种红树植物。尤其是本区的红海榄纯林集中连片，面积较大、结构典型、生长良好以及高大通直的木榄树种在我国已为罕见。红树林具有保护海岸、调节气候、净化环境、为其他多种海洋生物和鸟类提供重要栖息环境等重要生态功能。2004 年，国家海洋局将山口红树林列为监控区，对海塘、高坡、永安、沙田等区域的红树林状况开展了多年的连续监测。

2. 监测范围及内容

山口红树林监测区域包括海塘、高坡、永安核心区和沙田实验区，每个监测区域各设1 个监测断面，每个断面设 2 个监测站位（图 6-47）。监测内容主要包括红树林群落、红树林底栖动物和鸟类等。

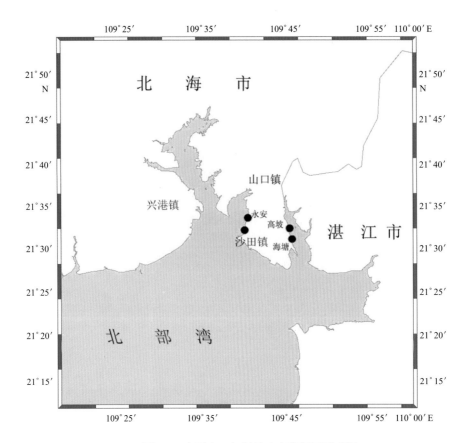

图6-47　广西山口红树林生态监测区示意图

二、生物群落

（一）红树林群落

1. 2010年监测结果

2010 年，广西山口红树林主要群落为白骨壤、红海榄、木榄、秋茄和桐花 5 种群落，红树林栖息地状况总体良好，红树林面积比较稳定，红树林密度达到 14 039 株 /hm²。红海榄、木榄群落和秋茄群落保持较好的生长势头。但 2010 年 9 月中下旬，发现林区的白骨壤和桐花树遭受尺蛾和毛颚小卷蛾虫害，危害面积在 20 hm² 左右。

2. 2005—2010年变化趋势

6 年间，山口红树林保护区的红树面积保持稳定，红树林密度明显增加，群落组成包括红海榄、木榄、桐花树、白骨壤、秋茄等，还有一些混交群落，群落结构基本保持稳定（图 6-48）。

图6-48 山口红树林群落

（二）红树林鸟类

山口红树林生态自然保护区是南迁鸟类的重要越冬地和中途停歇站，保护区内红树林生境状况与群落结构的稳定对于保护红树林鸟类具有重要的意义。2010年，在保护区内监测到黑脸琵鹭、黄嘴白鹭等鸟类。近年来，在保护区内调查到四大鹭鸟种群，主要是池鹭、小白鹭、白鹭和牛背鹭等，数量在70～1 300只之间，其中以英罗港种群最大。高坡林区的白鹭常年可见，已由候鸟转成留鸟，是本区自然环境得到不断改善的一个重要标志（图6-49）。在调查中也常见到一些其他鸟种，如翠鸟、大山雀、伯劳和斑鸠等，但均未形成较大的种群。除2010年之外，在某些年度也能观察到黑脸琵鹭、黄嘴白鹭和小天鹅等珍稀鸟类。

图 6-49 山口红树林区内的小白鹭

（三）红树林底栖生物

1.2010年监测结果

2010年夏季，山口红树林区大型底栖生物栖息密度在5～75 ind./m² 之间，平均为54.55 ind./m²。底栖生物优势类群依次为节肢动物、软体动物和星虫动物。其中，节肢动物优势种为弧边招潮蟹、鼓虾等；软体动物优势种为滩栖螺、红树蚬、小荚蛏为优势种；星虫动物优势种为可口革囊星虫。底栖生物生物量在 22.0～151.0 g/m² 之间，平均为 67.45 g /m²。

2. 2005－2010年变化趋势

6 年间，山口红树林底栖生物密度和生物量均呈逐年降低的趋势，2010 年为近年来的最低值，分别为 54.5 ind./m² 和 67.5 g/m²（图 6-50）。

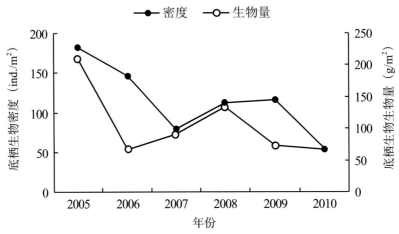

图6-50 2005－2010年山口红树林区底栖生物平均密度和生物量的年际变化

三、生态健康状况

采用国家海洋局颁布的《近岸海洋生态健康评价技术指南》（HY/T 087－2005）红树林生态环境评价方法进行评价，山口红树林的生态环境健康状况结果如下。

（一）2010年生态健康状况

2010 年山口红树林区的水环境指数为 14；生物质量指数为 14.5；栖息地指数为 20；生物群落指数为 36.6（图 6-51）。总体而言，水质和生物质量状况良好；红树林面积保持稳定，大部分林区的红树林植株长势良好，红树林密度约为 14 000 株 /hm²，较 5 年前显著增加，红树林群落结构和类型基本保持稳定；但红树林底栖动物密度较低，比 2006 年前下降了62.9%。生态环境健康指数为 85.1，属于健康状态。

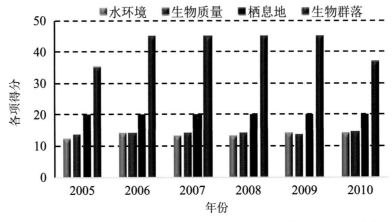

图6-51 2005－2010年山口红树林区各项生态健康指标的年际变化

（二）2005—2010年生态健康状况变化趋势

6 年间，广西山口红树林生态环境健康指数变化范围为 81.3～93，始终保持健康状态（图 6-52），其中，2009 年最高，2010 年最低。但由于 2010 年红树林区的底栖生物密度和生物量有所下降，导致生态健康指数降低。海水环境和栖息地状况总体良好，红树林面积保持稳定，红树林群落结构和类型基本保持不变。

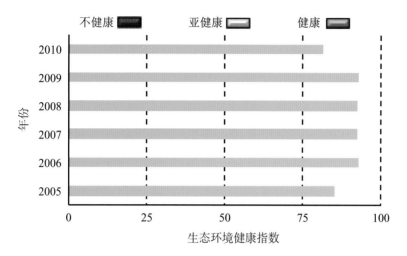

图6-52 2005—2010年山口红树林生态健康指数的年际变化

四、主要生态问题

（一）红树林虫害

当前，红树林虫害是本自然保护区最为重要的生态问题之一。主要害虫有广州小斑螟、双纹白草螟、丝脉衰蛾、尺蛾、毛颚小卷蛾等。其中，广州小斑螟以危害白骨壤为主，丝脉衰蛾以危害秋茄和桐花树为主。2008 年本自然保护区发生的广州小斑螟虫害，是 2004 年以来虫害最严重的一年。这次虫害历时 85 天，受害面积约 265 hm²，其中死亡面积近 18 hm²。在沙田和永安林区，白骨壤群落受害最为严重，虫叶率达到了 98.7%。受害的白骨壤群落外貌由灰绿色变为焦黄色，见图 6-53。

图6-53 山口红树林生态自然保护区受虫害影响的红树群落

（二）外来生物入侵

1979年，广西合浦县将互花米草引种到丹兜海（保护区的实验区）。由于互花米草生长速度快，加之没有天敌，较之生长缓慢的红树林更易于遍布滩涂。目前，山口红树林生态自然保护区的一些宜林滩涂已被互花米草侵占，红树林生长受到严重限制（图6-54）。1995年，互花米草又被引入英罗港核心区试种，很快便侵占了红树林的边缘地域或林间空隙地。调查还发现，位于永安村红树林区向海林缘的滩涂上，由于受到互花米草和藤壶的双重危害，一些桐花树长势极差，植株低矮，甚至出现桐花树因互花米草的危害而死亡的现象。据监测结果显示，互花米草的面积年均扩展达到 $41.1 \sim 48.4 \text{ m}^2$。另外，互花米草入侵区的底栖动物分布数量明显减少。

图6-54　山口红树林生态自然保护区互花米草入侵

无瓣海桑原产于孟加拉国，1985年引种到我国。无瓣海桑在树体高度、生长速度等方面都显著超过本土的秋茄、桐花树和白骨壤等红树植物。2006年本自然保护区的英罗港核心区出现了无瓣海桑植株，其以较快的速度在英罗港内扩散生长，并于2008年向丹兜海渗透和入侵（图6-55）。目前，在英罗港核心区共发现26株明显高出本地红树林群落的无瓣海桑植株，在丹兜海内共发现有14株无瓣海桑入侵，分布特点与英罗港相似。

图6-55　山口红树林生态自然保护区无瓣海桑入侵

（三）红树林寒害

2008年早春发生了50年一遇的冰冻灾害，给山口红树林生态自然保护区的红树林群落造成了极大的伤害。其中，永安核心区木榄群落受害较为严重，成树死亡率达12.0%以上；10年龄以下红海榄幼树或幼苗基本被冻死；白骨壤植株所有的冠枝顶芽和顶叶全部冻死；木榄和秋茄普遍出现落花落果现象。受害总面积近135 hm^2，其中死亡的红树林群落面积超过50 hm^2，造成受害林区的红树密度、盖度有所下降，正常的群落结构受到一定的破坏。

第六节　广西北仑河口红树林区

一、生境条件

（一）区域自然特征

1. 自然特征

广西北仑河口红树林区位于我国大陆海岸线最西南端的广西防城港市。2000年4月被批准为国家级自然保护区，红树林生态系统为其主要保护对象。保护区总面积5 600 hm^2，海岸线87 km，东起防城区江山乡白龙半岛，毗邻北部湾，西至东兴镇罗浮江与北仑河汇集处的滩涂和部分海域，与越南交界。由东到西跨越珍珠港湾、江平三岛和北仑河口，拥有河口海岸、开阔海岸和海湾海岸等地貌类型。保护区属南亚热带海洋性季风气候区，年平均气温22.5℃，海水年平均温度为23.5℃，盐度为23.1，潮汐类型为正规全日潮。流经保护区的河流主要有黄竹江、江平江、罗浮江、北仑河等。在这些入海河流的河口及其附近海域，由于潮汐相对较为缓和，有利于海潮和入海河流的泥沙、碎屑等物质的沉积，形成了适宜红树林生长发育的土壤，成为我国红树林的主要分布区。

保护区内分布有面积较大、连片生长的红树林，约1 200 hm^2，有红树植物14种，隶属11科14属。其中，真红树有10种，半红树有4种。其中，以秋茄、桐花树、白骨壤和木榄为主，是保护区内红树植物的优势种。银叶树为广西濒危红树植物种类。该区是广西目前发现有银叶树分布的主要岸段。此外，还有我国大陆海岸面积最大的木榄群落以及在我国大陆沿岸较为少见的较完整的老鼠簕天然群落。本保护区也是亚洲东部沿海鸟类迁徙路线和中西伯利亚—中国中部内陆鸟类迁徙路线的交会点，是鸟类迁飞途中的重要驿站和觅食地，在鸟类保护工作中具有重要意义。

2. 监测范围及内容

北仑河口红树林监测区包括竹山、双墩、交东和石角等分区，每个监测分区各设1个监测断面，每个断面设2个监测站位（图6-56）。监测内容主要包括海水环境、沉积物质量、红树林群落、红树林底栖动物和鸟类等项目。

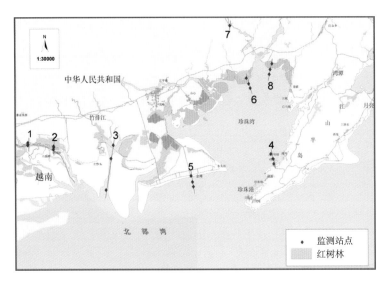

图6-56　广西北仑河口红树林生态监测区示意图

（二）海水环境

1. 2010年监测结果

本红树林区海水环境要素状况监测结果见表6-15。由表6-15可知，2010年区内海水环境质量总体良好，化学需氧量符合一类海水水质标准，但无机氮平均含量已达到三类海水水质，主要污染区分布于独墩和竹山两个分区。

表6-15　2010年广西北仑河口红树林区海水环境要素监测结果

测项	测值范围	平均值
盐度	0.031 ~ 28.1	11.3
pH	8.28 ~ 6.69	7.65
叶绿素 a（μg/L）	1.07 ~ 41.14	10.79
化学需氧量（mg/L）	0.15 ~ 1.46	0.96
无机氮（mg/L）	0.068 ~ 0.574	0.35

2. 2005—2010年变化趋势

6年间，本红树林区主要海水环境要素的年际变化见图6-57。由图6-57可见，海水平均盐度年际变化范围为11.3 ~ 23.0，2006年平均盐度最高，2010年平均盐度最低，其他年份基本处于稳定状态；pH变化范围为7.6 ~ 7.8，基本保持稳定；无机氮年均含量变化范围为0.14 ~ 0.39 mg/L，呈上升趋势，主要污染源为北仑河上游东兴市排放的市政生活污水及近岸养殖污水。

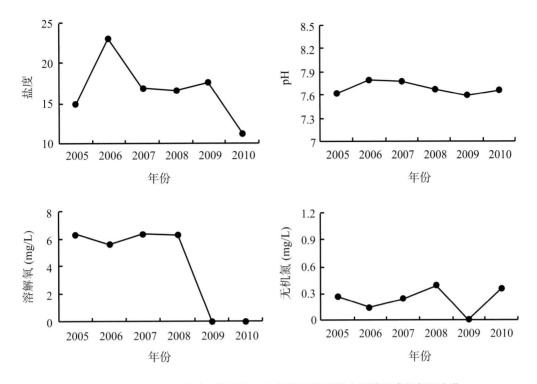

图6-57 2005—2010年广西北仑河口红树林区主要海水环境要素的年际变化

（三）沉积物质量

2005—2009年，北仑河口红树林区的沉积物质量始终保持较好状态，硫化物和有机碳年均含量均符合一类海洋沉积物质量标准（图6-58）。

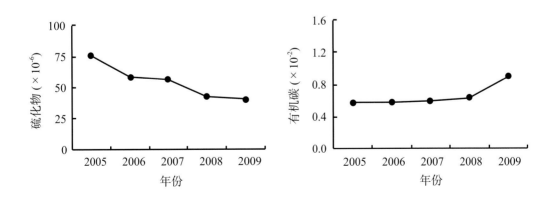

图6-58 2005—2009年广西北仑河口自然保护区主要沉积物要素的年际变化

二、生物群落

（一）红树林群落

1. 2010年监测结果

北仑河口红树林群落主要以木榄、桐花树、秋茄及白骨壤为主，各红树植物整体长势良好，群落结构和红树林面积比较稳定。但在石角林区和交东林区发生小面积虫害，受害树种主要为白骨壤，害虫种类尚未明确。受虫害影响，白骨壤植株叶片稀疏，植株开花和挂果率较低（图6-59）。

图6-59　广西北仑河口红树林区遭虫害的白骨壤植株

2. 2005－2010年变化趋势

6年间，北仑河口红树林群落结构稳定，成树和自然繁殖的红树幼苗生长状态良好，特别是石角林区的木榄幼苗及竹山林区的桐花树幼苗生长较为密集（图6-60）。种群密度不断增加，可作为木榄及桐花树的天然种源库及天然种苗场加以利用。

图6-60　广西北仑河口自然保护区天然木榄和桐花幼苗

（二）红树林鸟类

2010年，本区监测到69种栖息鸟类。由于本自然保护区是亚洲东部沿海鸟类迁徙路线和中西伯利亚—中国中部内陆鸟类迁徙路线的交会区，近年来的监测表明，在保护区内每年都可监测到60～80种鸟类。其中，属于国家二级重点保护鸟类有：红嘴巨鸥、红隼、褐翅鸦鹃、有黑翅鸢、黑耳鸢等以及全球受威胁物种勺嘴鹬、黑嘴鸥、大杓鹬等（图6-61）。

图6-61 广西北仑河口自然保护区内的鸟类

（三）红树林底栖生物

1.2010年监测结果

本区鉴定到底栖生物23种，优势种为太平大眼蟹、沙蚕、双齿相手蟹和团聚牡蛎等，平均密度为92.67 ind./m^2，平均生物量为46.08 g/m^2。

2.2005—2010年变化趋势

6年间，广西北仑河口自然保护区底栖生物密度呈先上升后下降的趋势（图6-62），其中2008年密度最高，达到275 ind./m^2，2010年密度最低，为54.55 ind./m^2；底栖生物生物量亦呈先上升后下降的趋势，以2008年和2009年生物量最高，接近150 g/m^2。2010年生物量最低，为46.0 g/m^2。

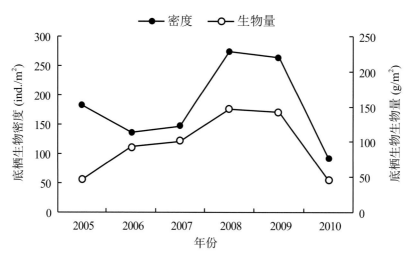

图6-62　2005－2010年广西北仑河口自然保护区潮间带底栖生物密度和生物量

三、生态健康状况

采用国家海洋局颁布的《近岸海洋生态健康评价技术指南》（HY/T 087－2005）红树林生态环境评价方法进行评价，北仑河口红树林的生态环境健康状况结果如下。

（一）2010年生态健康状况

北仑河口红树林区的水环境指数为9.6；生物质量指数为13.8；栖息地指数为20；生物群落指数为23.3（图6-63）。总体而言，红树林群落结构稳定，成树和自然繁殖的红树幼苗生长状态良好，种群密度不断增加。红树林底栖生物密度和生物量较2006年分别下降52%和33%。石角林区和交东林区也发生小面积的红树林虫害，侵害树种主要为白骨壤，导致植株生长减缓，叶片稀疏，开花挂果率极低。虫害发生的主要原因可能与2010年气候干旱高温、台风少有关，使得害虫大量繁殖。生态环境健康指数为66.7，处于亚健康状态。

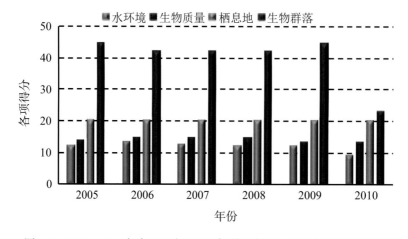

图6-63　2005－2010年广西北仑河口红树林区各项生态健康指标的年际变化

（二）2005－2010年生态健康状况变化趋势

6年间，北仑河口红树林生态系统健康指数变化范围为66.7～91.5，其中，2010年健康指数最低，2005年健康指数最高（图6-64）。除2010年呈亚健康状态外，生态环境一直处于健康状态，红树林群落稳定，长势良好。2010年由健康转为亚健康状态，主要由于海水中无机氮平均含量超二类海水水质标准，平均盐度下降较大，同时，红树林底栖生物生物量和密度下降明显，较2006年分别下降52%和33%。

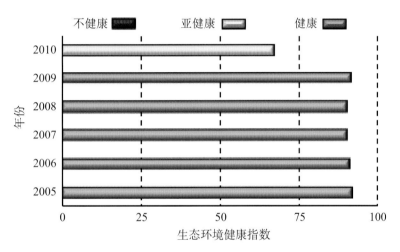

图6-64　2005－2010年广西北仑河口红树林生态健康指数年际变化

四、主要生态问题

（一）红树林虫害

多年的监测表明，广州小斑螟是北仑河口红树林区的主要虫害之一。2006年和2009年在石角和竹山两个林区发生了面积较大的广州小斑螟虫害。受害树种主要为桐花树，少部分为白骨壤。受害植株的叶片被广州小斑螟啃食后穿孔变黄，光合能力大大减弱，严重影响了植株的正常生长和繁殖（图6-65和图6-66）。

图6-65　遭受虫害的桐花树叶片

图6-66　广州小斑螟侵害后的红树群落

335

（二）红树林寒害

2008年，北仑河口自然保护区的红树群落受到了罕见的早春寒害的影响，导致保护区内的红海榄出现整株叶片枯黄脱落和死枝的现象。红海榄是保护区内唯一一种受到本次寒害影响的红树植物，表明红海榄对低温的影响较为敏感（图6-67）。

图6-67 受低温影响的石角核心区的红海榄

第七节　海南东海岸珊瑚礁区

一、生境条件

（一）区域自然特征

1. 自然环境

海南岛是中国仅次于台湾岛的第二大岛，其东部海岸珊瑚礁生态系统发育良好，岸礁长717.5 km，生物多样性丰富，是我国重要的珊瑚礁资源分布区。中国海域的造礁珊瑚有200多种，占世界造礁珊瑚种类的1/3。海南独特的地理区位和自然条件，形成了全国分布最广、种类最全、发育最好的珊瑚礁群。其中，鹿回头珊瑚礁岸段位于海南岛南端三亚湾东岸和鹿回头半岛西岸海域，是海南岛发育最为典型和研究程度最高的珊瑚礁岸段。长珧港和鹿回头是受港口、河流和人类活动影响较大的区域，珊瑚及其珊瑚礁生物分布较少，马尾藻较多，珊瑚生长受严重影响，次生演替相续发生。东瑁州、西瑁州、东西排岛和蜈支洲岛等海域，受陆源污染少，水质较佳，生态环境完好，珊瑚生长状况良好，珊瑚礁中海洋生物丰富。

珊瑚礁生态系统对维持渔业经济、保障生物多样性和生态平衡等具有重要作用。但是珊瑚礁也是一个相对脆弱的生态系统，容易受到外界环境变化的影响。随着海南近几年海洋旅游、海洋捕捞及海水养殖等开发强度的加大，海南东部近岸多数地方的珊瑚礁生态环境呈恶化趋势，珊瑚生长受到一定影响。

2. 监测范围及内容

本监测范围从文昌海南角以南至三亚南山以东一带的近岸海域，岸线长度约 750 km，向海伸入距离平均为 5 km，监控海域面积约 3 750 km²。重点监测区域包括文昌市的铜鼓岭和长圮港近岸海域，琼海市的龙湾海域，三亚市的蜈支洲、亚龙湾、大东海、小东海、鹿回头和西岛近岸海域（图 6-68）。主要监测内容为珊瑚礁区海水环境、珊瑚礁生物群落（珊瑚种类、活珊瑚覆盖度、珊瑚礁鱼类、底栖生物）和珊瑚病害等。

图6-68　海南东海岸珊瑚礁生态监测区示意图

（二）海水环境

1. 2010年监测结果

海南东海岸珊瑚礁区海水主要环境要素状况监测结果见表 6-16。由表 6-16 可知，2010年海南东海岸珊瑚礁区海水环境状况总体良好。除龙湾海域的溶解氧含量稍低，超过一类海水水质标准外，其他测区的全部测项，如 pH、盐度、悬浮物和叶绿素 a 含量均未发现异常状况。

表6-16　2010年海南东海岸珊瑚礁区海水主要环境要素监测结果

测项	测值范围	平均值
盐度	32.2 ～ 33.9	33.6
pH	7.85 ～ 8.15	8.05
溶解氧（mg/L）	4.28 ～ 6.95	6.44
悬浮物（mg/L）	0.2 ～ 24.9	5.31
叶绿素 a（μg/L）	0.06 ～ 0.31	0.13

2. 2005—2010年变化趋势

6年间，海南东海岸珊瑚礁海域海水主要环境要素的年际变化见图6-69。从图6-69可见，盐度年均变化范围为32~34.4，略有波动但基本稳定；溶解氧年均含量变化范围为6.21~6.77 mg/L，均符合一类海水水质标准；pH年均变化范围为7.97~8.33，符合一类海水水质标准；悬浮物年均含量略呈上升趋势，变化范围为2.42~7.48 mg/L，以2007年悬浮物含量最高，但未发现异常增高现象。

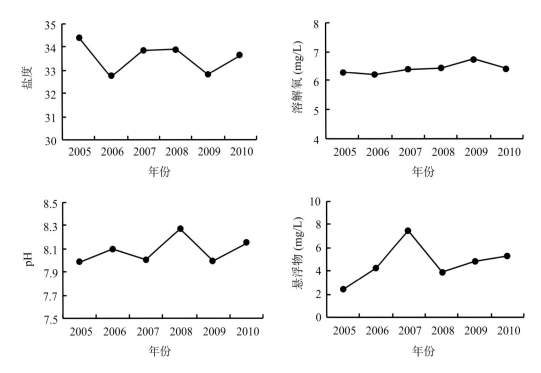

图6-69 2004—2010年海南东海岸珊瑚礁区海水主要环境要素年际变化

二、生物群落

（一）珊瑚礁生物群落

1. 2010年监测结果

2010年，在海南东海岸生态监控区共监测到造礁珊瑚12科52种，平均覆盖度为21.02%，其中以蜈支洲海域最高，覆盖度为36.50%；其次为小东海海域，覆盖度为30.75%。在造礁珊瑚种类组成方面，以丛生盔形珊瑚、多孔鹿角珊瑚、伞房鹿角珊瑚、标准蜂巢珊瑚、秘密角蜂巢珊瑚、精巧扁脑珊瑚等为该海区的主要常见种。2010年，海南东海岸生态监控区平均硬珊瑚补充量为0.24 ind./m²。其中，蜈支洲硬珊瑚补充量相对较高，为0.40 ind./m²；其次为鹿回头的0.38 ind./m²。

2010年在海南东海岸生态监控区共监测到鱼类30种，其中种类最多的为亚龙湾海域，较少的是铜鼓岭和龙湾海域。常见珊瑚礁鱼类有五带豆娘鱼、白条双锯鱼、曲纹蝴蝶鱼、黑线丹波鱼、网纹宅泥鱼等。珊瑚礁鱼类平均密度为52.4 ind./100 m²，密度最高的是蜈支洲海域，为 153 ind./100 m²，密度较低的是铜鼓岭海域，为 18 ind./100 m²。鱼类个体普遍较小，体长小于 10 cm 的鱼类占 74.6%。

2. 2005－2010年变化趋势

6 年间，海南东海岸生态监控区造礁珊瑚种类及其覆盖度总体呈下降趋势（图 6-70）。其中，2008 年监测到的造礁珊瑚种类最少，仅为 51 种；造礁珊瑚覆盖度呈先升后降趋势，2010 年覆盖度仅为 21.02%；珊瑚礁鱼类平均密度下降较为剧烈，2007 年鱼类平均密度比 2006 年下降了约 70.0%，此后一直处于较低水平（图 6-71）。

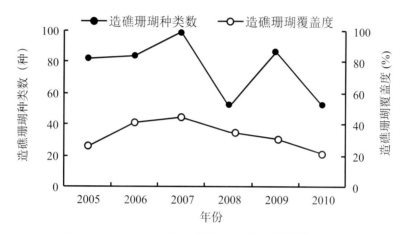

图6-70　2005－2010年海南东海岸造礁珊瑚种类数和覆盖度

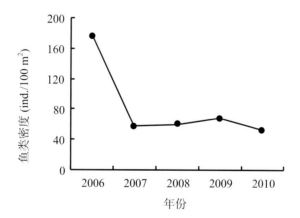

图6-71　2006－2010年海南东海岸珊瑚礁鱼类平均密度

（二）珊瑚病害

2010 年，监测海域未发现常见珊瑚病害，但少量珊瑚出现了白化现象（图 6-72）。多年连续监测表明，海南东海岸珊瑚礁未发生大规模病害，造礁珊瑚生长发育基本良好，只是在亚龙湾海域出现了较大面积的珊瑚礁白化现象。

图6-72　珊瑚礁白化现象

三、生态健康状况

采用国家海洋局颁布的《近岸海洋生态健康评价技术指南》（HY/T 087－2005）珊瑚礁生态环境评价方法进行评价，海南东海岸的生态环境健康状况如下。

（一）2010年生态健康状况

海南东海岸珊瑚礁区的水环境指数为13.3；生物质量指数为14.6；栖息地指数为5；生物群落指数为32.4（图6-73）。总体而言，琼海龙湾的溶解氧含量超一类海水水质标准；龙湾海域出现了较大面积的珊瑚礁白化现象，大型藻类生长旺盛；珊瑚死亡率较高，并发现核果螺侵蚀珊瑚的迹象。生态环境健康指数为65.3，属于亚健康状态。

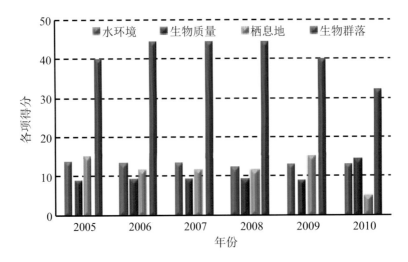

图6-73　2005—2010年海南东海岸珊瑚礁各项生态健康指标的年际变化

（二）2005—2010年生态健康状况变化趋势

6年间，海南东海岸珊瑚礁生态环境健康指数变化范围为65.3～88.9，其中，2010年健康指数最低，2006年健康指数最高（图6-74）。2005—2009年生态环境总体处于健康状况，但造礁珊瑚种类及覆盖度均呈现下降趋势，2010年较2006年下降了36.6%；珊瑚礁鱼类平均密度下降了70.0%。硬珊瑚补充量较低，2010年仅为0.24 ind./m²；珊瑚礁鱼类密度从2007年开始出现显著降低，近年来也一直处于较低水平。2010年，由于造礁珊瑚平均覆盖度、硬珊瑚补充量、珊瑚礁鱼类密度较低等原因，导致海南东海岸珊瑚礁生态系统健康状况变为亚健康。

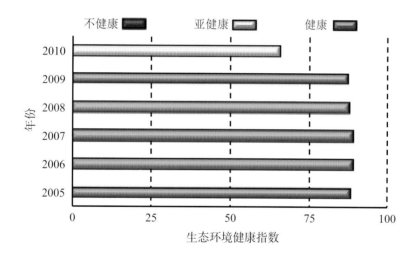

图6-74 2005—2010年海南东海岸珊瑚礁区生态健康指数年际变化

四、主要生态问题

（一）珊瑚礁海域海水被污染

由于受日益增长的河流污水、养殖废水和含油污水的影响，海南东海岸珊瑚礁区海水已分别受到不同程度的污染。三亚鹿回头近岸海域因受三亚河污染物输入的影响，海水环境质量已下降；铜鼓岭淇水湾一侧受养殖污水的污染，珊瑚群落状况明显退化；长圮港礁坪内缘因受长圮港污水的污染，珊瑚生长和分布状况明显较外缘差。可见，海水污染对海南东海岸珊瑚生态系统已产生一定的影响。

（二）珊瑚礁人为破坏较严重

近年来，随着海南国际旅游岛的开发建设和快速发展，到海南珊瑚礁区潜水观看珊瑚的游客日益增多，旅游船只的污染和游客的触碰和踩踏对珊瑚造成的影响愈发明显。在鹿回头、大小东海等多个潜水点都发现存在珊瑚被踩断的现象。而越来越多的海边酒店旅馆的修建工地及一些违法海上倾倒所产生的悬浮泥沙对周边分布的珊瑚均构成了潜在威胁。

（三）敌害生物数量激增

长棘海星属长棘海星科，又名刺冠海星，其个体较大，栖息在珊瑚礁水域，以石珊瑚的水螅体为食，对珊瑚礁破坏很大（图6-75）。在三亚的亚龙湾、大东海、小东海和西岛等珊瑚礁区均发现不少长棘海星。近年来，长棘海星的暴发已引起亚龙湾等地造礁珊瑚较为严重的白化和死亡现象。

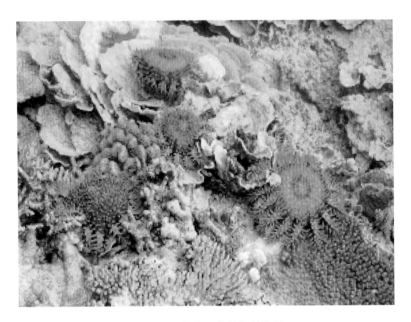

图6-75 珊瑚礁区内的长棘海星

第八节 西沙珊瑚礁区

一、生境条件

（一）区域自然特征

1. 自然环境

西沙群岛是南海诸岛中最大的群岛，位于海南岛东南方，我国南海的西北部，是扼守南中国海的门户。西沙由宣德和永乐两大群岛组成，东北为宣德群岛，西南为永乐群岛。西沙珊瑚礁区海水水质优良，珊瑚礁生长发育良好，具有极高的初级生产力和生物多样性。

西沙珊瑚礁区属于典型的大洋珊瑚礁分布区，是我国近海海域目前保存相对完好和极为珍贵的珊瑚礁区域。我国沿岸海域的珊瑚礁在亲缘关系上都是西沙群岛珊瑚群落北迁繁衍而形成的。所以，西沙珊瑚礁群落是我国现存珊瑚礁群落中最古老最原始的群落。得天独厚的气候、地质、水文条件等使西沙珊瑚礁成为我国面积较大的珊瑚礁区，而且珊瑚种类最多。经调查，西沙共有造礁珊瑚127种，软珊瑚21种，多孔螅7种，其全部列为国家二级重点保护动物，并被列入世界《濒危野生动植物种国际贸易公约》（CITES 公约）附录 I 和附录 II。此外还有一些海豚、鲸类、海龟、宝贝、珠母贝、砗磲和鹦鹉螺等国家重点保护野生动物和珍稀海洋动物。

2. 监测范围及内容

西沙珊瑚礁生态监测区包括西沙洲、赵述岛、北岛、石岛和永兴岛 5 个珊瑚礁分布区，见图 6-76。监测项目包括珊瑚礁区海水环境、珊瑚礁珊瑚生物群落（珊瑚种类、活珊瑚覆盖度、珊瑚礁鱼类、底栖生物）和珊瑚病害等。

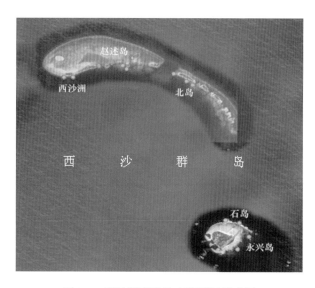

图6-76 西沙珊瑚礁生态监测区示意图

（二）海水环境

1. 2010年监测结果

西沙珊瑚礁区海水主要环境要素监测结果见表 6-17。由表 6-17 可见，2010 年西沙珊瑚礁区海水主要环境指标均符合一类海水水质标准，表明西沙珊瑚礁区海水质量状况总体优良。

表6-17 2010年西沙珊瑚礁区海水环境要素监测结果

测项	测值范围	平均值
盐度	33.88 ～ 34.2	34.04
pH	8.1 ～ 8.19	8.14
叶绿素 a（μg/L）	0.02 ～ 0.06	0.037
溶解氧（mg/L）	6.15 ～ 6.65	6.35
悬浮物（mg/L）	1.4 ～ 5.3	2.94

2. 2004—2010年变化趋势

2004—2010 年，西沙珊瑚礁区海水主要环境要素的年际变化见图 6-77。由图 6-77 可见，海水 pH 和溶解氧含量符合一类海水水质标准，且基本保持稳定。盐度略呈下降趋势，年均变化范围为 33.3～34.9；由于人类开发活动的影响，6 年间西沙珊瑚礁区海水悬浮物含量呈现增加的趋势。

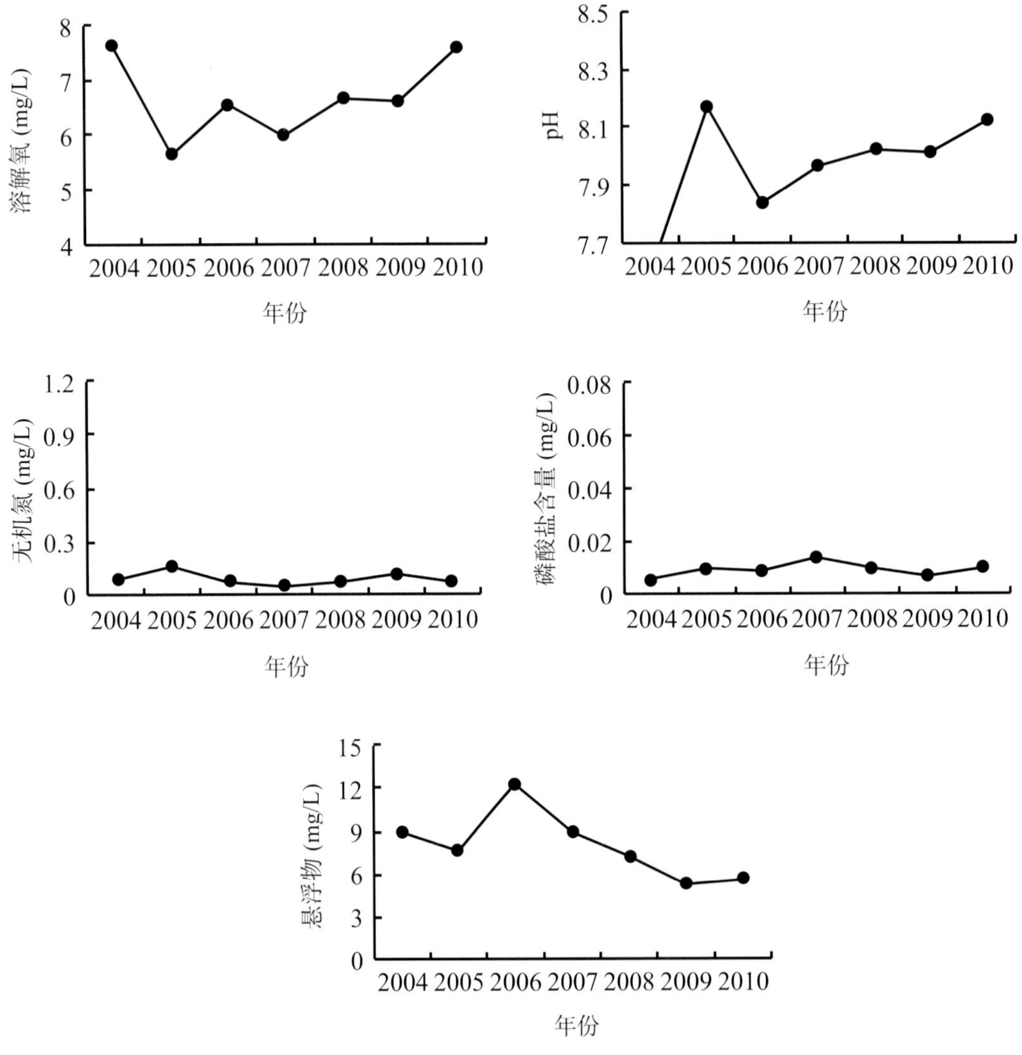

图6-77 2005—2010年西沙珊瑚礁区海水主要环境要素的年际变化

二、生物群落

（一）珊瑚礁生物群落

1. 2010年监测结果

2010 年，在西沙珊瑚礁区共监测到造礁珊瑚 10 科 43 种，其中赵述岛和永兴岛造礁珊瑚种类较多。造礁珊瑚平均覆盖度为 11.6%，永兴岛最高，为 25.50%；西沙洲最低，仅为 3.5%。造礁珊瑚优势种为叶状蔷薇珊瑚、佳丽鹿角珊瑚、多孔鹿角珊瑚、粗野鹿角珊瑚、伞房鹿角珊瑚等；常见种有澄黄滨珊瑚、疣状杯形珊瑚、扁枝滨珊瑚。2010年除永兴岛的硬珊瑚补充量为0.25 ind./m² 外，赵述岛、西沙洲和北岛等海域调查断面的硬珊瑚均为零补充。珊瑚礁鱼类约有40余种，常见珊瑚礁鱼类有三带蝴蝶鱼、勒氏笛鲷、日本刺尾鱼、五带豆娘鱼，平均密度为125 ind./100m²。其中，永兴岛密度最大，为145 ind./100m²；北岛密度最小，为89 ind./100m²。

2. 2005－2010年变化趋势

2005－2010年西沙珊瑚礁区造礁珊瑚种类、覆盖度及珊瑚礁鱼类密度均呈现明显的下降趋势（图6-78）。西沙造礁珊瑚由2006年的87种减少至2010年的43种，珊瑚覆盖度由68.2%下降到11.6%；珊瑚礁鱼类密度由2005年的310 ind./100 m²下降到2010年的125 ind./100 m²（图6-79）。

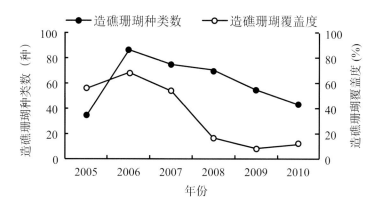

图6-78　2005—2010年西沙珊瑚礁区造礁珊瑚种类和覆盖度的年际变化

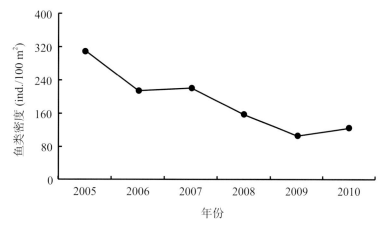

图6-79　2005—2010年西沙珊瑚礁区珊瑚礁鱼类平均密度的年际变化

（二）珊瑚病害

近年来监测发现，在永兴岛和石岛的叶状蔷薇珊瑚有病害发生，主要病症为珊瑚体发黑，其中发病较多的为永兴岛南部海区，发病珊瑚呈斑块状分布。据报道，此现象为海洋细菌的侵袭造成。

三、生态健康状况

采用国家海洋局颁布的《近岸海洋生态健康评价技术指南》（HY/T 087－2005）珊瑚礁生态环境评价方法进行评价，西沙珊瑚礁区的生态环境健康状况如下。

（一）2010年生态健康状况

2010年西沙珊瑚礁区的水环境指数为14.1；生物质量指数为15；栖息地指数为5；生物群落指数为34（图6-80）。总体而言，监测区域的栖息地状态下降明显，主要表现为造礁珊瑚覆盖度下降明显，覆盖度仅为11.6%，硬珊瑚补充量低，赵述岛、西沙洲和北岛等海域的调查断面为零补充。生态系统健康指数为68.1，处于亚健康状态。

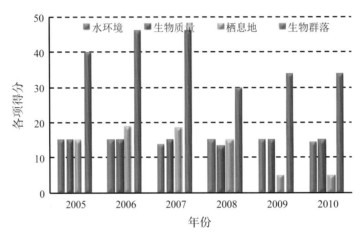

图6-80　2005－2010年西沙珊瑚礁区各项生态健康指标的年际变化

（二）2005－2010年生态健康变化趋势

6年间，西沙珊瑚礁区生态环境健康指数变化范围为68.1～95，其中，2010年健康指数最低，2006年健康指数最高。6年间西沙珊瑚礁区生态环境状况总体呈下降趋势，2008年西沙珊瑚礁区生态健康状况退化为亚健康（图6-81）。自2007年以来，西沙造礁珊瑚平均覆盖度和硬珊瑚补充量逐年下降，珊瑚礁退化非常严重，特别是西沙洲、赵述岛和北岛等监测海区，造礁珊瑚覆盖度最低分别为0.58%、1.85%和1.5%。另外，造礁珊瑚种类减少，珊瑚礁鱼类密度也呈明显下降趋势。

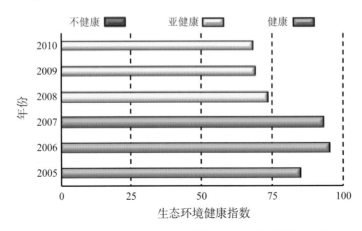

图6-81　2005－2010年西沙珊瑚礁区生态健康指数年际变化

四、主要生态问题

（一）造礁珊瑚覆盖度降低

从 2007 年开始，西沙珊瑚礁生态监控区内的浅水造礁珊瑚逐渐出现死亡现象，造礁珊瑚覆盖度呈现下降的趋势。2008 年以后，随着非法炸鱼、毒鱼等人类活动的强烈干扰以及长棘海星种群数量的剧增，使得珊瑚大量死亡，造礁珊瑚覆盖度明显下降。2006 年西沙珊瑚礁海域的造礁珊瑚覆盖度高达 68.2%，而 2010 年造礁珊瑚平均覆盖度仅为 11.6%；在西沙洲、赵述岛和北岛等监测海区，造礁珊瑚覆盖度最低分别为 0.58%、1.85% 和 1.5%。由于造礁珊瑚覆盖度的下降，珊瑚礁内的生物多样性也随之降低，导致珊瑚礁生态系统呈明显的退化趋势。

（二）敌害生物数量激增

近年来监测发现，西沙珊瑚礁生态监控区内的长棘海星种群数量呈增长的趋势，已成为该海域珊瑚白化和死亡的主要原因之一。到 2007 年，长棘海星的种群数量出现剧增，局部区域长棘海星数量达到 10 ind./10 m²，并出现长棘海星种群从北向南迁移的迹象。目前，在永兴岛南部已发现了大量长棘海星的聚集区。长棘海星种群暴发已给西沙海域的珊瑚礁生态系统造成了极大的破坏。

（三）过度捕捞导致珊瑚礁生物资源衰退

近几年，由于赴西沙进行渔业捕捞的船只迅速增长，大大加剧了西沙海域的捕捞强度，造成西沙珊瑚礁海域的鹦嘴鱼、石斑鱼、龙虾以及红口螺等经济生物的迅速减少。2005－2010 年间，西沙的珊瑚礁鱼类密度已由 2000 年的 310 ind./100 m² 下降到 2010 年的 125 ind./100 m²，鱼类的年龄结构也趋于低龄化。同时，因受到人为捕捞的影响，西沙珊瑚礁海域的法螺、梅花参、大珠母贝、鹦鹉螺、玳瑁、绿海龟和苏眉鱼等珍稀海洋生物也已变得十分稀少。

（四）全球变暖对珊瑚礁威胁加大

目前全球变暖引起的海水表层温度升高对我国南部沿海珊瑚礁生态系统影响较为显著。据实测资料统计，近十年间（1999－2008 年）西沙各月表层海水平均温度比 1976－1990 年 15 年间各月表层海水平均温度高出 0.25 ℃，尤其是冬季较为显著，平均高出 0.5 ℃（图 6-82）。近 60 年来，南海海域夏季表层海水温度呈现明显的上升趋势，并接近高温极限，加剧了南海地区的珊瑚礁白化。

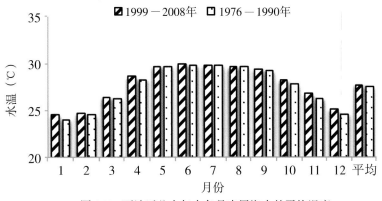

图6-82 西沙近几十年内各月表层海水的平均温度

第九节　雷州半岛西南沿岸珊瑚礁区

一、生境条件

（一）区域自然特征

1. 自然环境

本珊瑚礁区地处湛江市的雷州、徐闻两个市（县）的西部沿岸海域，地理坐标为 20°01′—20°44′N，109°30′—109°58′E。这里的浅海区全为玄武岩基底，适宜珊瑚固着、生长和繁衍，具备浅水造礁珊瑚生长成礁的重要条件。本区珊瑚礁具有热带北缘珊瑚礁特点，也是我国大陆现今保存最好、面积最大、种类最多的岸礁型珊瑚礁群。珊瑚礁的总面积达 59.407 km²。其中，北部区域面积 29.635 km²，中部区域面积 2.332 km²，南部区域面积 27.439 km²，平行海岸连绵 10 km。其核心区在徐闻县西部角尾、西连两个乡镇的西部沿岸海域，呈两端宽、中间窄的南北向带状分布。

本区有企水港、乌石港和流沙湾 3 个较大港湾，是本区渔港的所在地和主要海水养殖基地，也是本区海域污染物的重要来源。除了渔港和养殖污染源之外，附近沿海糖厂等生产企业排放的工业污水对本区生态环境也有明显影响。

2. 监测范围及内容

2004 年国家海洋局在此建立了雷州半岛西南沿岸生态监控区。在徐闻珊瑚礁区设置 2 个调查站位，每个调查站位分别沿 2 m、4 m 等深线各布设 1 个永久样框和 3 条监测断面（图 6-83）。监测项目有海水环境、珊瑚礁珊瑚种类和优势种、活珊瑚覆盖度、珊瑚礁鱼类和底栖生物等。

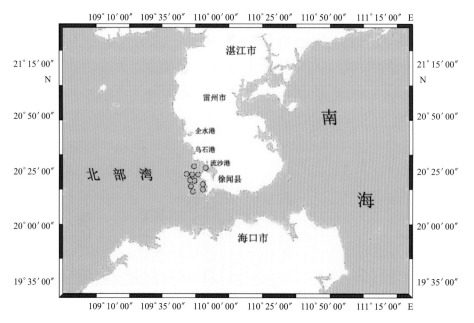

图6-83　雷州半岛西南沿岸珊瑚礁生态监测区示意图

（二）海水环境

1. 2010年监测结果

雷州半岛西南沿岸珊瑚礁区海水主要环境要素监测结果见表6-18。由表6-18可知，2010年雷州半岛西南沿岸珊瑚礁区的pH、溶解氧、无机氮和磷酸盐等海水水质指标大多符合一类海水水质标准，只有个别站位的无机氮、磷酸盐含量略超一类海水水质标准，表明珊瑚礁区水质状况基本良好。

表6-18　2010年雷州半岛西南沿岸珊瑚礁区海水主要环境要素监测结果

测项	测值范围	平均值
盐度	31 ～ 36	33.8
pH	8 ～ 8.2	8.12
悬浮物（mg/L）	0.7 ～ 16.3	5.45
溶解氧（mg/L）	6.2 ～ 8.6	7.6
无机氮（mg/L）	0.03 ～ 0.201	0.064
磷酸盐（mg/L）	0.005 ～ 0.016	0.010

2. 2005－2010年变化趋势

6年间，雷州半岛西南沿岸珊瑚礁海域海水主要环境要素的年际变化见图6-84。由图6-84可知，溶解氧含量、pH虽有波动，但都符合一类海水水质标准；海水的磷酸盐和无机氮年均含量也有波动，但均符合一类海水水质标准。

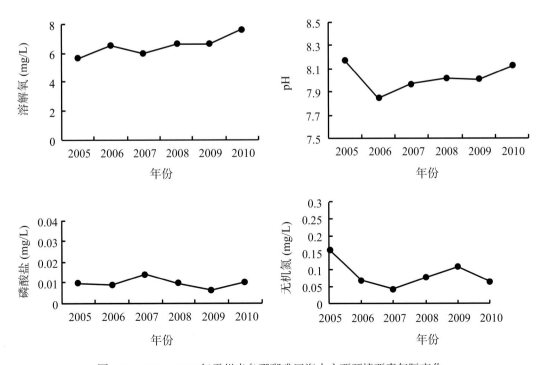

图6-84　2005－2010年雷州半岛珊瑚礁区海水主要环境要素年际变化

二、生物群落

（一）造礁珊瑚群落

1. 2010年监测结果

2010年雷州半岛西南沿岸珊瑚礁平均覆盖度为12.1%，没有发现珊瑚常见病害和严重白化等情况，其中，放坡的珊瑚死亡率较高，平均达60.2%；水尾角的珊瑚死亡率较低，平均为16.3%。两个监测海区珊瑚优势种组成不同，放坡以多孔同星珊瑚和澄黄滨珊瑚为主，而水尾角则以二异角孔珊瑚和盾形陀螺珊瑚为主。

2. 2005－2010年变化趋势

连续多年的监测结果显示，整个海区珊瑚礁生态系统呈现退化趋势，平均覆盖度逐年下降（图6-85）。2009年角尾乡西部放坡和水尾角两地海域的珊瑚礁平均覆盖度分别比2004年下降45.5%和65.5%。近年来珊瑚死亡率呈增加趋势，珊瑚礁群落结构发生改变，适应低光照环境的角孔珊瑚和软珊瑚数量明显增加。2005－2006年，秘密角蜂巢珊瑚为主要优势种，2008年被二异角孔珊瑚取代。

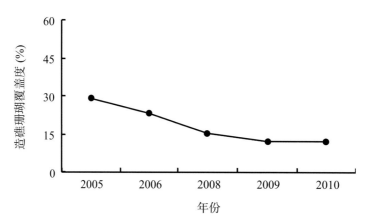

图6-85　2005－2010年雷州半岛西南沿岸造礁珊瑚覆盖度

（二）造礁珊瑚病害

近年，本区没有发现珊瑚常见病害和严重白化等情况，但放坡海区的珊瑚死亡率较高，平均为60.2%。

三、生态健康状况

采用国家海洋局颁布的《近岸海洋生态健康评价技术指南》（HY/T 087－2005）珊瑚礁生态环境评价方法进行评价，雷州半岛西南沿岸珊瑚礁区生态环境健康状况如下。

（一）2010年生态健康状况

雷州半岛西南沿岸珊瑚礁区的水环境指数为13.1；生物质量指数为15；栖息地指数为5；生物群落指数为30（图6-86）。总体而言，造礁珊瑚平均覆盖度较低，并发现有大量絮状沉积物覆盖在珊瑚上，对珊瑚的生长非常不利；放坡海区珊瑚的死亡率较高，平均达60.2%。生态环境健康指数为63.1，属于亚健康状态。

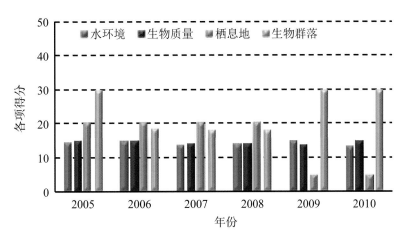

图6-86 2005—2010年雷州半岛西南沿岸珊瑚礁区各项生态健康指标的年际变化

（二）2005—2010年生态健康变化趋势

6年间，雷州半岛西南沿岸珊瑚礁区生态健康指数变化范围在63.1～79.3之间。其中，2005年健康指数最高，此后生态健康指数呈逐年下降趋势（图6-87）。雷州半岛西南沿岸珊瑚礁生态系统从健康下降到亚健康状态，主要因素是栖息环境质量下降。海水中悬浮物含量较高，透明度较低，不合适珊瑚礁生长。活珊瑚平均覆盖度基本呈逐年下降趋势，珊瑚群落结构发生改变，适应低光照环境的角孔珊瑚和软珊瑚数量明显增加，珊瑚礁退化特征较为明显。

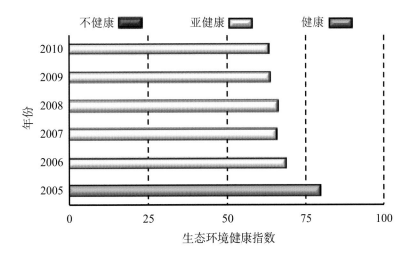

图6-87 2005—2010年雷州半岛西南沿岸珊瑚礁区生态健康指数的年际变化

四、主要生态问题

（一）局部海区污染

随着本区乡镇经济的发展和人口增长，生活污水、工业废水和海水养殖废水的产生量日益增长。在流沙湾、乌石港和企水港三个较大港湾中，船舶往来频繁和养殖排污量大，局部水域出现石油污染和富营养化现象，2005 年和 2006 年先后发生 3 起棕囊藻赤潮。此外，工业废水废渣、生活污水垃圾、农业化肥农药也大有增长趋势，已构成本海域珊瑚礁生态系统生态安全的重要潜在威胁。

（二）造礁珊瑚覆盖率降低

由于近岸海水养殖产生的残饵、粪便及废水的排放，加之台风带来的降水将陆上的泥土和污染物等一并带入海中，增加了近岸水体中的悬浮物浓度，使得对悬浮物耐受能力较差的珊瑚死亡率大大增高。目前，局部海域水下能见度通常不足 20 cm，2 m 等深线处的珊瑚礁退化明显，而在 4 m 等深线处造礁珊瑚退化更为严重，导致生态监控区内的造礁珊瑚覆盖度呈现明显下降趋势。

（三）珊瑚礁珊瑚群落优势种发生变化

2008 年监测发现，雷州半岛西南沿岸的珊瑚礁群落优势种类的更替现象有日益明显迹象。珊瑚礁群落中的秘密角蜂巢珊瑚和精巧扁脑珊瑚明显减少，而适应高悬浮物浓度和低光照环境的角孔珊瑚明显增加，角孔珊瑚正在逐渐代替秘密角蜂巢珊瑚而成为第一优势种。

第十节　广西涠洲岛珊瑚礁区

一、生境条件

（一）区域自然特征

1. 自然环境

涠洲岛是广西北海市正南方海域中一个海岛，是广西最大岛屿，也是我国最大、地质年龄最年轻的火山岛。其形状呈椭圆形，陆域面积近 25 km²，海岸线全长 26.6 km，潮间带面积 3.5 km²。

涠洲岛位于北回归线以南，属南亚热带海洋性季风气候。年均海水温度 24.55 ℃，珊瑚生活最适温度介于 25～29 ℃ 之间。涠洲岛海岸为基岩海岸，加之远离陆源，海水清澈。本区平均潮差 2.35 m，由于潮汐作用较强，水交换条件良好。海流和潮流围绕涠洲岛运动，在其东、北、西三面形成长 10 m 多的侵蚀海槽，为珊瑚生长、繁殖、输送养料和更新水体、提供溶解氧等创造了良好条件。涠洲岛沿岸珊瑚生长繁荣，珊瑚礁空间结构复杂，生境多样，礁区鱼、虾、蟹、贝、藻类集聚，是海洋中的生物多样性富集地和高生产力区。

2.监测范围和监测内容

本区的重点监测海域，包括涠洲岛北部的公山近岸珊瑚礁区和西南部竹蔗寮沿岸珊瑚礁区（图6-88）。监测内容主要包括珊瑚礁区海水环境、珊瑚礁珊瑚生物群落（珊瑚种类、活珊瑚覆盖度、珊瑚礁鱼类、底栖生物）和珊瑚病害等。

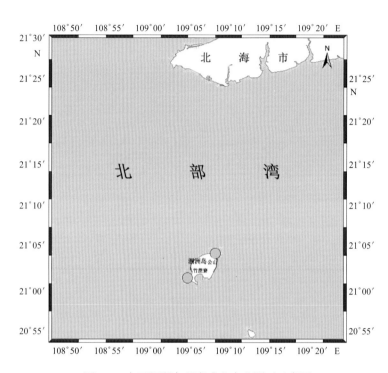

图6-88 广西涠洲岛珊瑚礁生态监测区示意图

（二）海水环境

1.2010年监测结果

2010年涠洲岛珊瑚礁海域海水主要环境要素监测结果见表6-19。由表6-19可见，2010年涠洲岛珊瑚礁海域海水环境状况总体良好。pH、无机氮和石油类的年均含量均符合一类海水水质标准，但pH个别测值偏低，石油类含量个别测值也有超过一类、二类海水水质标准的现象。

表6-19 2010年涠洲岛珊瑚礁区海水环境要素监测结果

测项	测值范围	平均值
盐度	30.71～31.41	30.99
pH	7.63～8.26	8.13
悬浮物（mg/L）	10.5～26.1	15.5
无机氮（mg/L）	0.025～0.087	0.040
石油类（mg/L）	0.014～0.077	0.032

2.2005－2010年变化趋势

6 年间，涠洲岛珊瑚礁海域海水主要环境要素的年际变化见图 6-89。由图 6-89 可知，海水盐度和 pH 的年际变化不大，pH 年均值均符合一类海水水质标准；溶解氧年均含量变化范围为 5.63～6.59 mg/L，在一类、二类海水水质标准之间波动；悬浮物年均含量近年来呈明显增加趋势。无机氮年均含量变化范围为 0.025～0.087 mg/L，平均值为 0.040 mg/L，符合一类海水水质标准。石油类年均含量变化范围为 0.014～0.077 mg/L，平均值为 0.032 mg/L，除个别测值稍高外，总体符合一类海水水质标准。

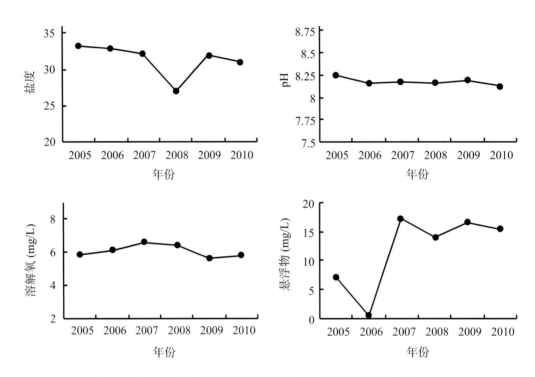

图6-89　2005－2010年涠洲岛珊瑚礁区海水主要环境要素的年际变化

二、生物群落

（一）珊瑚礁生物群落

1. 2010年监测结果

2010 年涠洲岛造礁珊瑚平均覆盖度为 57%，较 2009 年有所增加，并在部分海域发现了新生鹿角珊瑚。2010 年，在涠洲岛海区监测到较多的鲷科鱼类，使海区的生物多样性水平有所提高。这些鱼群的出现可能与该海区较好的珊瑚礁栖息环境密切相关。

2. 2005－2010年变化趋势

2005－2010 年，涠洲岛造礁珊瑚平均覆盖度稳中有升（图 6-90）。礁区鲷科鱼类增多，生物多样性水平有所提高，并发现有新生鹿角珊瑚出现，表明涠洲岛海域生态环境总体良好，比较适宜珊瑚礁的生长。但就珊瑚礁鱼类数量而言，整体水平还不高。

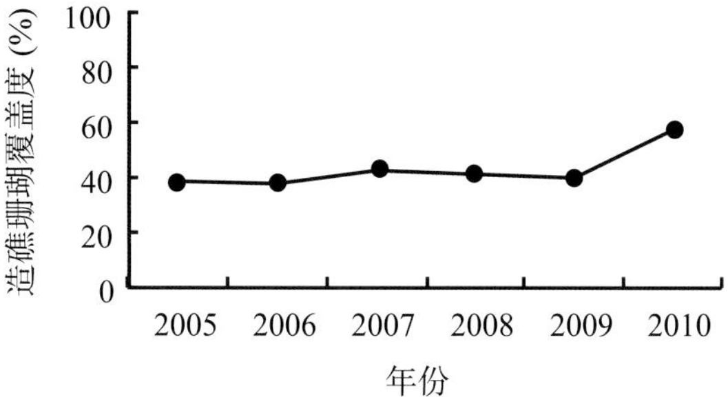

图6-90　2005—2010年广西涠洲岛生态监控区造礁珊瑚覆盖度

（二）珊瑚病害

多年连续监测表明，涠洲岛珊瑚礁群未发生大规模病害，造礁珊瑚生长发育相对良好。

三、生态健康状况

采用国家海洋局颁布的《近岸海洋生态健康评价技术指南》（HY/T 087—2005）珊瑚礁生态环境评价方法进行评价，广西涠洲岛珊瑚礁区的生态环境健康状况结果如下。

（一）2010年生态健康状况

广西涠洲岛珊瑚礁区的水环境指数为10.4；生物质量指数为14.5；栖息地指数为20；生物群落指数为50（图6-91）。生态环境健康指数为94.9，属于健康状态。

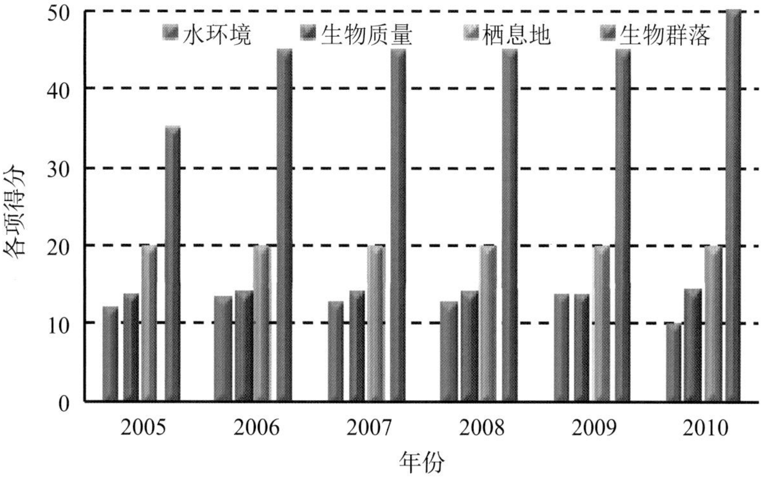

图6-91　2005—2010年广西涠洲岛珊瑚礁区各项生态健康指标的年际变化

（二）2005—2010年生态健康状况变化趋势

6年间，涠洲岛珊瑚礁生态环境健康指数变化范围为81.3～94.9（图6-92），均处于健康状态，表明涠洲岛珊瑚礁生态系统基本稳定。其中，2010年健康指数最高，2005年健康指数最低。这与珊瑚礁区海水水质良好，珊瑚礁平均覆盖度稳中有升，特别是在部分海域发现了一些新生的鹿角珊瑚，鱼类数量略有增长等状况的变化一致。

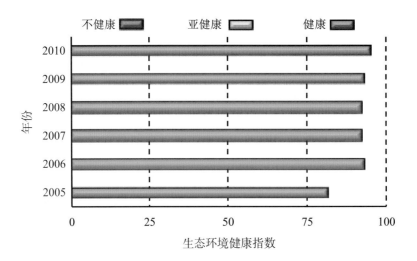

图6-92　2005—2010年广西涠洲岛珊瑚礁区生态健康指数的年际变化

四、主要生态问题

（一）造礁珊瑚优势种群相对单一

多年来，在涠洲岛记录到的造礁珊瑚大多为块状珊瑚（如澄黄滨珊瑚、角孔珊瑚、菊花珊瑚等），而鹿角珊瑚等枝状珊瑚较少，造礁珊瑚优势种群较为单一。

（二）珊瑚礁区的海洋生物多样性不高

调查中发现，涠洲岛珊瑚礁区的目标鱼类的种类和数量仍较低，其他无脊椎动物数量也偏少，表明该区域的生物多样性水平不高。涠洲岛的南湾港海域是北部湾渔业和港口的重要区域。该区域的珊瑚礁生态系统仍然承受着渔业捕捞、港口航运等人类活动带来的较大生态压力。

第七章　对策与措施

通过对近年来（2004－2010 年）我国近岸海域生态环境现状与发展趋势的监测、研究，将我国海洋生态环境问题大致归纳为如下五个方面：① 陆源和海上污染物造成的污染和富营养化已引起海域环境质量严重下降；② 与污染有关的生态灾害和环境事件频繁发生；③ 因开发活动引起的生态环境破坏，已使多数重要生态系统处于亚健康和不健康状态；④ 由于持续利用过度，已造成渔业资源严重衰退和沿海地下水资源枯萎；⑤ 因环境污染、生境破坏和利用过度等综合因素，已使许多珍稀物种处于濒危状态。

在海洋经济、沿海经济社会、流域经济社会大发展的背景下，在长期以来形成的条块分割、协调不足的管理体制机制下，如何应对上述五大海洋生态环境问题，科学、有效开展海洋生态环境保护，实现海洋开发利用和生态环境保护的和谐发展？只有突破现有的海洋综合管控思路，突破陆海孤立的管理断层，建立符合自然规律，各级社会组织单元共同参与，涉及经济社会发展各个层面，责、权、利三位一体的海洋综合管控和服务新模式，才能逐步解决我国海洋生态环境面临的诸多问题，夯实中国经济新增长极的资源环境基础，创建美丽海洋与和谐家园。

第一节　加强海洋生态文明制度建设

一、海洋生态文明制度建设与生态环境保护的关系

从我国海洋生态环境保护工作的发展历程可以看出，一方面，伴随着我国海洋生态环境问题从轻微到逐渐加重，海洋环境保护机构、法律法规、规范标准、自然保护区等建设步步紧跟，并取得了很大成就，迄今已建成了一个规模庞大、层次分明、分工明确的海洋管理机构和专业队伍，建立了一套比较完善的海洋环境保护法律法规体系，颁布了一系列国家与地方管理规范、标准和规定，组建了一支规模化且装备较先进的海洋执法队伍，初步形成了一个布局基本合理、类型相对齐全、功能渐趋完善的海洋环境和资源保护区网络等等。正是这些有效措施，使我国海洋生态环境恶化的趋势有所减缓。但从另一方面看，我们所取得的成就，仅仅是使我国生态环境恶化的总趋势有所减缓，而不是从根本上抑制了恶化的趋势并使其有所好转。换句话说，形势十分严峻，照此下去，我国海洋生态环境恶化带来的生态危机风险仍在集聚。

回顾20世纪70年代初刚刚开展环境保护工作时，全国污染事件极为个别，只是个苗头，对于什么是"生态破坏"一词尚无深刻理解。1990年在《国务院关于进一步加强环境保护工作的决定》中，颁布了"保护和改善生产环境与生态环境、防治污染和其他公害，是我国的一项基本国策"。然而，环保法律法规、制度规定、计划规划，在高速经济发展的大潮面前，收效甚微。结果还是无奈地出现了环境污染越治理越严重，生态环境边保护边破坏的现象，残酷的事实已将我国推到了"先污染、后治理"这一西方工业化国家走过的老路，而且成为世界上污染最严重的国家之一。全球十大环境污染最严重的城市中，中国占了8个。我国近岸21个海洋生态监控区中，2个属于不健康，16个属于亚健康，只有3个属于健康状态。摆在我们面前的挑战是：旧的污染要降低，尽量减少其危害和进行治理；新的污染要控制和杜绝，不致造成更大的危害。这一事实正揭示了我国当前正面临着生存发展与保护环境的双重压力，而且随着今后经济的快速发展，经济建设和环境资源保护之间的矛盾必将更加突出。传统的经济发展模式是以高昂的资源环境代价为基础，不符合资源环境可持续开发利用的要求。如何摆脱这一处境，寻找到一条既不放弃发展又兼顾环境资源保护的道路，是我国改革开放以来，特别是近十多年来越来越显得重要的急迫任务。

党的十八大把生态文明建设纳入中国特色社会主义事业"五位一体"总体布局，明确提出大力推进生态文明建设，努力建设美丽中国，实现中华民族永续发展。我国是海洋大国，海洋生态文明建设是国家生态文明的重要组成部分。国家海洋局指出，推进海洋生态文明建设，必须全面贯彻落实党的十八大精神，树立尊重自然、顺应自然、保护自然的生态文明理念，以提升海洋对我国经济社会可持续发展的保障能力为主要目标，以提高海洋资源开发利用水平、改善海洋环境质量为主攻方向，推动形成节约集约利用海洋资源和有效保护海洋生态环境的产业结构、增长方式和消费模式，在全社会牢固树立海洋生态文明意识，力争在海洋生态环境保护与建设上取得新进展，在转变海洋经济发展方式上取得新突破。

在新的形势下，我国的海洋生态环境保护工作必须以科学发展观为指导，以建设海洋生态文明为宗旨，在经济社会发展全局中统筹谋划，对海洋生态环境保护面临的新形势和新挑战、存在的主要问题及其经济社会根源等进行深入分析，创新发展海洋生态环境保护的综合对策，以尽快遏制我国海洋生态环境持续恶化的趋势，实现海洋环境质量的根本好转和生态系统结构和功能的基本稳定，促进海洋生态文明建设。具体目标如下。

1）要尽快遏制近岸海域生态环境恶化趋势。通过强化海洋污染防治与监管，加强近岸海域、陆域和流域环境协同综合整治，加强对有毒有害污染物排放源的监管和综合治理，严厉查处各类环境违法行为；在重点海域因地适宜地实施多种总量控制制度，并将其纳入区域产业布局调整、结构优化、经济转型发展总体战略，点面结合实现近岸海域环境质量的总体好转。通过加强海洋生态环境保护与建设，坚持以强制性手段强化海洋生态保护的政策导向，制定实施严格的保护政策与措施，逐步完善全国海洋自然保护区和特别保护区网络体系；有序推进受损海洋生态系统的修复与恢复，探索开展提升海洋生态弹性和恢复力的生态建设工作，保护和改善脆弱海洋生态系统。

2）做好与公众健康密切相关的海洋环境保障工作。要把海洋生态环境保护作为重要的民生工程来抓，通过实施严格的海洋功能区环境达标制度，重点确保海水增养殖区的优质环境，不断深化对养殖区环境各介质有毒有害污染物、致病微生物、贝毒等的监督性监测，强化对影响海产品食用安全的环境风险源监管；加强对滨海公众亲水区的海水水质保障工作，把滨海休闲娱乐区水质的全时段监测与高频预报紧密结合，即时发布各海水浴场的环境信息和安全预警资讯。

3）要全面构建抵御海洋环境灾害风险的生态安全屏障。健全完善沿海及海上主要环境风险源和环境敏感点风险防控体系以及海洋环境监测、监视、预警与防灾减灾体系，增强对赤潮、绿潮等生态灾害的预警预报时效；切实提高应对气候变化导致海平面上升、海水酸化等灾害的能力，加强观测预报体系建设，进一步发展完善海洋风暴潮预警预报体系，加强海水入侵和土壤盐渍化、海岸侵蚀等地质灾害的风险预警和防范体系建设，提高核污染、有毒有害物质排放等海洋风险的防范能力和应急处置能力，减少人民群众生命财产损失和生态环境损害。

二、加强海洋生态文明制度建设

党的十八届三中全会提出要加快建立系统完整的生态文明制度体系，用制度保护生态环境。加强海洋生态文明制度建设是海洋生态环境保护长效机制的保障。

（一）加强法律法规制度体系的完善和统筹衔接

要以海洋生态文明为统领，加快相关法律法规"立改废"进程，及时确立海洋生态红线制度、海洋生态补偿和生态损害赔偿制度等海洋生态文明关键制度和政策的法律地位，抓紧修订和完善现有法律法规及配套制度措施，做好与其他相关法律法规制度的统筹衔接；建立健全涉海部门规章体系，探索建立海洋行政执法部门与司法部门的沟通协调办法，推动海洋资源环境保护与监督管理的规范化、制度化、法制化。同时，要积极支持、指导和推动渤海区域环保立法以及其他沿海省市制定地方海洋环保法规、条例、规章制度和标准体系，鼓励地方和区域将海洋生态文明建设的关键制度先于国家上升为法律法规，补充国家立法的不足。加强地方海洋环保法律法规和制度标准体系的调研，将立法条件比较成熟、应当用法律规范来调整、具有普遍适用意义、各方面意见比较一致的地方立法经验及时上升为适用全国的海洋环保法律法规和制度标准。

（二）尽快建立健全海洋资源环境统筹监测、评估和预警机制

建议由海洋行政主管部门牵头、各涉海部门共同参与，建立健全责权明晰、协调一致、技术先进、功能齐备的海洋生态环境监测网，全面提升在线连续监视监测、大尺度高频率遥感遥测能力，统一组织业务化监测评价工作，权威发布海洋生态环境状况动态信息，分类开展海洋生态环境风险预警。在此基础上，创新发展海洋资源环境承载能力监测预警机制。按照"经济－资源－生态环境"关联性原则，进一步加强海洋生态环境监测、海域使用状况监测、海洋经济运行监测等三大业务系统的统筹协调，建立健全与农业、林业、环保、水利、交通等涉海部门数据资料的共享机制，创新发展海洋资源环境对沿海经济社会发展的承载能力、承载状况和未来趋势等综合评估与预测能力，加快形成海洋资源环境安全监测与预警、决策与技术支持一体化的，兼有处理突发事件能力的海洋资源环境承载能力监测预警机制。

（三）尽快推进海洋生态环境保护关键制度建设

1）要尽快建立全国海洋生态红线制度，将重要海洋生态功能区、高度敏感区和脆弱区划定为海洋生态红线区，识别海洋资源环境承载能力超载区，分类分区确定海洋生态功能保障基线、环境质量安全底线、资源开发利用上限等；在此基础上，实行海洋生态红线区的差异化管控制度，对主要的海洋资源环境超载区实行建设项目的分类限批制度。

2）要进一步完善政府发展成果考核评价体系，按照海洋生态文明建设要求，将海洋资源消耗、环境损害、生态效益指标以及海洋生态文明制度建设、重大海洋资源环境问题解决成效等，全面纳入沿海地方各级党委政府考核评价体系并加大权重，建立领导干部海洋生态环境保护责任考核和海洋生态环境损害责任终身追究制度。对海洋生态红线区，建立并实行"以资源环境保护为主、以经济发展为辅"的政府绩效考核制度，激励和保障沿海地方政府实施海洋生态环境保护修复和资源养护的积极性。

3）要贯彻落实海洋生态环境保护的陆海统筹和区域联动机制。把江河入海断面水质常态化考核制度纳入政府绩效考核体系，对主要大江大河实行流域限批和海域限批联动；在流域污染防治规划中充分考虑河口海域环境质量改善需求，把氮磷入海总量削减作为流域减排的重要目标；充分发挥环保、海洋等相关部门对沿岸直排海污染源的综合监管效能，严格沿岸直排海污染源的环评论证、排污许可、达标控制、排污收费等综合监管机制，加快推进陆海统筹和区域联动的重点海域污染物总量控制制度。

第二节　加快海洋产业结构调整

一、产业结构不合理是产生生态环境问题的经济原因

改革开放以来，我国社会经济发展迎来了全新时代。但由于底子薄，产业结构不合理，产业水平总体比较低，经济增长习惯上就是靠拼人力，拼资源，拼投入。一些设备先进的国企，因管理体制、原材料、亏损等原因，往往停工停产。而设备相对落后的乡镇企业却蓬勃兴起，一些地方发展了不少小钢铁、小水泥、小化工、小造纸、小皮革等项目，土法上马干得火热朝天。如江苏制造业基础相对较好，但也是以低水平加工型制造业为主，大部分企业产品陈旧、单一，拥有原创性技术少，自主开发和重大装备的制造能力薄弱；又如"长三角"和"珠三角"地区，由于高投入、高消耗、高排放的产业结构和经济发展模式，虽然使"长三角"和"珠三角"成为我国经济最发达的地区，但走过的是一条先污染后治理的路子，是我国目前污染最重的地区，长江口和珠江口海域也成了我国海洋环境污染严重的两个海域。

同样，新中国成立后我国海盐业的发展、沿海地区种植业的发展和海水养殖业的发展，基本思路是采取扩大晒盐面积、扩大种植面积和扩大虾池面积等来实现的，因此随着海盐业、种植业和养虾业的大发展先后掀起了数次全国范围的填海造地热和围海建池热，致使我国近岸许多原始的典型生态系统遭到了严重破坏。

我国的海洋渔业，伴随着渔业生物资源和渔业环境资源的变化，也经历了"重捕轻养、基本不养（1975 年以前）""捕养结合、以捕为主（1975－1982 年）""养捕并举、以养为主（1982 年以后）"的发展道路。传统捕捞业的盲目、持续、迅猛的发展，导致海洋生物资源的持续衰退。自 20 世纪末虽然提出了捕捞量零增长的方针，但由于无法有效控制，也未从根本上改变资源持续衰退的命运。现在，虽然养殖业发展很快，但海水养殖的发展路子基本上也是采用高密度、高投饵和高投入的发展模式，使得养殖海域的生态环境受到越来越严重的损害。

　　简单地说，在产业结构不变的情况下，工业上的能耗量、污染物的产生量是与工业产品生产量成正比的。产品生产量越大，能耗量和污染物产生量就越大；捕捞业、海水养殖和种植业等大农业的产量与规模成正比，产量越多规模必须越大，占地必须越多，农药使用量和废弃物也就越多。而在沿海地区，第二产业过度密集，重工业、重化工等产能严重过剩，各类用海需求相互冲突，近海优质渔业资源面临枯竭，产业结构不合理导致的生态环境问题和生态危机风险凸显。根据"两个百年"的发展目标，沿海地区人口总量和经济总量还将持续增长，如果不改变当前产业结构不合理的发展方式，其对海洋生态环境的危害将更为深重。因此，产业结构调整就成为沿海可持续发展战略实施的首要任务，它是改变经济发展方式从根源上减少污染，消除生态破坏的必由之路。

二、产业结构调整是转变经济发展方式的首要部署

　　产业结构调整优化，一般包括产业结构的合理化和产业结构高度化。前者主要是指产业之间比例关系的协调和关联水平的提高；后者主要是指产业结构从低层次状态向高层次状态的提升。产业结构优化政策也是沿海地区及所有海洋产业应该遵循和贯彻的重要政策，它是解决由于产业结构不合理导致的经济越发展环境就越污染，生态越破坏，资源越枯竭的根本措施。

　　近年来我国高度重视产业结构调整，党的十六大根据世界经济科技发展新趋势和走新型工业化道路的要求，作出了推进产业结构优化升级的部署，即要求形成以高新技术产业为先导、基础产业和制造业为支撑、服务业全面发展的产业格局，并在十一五规划中明确提出产业结构优化升级的重要任务。2005 年 12 月经国务院常务会议审议通过发布的《促进产业结构调整暂行规定》进一步指明了当前及今后一段时期产业结构调整的目标、原则、方向和重点，对于加强和改善宏观调控，转变经济增长方式，推进产业结构优化升级，保持国民经济平稳较快发展具有重大意义。

　　党的十八大结合新的形势和要求，把产业结构调整纳入转变经济发展方式的总体战略中予以部署，提出要紧紧围绕使市场在资源配置中起决定性作用深化经济体制改革，坚持和完善基本经济制度，加快完善现代市场体系、宏观调控体系、开放型经济体系，加快转变经济发展方式，加快建设创新型国家，推动经济更有效率、更加公平、更可持续发展。经济发展方式与经济增长方式不同，它一般是指通过生产要素的变化，不仅注重数量增加，更注重质量改善。经济发展方式的内容既包括经济增长方式的内容，还包括产业结构、收入分配、居民生活以及城乡结构、区域结构、资源利用、生态环境等方面的全面、协调、可持续发展。

我国海洋环境的污染源约有八成来自于陆地。因此要遏制海洋污染，必须先从陆地，特别是沿海和沿江地区做起。沿海和沿江地区的产业结构优化和调整，不仅是改善陆域大气、土地和江河湖泊的环境质量的关键措施，而且是改善海洋环境质量的重要治本措施。为此，沿海和沿江地区要在充分发挥区位优势、产业优势和资源优势的基础上，做强基础好、发展快、效益好的服务性产业，使其成为龙头产业；大力发展后劲强、竞争力强和带动力强的装备制造业和新兴产业，增强经济实力和潜力；要增强科技发展能力和创新能力，对于虽有基础，但技术含量相对较低、发展相对较慢、劳动密集型的传统产业，要着力依靠科技进步和技术创新，调整产业内部结构，逐步提升产业档次，逐步提高发展质量，逐步提高经济效益；要建立严格的产业淘汰制度，制定新型工业化产业政策。根据产业升级趋势，适时公布落后生产工艺和设备淘汰名录。有计划地对规模不经济、环境污染严重的造纸、化工、冶炼、炼焦、炼硫、炼油、印染、电镀及石棉、放射性制品等企业或生产工艺实行强制淘汰。而对于钢铁、电力、化工、煤炭等重点产业，则要实施集中布局、集中治理的布局政策，走废水闭路循环、"零排放"和生态环境安全的绿色可持续发展之路。

三、我国海洋产业结构调整的要点

（一）海洋产业结构调整指导思想

　　沿海地区应根据本地的区位优势、资源优势和经济基础优势和存在问题，以加快转变经济发展方式为主线；将科技进步和创新作为加快转变经济发展方式的重要支撑，制定因地制宜的海洋产业发展政策，加快调整产业结构，走高效、节能、环保的发展之路，逐步提高海洋经济发展的全面性、协调性、可持续性，不断提高海洋经济发展的质量和效益；按照"优势产业做强、新兴产业发展、传统产业提升"的思路，加快发展科技含量高、经济效益好、资源消耗低、环境污染少的海洋产业，构建具有地区特色的海洋经济产业体系；积极培育和发展一批产业层次高、核心竞争力强、带动作用大的海洋产业集群，形成一批具有影响力、集聚效果明显以及产业特色鲜明的海洋产业集聚区（带），逐步形成各具特色、优势互补、协调统一的海洋经济新格局。

（二）发展海洋新兴产业

　　新兴产业是一些相对于传统产业而言的产业。它们是一些能够掌握关键核心技术，具有市场需求前景，具备资源能耗低、带动系数大、就业机会多、综合效益好等特征的产业。2010年七大战略性新兴产业是：新能源、节能环保、电动汽车、新医药、新材料、生物育种和信息产业。其中，海洋新兴产业包括：海水综合利用产业、海洋新材料产业、海洋装备制造业、生物育种工程、生物医药产业、海洋可再生能源产业、深海矿产资源勘探开发产业和海洋现代服务业八大重点领域。要积极创新和培育传统产业之中孕育和萌生的高新技术部分。如，交通运输中的海陆空现代物流业，海洋渔业中的设施渔业、生态渔业、休闲渔业、水产品精深加工业和海洋生物制药业和生物育种等；海洋盐业中的溴碘等元素利用，盐田高盐度生物养殖；船舶工业中兼营的海洋装备制造业等，它们都是传统产业的一部分，是传统产业中的新增长点。因此，调整传统产业的内部结构，发展传统产业中孕育和萌生的高效、节能、环保新兴产业，是提升传统产业，改善生态环境的必由之路。

（三）加速港口交通业的结构调整

我国港口交通业结构调整的主要内容：① 有序推进基础设施建设。港口行业要吸取教训，防止能力过剩。有效实施港口资源整合，提高资源利用效率；② 做好港城协调发展，要加强对老港区功能结构调整。要充分利用老港区土地、水域等资源优势，为城市发展提供更好的服务。③ 努力拓展港口服务新领域。进一步推进集装箱铁水联运发展。港口企业要加强配套工程和设施建设，加强内陆无水港建设，延伸服务范围。邮轮码头是新的经济增长点，但要防止建设一哄而上。④ 深入推进资源节约型和环境友好型"两型"港口建设。提高绿色环保意识，加强节能减排的责任感和紧迫感，提升科技创新能力，健全环保制度等。推进港口企业积极开展低碳、绿色港口、港区建设，实现港口安全高效节能环保生产。自 20 世纪末提出第四代港口以来，港口的概念及发展内容得到了进一步拓展，并达成共识。第四代港口应是绿色港口、科技港口、协同竞争港口、供应链物流港口，是环境友好型、资源节约型港口；其发展必须满足港口经济发展与环境保护之间的协调性，在发展的同时节约资源、能源，注重环境保护与生态友好，并调整港区产业结构、合理规划产业布局，保障港口的健康可持续发展。

（四）加速临海工业的产业结构调整

当前，我国从北到南 18 000 km 海岸线上，"大码头、大化工、大钢铁、大电能"在许多省、市兴起，有的沿海地区政府借产业整合大旗，四处开疆拓土，致使海岸和海域使用局面混乱，同时产生低水平的重复建设，加重产能过剩，成为中国经济结构调整的又一大包袱，特别是重化工业的无序布局造成的沿海地区环境承载压力的陡增，对人口密集和经济较发达城市的安全造成潜在威胁。2005 年发生吉化公司双苯厂的爆炸事故引起的污染松花江事件后，国家环保部对全国石化项目环境风险进行了一次大的排查。结果显示，在我国 18 000 km 海岸线上，密布石油、化工等诸多重型项目，全国化工项目中超过 80% 布局在沿江、沿海等敏感区域。辽宁、天津、河北、江苏等地石化项目重复建设现象严重。反映出地方政府投资意愿强烈，在发展与生态环境安全面前，往往选择了前者。

为解决缺乏国家层面的整体性、协调性，全国政协人口资源环境委员会的专题调研报告明确建议：① 要重视海洋主体功能区的研究，促进集约用海和海岸带保护。建议由国家发展与改革委员会牵头，统筹开展对海洋主体功能区的研究，将海洋生态功能区划、海洋功能区划与海洋区域发展整体协调起来。应特别强调的是要推行区域发展规划的环境评价，避免长官意志，使发展规划实现整体科学化、生态化。以海域自然生态功能的最佳利用为前提，防止以牺牲环境和生态资源为代价来发展经济。② 要加强国家对各地修订海洋功能区划工作的指导，并严格把好海洋功能区划的审批关，防止发生为禁批项目或违法项目合法化的行为。要像保护耕地一样，对生态敏感的海岸带和现阶段不宜开发的海岸带划出红线加以保护，留给子孙后代。③ 应建立围填海项目跟踪监测和后期评估制度，对围填海项目所产生的环境影响、社会经济影响等进行跟踪评价。尤为重要的是，国家应尽快制定沿海工业总体规划，强化规划的权威性，以规划引领沿海工业科学布局，明确不同地方适宜发展什么产业。要按照一体化、集约化、园区化和产业联合的发展模式，统筹项目布局，严格控制冶金、石化项目新布点。对未纳入沿海工业总体规划而盲目投资的重化工项目（指重工业和化学工业，泛指生产资料生产的产业），应予以严格限制。

（五）强化海洋渔业的产业结构调整

海洋捕捞业是目前影响海洋生态最强、最广、最深的海洋产业之一。捕捞业必须淡化产量增长指标，强化效益指标；要进一步加强和完善伏季休渔制度；要坚决控制和压缩捕捞渔船数量、功率指标，严格控制新增捕捞渔船，除远洋渔业专用渔船外，一律停止审批新建捕捞渔船，对"三无"渔船进行全面清理，并坚决杜绝新增"三无"渔船；强化超年限渔船强制报废制度；要依法完善渔业许可证制度，严格执行有关海洋捕捞作业的各项法规。引导渔民转产转业，降低捕捞生产成本，提高捕捞单位效益，促进捕捞业的持续稳定发展。

养殖业必须以市场需求为导向，调整养殖品种结构，增加中高档品种的生产，压缩大宗品种的养殖规模，并在调整结构的同时，努力发展水产品的加工增值，提高水产品附加值。要充分发挥区域优势，改革传统的养殖方式，大力推广健康养殖技术。要从改善生态环境和养殖基础条件入手，大力推动工厂化养殖，保持水域大环境的稳定和小环境的优良，最终实现减少病害的发生，达到稳产、高产和优质、高效的目的。同时，积极开发符合国际市场需求和质量标准的拳头产品，推进产业化经营，着力提高产品品质和经济效益。

渔港是海洋捕捞业和水产品加工业的基地，面对当前海洋捕捞资源限制开发的形势，要加快海洋捕捞业发展方式的转变，要加强政府引导和扶持，利用渔港、渔船和渔业设施，发挥渔民专业技能，开展海上观光、近海垂钓、海鲜餐饮、渔家度假等休闲渔业，逐步完善观光、垂钓、品鲜、体验四大要素，逐步形成渔业新产业，将沿海渔港建设成为捕捞生产、水产品加工、休闲渔业为一体的生态型渔港。

第三节 深化海洋生态环境监测、评价和管理

一、深化和优化基于生态系统的海洋生态环境监测与评价

我国海洋环境监测从污染监测向生态环境综合监测的转变起始于本世纪初，其代表性工作是海洋生态监控区监测评价的业务化运行。为有效支撑海洋环境保护和生态文明建设，着力推动海洋开发方式向循环利用型转变，切实保障海洋强国建设战略目标的顺利实现，应在现有工作基础上，进一步深化和优化基于生态系统的海洋生态环境监测与评价。

（一）深化和拓展海洋生态环境监测业务领域

1）围绕海洋生态环境保护新形势，不断深化现有的海洋环境监测领域。要充分发挥国家和地方海洋环境监测机构的合力作用，统筹优化海洋环境污染监测布局和工作方案，既要宏观把握近岸海域环境质量状况，又要精细化掌握重点海域环境质量动态变化信息；既要加强陆源入海污染源在线连续监测，又要深化海上污染源和大气污染源等的排污贡献率监测；既要不断深化近岸典型生态系统的精细化监测，又要抓紧部署摸清海洋生态系统和生物多样性家底的大面普查；既要加强对赤潮、绿潮、褐潮等海洋生态灾害高风险区的监测预警，又

要加强对沿海地区溢油、化学品泄漏、核泄漏等人为风险源的监视监控；既要做好常规监测任务，又要全面提升应急监测能力，在沿海大中城市、工业和人口密集区等建立海洋环境应急监测 3 小时响应责任制。

2）围绕经济社会发展新需求，不断拓展海洋生态环境监测新领域。把提升监测评价信息产品的决策参考价值作为海洋环境监测工作的第一要务。要大力加强近岸重点海域精细化、动态化海洋环境监测，切实做好海洋环境监测与海域使用动态监视监测、海洋经济运行监测等三大业务体系的有机衔接，深化拓展区域海洋生态环境状况与海洋资源开发利用状况和经济发展状况等的关联分析，探索建立海洋资源环境承载能力监测预警体系，为沿海地区乃至相关流域经济社会转变发展方式，调整产业结构，优化产业布局等的有关政策安排、制度设计和执法监管提供决策支撑，为海洋生态红线制度、海洋环境质量达标考核制度等海洋生态文明制度体系的建设和实施提供决定性的基础支撑作用。

3）围绕民生公益服务新问题，深化发展重要海洋功能区环境监测新思路。海洋环境保护是重大民生问题，让人民群众吃上绿色、安全、放心的海产品，享受到碧海蓝天、洁净沙滩，既关系到社会公众的切身利益，也关系到经济社会的可持续发展，是国家和沿海各级党委政府应尽的职责。各级海洋环境监测机构要加强与渔业、旅游、卫生、食品安全等部门的协调合作，创新发展重要海洋功能区环境监测新思路，以分级分类为原则实施对近岸主要海水增养殖区、海水浴场和滨海旅游度假区等环境状况的全覆盖监测，丰富发展与公众健康紧密相关的监测新内容，切实加强对社会公众广泛关注的"三致效应"有毒有害污染物、致病微生物、赤潮毒素、固体废弃物等的监测新项目，加大监测站位密度和时间频率，创新发展重要海洋功能区环境预警预报信息产品，确保公众用海健康安全。

（二）创新发展海洋生态环境监测评价技术水平

应切实加强海洋环境监测的基础理论、监测技术、评价方法、信息产品等方面的研究，分类构建完善海洋环境质量监测、海洋生态状况监测、海洋环境监管监测、海洋灾害风险监测、海洋公益服务监测等的技术路线，制定突发性海洋灾害和环境污染事件应急监测技术路线，创新发展与之相适应的监测评价新技术方法，实现传统、低效监测评价技术方法的及时更新换代，初步建成现代海洋环境监测技术路线、标准方法和技术规范体系框架。

特别是对于海洋生态监控区的监测评价工作，未来应进一步转变工作思路，从以筛选生态问题为主转向重大生态问题的跟踪和潜在生态问题的监测评价，从拉网式向针对性监测、粗放式向精细化监测转变，扩增生态监控区数量，增加景观生态监控区和人文生态监控区，切实推进由生态监测向生态调控转变，将海洋生态系统监测评价结论尽快转变为生态管理依据，根据区域海洋生态系统的主导功能、生态敏感区、生物多样性保育区等区域确立生态保护的重点区域；尽快确立我国近岸生态脆弱区，作为节能减排和减轻环境压力的重点区域；确立生态控制线作为海洋生态保护与管理的底线；确立环境容量作为控制区域发展的规模的依据等等；尽早明确我国近岸生态环境对产业发展的主要约束条件和关键约束区域。依据我国海洋生态环境的约束条件，研究并制定海洋生态的综合调控对策建议，其中包括我国生态环境控制目标，沿海及海洋产业结构的优化对策，产业空间布局的调整对策，沿海及海洋产业的海洋环境环境准入制度，节能减排的优先控制指标及减排目标，区域海陆协调等产业与生态协调发展的综合协调对策等。

（三）加强长期、科学、陆海一体化的生态环境监测、调查与研究

长期、连续的海洋环境监测数据和深入的海洋科学研究是科学决策、有效解决海洋生态环境问题的基础。鉴于我国目前环境监测网络分割、监测参数和指标不尽相同的矛盾，建议相关涉海部门协力做好流域–河口–海域一体化的监测对接，统一监测指标和技术标准，促进数据共享，建立信息共享平台。同时，应重点开展流域–海域生态系统相关科学问题综合研究，深化对海洋生态系统机理和服务的认知，为实施以生态系统的管理奠定科学基础；开展重大围填海活动对海洋生态系统影响的研究，开展气候变化对海洋生态影响等研究。重点关注沿海人口与经济活动密集区，建立以环境监测网络、野外台站观察和区域生态修复示范为一体的海洋生态环境研究和监测体系。

二、推进海洋生态管理体制的改革

（一）加陆海统筹和区域联动机制建设

目前，我国海洋生态环境管理体制存在的主要问题是：在横向上，海洋环境区域管理的主体，涉及多个地方政府和若干涉海部门，政府之间和部门之间横向关系复杂，尽管法律明确规定了沿海各部门的职权范围，但各部门职能交叉、机构重复设置的问题依然存在。在纵向上，由于各级海洋环保部门的隶属关系不同，海洋环境分级监管责任制度也不能很好落实，出现了诸多利用政策漏洞逃避监管的现象。例如，为了逃避"填海 50 hm^2 以上由国务院审批"的规定，一些地方采取化整为零，将填海大项目拆分成多个填海小项目，改由地方政府自己审批。

全国政协人口资源环境委员会的专题调研报告提出，海洋生态环境保护是一项综合性很强的工作，需要在体制改革中逐步理顺各部门的协作机制，建议加强陆海统筹，建立协作机制。加强统筹管理职能包括如下三方面的内容：① 加强部门统筹；② 加强沿海开发区域统筹；③ 加强区域的综合管理。为此，应由中央各有关部门和区域内各省、市政府组成领导小组，协调统筹开展区域范围内的水环境和海洋环境监管。基于维护海洋生态系统的完整性和区域发展整体利益的需要，同一行政区内不同涉海部门的协调，可以设立跨部门海洋环境保护协调机构，但也要保证机构的权威性和专业性，如设立由省长（或市长）、各涉海部门以及专家、涉海企业、社会团体及公民组成的海洋环境管理办公室，主要负责以区域海洋管理委员会的区域规划为指导，制定本行政区内的海洋环境保护总体规划，负责海洋污染防治和生态保护，协调部门之间的矛盾，统一执法队伍，转变执法力量分散的局面；统一各涉海部门海洋环境监管内容和指标，便于相互监督、促进海洋环保工作的开展；统一执法，进行部门处理。对于不同行政区的协调，应构建海洋环境区域管理的政府间横向协调机制，签署约束各政府主体的契约，健全跨行政及跨部门的组织机构，并从信息沟通、利益分享与经济补偿三个方面完善运行机制。

（二）深化基于海洋资源环境承载能力的综合管控

1）应建立沿海区域规划环评制度，合理布局产业结构与强度。以近岸典型海洋生态系统为对象，统筹建立生态监控区沿海经济社会发展规划、产业发展规划的海洋环境影响评价制度。针对规划的发展目标和定位，围绕产业发展的布局、结构、规模等核心问题，系统分析区域产业发展特征及其关键性的环境资源制约因素，深入研究区域发展可能导致的环境影响和潜在风险，以资源环境承载力和生态安全为依据，从环境保护高度提出协调地区发展与环境保护的总体目标和定位，确定环境合理、生态适宜的产业规模和生产力布局，提出重大产业布局和建设的环境准入政策和条件，建立地区产业规模控制、产业结构调整、产业布局优化、资源合理配置、环境污染预防的一体化对策和方案，从而促进环境优化经济发展，推进地区又好又快发展。

2）应建立生态补偿制度，强化经济手段在生态管理中的作用。抓紧制定围填海生态补偿标准，完善生态补偿的具体措施，率先在生态监控区建立并实行围填海生态补偿制度，鼓励采用生态公园建设、防护林建设、湿地植被恢复等方式，逐步实现实地占用与湿地补偿的基本平衡，最大限度地维持湿地总量及其生态功能。强化经济手段控制湿地迅速丧失的趋势中的有效作用。

3）应制定陆源排污口混合区标准，控制陆源排污的生态影响。根据污染物在近岸的水动力扩散、迁移原理，借鉴污水排海工程的成功管理经验，制定陆源排污口污水排海的混合区标准，建立混合区确立的相应技术规范与评价标准，实施陆源排污口污水排海的混合区管理制度，有效控制和减轻陆源污染排放对生态监控区敏感区域及敏感目标的影响。

4）应将海洋生态保护目标纳入沿海生态省市建设考核指标。我国实施的生态市建设是产业结构调整、转变经济增长方式提升可持续发展的支撑能力的关键举措。已经制定了生态建设的综合考核指标，包括淡水环境、大气质量、绿地覆盖率、能耗等，但沿海城市生态建设并不包含海洋生态保护目标和指标，忽略了海洋生态建设，使海洋生态建设远远滞后于全国生态建设的总体步伐。因而，必须将海洋生态建设的内容纳入沿海生态市建设规划，并统一制定生态海洋建设的综合考核指标。

5）应加强海洋生态保护与建设，提高重要海洋生态功能区的持续发展能力。从保护生态主导功能出发，以提升生态承载力为目标，根据生态监控区的突出生态问题，制定有针对性的生态保护措施，实施切实可行的生态建设工程，提高生态监控区的可持续发展能力。

三、强化监督机制，改善公众参与

1）全面推行海洋资源环境保护绩效目标考核和责任追究，构建沿海各级政府资源环境保护问责制新政治文化，健全政府问责要素体系、体制机制和配套制度，依法追究因决策失误、监管不力等导致的海洋资源环境保护与管理责任。

2）推进沿海地方政府绩效考核制度体系改革。对于海洋资源环境超载区，建立并实行"以资源环境保护为主、以经济发展为辅"的政府绩效考核制度，激励和保障沿海地方政府实施海洋生态环境保护修复和资源养护等的积极性。

3）加强海洋意识宣传，树立正确的海洋生态消费观。利用各种媒介，大力宣传和教育，营造全社会在沿海大开发背景下重视海洋生态环境保护的氛围，充分认识海洋的价值，积极参与海洋环境保护。引导树立正确的海洋生态消费观，摈弃不合理消费模式，形成既满足自身需要又不损害自然生态的生活方式，以可持续消费模式影响形成可持续经济增长方式。

  4）加大信息公开力度，加强社会公众监督。定期向社会公众发布区域海洋资源环境及开发利用状况信息，加大信息发布的广度和深度。实行开发者环保责任终身制，公开查处重大海洋资源环境损害事故等典型案件，形成社会舆论监督。拓展社会公众参与环评审批、区域限批等决策过程的渠道，鼓励和引导公众对违法违规现象的检举，弥补政府对重点企业、行业或重点区域监督力量的不足。

主要参考文献

陈承，宁宁．2012．上海水源地存污染隐患 供水寿命或缩至 10 年 [N]．21 世纪经济报道．2012-8-24．

陈桂珠，兰竹虹，邓培雁．2005．中国湿地专题报告 [M]．广州：中山大学出版社．

邓利，陈大玮，黎韵，罗学峰，丘红梅．2010．深圳大鹏湾和大亚湾近岸海水及潮间带动物的有机锡污染 [J]．海洋生物学，9 (4): 112-117．

邓利，黎韵，陈大玮，罗学峰，丘红梅．2009．深圳蛇口港及深圳湾潮间带动物的有机锡污染 [J]．环境科学与技术，32（6）:20-25．

邓利，倪睿，钟毅，陈大玮．2008．深圳蛇口港及其临近海域海水有机锡污染 [J]．环境科学学报，28 (8)：1681-1687．

丁峰元，严利平，李圣法，等．2006．水母暴发的主要影响因素 [J]．海洋科学，30(9):79-83．

董冠洋．2013．中国国家级海洋特别保护区达 23 处．国内新闻_大众网 [EB/OL]．www.dzwww.com/xinwen/guoneixinwen/201... 2013-01-17

21 世纪经济报道．我国沿海化工产业布局混乱 环境风险潜伏 [EB/OL]．www.sheitc.gov.cn/jjyw/651729.htm 2012-12-20．

费强．2009．百万只候鸟鸭绿江口湿地"加油" [组图]．新华网 [OL]．news.xinhuanet.com/photo/2009-04/26/... 2009-4-26．

冯邦彦．2012．广东经济增长方式转变与产业结构优化 [EB/OL]．wenku.baidu.com/view/1e175e7201f69e31... 2012-10-06．

复旦大学口述研究中心．2012．亲历——上海改革开放 30 年．上海由毛蚶引起 30 万人甲肝大流行始末 (4). [OL]．fishery.aweb.com.cn/2008/1125/5129080...2012-12-08．

高建国．2011．天津市滨海新区发展战略和风险对策 [C]．2011 中国可持续发展论坛．2011 年专刊（一）．

高振会，杨建强，崔文林，张洪亮．2003．黄河入海径流量减少对河口海洋生态环境的影响及对策 [C].//中国法学会环境资源法学研究会年会论文集，306-310．

郭振仁，黄道建，黄正光，綦世斌，于锡军．2009．海南椰林湾海草床调查及其演变研究 [J]．海洋环境科学，28 (6)：706-709．

国家海洋环境监测中心．2011．我国近海海洋综合调查与评价专项成果 近海海洋环境质量变化趋势评价与开主机数研究报告 [R]．大连：国家海洋环境监测中心．

国家海洋局．2006.2005 年中国海洋环境质量公报 [R]．

国家海洋局．2007.2006 年中国海洋环境质量公报 [R]．

国家海洋局．2008.2007 年中国海洋环境质量公报 [R]．

国家海洋局．2009.2008 年中国海洋环境质量公报 [R]．

国家海洋局．2010.2009 年中国海洋环境质量公报 [R]．

国家海洋局．2012.2010 年中国海洋环境质量公报 [R]．

国家海洋局．2004.第二次全国海洋污染基线调查报告（内部）[R]．

国家海洋局．2005.2004 年全国近岸生态监控区生态状况报告（内部）[R]．

国家海洋局 . 2006. 2005 年全国近岸生态监控区生态状况报告上册（内部）[R].

国家海洋局 . 2006. 2005 年全国近岸生态监控区生态状况报告下册（内部）[R].

国家海洋局 . 2007. 2006 年全国近岸生态监控区生态状况报告上册（内部）[R].

国家海洋局 . 2007. 2006 年全国近岸生态监控区生态状况报告下册（内部）[R].

国家海洋局 . 2008. 2007 年全国近岸生态监控区生态状况报告上册（内部）[R].

国家海洋局 . 2008. 2007 年全国近岸生态监控区生态状况报告下册（内部）[R].

国家海洋局 . 2009. 2008 年全国近岸生态监控区生态状况报告上册（内部）[R].

国家海洋局 . 2009. 2008 年全国近岸生态监控区生态状况报告下册（内部）[R].

国家海洋局 . 2010. 2009 年全国近岸生态监控区生态状况报告上册（内部）[R].

国家海洋局 . 2010. 2009 年全国近岸生态监控区生态状况报告下册（内部）[R].

国家海洋局 . 2011. 2010 年全国近岸生态监控区生态状况报告上册（内部）[R].

国家海洋局 . 2011. 2010 年全国近岸生态监控区生态状况报告下册（内部）[R].

国家海洋局 . 中国海洋环境深度报告：可持续发展面临四大危机 [EB/OL]. money.163.com/11/0603/10 /75KAV6TO002... 2011-06-03.

国务院纠风办 .2012. 国务院纠风办确定 2010 年纠正不正之风十大任务 [EB/OL]. www.chinanews.com/ gn/news/2010/04-09/...2012-12-11.

何广顺 , 等 .2010. 沿海区域经济和产业布局研究 [M]. 北京 : 海洋出版社 .

黄瑛 , 王晓梅 , 张彬 , 李继龙 . 2008. 中国文昌鱼资源现状及其保护 [C]. // 中国工程院第 77 场工程科技 论坛·2008 水产科技论坛——渔业现代化与可持续发展论文集 , 405-410.

季冰 , 朱远生 . 2007. 东莞市水污染现状及其对策探讨 [J]. 人民珠江 , 2:56-58.

焦永真 , 韩剑秋 , 王宪明 , 等 . 1990. 1988 年上海甲型肝炎暴发流行中从毛蚶分离到甲型肝炎病毒 [J]. 病毒学报 , 4:312-315.

金显仕 , 邓景耀 . 2000. 莱州湾渔业资源群落结构和生物多样性的变化 [J]. 生物多样性 , 8 (1): 65-72.

兰竹虹 , 陈桂珠 .2006. 南中国海地区珊瑚礁资源的破坏现状及保护对策 [J]. 生态环境 , 15 (2): 430-434.

李彩良 , 2007. 杜纲滨海新区发展风险投资业的条件分析 [J]. 天津大学学报 (社会科学版), 6:481-485.

李国英 , 盛连喜 . 2011. 黄河河口生态系统需水量分析 [J]. 东北师大学报 (自然科学版),43(3) :138-144.

李明春 . 2002. 双台子河口自然保护区忧思 .2001 年渤海海域使用特别报道之二 [OL]. pjcy.cn/bbs/archiver /?tid-2375.html 2012-11-02.

李森 , 范航清 , 邱广龙 , 石雅君 . 2010. 海草床恢复研究进展 [J]. 生态学报 , 30 (9): 2443-2453.

李志刚 , 李小玉 , 高宾 , 陈玮 , 何兴元 . 2011. 基于遥感分析的锦州湾海域填海造地变化 [J]. 应用生 态学报 , 22 (4): 943-949.

李志敏 , 杜兴萍 , 崔江丽 , 梁久征 . 2011 . 曹妃甸海域人工渔礁增殖的可行性研究 [J]. 河北渔业杂志 , 10 (23): 50-55.

林淑银 , 郭宝羡 , 洪照宽 , 陈爱平 , 吴琳璇 . 2010. 福建省漳州市海、水产品霍乱弧菌污染状况调查分 析 [J]. 疾病监测 , 6: 456-458.

刘杜娟 .2004 . 中国沿海地区海水入侵现状与分析 [J]. 地质灾害与环境保护 , 15 (1): 31-36.

刘霜 , 张继民 , 冷宇 . 2011. 黄河口及附近海域鱼卵和仔鱼种类组成及分布特征 [J]. 海洋通报 , 30(6), 662-667.

吕建华 , 高娜 . 2012. 整体性治理对我国海洋环境管理体制改革的启示 [J]. 中国行政管理 , 5:19-22.

吕小梅，方少华．1997.福建沿海文昌鱼的分布 [J].海洋通报，16 (3): 88-91.

马英杰．2008.中国珍稀濒危海洋动物保护法律研究 [M].青岛：中国海洋大学出版社．

南方日报．2010.广东徐闻珊瑚礁保护区退化严重 村民用珊瑚礁砌墙 [N].南方日报．2010-08-27.

钱炜．2011.地面沉降之困 [OL].中国新闻周刊．news.sohu.com/20111110/n3252183...shtml 2011-11-10.

邱英杰．2012.黑脸琵鹭迁徙之路 [OL].鸟类网 niaolei.org.cn/posts/3462 2012-09-06.

容英光．首次发现华南沿海多个大型海草床．建立首个海草保护管理示范 [EB/OL].www.docin.com/p-95029774336.html 2012-04-06.

单志欣，郑振虎，邢红艳，刘晓静，刘晓波，刘义豪．2000.渤海莱州湾的富营养化及其研究 [J].海洋湖沼通报，2: 41-46.

邵秘华，陶平，孟德新，沈亮夫．2012.辽宁省海洋生态功能区划研究 [M].北京：海洋出版社．

苏稻香．珠江口海域荒漠化 每年超 200 万吨污染物入海 [N].南方日报．2009-05-27.

孙涛，杨志峰．2005.河口生态环境需水量的计算方法研究 [J].环境科学学报，25(5): 573-579.

索安宁，张明慧，于永海，韩富伟．2012.曹妃甸围填海工程的海洋生态服务功能损失估算 [J].海洋科学．36 (3): 108-114.

滕树东、刘永斌．2007.15 只黑脸琵鹭安家元宝岛 庄河发现一处重要繁殖地 [N].半岛晨报，2007-06-27.

田家怡，王民．1997.黄河断流对三角洲附近海域生态环境影响的研究 [J].海洋环境科学，16 (3):59-65.

王爱勇，万瑞景，金显仕．2010.渤海莱州湾春季鱼卵、仔稚鱼生物多样性的年代际变化 [J].渔业科学进展，31(1) :19-24.

王灿发，黄婧．2011.康菲溢油事故：反思海洋环境保护法律机制 [J].行政管理改革，12:36-39.

王丽荣，赵焕庭．2001.珊瑚生态系的一般特点 [J].生态学杂志，20(6): 41-45.

王丕烈．1993.渤海斑海豹资源现状和保护 [J].水产科学，1: 4-7.

王丕烈．1999.中国鲸类 [M].香港：海洋企业有限公司出版．

王文卿，王瑁．2007.中国红树林 [M].北京：科学出版社．

肖胤，陈燕，郑锋．2004.高密度文昌鱼群现身湛江有关部门将申报建立文昌鱼自然保护区 [N].中国海洋报．综合版，2004-08-17.

严利平，李圣法，丁峰元，等．2004.东海、黄海大型水母类资源动态及其与渔业关系的初探 [J].海洋渔业，26(1): 9-12.

杨辉，陈杰俊，梁光源，钟奇振．2012.珠江口海域遭重度污染 三成河流为劣 V 类水质 [N].羊城晚报，2012-03-23.

尹文盛．2012.1500 多种野生动物落户黄河三角洲．德州新闻网－长河晨刊 [OL].[2008-10-27] www.dezhoud-aily.com/folder149/folder2... 2012-11-01.

尹延鸿，褚宏宪，李绍全，李绍全，等．2011.曹妃甸填海工程阻断浅滩潮道初期老龙沟深槽的地形变化 [J].海洋地质前沿，27 (5): 1-6.

尹延鸿．2012.大面积填海对海洋环境的影响及需要重视的问题 (以曹妃甸填海工程为例)[C]. // 首届全国海域论证海洋环评技术论坛论文集．160-165.

于英波．2005.黄河三角洲蚀退严重 每年平均蚀退 7.6 平方公里 [N].中国新闻网．2005-01-30.

张洪．2004.我国第一个"文昌鱼"保护区建立 [N].中国海洋报，海洋大观版．2004-11-09.

张建云，王金星，李岩，章四龙．2008.近 50 年我国主要江河径流变化 [J].中国水利，2: 31-34.

张俊德, 张跃林 . 2007. 黄河三角洲地区生态畜牧业现状及对策 [J]. 北京农业 , 9: 30-31.

张亮, 赵迎晨 . 2002. 我国首次海洋生态调查 : 珊瑚礁呈迅速衰退 [EB]. 央视国际 . 2002-12-06.

张乔民, 余克服, 施祺, 赵美霞 . 2005. 中国珊瑚礁分布和资源特点 [C].//2005 年全国海洋高新技术产业化论坛论文集 , 176-178.

张庆申 . 2009. 中国海域执法现状调查 : "多龙治海" 掣肘海洋管理 [N]. 法制日报 . 2009-09-01.

张蕊 . 2011. 多个沿海城市填海造地 6 年来面积年均增 40%[N]. 时代周报 , 2011-09-22.

张绪良, 张朝晖, 徐宗军, 等 . 2012. 胶州湾滨海湿地的景观格局变化及环境效应 [J]. 地质评论 , 58(1): 190-200.

张忠华, 胡刚, 梁士楚 . 2006. 我国红树林的分布现状、保护及生态价值 [J]. 生态学通报 , 41(4): 9-11.

赵冬至 . 2000. 渤海赤潮灾害监测与评估研究文集 [M]. 北京 : 海洋出版社 .

中国互联网新闻中心 . 2012. 国家级海洋自然保护区名录 33 个自然保护区解析 [OL]. 中国发展门户网 cn.chinagate.cn/environment/2012-05/0.

中华人民共和国林业部、农业部 . 1989. 国家重点保护野生动物名录 [S]. 林业部、农业部令第 1 号 .

中华人民共和国农业部 . 2007. 关于公布国家级水产种质资源保护区名单（第一批）的公告 [S]. 农业部公告第 947 号 .

中华人民共和国农业部 . 2010. 国家级水产种质资源保护区 2010 年汇总 [OL]. 新疆渔业网 .www.xjyyw.gov.cn/fd907e3c-a1de-4c97-8... 2012-12-28.

中华人民共和国农业部 . 2011. 水产种质资源保护区管理暂行办法 [R]. 农业部令第 1 号 .

中央电视台 . 2009. 海洋生态调查 : 我国南海首次发现大面积海草床 [EB]. 2009-05-26.

周俊, 杨建图, 姜衍祥, 于强, 王威, 胡蓓蓓 . 2010. 天津市滨海新区地面沉降经济损失评估 [J]. 中国人口资源与环境 , 20 (8): 154-158.

周永东, 刘子藩, 薄治礼, 等 . 2004. 东、黄海大型水母及其调查监测 [J]. 水产科技情报 , 31(5): 224-227.

朱晓蕾, 邓媛 . 2012. 深圳湾 "脏" 海鲜上了市民餐桌 —— 专家提醒市民 : 受污染海鲜不宜食用 [N]. 晶报 , 2012-05-19.

邹仁林 . 1994. 中国珊瑚礁的现状与保护对策 [C]. // 生物多样性研究进展 —— 首届全国生物多样性保护与持续利用研讨会论文集 , 1-11.